高等学校应用型特色规划教材

3ds Max 2012 中文版简明教程

王文强　刘俊强　王海青　编著

清华大学出版社
北　京

内 容 简 介

本书分为 11 章，全面介绍了 3ds Max 2012 中各个模块的使用方法。本书具体内容包括 3ds max 2012 的工作环境、对象的基本操作、二维图形的创建与编辑、三维模型的创建、复合建模、修改器、多边形建模、石墨建模、网格建模、场景灯光效果的布置、摄影机的设置、材质的编辑与应用、动画的创建与编辑、粒子与空间扭曲、环境效果等。本书每章都围绕综合实例来介绍，便于读者掌握和应用 3ds Max 2012 的基本功能。

本书内容翔实，结构清晰，语言流畅，实例分析透彻，操作步骤简洁实用，适合作为三维建模、动画设计、影视特效和广告创意方面初级读者的入门教材，也可以作为高等院校电脑美术、影视动画、建筑设计等相关专业以及社会各类 3ds Max 培训班的参考书。

图书在版编目(CIP)数据

3ds Max 2012 中文版简明教程/王文强，刘俊强，王海青编著. —北京：清华大学出版社，2013(2017.7 重印)

(高等学校应用型特色规划教材)

ISBN 978-7-302-30071-7

Ⅰ. ①3… Ⅱ. ①王… ②刘… ③王… Ⅲ. ①三维动画软件—高等学校—教材 Ⅳ. ①TP391.41

中国版本图书馆 CIP 数据核字(2012)第 214267 号

责任编辑：杨作梅
封面设计：杨玉兰
责任校对：李玉萍
责任印制：刘祎淼
出版发行：清华大学出版社
　　网　　址：http://www.tup.com.cn, http://www.wqbook.com
　　地　　址：北京清华大学学研大厦 A 座　　**邮　　编：**100084
　　社 总 机：010-62770175　　**邮　　购：**010-62786544
　　投稿与读者服务：010-62776969, c-service@tup.tsinghua.edu.cn
　　质量反馈：010-62772015, zhiliang@tup.tsinghua.edu.cn
　　课件下载：http://www.tup.com.cn, 010-62791865
印 刷 者：北京中献拓方科技发展有限公司
经　　销：全国新华书店
开　　本：185mm×260mm　　**印　张：**23.25　　**字　数：**562 千字
(附 DVD 1 张)
版　　次：2013 年 1 月第 1 版　　**印　次：**2017 年 7 月第 2 次印刷
印　　数：4001～4500
定　　价：45.00 元

产品编号：043129-01

前　　言

3ds Max 是一款三维动画渲染和制作软件，广泛应用于广告、影视、工业设计、建筑设计、多媒体制作、游戏、辅助教学以及工程可视化等领域。本书内容涵盖了 3ds Max 的全部功能，包括 3ds Max 操作基础、对象的变换、编辑修改器、复合建模、多边形建模、灯光、材质、贴图、动画控制器、空间扭曲、粒子系统、渲染、特效以及 3ds Max 中环境的布置方法等知识。

本书分为 11 章，各章的内容安排如下。

第 1 章主要讲解 3ds Max 的功能、界面布局结构、选择物体、变换物体、复制物体等基础知识。

第 2 章主要讲解几何体创建基础、创建几何基本体、创建建筑对象、创建二维图形以及如何编辑样条曲线等知识。

第 3 章主要讲解 3ds Max 中的复合建模，利用这种方式可以快速帮助读者创建模型。主要包括变形、散布、一致、连接、水滴网格、图形合并、布尔运算、地形、放样以及高级布尔运算工具 ProBoolean/ProCutter 的使用方法等知识。

第 4 章主要讲解修改器堆栈的操作方法、挤出修改器、车削修改器、倒角修改器、弯曲修改器、扭曲修改器、FFD 修改器、晶格修改器、网格平滑修改器等。

第 5 章主要讲解 3ds Max 中的高级建模，包括多边形建模、石墨建模、网格建模等高级建模方法，利用这些建模工具可以创建出结构复杂的模型，是我们创建模型的主要工具。

第 6 章主要讲解 3ds Max 中的灯光模块，包括目标聚光灯、自由聚光灯、目标平行光、自由平行光、泛光灯、天光、mr 区域泛光灯/聚光灯以及光度学灯光。同时，还详细介绍了各种阴影效果的特点及实现方法。

第 7 章主要讲解 3ds Max 中的摄像机，包括目标摄像机和自由摄像机，以及它们的特点及应用领域。

第 8 章主要讲解材质与贴图的制作方法，包括材质编辑器的使用和场景管理器的使用方法、明暗器的特性、常见材质的制作方法、贴图的概念、贴图通道的作用、常见贴图的制作方法等。

第 9 章主要讲解一些与动画相关的基础操作，包括关键帧设置方法、轨迹视图的使用方法、动画控制器的使用方法、几种场景动画约束的添加方法以及参数动画的实现方法等。

第 10 章主要介绍 3ds Max 中的粒子与空间扭曲物体结合使用创建动画的方法。

第 11 章主要介绍环境与效果的营造。环境指的是模拟一些大自然的特效，例如，火焰、雾气、体积光等。效果是指一些利用光学产生的特效，例如，镜头效果高光、镜头效果光斑、镜头效果光晕、镜头效果焦点、模糊效果、颗粒效果、胶片效果、景深效果等。

本书的内容从易到难，并将案例融入每个知识点中，可以使读者在掌握理论知识的同时，动手能力也得到同步提高。本书适合作为三维造型、动画设计、影视特效和广告创意方面的初级读者的入门教材，也可作为高等院校电脑美术、影视动画等相关专业以及社会各类 3ds Max 培训班的教学参考书。

本书主要由王文强、刘俊强、王海青编写，其他参与编写、资料整理、动画案例开发的人员还有李玲、张芳芳、赵振方、赵林强、王瑞敬、赵拥亮、张志明、徐永富等。

由于编者水平有限，书中难免存在不足和疏漏之处，恳请读者批评指正。

目　录

第 1 章　认识 3ds Max 2012 1
1.1　3ds Max 2012 简介 1
1.1.1　基本功能简介 1
1.1.2　新增功能简介 3
1.2　认识 3ds Max 环境 5
1.2.1　标题栏 6
1.2.2　菜单栏 7
1.2.3　工具栏 9
1.2.4　命令面板 10
1.2.5　视图控制区域 12
1.2.6　视图区域 12
1.2.7　状态栏 13
1.3　基本操作——选择物体 14
1.3.1　直接选择 15
1.3.2　区域选择 15
1.4　基本操作——变换物体 17
1.4.1　认识 Gizmo 17
1.4.2　移动物体 17
1.4.3　旋转物体 18
1.4.4　缩放物体 18
1.5　基本操作——复制物体 19
1.5.1　复制物体 19
1.5.2　镜像复制 21
1.5.3　阵列复制 22
1.6　基本操作——使用组 24
1.7　习题 26
第 2 章　创建几何体 28
2.1　几何体创建基础 28
2.1.1　认识创建面板 28
2.1.2　为对象指定颜色 29
2.1.3　法线与平滑 31
2.2　创建几何基本体 32
2.2.1　利用键盘创建物体 32
2.2.2　创建标准基本体 33
2.2.3　扩展基本体 40
2.3　建筑对象 44
2.3.1　AEC 扩展 44
2.3.2　楼梯 48
2.3.3　窗口 49
2.3.4　门 52
2.4　创建二维图形 53
2.4.1　样条线 53
2.4.2　扩展样条线 58
2.5　可编辑样条线 60
2.5.1　转换可编辑样条线 60
2.5.2　【选择】卷展栏 61
2.5.3　【软选择】卷展栏 61
2.5.4　【几何体】卷展栏 63
2.6　习题 70
第 3 章　复合建模 72
3.1　变形 72
3.2　散布 72
3.3　试验指导——创建森林 74
3.4　一致 76
3.5　连接 77
3.6　水滴网格 80
3.7　图形合并 81
3.8　布尔运算 82
3.9　地形 85
3.10　放样 86
3.11　试验指导——制作罗马柱 92
3.12　ProBoolean 和 ProCutter 97
3.12.1　认识 ProBoolean 97
3.12.2　认识 ProCutter 99
3.13　习题 100

第4章 修改器基础......101
4.1 修改器堆栈......101
4.1.1 认识修改器堆栈......101
4.1.2 添加修改器......101
4.1.3 调整修改器顺序......102
4.1.4 塌陷修改器......103
4.1.5 更改公共属性......104
4.2 挤出修改器......105
4.3 车削修改器......107
4.4 倒角修改器......109
4.5 实验指导——励志匾额......110
4.6 弯曲修改器......113
4.7 扭曲修改器......115
4.8 FFD修改器......117
4.9 晶格修改器......118
4.10 网格平滑修改器......120
4.11 实验指导——钢骨架......123
4.12 习题......124
第5章 高级建模......126
5.1 多边形建模......126
5.1.1 转换多边形......126
5.1.2 公用属性简介......127
5.1.3 编辑顶点......128
5.1.4 编辑边线......130
5.1.5 编辑边界......132
5.1.6 多边形和元素......132
5.2 实验指导——欧式台灯......134
5.3 石墨建模工具......140
5.3.1 认识石墨建模......140
5.3.2 使用石墨工具——公共属性......141
5.3.3 使用石墨工具——独有属性......149
5.4 网格建模......152
5.4.1 塌陷为网格对象......152
5.4.2 物体子对象......153
5.4.3 公共属性简介......154
5.4.4 编辑几何体——公用工具......156
5.4.5 编辑几何体——编辑顶点......158
5.4.6 编辑几何体——编辑边......159
5.4.7 编辑几何体——面、多边形和元素......159
5.5 习题......160
第6章 灯光系统......162
6.1 灯光概述......162
6.2 标准灯光类型......163
6.2.1 目标聚光灯......164
6.2.2 自由聚光灯......169
6.2.3 目标平行光......171
6.2.4 自由平行光......172
6.2.5 泛光灯......173
6.2.6 天光......174
6.2.7 mr区域泛光灯......175
6.2.8 mr区域聚光灯......175
6.3 阴影效果......175
6.3.1 高级光线跟踪......176
6.3.2 区域阴影......177
6.3.3 Mental Ray阴影贴图......178
6.3.4 阴影贴图......179
6.3.5 光线跟踪阴影......180
6.4 实验指导——局部照明......181
6.5 光度学灯光......185
6.5.1 目标灯光......185
6.5.2 自由灯光......187
6.5.3 mr Sky门户灯光......188
6.6 实验指导——历史的辉煌......189
6.7 习题......191
第7章 摄像机系统......193
7.1 创建摄像机......193
7.2 摄像机分类......195
7.2.1 目标摄像机......195
7.2.2 自由摄像机......200
7.3 实验指导——局部效果......200
7.4 习题......202

第 8 章 材质与贴图技术......204

8.1 材质编辑器......204

8.1.1 打开材质编辑器......204

8.1.2 菜单栏......205

8.1.3 工具栏......210

8.1.4 材质参数卷展栏......211

8.1.5 Slate 材质编辑器......211

8.2 材质资源管理器......213

8.2.1 场景面板......214

8.2.2 材质面板......215

8.3 公共参数简介......216

8.3.1 【明暗器基本参数】卷展栏......216

8.3.2 【Blinn 基本参数】卷展栏......219

8.3.3 【扩展参数】卷展栏......220

8.4 常用材质简介......223

8.4.1 标准材质......223

8.4.2 光线跟踪材质......223

8.4.3 卡通材质......226

8.4.4 混合材质......229

8.4.5 多维/子对象材质......229

8.4.6 双面材质......230

8.4.7 合成材质......231

8.4.8 虫漆材质......232

8.4.9 顶/底材质......232

8.5 实验指导——玻璃材质......233

8.6 实验指导——腐蚀材质......235

8.7 实验指导——书本效果......238

8.8 认识贴图......243

8.8.1 贴图通道简介......243

8.8.2 贴图坐标参数......247

8.9 常用贴图及其应用......248

8.9.1 二维贴图......248

8.9.2 三维贴图简介......250

8.9.3 反射与折射......252

8.9.4 其他贴图简介......253

8.10 实验指导——书页效果......255

8.11 习题......257

第 9 章 动画基础......259

9.1 动画简介......259

9.2 动画制作工具简介......259

9.2.1 动画控制面板......260

9.2.2 运动面板......263

9.2.3 轨迹视图......265

9.3 创建关键帧动画......268

9.3.1 关键帧模式......268

9.3.2 关键帧操作......270

9.4 实验指导——移动的盒子......271

9.5 使用动画控制器......275

9.5.1 添加动画控制器......275

9.5.2 变换控制器......276

9.5.3 位置控制器......277

9.5.4 旋转控制器......278

9.5.5 缩放控制器......278

9.6 使用动画约束......279

9.6.1 动画约束简介......279

9.6.2 附着约束......280

9.6.3 曲面约束......281

9.6.4 位置约束......282

9.6.5 路径约束......283

9.6.6 链接约束......284

9.6.7 注视约束......285

9.6.8 方向约束......286

9.7 实验指导——翱翔蓝天......286

9.8 思考与练习......289

第 10 章 粒子与空间扭曲系统......291

10.1 基础粒子系统......291

10.1.1 喷射粒子......291

10.1.2 雪粒子......293

10.2 高级粒子系统......293

10.2.1 超级喷射......293

10.2.2 暴风雪......299

10.2.3 粒子阵列......300

10.2.4 粒子云......304

10.3 粒子流......305

10.3.1 粒子流简介......305

10.3.2 粒子视图......306
10.4 动手练习 1：Logo 汇聚特效......309
10.5 力空间扭曲......314
10.5.1 马达空间扭曲......315
10.5.2 推力空间扭曲......315
10.5.3 重力空间扭曲......316
10.5.4 风力空间扭曲......317
10.5.5 爆炸扭曲......317
10.6 导向器空间扭曲......319
10.6.1 全泛方向导向器......319
10.6.2 导向板......321
10.6.3 导向球......321
10.7 动手练习 2：爆裂的雕塑......322
10.8 习题......324
第 11 章 环境与效果......326
11.1 设置场景背景......326
11.2 常见环境特效......329
11.2.1 火效果......329
11.2.2 雾效果......333
11.2.3 体积雾效果......336
11.2.4 体积光效果......338
11.3 实验指导——蜡烛燃烧......341
11.4 曝光控制......344
11.4.1 自动曝光控制......344
11.4.2 线性曝光控制......345
11.4.3 对数曝光控制......345
11.4.4 伪彩色曝光控制......346
11.4.5 mr 摄影曝光控制......347
11.5 常见效果特效......349
11.5.1 添加效果......349
11.5.2 镜头效果......350
11.5.3 模糊效果......352
11.5.4 亮度和对比度......354
11.5.5 色彩平衡......354
11.5.6 胶片颗粒......355
11.5.7 景深效果......355
11.5.8 运动模糊......356
11.6 实验指导——景深效果......357
11.7 习题......359
习题答案......361

第 1 章　认识 3ds Max 2012

3ds Max 2012 是用于制作三维动画的软件之一，广泛应用于多个行业。本章将向读者讲解 3ds Max 的功能、应用以及一些最基本的操作，例如，3ds Max 的环境、选择操作、变换操作、复制操作、组合操作等。通过本章的学习，可以使初学者掌握 3ds Max 的基本操作。

1.1　3ds Max 2012 简介

3ds Max 可以说是三维动画界的元老之一，和 Maya 共同掌控了三维动画界。对于初学者而言，它可能十分神秘、使人琢磨不透。其实，它就是一个可以把我们的设计思想变为现实的工具。本节将向大家介绍 3ds Max 2012 的基本功能。

1.1.1　基本功能简介

由 Autodesk 公司出品的 3ds Max 软件，广泛应用于广告、影视、工业设计、建筑设计、多媒体制作、游戏、辅助教学以及工程可视化等领域，可以说 3ds Max 是当今最流行的三维动画软件。图 1-1 就是利用 3ds Max 制作的装饰效果图。

图 1-1　装饰效果图

3ds Max 有非常好的开放性和兼容性，具有成百上千种插件，极大地扩展了 3ds Max 的功能。图 1-2 是 3ds Max 结合 VRay 插件创建的质感效果。

3ds Max 可以制作人物、动物、现实中存在的一切事物的模型，图 1-3 是在 3ds Max 中创建的角色模型外观。

图 1-2　3ds Max 与 Vray 创建的质感效果

图 1-3　角色模型外观

3ds Max 还可以创建出极其复杂的场景和特效。如果将它与其他专业软件配合，还可以制作出非常逼真的角色动画、插画或者场景。图 1-4 是利用 3ds Max 制作的插画效果。

图 1-4　插画效果

此外，3ds Max 的主要功能集中在影视和游戏制作方面。动画片《冰河世纪》就是利用 3ds Max、Maya 等一些软件共同制作出来的。图 1-5 是利用 3ds Max 创建的游戏模型。

图 1-5 游戏模型

1.1.2 新增功能简介

随着数字媒体的不断发展，人们对三维动画制作软件的功能、制作效果的要求也逐渐提高。为了帮助用户快速实现设计方案，Autodesk 公司在原有版本的基础上发布了 3ds Max 2012 新版本。本节将向读者讲解 3ds Max 2012 的新增功能。

1. 实现过程改进

3ds Max 2012 提供了一种在更短的时间内制作模型和纹理、角色动画及输出高品质图像的技术。建模与纹理工具集的巨大改进可通过新的前后关联的用户界面调用，有助于加快日常工作流程，而 Containers 分层编辑可促进并行协作。

2. 全新的坐标功能

3ds Max 2012 中新增了分解与编辑坐标功能，包括以前需要使用眼睛来矫正的分解比例和超强的分解固定功能，此功能不仅能提高分解复杂模型的效率，还让更多对模型分解心存畏惧的新手，更轻易地学会如何分解高面或复杂的模型。

3. 全新的渲染引擎

为了让更多的人不必担心渲染与灯光的设置问题，在此版本中加入了一个强有力的渲染引擎——IRay 渲染器。它无论在使用简易度上还是在效果的真实度上都是前所未有的，其渲染效果如图 1-6 所示。

4. 全新的动力学系统

3ds Max 2012 去掉了使用多年的古董级动力学 Reactor，加入了新的刚体动力学——MassFX。这套刚体动力学系统，可以配合多线程的 nVIDIA 显示引擎进行视图中的实时运算，并能得到更为真实的动力学效果。

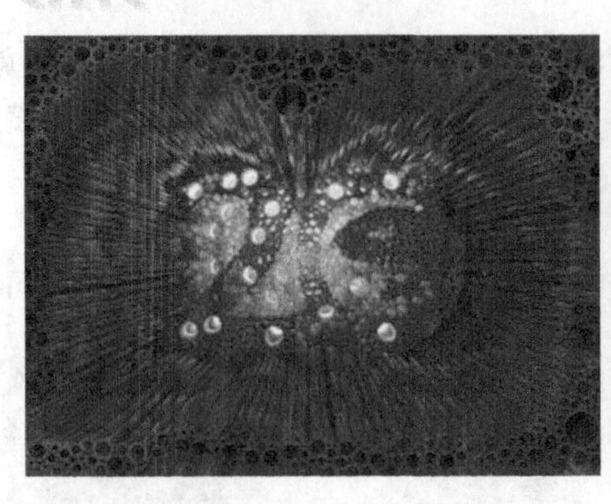

图 1-6　IRay 渲染效果

5．进步的渲染引擎

3ds Max 2012 在视图显示引擎技术上也有了极大的进步，在此版本软件中，Autodesk 针对多线程 GPU 技术，尝试性地加入了更富有艺术性的、全新的视图显示引擎技术，能够在视图预览时将更多的数据量以更快的速度渲染出来。

6．增强的软件兼容性

3ds Max 2012 为 Mudbox 2012、MotionBuilder 2012、Softiamge 2012 之间的文件互通做了一个简单的通道。通过这个通道可以把 3ds Max 的场景内容直接导入 Mudbox 中进行雕刻与绘画，然后即时地更新 3ds Max 中的模型内容；也可以把 3ds Max 的场景内容直接导入 MotionBuilder 中进行动画的制作，然后不需要考虑文件格式之类的要素，即时地更新 3ds Max 中的场景内容；也可以把在 SoftIamge 中制作的 IGE 粒子系统直接导入 3ds Max 场景中。

7．新增程序贴图

3ds Max 2012 中新增加了一种程序贴图，此贴图记录了数十种自然物质的贴图组成，在使用时可以根据不同的物质组成制作出逼真的材质效果。而且此贴图还可以通过中间软件导入游戏引擎中使用，如图 1-7 所示。

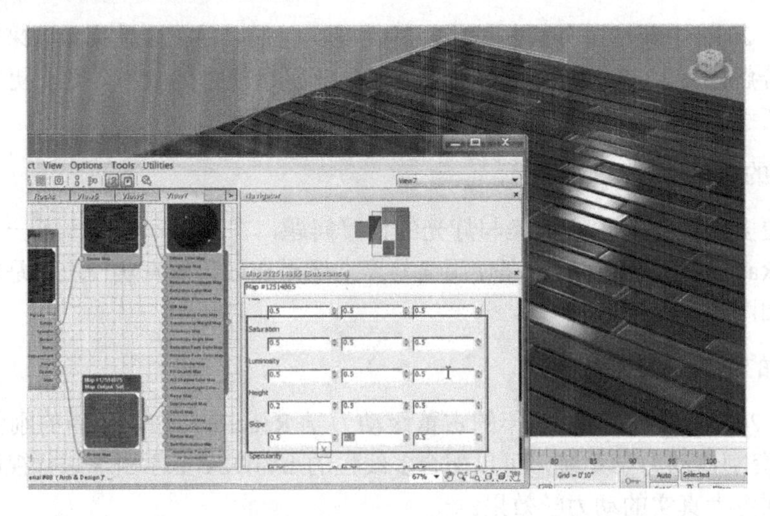

图 1-7　新增的程序贴图

3ds Max 2012 的新增功能还有很多，这里不再一一介绍。大家在学习的过程中将逐渐接触它们。

1.2　认识 3ds Max 环境

选择【开始】|Autodesk|Autodesk 3ds Max 2012 | Autodesk 3ds Max 2012 32-bit 命令，即可启动 3ds Max 2012，此时将会弹出如图 1-8 所示的启动画面。

当系统加载成功后，即可进入 3ds Max 的操作环境。为了便于初学者了解，Autodesk 在 3ds Max 启动后，提供了一个简单的视频教学，大家可以选择相应的章节进行学习，如图 1-9 所示。

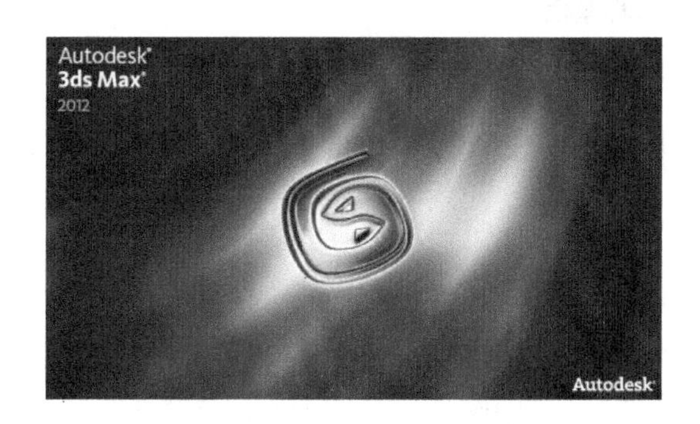

图 1-8　3ds Max 启动画面

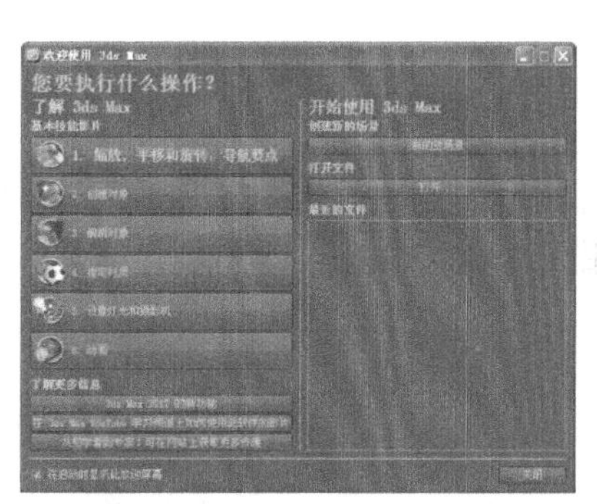

图 1-9　视频教学

关闭上述对话框后，就进入 3ds Max 环境中了，如图 1-10 所示。从整体环境上来看，3ds Max 2012 和 3ds Max 2011 区别不大，都是采用黑色作为主体颜色，布局仍然采用四视图方式。

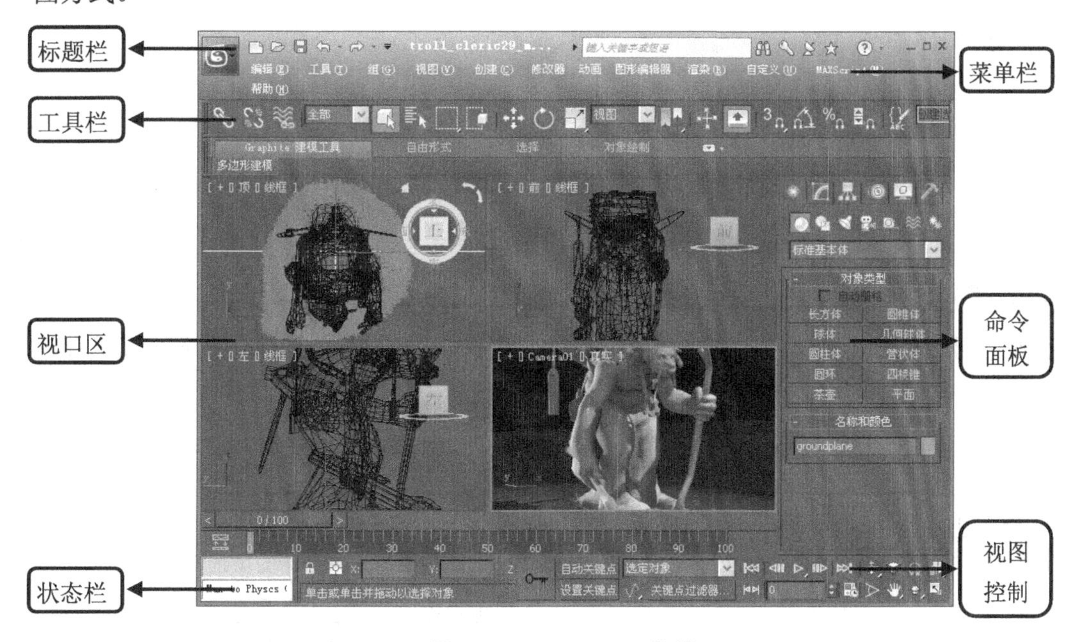

图 1-10　3ds Max 工作界面

从整体上看，3ds Max 2012 的界面布局仍然保持了原有的风格。但是，仔细观察可以发现，整个界面还是发生了一些变化。本节将详细介绍 3ds Max 2012 的操作环境。

1.2.1 标题栏

3ds Max 2012 的标题栏集成了原有版本中的【开始】菜单，用于管理文件和查找信息，如图 1-11 所示。通过标题栏，可以执行“新建”、“重置”、“打开”、“保存”、“导入”、“导出”等操作，还可以通过【信息中心】获取与软件相关的信息。

图 1-11 标题栏

1. 应用程序按钮

在标题栏中单击按钮，可以打开【文件】菜单，该菜单中提供了便于管理文件和场景的相关命令，如图 1-12 所示。

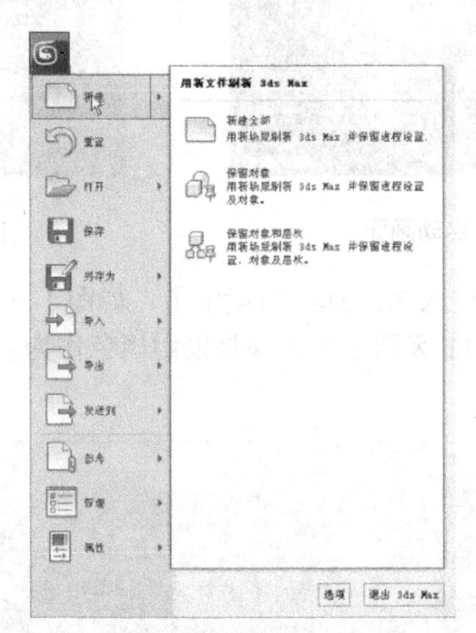

图 1-12 文件管理命令

2. 快速访问工具栏

快速访问工具栏提供了用于管理场景文件的常用命令的按钮，这些按钮的简介如表 1-1 所示。

表 1-1 快捷工具功能简介

图 标	名 称	功能简介
	新建场景	单击该按钮创建一个新的场景文件
	打开文件	单击该按钮打开一个保存的场景文件
	保存文件	单击该按钮保存当前打开的场景文件

续表

图　标	名　称	功能简介
	撤销场景操作	单击该按钮可以撤销上一个操作
	重做场景操作	单击该按钮可以重做上一个操作

3. 信息中心

通过信息中心可访问有关 3ds Max 和其他 Autodesk 产品的信息，关于该区域中的工具简介如表 1-2 所示。

表 1-2　信息中心工具简介

图　标	名　称	功能简介
	搜索	在【搜索字段】中输入文本后，单击【搜索】按钮查找帮助主题和包含此文本的网页
	订阅中心	单击该按钮访问订阅服务
	通讯中心	单击该按钮访问通讯中心
	收藏夹	单击该按钮查看【收藏夹】面板
	快速帮助	单击问号按钮可以显示 3ds Max 帮助

除了这些以外，标题栏中还包含最小化、最大化和关闭 3 个按钮，关于它们的功能就不再叙述。

1.2.2　菜单栏

3ds Max 2012 的菜单栏位于标题栏的下方，包括编辑、工具、组、视图、创建、修改器、动画、曲线编辑器、渲染、自定义等 12 项菜单。下面介绍各菜单的功能。

1. 编辑

【编辑】菜单提供了用于在场景中选择和编辑对象的命令。例如，常见的复制、粘贴、移动、旋转、缩放等命令。

2. 工具

3ds Max 场景中，【工具】菜单可帮助更改或管理对象。在该菜单中，选择【场景资源管理器】命令可打开【容器资源管理器】窗口，如图 1-13 所示。其中，【容器资源管理器】是一个无模式的对话框，可用于查看、排序和选择容器及其内容。它可以提供【场景资源管理器】的全部功能。场景管理器是新增功能。

3. 组

【组】菜单包含用于将场景中的对象成组和解组的命令。通过该菜单，可以将多个物体组合为一个组物体，也可以在当前组物体中添加新的成员，甚至可以打开一个组，并将其中的某个成员分离出来。

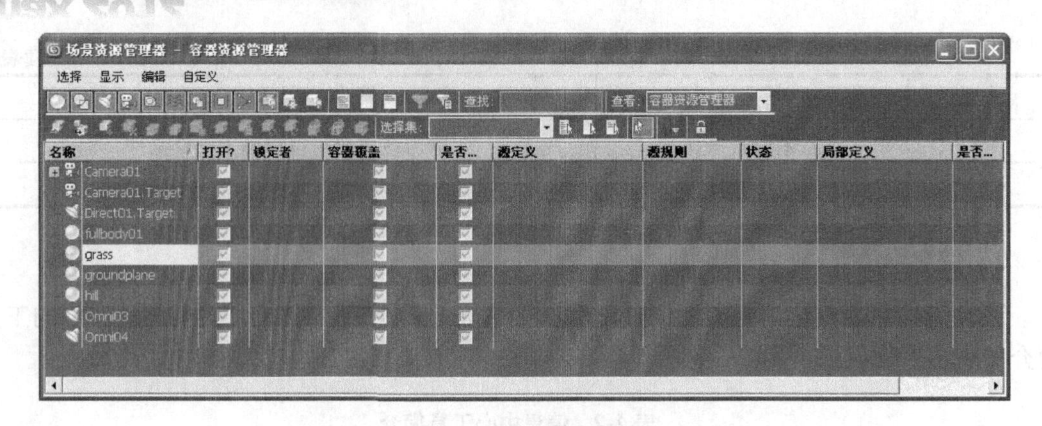

图 1-13　场景资源管理器

4. 视图

该菜单包含用于设置和控制视图的命令，例如，视图的配置、视图背景、ViewCube 设置等。为了便于使用，此菜单中的某些命令也存在于【视口标签菜单】中。

5. 创建

【创建】菜单提供了创建几何体、灯光、摄影机和辅助对象的命令，如图 1-14 所示。该菜单集成了 3ds Max 中所有可以创建的物体。实际使用过程中，这些命令也可以通过命令面板直接调用。

6. 修改器

【修改器】菜单提供了快速应用常用修改器的方式。该菜单中各命令的可用性取决于当前选择。如果修改器不适用于当前选定的对象，则在该菜单上表现为灰色不可用状态，如图 1-15 所示。

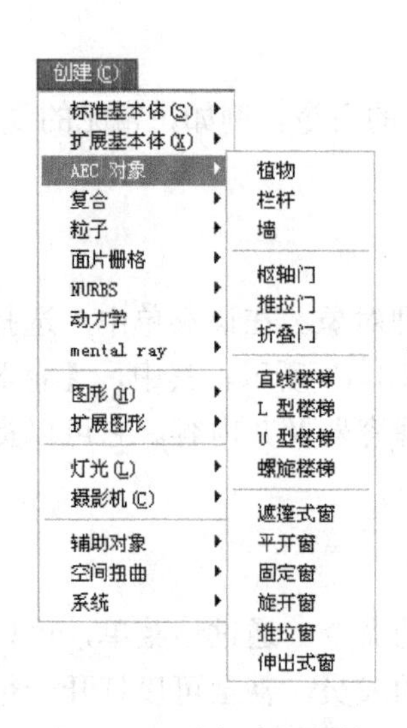

图 1-14　【创建】菜单

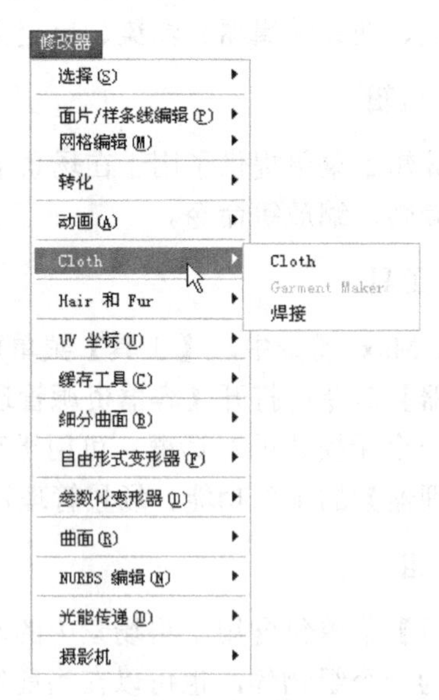

图 1-15　【修改器】菜单

7. 动画

【动画】菜单提供了有关动画、约束和控制器以及反向运动学解算器的命令。该菜单中还提供自定义属性和参数关联控件，以及用于创建、查看和重命名动画预览的控件。

8. 图形编辑器

使用【图形编辑器】菜单可以访问用于管理场景及其层次和动画的图形子窗口。通常在制作动画时，需要使用该菜单中的相关工具。

9. 渲染

【渲染】菜单包含用于渲染场景、设置环境和渲染效果、使用 Video Post 合成场景以及访问 RAM 播放器的命令。

10. 自定义

【自定义】菜单包含用于自定义 3ds Max 用户界面(UI)的命令，如图 1-16 所示。通过该菜单可以创建自定义用户界面布局，包括自定义键盘快捷键、颜色、菜单和四元菜单。还可以在【自定义用户界面】对话框中单独加载或保存所有设置，或使用方案同时加载或保存所有设置。

11. MAXScript

MAXScript 是 3ds Max 的内置脚本语言，该菜单集成了所有用于编写 MAXScript 代码的工具，如图 1-17 所示。此外，状态栏中还包含一个 MAXScript 侦听器且【工具】面板也提供了编写 MAXScript 的功能。

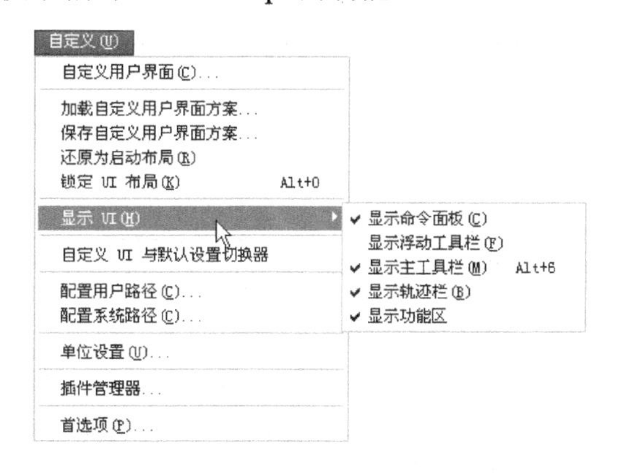

图 1-16 【自定义】菜单

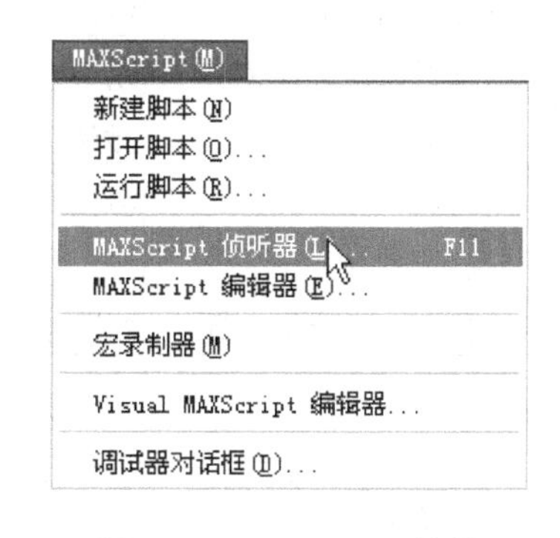

图 1-17 MaxScript 菜单

12. 帮助

通过【帮助】菜单可以访问 3ds Max 联机帮助以及其他学习资源。当大家在学习过程中遇到困难时，可以通过该菜单获得帮助。

1.2.3 工具栏

工具栏位于菜单栏的下方，包括选择物体按钮、撤销操作按钮、选择并移动按钮、镜像按钮、阵列按钮以及材质编辑器按钮等一些常用的工具和操作按钮。关于工具栏中的工具简介如表 1-3 所示。

表 1-3　快捷工具功能简介

图　标	名　称	功能简介
	选择并链接	使用该工具可以将两个对象链接作为子和父，定义它们之间的层次关系
	断开当前选择链接	移除两个对象之间的层次关系
	绑定到空间扭曲	把当前选择物体附加到空间扭曲物体上，反之亦然
全部	选择过滤器	限制可由选择工具选择的对象的特定类型和组合
	选择对象	选择对象或子对象，以便进行操作
	按名称选择	通过从当前场景中所有对象的列表中选择对象，便可选择或指定对象
	选择区域	可以利用 5 种不同方式在特定区域或体积内选择对象
	窗口/交叉选择	选择物体时，可以在窗口和交叉模式之间进行切换
	选择移动	选择物体后，执行移动操作
	选择旋转	选择物体后，执行旋转操作
	选择缩放	选择物体后，执行缩放操作
视图	参考坐标系	可以指定物体变换时所用的坐标系
	使用轴点中心	用于确定执行缩放和旋转操作时的中心点
	选择并操纵	通过在视图中拖动操纵器，可以直观地编辑对象
	捕捉开关	用于启用 3D、2.5D 和 2D 捕捉
	角度捕捉	启用角度捕捉工具
	百分比捕捉切换	激活百分比捕捉工具
	编辑命名选择集	用于管理子对象的命名选择集
	镜像	激活镜像操作工具，并在场景中执行镜像操作
	对齐	激活对齐操作工具，并在场景中执行对齐操作
	层管理器	可以打开一个对话框，用于创建和删除层
	Graphite 建模工具	提供了编辑多边形对象所需的所有工具
	曲线编辑器	用于打开曲线编辑器
	图解视图	用于打开图解视图
	材质编辑器	用于打开材质编辑器，其快捷键为 M
	渲染设置	打开渲染设置面板，其快捷键为 F10
	渲染帧窗口	打开渲染窗口
	渲染产品	执行渲染操作

除了这些工具外，我们还可以通过【自定义】|【显示 UI】命令调用其他内置的工具栏。

1.2.4　命令面板

命令面板位于界面的最右侧。它的结构比较复杂，内容丰富，包括了基本的建模工具、物体编辑工具以及动画制作等工具，是 3ds Max 的核心工具之一。每次只有一个面板可见。要显示不同的面板，单击命令面板顶部的选项卡即可。

1．创建面板

【创建】面板包含用于创建对象的控件，如图 1-18 所示。这是在 3ds Max 中构建新场景的第一步，所有用于场景的基本体都需要从该面板中选择。该面板包含 7 个子类，分别是几何体、图形、灯光、摄影机、辅助对象、空间扭曲、系统等。

2．修改面板

通过 3ds Max 的【创建】面板，可以在场景中放置一些基本对象，包括 3D 几何体、2D 图形、灯光和摄影机、空间扭曲以及辅助对象。我们添加的每个对象都有一组自己的创建参数，这些参数根据对象类型定义其几何体和其他特性。当物体被创建出来后，就可以切换到【修改】面板中修改其参数。如图 1-19 所示为一个球体的修改面板。

图 1-18　【创建】面板

图 1-19　【修改】面板

3．层次面板

通过【层次】面板可以访问用于调整对象间层次链接的工具。通过将一个对象与另一个对象相链接，可以创建父子关系。应用到父对象的变换同时将传递给子对象。通过将多个对象同时链接到父对象和子对象，可以创建复杂的层次。

4．运动面板

【运动】面板提供用于调整选定对象运动的工具。例如，可以使用【运动】面板上的工具调整关键点时间及其缓入和缓出。【运动】面板还提供了【轨迹视图】的替代选项，用来指定动画控制器。

5．显示面板

通过【显示】面板可以访问场景中控制对象显示方式的工具，如图 1-20 所示。使用【显示】面板可以将对象隐藏或取消隐藏、冻结或解冻，还可以改变对象的显示特性、加速视图显示以及简化建模步骤等。

6. 实用程序

通过【实用程序】面板可以访问各种工具程序，如图 1-21 所示。

图 1-20 【显示】面板

图 1-21 【实用程序】面板

1.2.5 视图控制区域

视图控制区域位于整个界面的右下方。该区域主要用于改变视图中场景的观察方式。用户可以通过视图控制区对视图显示的大小、位置进行调整，如图 1-22 所示。

图 1-22 视图控制区域

其实，在该区域中还包含动画和时间控制区域，用于设置动画的播放以及播放时间等(关于动画控制方面的功能在这里不做解释)。表 1-4 为视图控制区域中的工具简介。

表 1-4 视图控制工具简介

图 标	名 称	功能简介
	缩放	通过在【透视】或【正交】视图中拖动来调整视图的缩放比例
	缩放所有视图	可以同时调整所有视图中的放大值
	最大化显示	最大化当前活动视图使其充满整个视图区域
	最大化所有视图	将各个视图中的场景最大化显示
	视野	调整视图中可见的场景数量和透视张角量
	平移视图	在视图中按住鼠标左键拖动可以移动视图
	环绕子对象	在选定物体上显示环绕工具用来观察物体
	最大化视图切换	将当前激活视图最大化，其快捷键为 Alt+W

1.2.6 视图区域

视图是操作的平台，通过系统提供的视图，可以快速地了解一个模型各部分的结构，以及执行修改命令后的效果。在默认状态下，工作视图由顶、前、左和透视图组成，如图 1-23 所示。

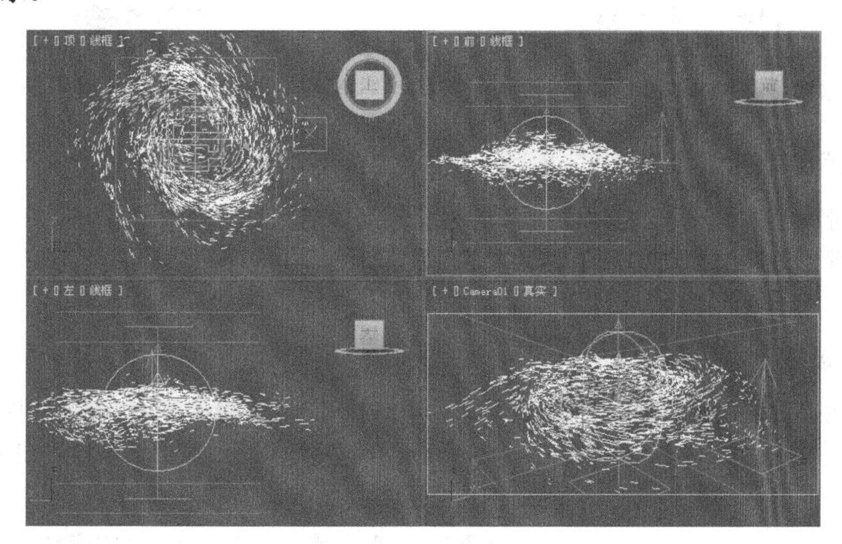

图 1-23　工作视图

提示：如果要切换不同的视图，可以将鼠标放在视图窗口的左上角，当鼠标指针变成形状时，左击打开快捷菜单，再选择需要切换的视图即可。

1.2.7　状态栏

状态栏位于整个界面的最底部。通过状态栏可以了解当前场景的信息、可以使用命令行的方式操作场景、还可以精确定位物体的变换等。下面来了解 3ds Max 2012 中状态栏的功能。

1. 提示行

提示行可以基于当前光标位置和当前程序活动来提供动态反馈。如果我们对于当前操作不清楚，可以阅读提示行的信息来获得帮助，如图 1-24 所示。

图 1-24　提示行

2. MAXScript 侦听器

如图 1-25 所示，【MAXScript 侦听器】窗口分为两部分：一个粉红色，一个白色。粉红色的窗格是【宏录制器】窗口。启用【宏录制器】时，录制下来的所有内容都将显示在粉红窗格中。【侦听器】中的粉红色行表明当前条目是进入【宏录制器】窗口的最新条目。

3. 状态行

状态行显示选定对象的类型和数量，如图 1-26 所示。如果选定多个对象，并且都属于同一类型，则将显示对象的类型和数量，例如，“2 个摄影机，3 个灯光”。

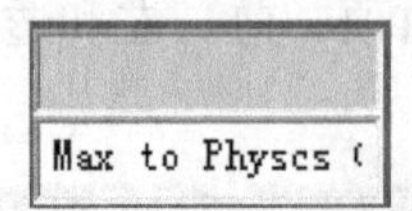

图 1-25　MAXScript 侦听器

图 1-26　状态行

4．时间滑块栏

时间滑块栏用于显示当前帧并可以通过它移动到活动时间段中的任何帧上，如图 1-27 所示。右键单击滑块栏，打开【创建关键点】对话框，可以创建位置、旋转或缩放关键点而无须使用【自动关键点】按钮。

5．轨迹栏

轨迹栏提供了显示帧数的时间线，如图 1-28 所示。这为用于移动、复制和删除关键点，以及更改关键点属性的轨迹视图提供了一种便捷的替代方式。关于轨迹栏的使用方法将在讲解动画时详细讲解。

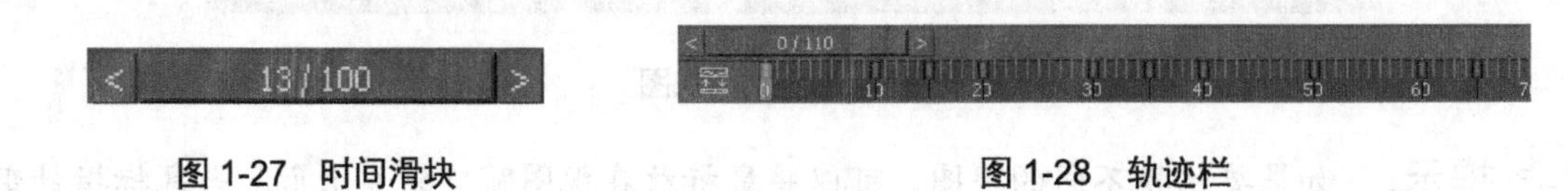

图 1-27　时间滑块　　　图 1-28　轨迹栏

6．坐标显示

坐标显示区域显示光标的位置或变换的状态，并且可以输入新的变换值，如图 1-29 所示。

7．栅格与时间标记

如图 1-30 所示，这两个区域的功能主要是显示，这里不做详细介绍。

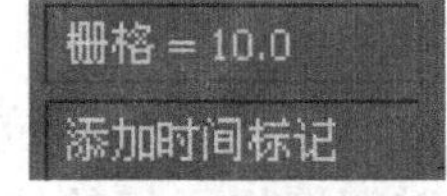

图 1-29　坐标显示　　　图 1-30　栅格与时间标记区域

提示：在状态栏中，还有一个用于锁定物体的按钮。当需要锁定场景中的物体时，可以在场景中选择物体后单击该按钮。此外，还可以在选择该物体后，按键盘上的空格键进行锁定。

1.3　基本操作——选择物体

选择操作是 3ds Max 中最为基础的操作之一。只有在选择了一个物体之后，才能对其进行各种编辑工作。3ds Max 提供了多种不同的选择物体的方法。

1.3.1 直接选择

直接选择是指用鼠标单击的方式来选择物体，这是一种最简单的选择方式，用户只需要观察视图中鼠标指针的位置以及鼠标的形状变化，就可以判断出物体是否被选中。默认情况下，当一个物体被选中后，将会在该物体的四周出现一个白色的边框，表示当前物体已经处于选中状态，如图 1-31 所示。

如果是在线框模式下进行选择，则不会出现白色的边框，但是模型会以高亮度的形式显示，如图 1-32 所示。

图 1-31 线框选中状态

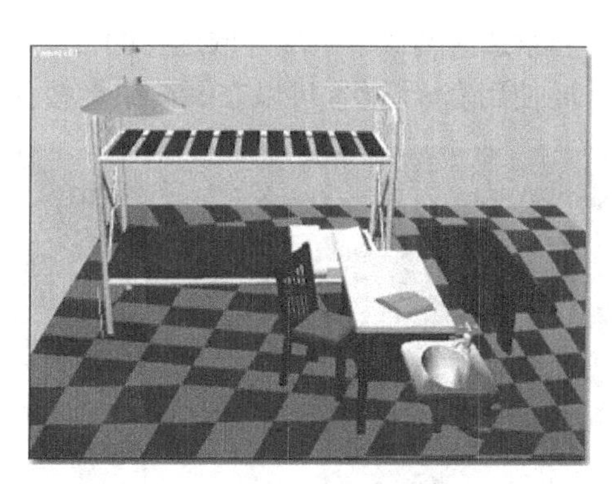

图 1-32 实体选择状态

1.3.2 区域选择

区域选择就是使用鼠标拖出一个区域，被该区域所覆盖的物体将被选择。3ds Max 中的区域选择方式有矩形、圆形、围栏、套索和绘制。下面介绍这 5 种选择方式的主要特性。

1. 矩形选区

矩形区域选择是使用频率最高的一种选择方式。这种方式是用鼠标拖出一个矩形区域来进行选择，如图 1-33 所示。

2. 圆形选区

圆形区域选择是以视图上的一点为圆心画出一个圆形区域，涵盖在圆形区域内的物体将被选择。圆形选区的区域轨迹如图 1-34 所示。

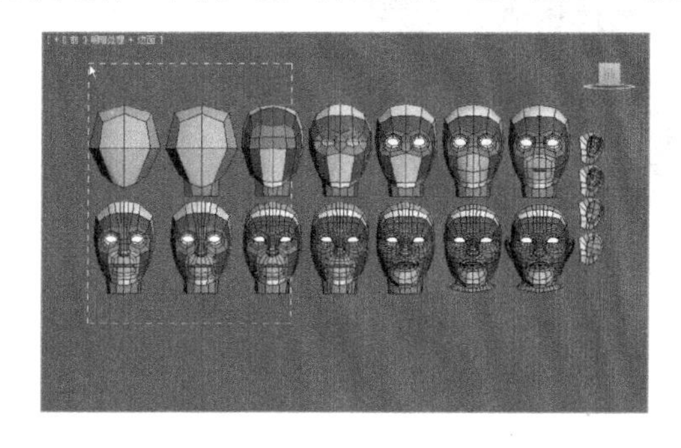

图 1-33 矩形选区

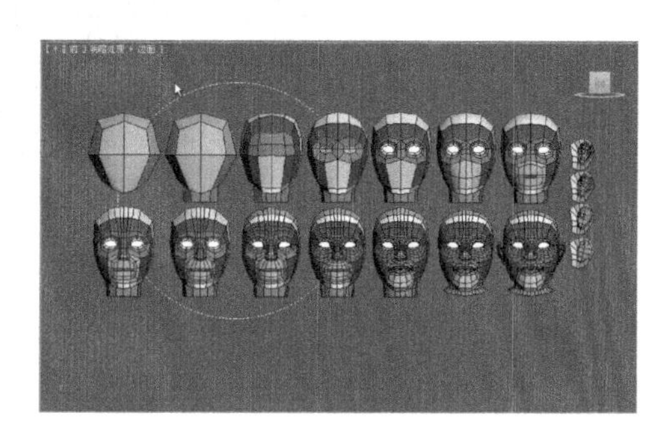

图 1-34 圆形选区

要使用圆形选区，可以在按钮上按住鼠标左键不放，在打开的下拉列表中选择图标。

3．围栏选区

任意多边形区域选择可以在视图上画出任意的多边形，当选定区域后只有当鼠标回到起点，再次单击后，多边形区域内的物体才会被选中，如图 1-35 所示。

要使用围栏选区，可以在按钮上按住鼠标左键不放，在打开的下拉列表中选择图标。

4．套索选区

套索选区类似于矩形区域选择的方法，但可以拖出极其特殊的形状区域，如图 1-36 所示。

要使用套索选区，可以在按钮上按住鼠标左键不放，在打开的下拉列表中选择图标。

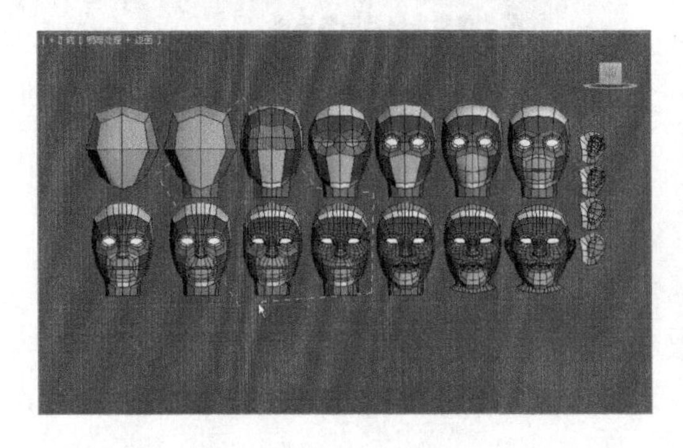

图 1-35　围栏选区

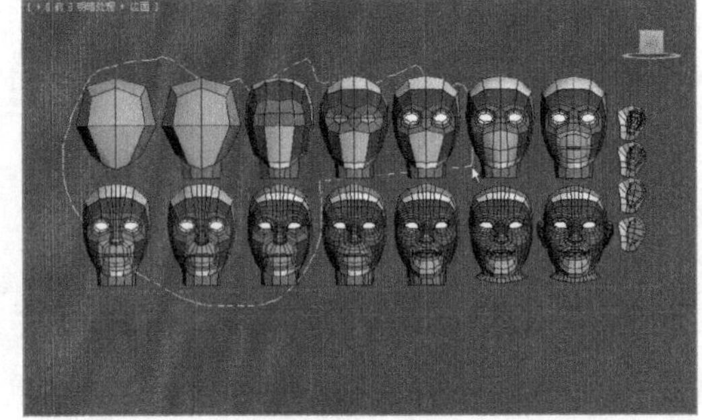

图 1-36　套索选区

5．描绘选区

描绘式区域选择可以在视图上有选择性地选择物体，选择【描绘选区】工具后，在视图上单击某个物体则在该物体上将会出现一个圆形标记，这时按住鼠标左键不放，再选择其他物体即可完成操作，如图 1-37 所示。

要使用套索选区，可以在按钮上按住鼠标左键不放，在打开的下拉列表中选择图标。

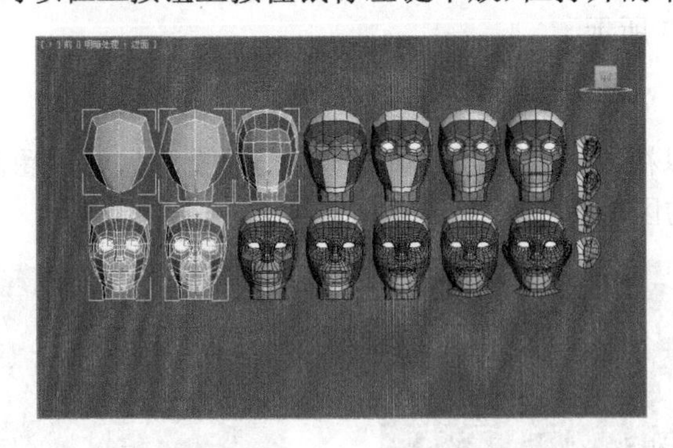

图 1-37　描绘选区

1.4　基本操作——变换物体

变换操作包含移动、旋转、缩放 3 种方式。通过变换操作可以在视图中对物体进行调整位置、旋转角度、缩放大小等操作。本节将讲解这些变换操作的使用方法。

1.4.1　认识 Gizmo

“变换 Gizmo”是视口图标，当使用鼠标执行变换操作时，使用它可以快速选择一个或两个轴，如图 1-38 所示。

在 Gizmo 中，3 个箭头表示 3 个不同的坐标轴向，分别是 X、Y 和 Z 轴。当选择其中某个轴向时，该轴向将以黄颜色显示，表示处于激活状态。

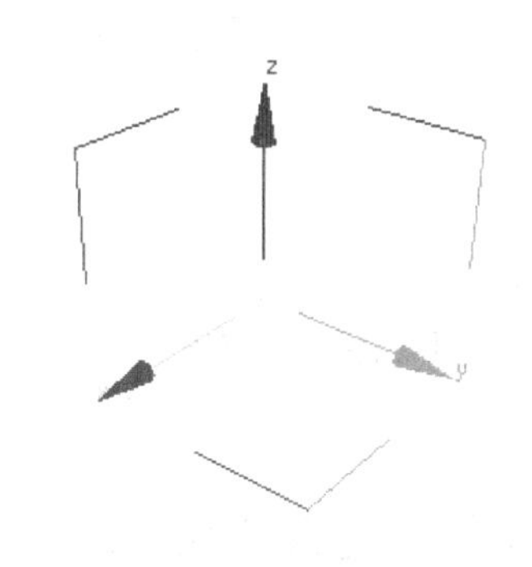

图 1-38　Gizmo

1.4.2　移动物体

移动物体，就是在视图中调整物体的位置。在 3ds Max 中，可以分别沿 X、Y 和 Z 轴 3 个轴向移动物体的位置。具体的实现方法如下。

【例 1-1】练习移动物体

(1) 单击工具栏中的【选择并移动】按钮，在视图中选择一个物体，如图 1-39 所示。

提示： 在前、顶、左等正交视图中，只能看到两个轴向。

(2) 选择一个合适的轴向，当该轴向的颜色变为黄色时，在视图中拖动鼠标，即可调整物体的位置，如图 1-40 所示。

图 1-39　激活移动工具

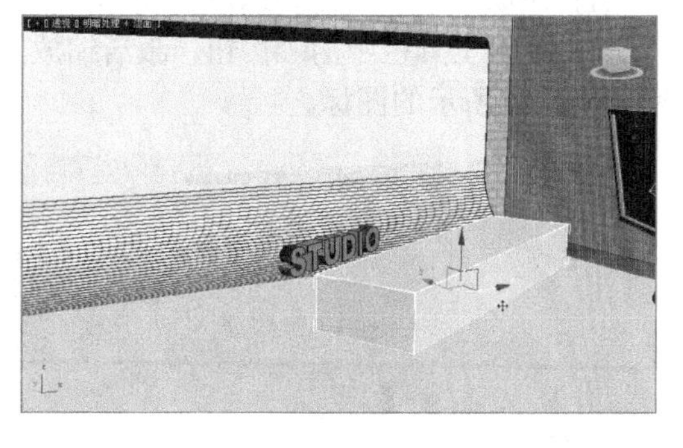

图 1-40　约束到 X 轴

当然，也可以通过锁定某个轴向进行拖拉。在【轴约束】工具栏中单击 X 轴，则可以将移动限定在 X 方向，单击 Y 轴则可以将移动限定在 Y 轴方向，其他与之相同。此外，还可以使用快捷键来进行锁定，锁定 X 轴、Y 轴、Z 轴的快捷键分别是 F5、F6 和 F7。

(3) 我们还可将物体的移动限定在某个平面上，例如，XY 平面等。如果要将一个物体的移动限定在某个平面上，只需按下 F8 键，并在视图中选择某个平面移动即可，如图 1-41 所示。

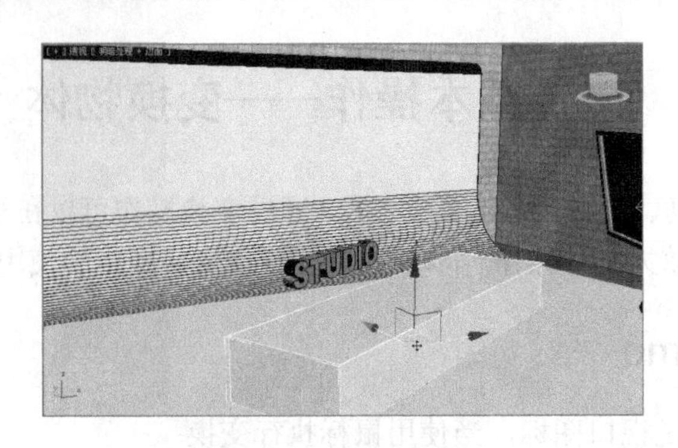

图 1-41　约束到平面

处于激活状态的平面轴向也将以黄色高亮度显示。移动时物体将会在被锁定的平面上自由移动。

1.4.3　旋转物体

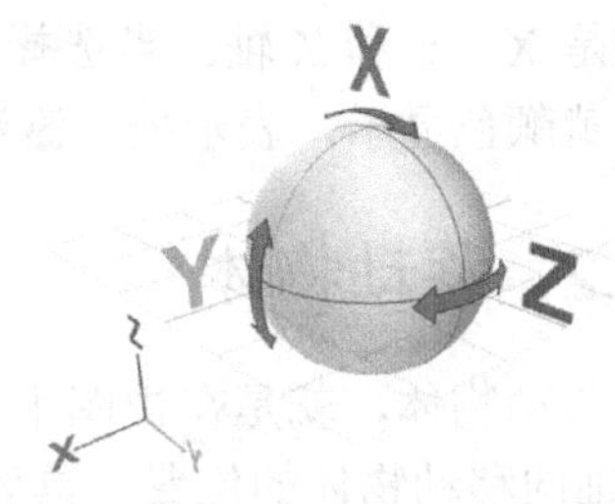

图 1-42　执行旋转操作

在 3ds Max 中，单击工具栏中的【选择并旋转】按钮可以执行旋转操作。也可以直接按下键盘上的快捷键 R，然后在视图中选择不同的轴向拖拉鼠标进行旋转，如图 1-42 所示。

1.4.4　缩放物体

缩放是指放大或缩小物体。其包含 3 种方式，分别为等比缩放、非等比缩放和挤压缩放。要执行缩放操作，可按照下述方法操作。

【例 1-2】缩放物体

(1) 在场景中单击需要缩放的物体，使其处于选择状态，例如，图 1-43 所示的长方体。

(2) 单击工具栏中的按钮，激活缩放工具。将鼠标放置到需要缩放的物体上，即可出现如图 1-44 所示的图标。

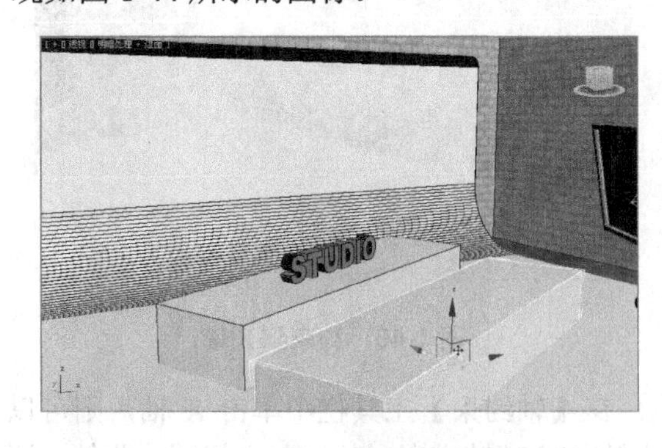

图 1-43　选择物体

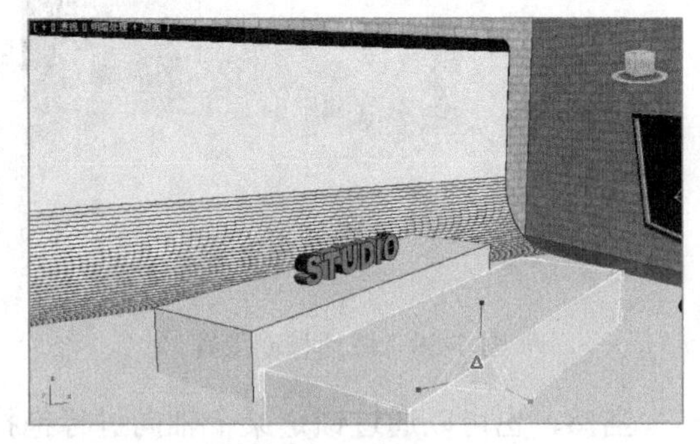

图 1-44　缩放图标

(3) 按住鼠标左键不放，在视图中拖动鼠标即可进行缩放操作，如图 1-45 所示。

另外，还可以对物体执行精确缩放，具体的方法是在【选择并均匀缩放】按钮上单击鼠标右键，在打开的对话框中设置缩放的数值，如图 1-46 所示。

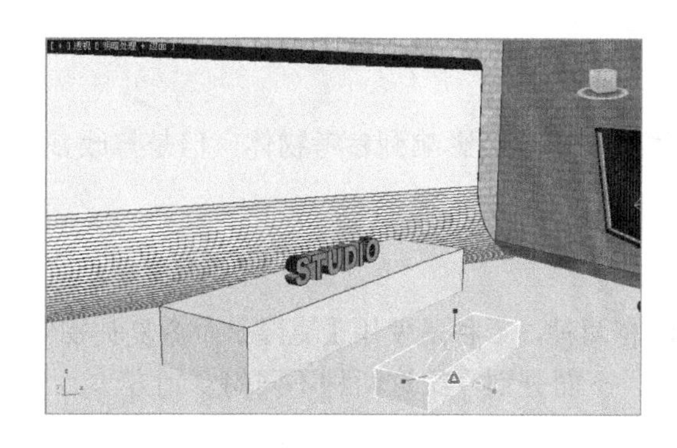

图 1-45　缩放物体

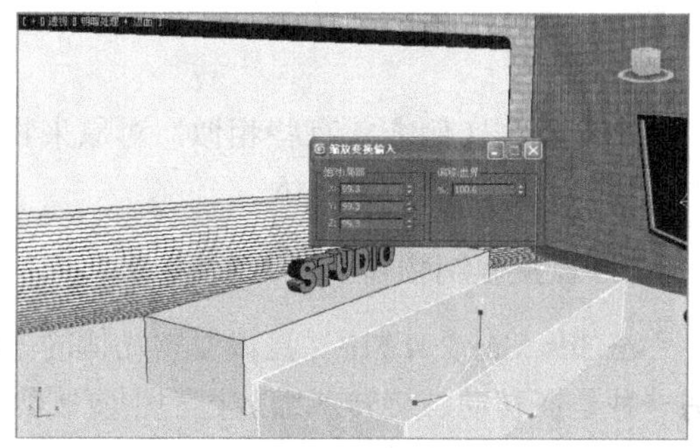

图 1-46　精确缩放

注意： 在使用精确缩放时，需要考虑物体的轴向，否则会出现错误。

在执行缩放操作过程中，如果仅仅选择一个轴向进行缩放，就会产生非等比缩放，即只会使物体沿着某一指定轴向进行缩放，如图 1-47 所示。

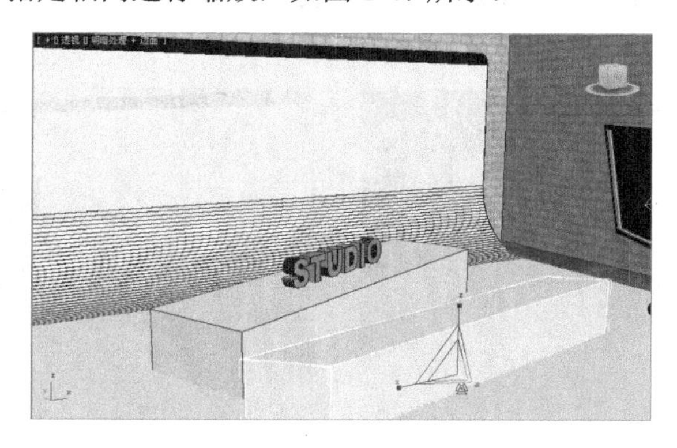

图 1-47　非等比缩放

1.5　基本操作——复制物体

3ds Max 2012 提供了 3 种不同的复制方法，分别为：使用【复制】命令复制物体；使用【镜像】命令镜像物体；使用【阵列】命令阵列物体。本节将介绍它们的操作方法。

1.5.1　复制物体

1. 复制方式简介

1) 复制

该方式复制的物体是与原来的物体完全相同且独立的，即它们之间不产生任何关系。对原来物体或复制物体中的任何一个进行修改都不会影响到其他物体。

2) 实例

如果利用该方式复制物体，则对原物体或复制物体中的任何一个进行修改都将会影响到另一个，即修改原来物体时复制物体也同时被修改，修改复制物体时原来物体也同时被修改。

3) 参考

该方式与实例方式有些相似，对原来物体进行修改会影响到参考物体，但是修改参考物体却不会影响到原来物体。

2. 直接复制物体

在 3ds Max 2012 中，直接复制物体的方法有两种，一种是使用【克隆】命令复制物体，另一种是在移动、旋转或缩放过程中复制物体。下面分别介绍这两种不同的复制方法。

1) 使用【克隆】命令

【**例 1-3**】使用克隆命令

(1) 在视图中选择需要复制的物体。

(2) 执行【编辑】|【克隆】命令，如图 1-48 所示。

(3) 此时将打开如图 1-49 所示的【克隆选项】对话框。

(4) 在【克隆选项】对话框中选择一种复制方式，单击【确定】按钮，即可完成复制操作。

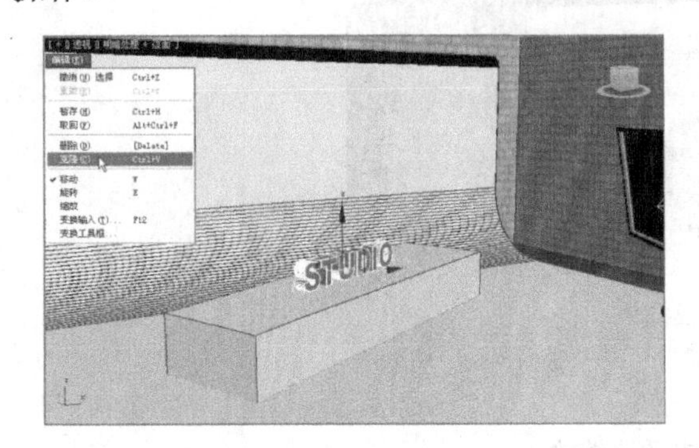

图 1-48 执行【克隆】命令

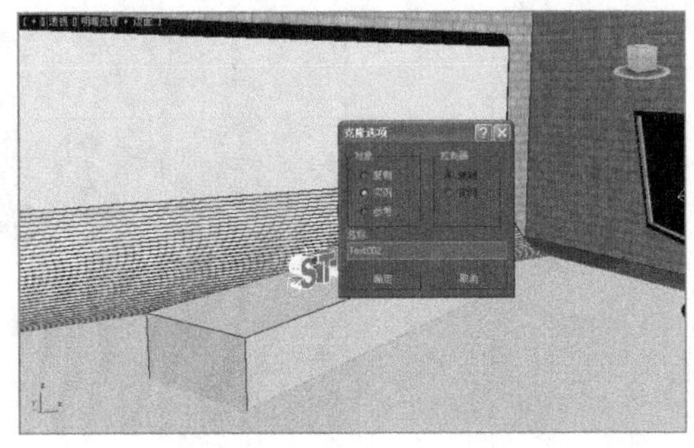

图 1-49 【克隆选项】对话框

(5) 复制完成后，所复制的物体和原物体会重合在一起，然后再利用移动物体的操作调整其位置，如图 1-50 所示。

2) 在移动、旋转或缩放时复制物体

【**例 1-4**】拖动复制物体

(1) 在任意一个视图中选择需要复制的物体。

(2) 激活工具栏上的变换工具，可以是移动、旋转和缩放中的任意一个。

(3) 按住 Shift 键不放，在视图中沿着某一轴向或者平面拖动鼠标(在这里以移动复制为例)，如图 1-51 所示。

(4) 变换到一定的程度后，释放鼠标左键，即可打开如图 1-52 所示的【克隆选项】对话框。

(5) 在【对象】选项组中选择一种复制方式，在【副本数】微调框中设置复制的个数，可以是任意大于 1 的数字，并在【名称】文本框中指定名称。图 1-53 是将【副本数】设置为 3 的效果。

图 1-50　复制的物体

图 1-51　执行复制

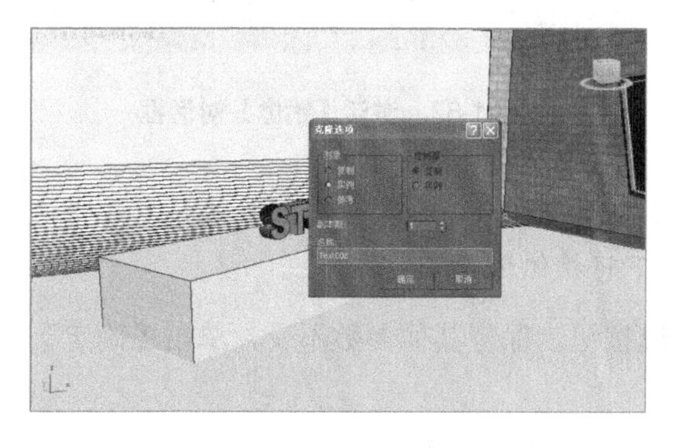

图 1-52　选择复制方式

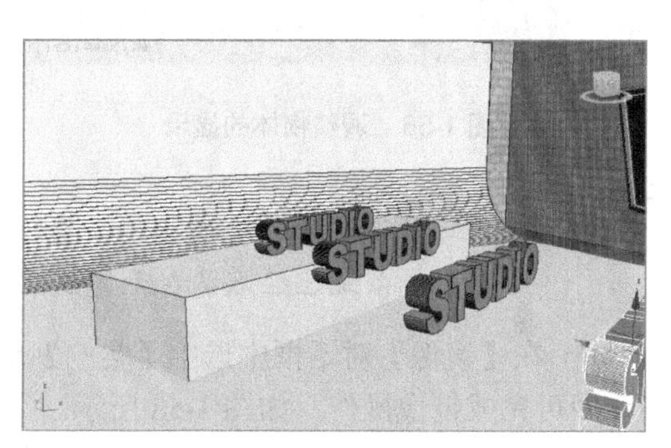

图 1-53　复制效果

1.5.2　镜像复制

镜像复制是指使用一个对话框来创建选定对象的镜像克隆或在不创建克隆的情况下镜像对象的方向，如图 1-54 所示。在提交操作之前，可以预览设置的效果。

【例 1-5】创建镜像物体

(1) 打开随书光盘本章目录下的“镜像练习.max”场景文件，这是一个正在创作中的人物头像，如图 1-55 所示。

图 1-54　镜像效果

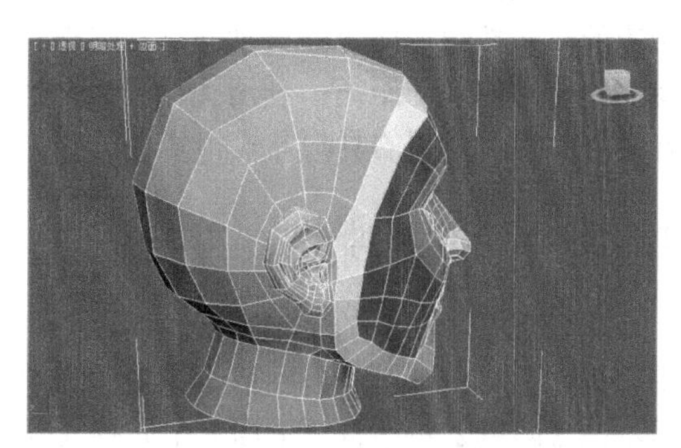

图 1-55　打开场景

(2) 在视图中激活前视图，并使物体完全显示在视图中，如图 1-56 所示。

(3) 确认模型处于选中状态，单击工具栏上的按钮，激活【镜像】对话框，如图 1-57 所示。

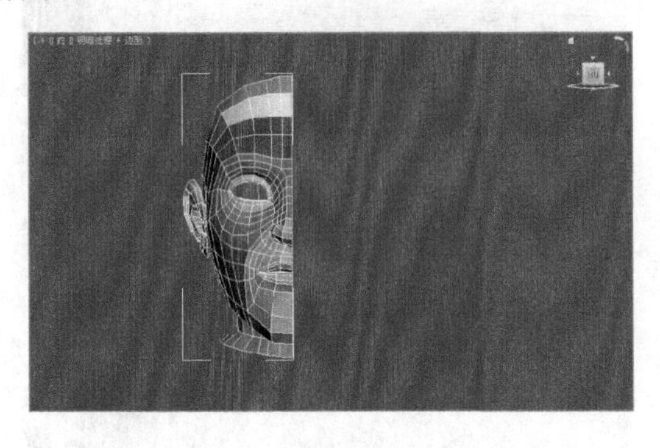

图 1-56　调整物体的显示

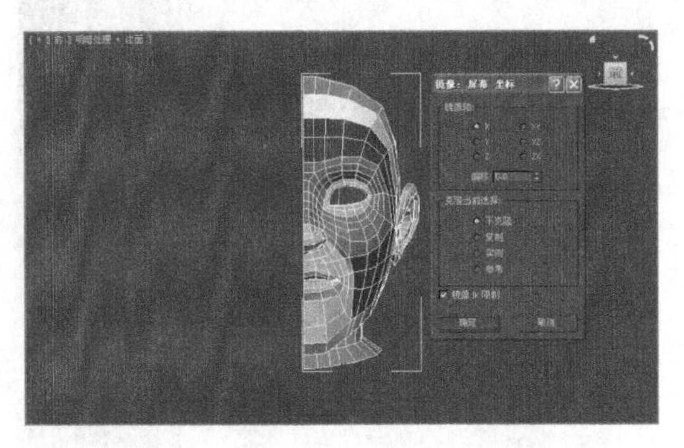

图 1-57　激活【镜像】对话框

提示：此时观察场景中的物体，发现人头的方向已经发生了变化。这并不是错误，而是系统已经默认在无复制状态下将物体进行了镜像。

(4) 在【镜像】对话框中选中【实例】单选按钮，保持其他参数不变，单击【确定】按钮，即可完成镜像操作，如图 1-58 所示。

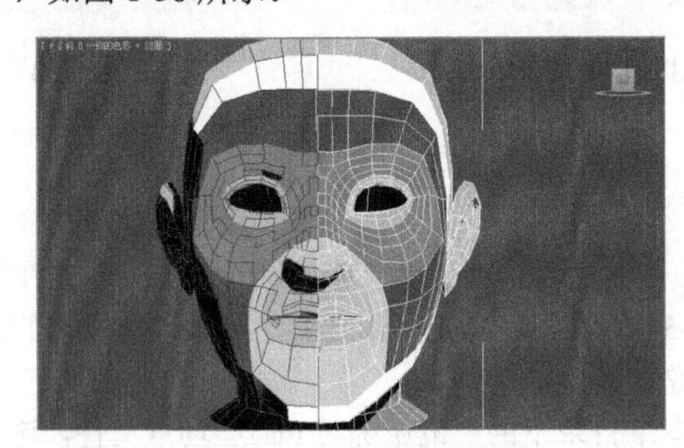

图 1-58　镜像操作

在【镜像】对话框中，利用【镜像轴】选项组可选择镜像轴或镜像平面，只需要选中相应的单选按钮，即可沿该轴向进行镜像；利用【偏移】微调框可设置镜像偏移量，即镜像物体与原物体的距离；利用【克隆当前选择】选项组可设置镜像的方式，其各设置项的含义与前文所介绍的复制方式相同。

1.5.3　阵列复制

阵列是一种高级的复制方法，使用阵列功能可以快速创建一个规则的复杂对象。要使用阵列功能，可以在选择要阵列的物体后依次选择【工具】|【阵列】命令，打开如图 1-59 所示的【阵列】对话框。下面分别介绍【阵列】对话框中各参数的功能。

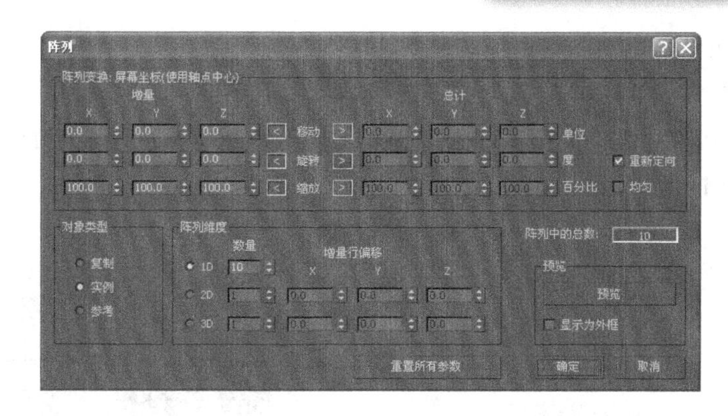

图 1-59 【阵列】对话框

1. 阵列变换

该选项组列出了活动坐标系和变换中心。它用于设置第一行阵列物体的变换位置。在这里，可以确定各个元素的距离、旋转或缩放以及所沿的轴向。

1) 移动

用于设置在 3 个轴向上的阵列增量。使用负值时，可以在指定轴的负方向创建阵列。

2) 旋转

用于设置在 3 个轴向上的阵列角度。使用负值时，可以沿着指定轴向的顺时针方向创建阵列。

3) 缩放

用于设置阵列缩放的比例，100 为实际大小。设置值小于 100 时，将会减小物体的大小；设置值高于 100 时，将会增加物体的大小。

2. 对象类型

【对象类型】选项组用于设置复制物体的方式，包含复制、实例和参考 3 个参数，其具体含义请参考本节相关内容。

3. 阵列维度

【阵列维度】选项组可以确定阵列中使用的维数和维数之间的间隔。

1) 数量

用于设置每一维的对象、行或层数。

2) 1D

一维阵列可以形成 3D 空间中的一行对象，如图 1-60 所示。1D 计数是一行中的对象数。这些对象的间隔是在【阵列变换】选项组中定义的。

图 1-60 1D 效果

3) 2D

二维阵列可以按照二维方式形成对象的层，如棋盘上的方框行。2D 计数是阵列中的行数。2D 阵列效果如图 1-61 所示。

4) 3D

三维阵列可以在 3D 空间中形成多层对象，如整齐堆放的长方体。3D 计数是阵列中的层数，效果如图 1-62 所示。

图 1-61　2D 效果

图 1-62　3D 效果

5) 增量行偏移

选择 2D 或 3D 阵列时，这些参数才可用。

4．其他参数

除了上述参数外，执行【阵列】命令时还可以使用一些其他参数辅助执行操作，关于它们的简介如下。

1) 阵列中的总数

这是一个不可修改的参数。用于显示当前阵列所产生的副本数量。

2) 预览

该按钮用于预览当前参数设置将要产生的阵列效果。

3) 显示为外框

选中该复选框可以将物体显示为边框。在场景中阵列的对象比较多时，可能会使系统运行缓慢，为了节省系统资源，可以在选中该复选框后再执行预览操作。

4) 重置所有参数

单击该按钮后，所有参数都将重置为初始化参数。

技巧： 在使用阵列工具时，先设置好阵列所需的坐标系和旋转中心是非常重要的。如果不先设置好旋转中心的位置，则旋转出来的阵列将会产生错误。同样，如果不先设置好阵列的坐标系，则同样会产生错误的阵列效果。

1.6　基本操作——使用组

组是 3ds Max 中一个非常强大的功能。利用它可以将一些零散的或者具有相同属性的物体组合为一个组对象，从而简化场景复杂度。在 3ds Max 中，【组】菜单提供了所有与组相关的工具。下面就利用一个案例来讲解这些工具的使用方法。

【例 1-6】对物体进行组合操作

(1) 选择【文件】|【打开】命令，打开随书光盘本章目录下的“组合练习.max”文件，这是一组餐桌的模型，如图 1-63 所示。

(2) 使用鼠标在视图中单击模型，可以发现它们并不是一个整体，而是由多个部分组成的，如图 1-64 所示。

图 1-63 打开文件

图 1-64 观察物体组件

(3) 为了简化场景，使选取操作变得更为简单，需要事先将具有相似属性的物体组合为一个对象。使用鼠标选择一把椅子上的所有组成部分，如图 1-65 所示。

(4) 依次执行【组】|【成组】命令，打开【组】对话框。在【组名】文本框中指定名称为“椅子”，然后单击【确定】按钮，如图 1-66 所示。

图 1-65 框选物体

图 1-66 执行组合操作

(5) 使用相同的方法将其他椅子以及餐桌全部组合为组物体，如图 1-67 所示。

(6) 选择创建的组，执行【组】|【炸开】命令，将所组合的物体全部炸开，如图 1-68 所示。

图 1-67 组合相似物体

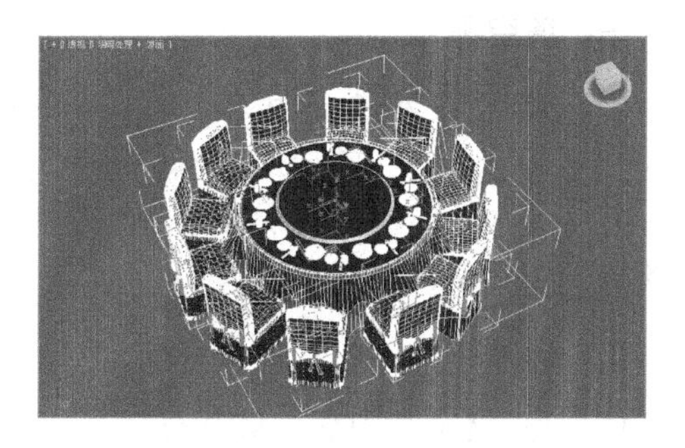

图 1-68 炸开组

(7) 使用鼠标单击的方法，选择所有的筷子模型，如图 1-69 所示。

(8) 再次选择【组】|【成组】命令，在打开的对话框中将组名称设置为“筷子”，如图 1-70 所示。

图 1-69 选择筷子

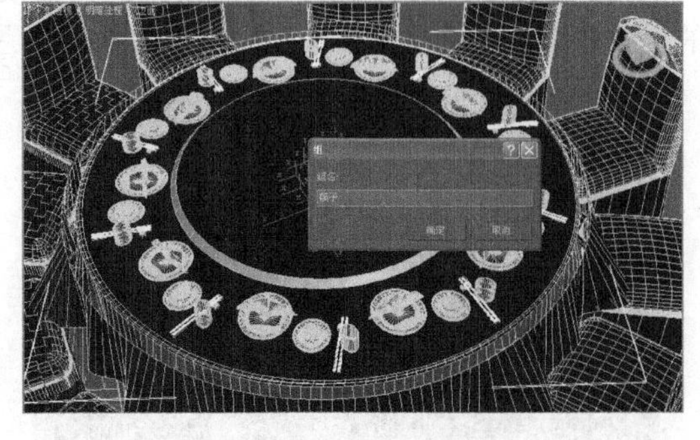

图 1-70 组合筷子物体

(9) 选择桌面物体，选择【组】|【附加】命令，再在视图中拾取“筷子”组，即可将其附加到一起，如图 1-71 所示。

图 1-71 附加组

可以将物体的一部分组合，而另一部分则附加在组物体上，这也是一种合理的组创建方式。而在需要时，还可以将物体解组，从而将附加的物体从组物体中脱离出来。

1.7 习 题

一、填空题

1. 3ds Max 2012 是由__________公司发布的一款三维动画制作软件。
2. __________是指以鼠标单击的方式来选择物体，这是一种最简单的选择方式。
3. __________是操作的平台，通过该区域可以快速了解一个模型各个部分的结构，以及执行修改命令后的效果。

二、选择题

1. 3ds Max 的创建面板包含__________个模块。

A. 4　　B. 5　　C. 6　　D. 7

2. 打开在线帮助文档的快捷键是__________。

A. F1　　B. F2　　C. F3　　D. F4

3. 在 3ds Max 中，按___________快捷键可以使物体以线框方式显示。

A. F1　　B. F2　　C. F3　　D. F4

4. 在 3ds Max 中，我们可以使用___________种复制方式复制物体。

A. 1　　B. 2　　C. 3　　D. 4

5. 默认情况下，3ds Max 创建的文件的扩展名为__________。

A. .bmp　　B. .max　　C. .psd　　D. .3ds

三、简述题

1. 简述 3ds Max 的应用领域。
2. 简述 3ds Max 2012 的新增功能。
3. 简述如何实现物体的 3 种复制途径。

第2章 创建几何体

3ds Max 具有强大的建模功能，随着软件版本的不断升级，其建模功能更加完善。无论是简单的规则模型还是复杂的不规则模型，3ds Max 都可以出色地完成任务。而无论要创建多么复杂的模型，都必须以 3ds Max 提供的基本体为基础进行编辑和创建。本章将讲解几何体的类型，以及创建几何体的方法。

2.1 几何体创建基础

在介绍几何体的创建方法之前，大家有必要了解一下 3ds Max 中的创建面板。创建面板是 3ds Max 中的主要面板，集成了所有的物体。此外，本节还将讲解如何改变物体的颜色。

2.1.1 认识创建面板

创建面板用于创建对象，这是在 3ds Max 中构建新场景的第一步。在创建面板中包括了所有可以创建的对象类型，使用下拉列表可以选择对象子类别，如图 2-1 所示。可创建的对象共分为 7 种类型，每一种类型中还包括不同的对象子类型。下面先简要介绍这 7 种基本类型。

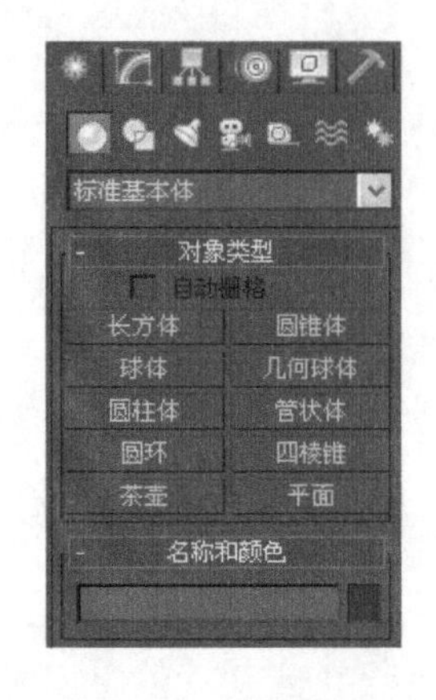

图 2-1 创建面板

1. 几何体

几何体面板用来创建各种各样的三维对象，是 3ds Max 中最基础也是最重要的三维建模工具。通过对创建出的基础模型添加修改器可以编辑出比较复杂的模型。

2. 图形

图形面板用来创建二维图形，主要包括样条线和 NURBS 曲线，它们能够在 2D 空间或 3D 空间中存在，但是它们只有一个局部维度。二维图形也可以直接生成三维对象，这是它一个比较重要的功能。

3. 灯光

灯光面板用来创建各种各样的灯光类型，可以模拟现实世界中不同类型的灯光。根据应用类型的不同，灯光分为标准灯光和光学度灯光两大类。

4. 摄影机

这里的摄影机具有和现实生活中的摄像机类似的功能。可以为视图设置不同的视角，并且可以对摄影机设置动画。

5. 辅助对象

辅助对象有助于构建场景。它们可以辅助定位、测量场景中的可渲染几何体，以及设置其动画。

6. 空间扭曲

空间扭曲可以在围绕其他对象的空间中产生各种不同的扭曲效果。一些空间扭曲专用于粒子系统。空间扭曲对象在场景中是不可渲染的。

7. 系统

系统将对象、控制器和层次组合在一起，提供与某种行为关联的几何体。也包含模拟场景中的阳光和日光系统。

2.1.2　为对象指定颜色

在 3ds Max 中，我们可以为创建的几何体指定颜色。通过为对象指定颜色，可以便于管理场景的物体。要为对象指定颜色，通常需要使用【对象颜色】对话框和【颜色选择器】对话框来实现。

1. 【对象颜色】对话框

【对象颜色】对话框包含两个调色板，使用这些调色板，可以设置对象的线框颜色。另外，这也是显示在着色视口中的曲面颜色，如图 2-2 所示。默认情况下，创建对象时，3ds Max 可以随机分配颜色。在【对象颜色】对话框的当前调色板中，可以选择所需的颜色。

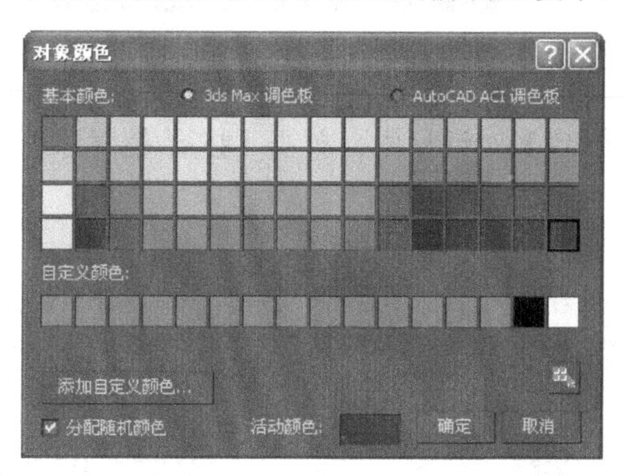

图 2-2　【对象颜色】对话框

如果选中【自定义】|【首选项】|【常规】|【新节点默认为按层】复选框，可以给新对象指定按层设置的颜色。

【例 2-1】为对象指定颜色

(1) 选择一个或多个对象，例如图 2-3 所示的环形结。

(2) 在任意命令面板上，单击【名称和颜色】字段右侧的色块，如图 2-4 所示，打开【对象颜色】对话框。

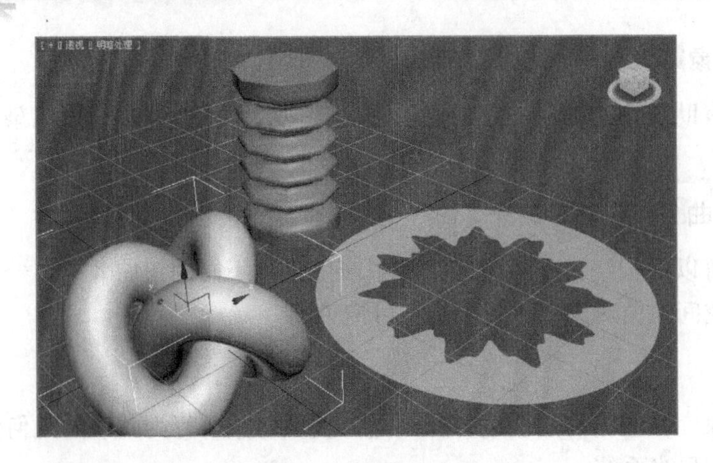

图 2-3　选择物体

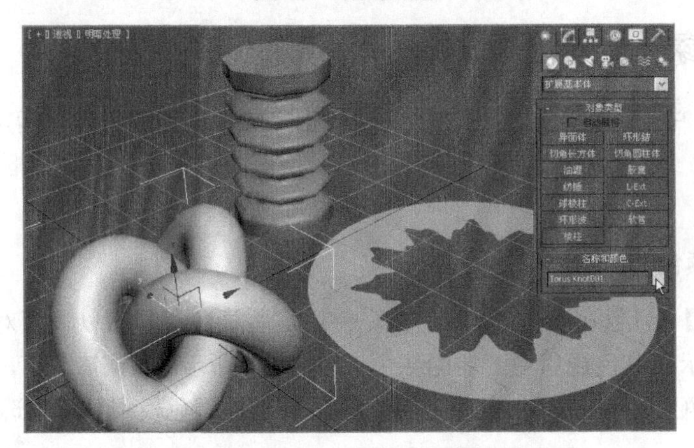

图 2-4　单击【名称和颜色】字段右侧的色块

(3) 在打开的【对象颜色】对话框中，单击【按层/按对象】按钮切换为【按对象】模式，如图 2-5 所示。

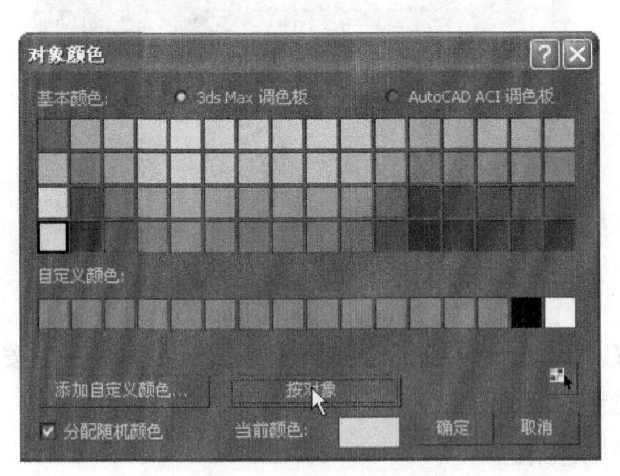

图 2-5　切换选择模式

(4) 在调色板中单击某个色样，然后单击【确定】按钮，将颜色应用于选定对象，如图 2-6 所示。

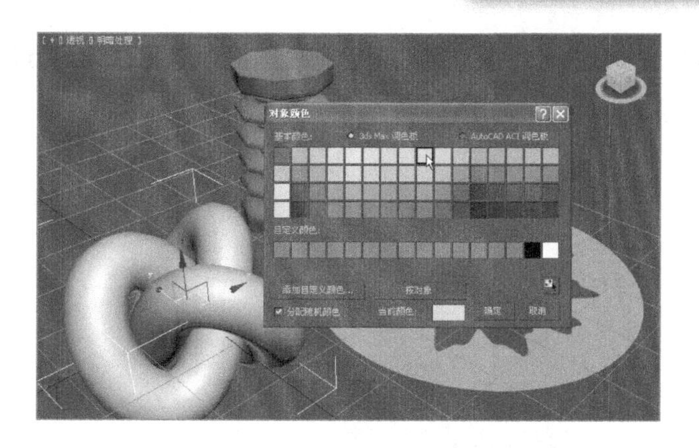

图 2-6　修改颜色

2. 【颜色选择器】对话框

在 3ds Max 中指定自定义颜色参数时会用到【颜色选择器】对话框，如图 2-7 所示。可以同时使用 3 种不同的颜色模型来帮助用户集中设置需要的颜色。可以利用该对话框为灯光颜色、材质颜色、背景色和自定义对象颜色等指定各种参数值。

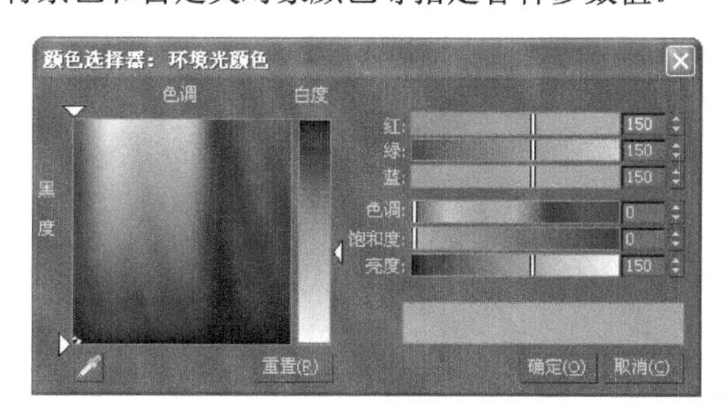

图 2-7　【颜色选择器】对话框

关于颜色选择器的应用将在后面的章节中讲解，这里不做详细的讲述。

2.1.3　法线与平滑

法线和平滑都是 3ds Max 中的概念。法线是定义面或顶点指向方向的单位矢量。平滑定义了是否使用边缘清晰或平滑的曲面渲染曲面。本节将讲解法线和平滑的相关知识。

1. 法线

法线的方向表示面或顶点的前曲面或外曲面的方向，它位于正常显示和渲染的曲面的侧面，如图 2-8 所示。可以手动翻转或统一面法线，以解决由建模操作或从其他程序中导入网格所引起的曲面错误。

2. 平滑组

平滑组是为对象的曲面指定的数目，如图 2-9 所示。每个面均可有任意数量的平滑组，但最大数不超过 32 个。如果两个面共享一条边和相同的平滑组，则将它们作为平滑面进行渲染。如果它们没有共用相同的平滑组，则它们之间的边缘将作为角点进行渲染。

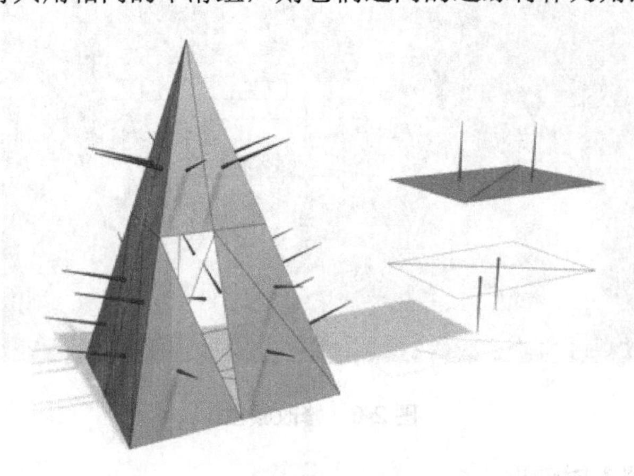

图 2-8　物体的法线

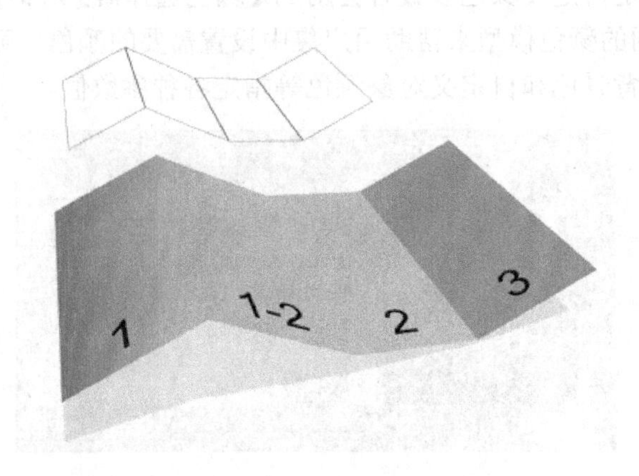

图 2-9　平滑组的效果

2.2　创建几何基本体

几何基本体是 3ds Max 提供的参数化对象。3ds Max 中的许多对象都拥有可以更改的参数，以改变对象的大小和形状。这种类型的对象可以描述为参数化，而这种对象则被称为“参数化对象”。基本体分为两个类别：标准基本体和扩展基本体。本节将讲解创建几何基本体的相关方法。

2.2.1　利用键盘创建物体

使用键盘在【键盘输入】卷展栏中输入不同的参数值可以创建多数几何基本体。通常，该方法对于所有基本体都适用，但异面体基本体对象除外。

【例 2-2】利用键盘创建长方体

(1) 在创建面板中单击【长方体】按钮，如图 2-10 所示。

提示： 利用这种方式创建物体时，不能创建异面体、环形波或软管。

(2) 展开【键盘输入】卷展栏，分别在 X、Y 和 Z 微调框中指定一个参数，用于定义创建的长方体的位置，如图 2-11 所示。

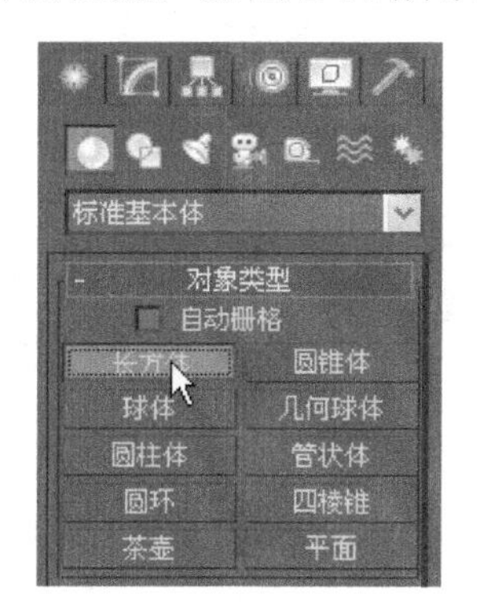

图 2-10　单击【长方体】按钮

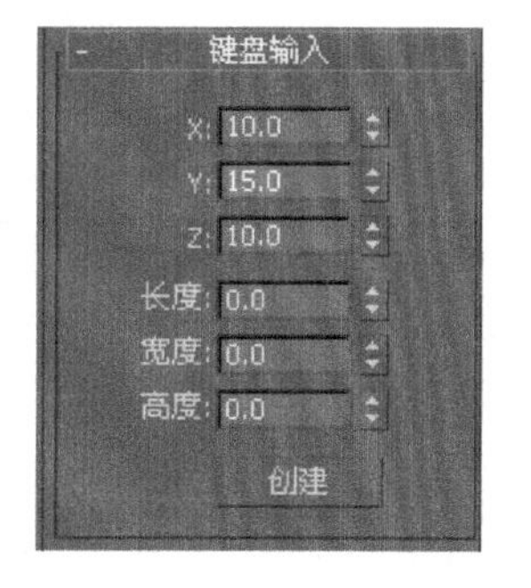

图 2-11　指定物体坐标

(3) 分别在【长度】、【宽度】和【高度】微调框中指定长方体的长度、宽度和高度，如图 2-12 所示。

(4) 设置完毕后，单击【创建】按钮，即可在指定的位置创建一个长方体，如图 2-13 所示。

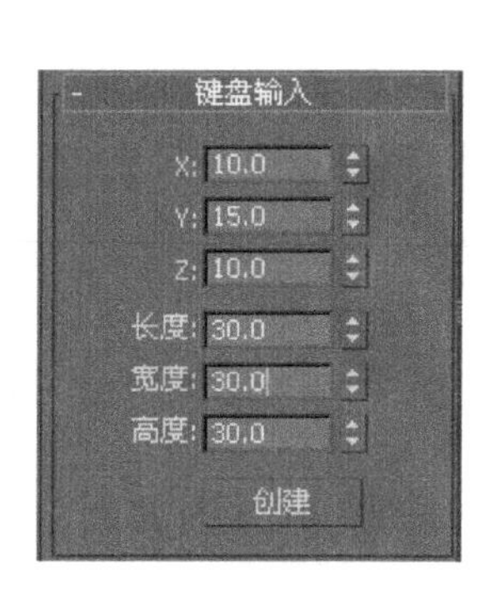

图 2-12　输入参数

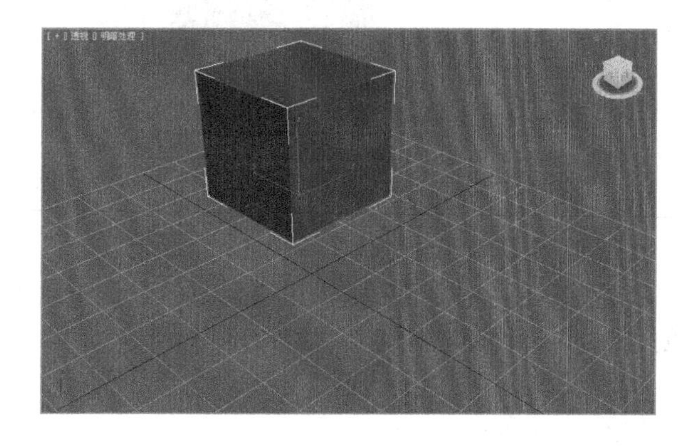

图 2-13　创建长方体

2.2.2　创建标准基本体

3ds Max 系统在默认情况下有 10 种标准几何体，如图 2-14 所示。本节将详细介绍这些标准几何体的基本创建方法和基本参数的设置。

1. 长方体

长方体可以生成最简单的基本体，如图 2-15 所示。立方体也是长方体的一种。我们可以通过更改长方体的长、宽、高来更改长方体的外形。

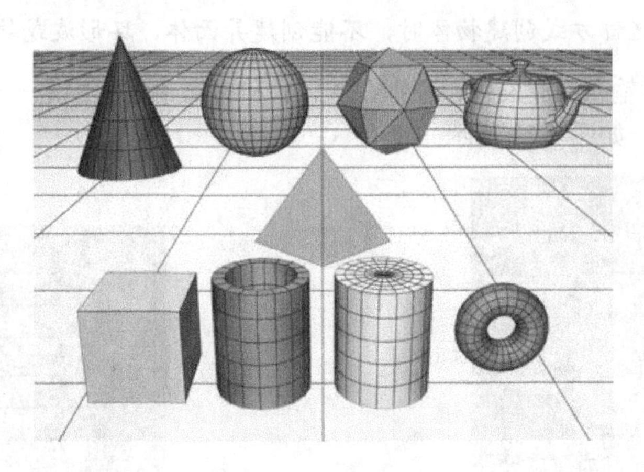

图 2-14　标准几何体

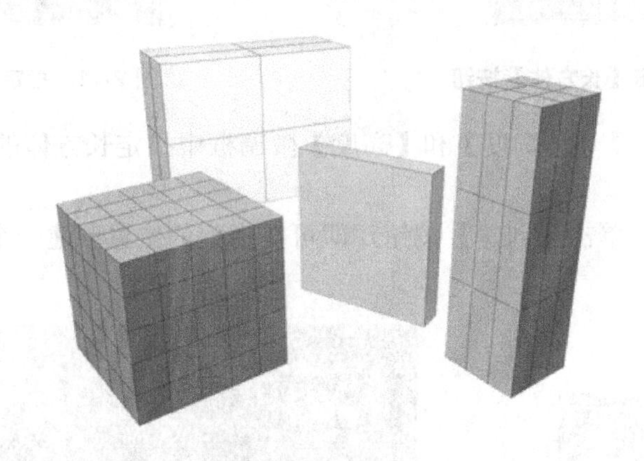

图 2-15　长方体

【例 2-3】创建长方体

(1) 在创建基本体面板中单击【长方体】按钮，如图 2-16 所示，或者在菜单栏中选择【创建】|【标准基本体】|【长方体】命令。

(2) 在任意视图中拖动鼠标定义长方体的底部，待大小合适后松开鼠标确认长度和宽度，如图 2-17 所示。

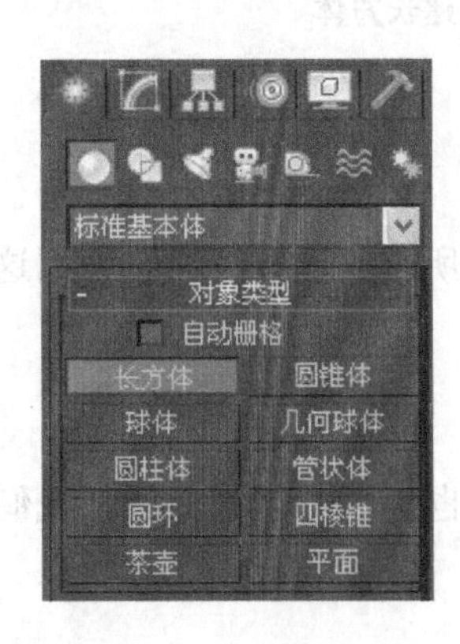

图 2-16　启用工具

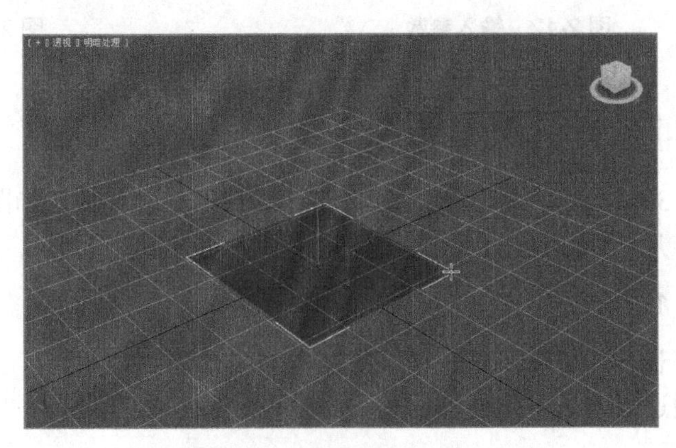

图 2-17　定义长方体底部

(3) 再次移动鼠标就可以设置长方体的高度，最后在适当的位置单击完成创建，如图 2-18 所示。

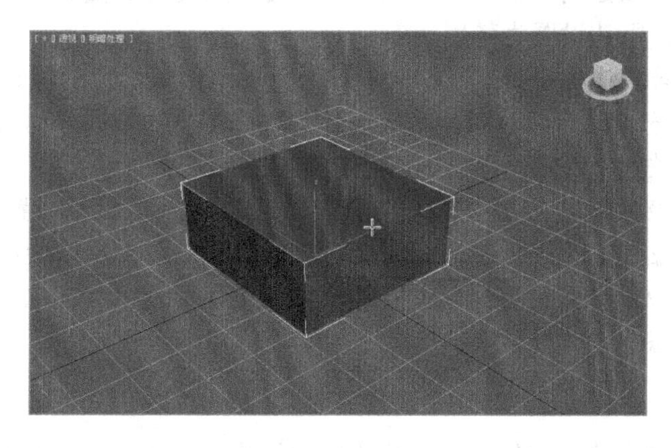

图 2-18　创建完成

2. 圆锥体

单击【创建】命令面板中的【圆锥体】按钮可以产生直立或倒立的圆锥体，如图 2-19 所示。其创建方法与长方体的创建方法相似，这里不再赘述。

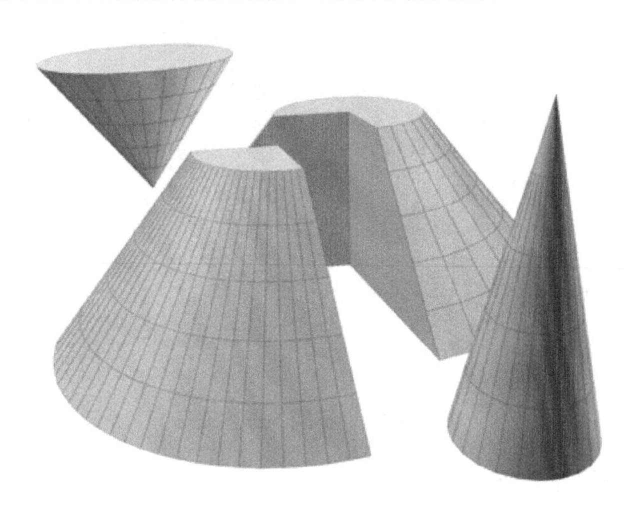

图 2-19　圆锥体

下面简单介绍圆锥体的控制参数。

- 半径 1/半径 2：【半径 1】和【半径 2】分别用于设置圆锥体的第一个半径和第二个半径。两个半径的最小值都为 0.0。
- 高度：设置中心轴的高度。负值将在构造平面下创建圆锥体。
- 高度分段：设置沿着圆锥体主轴的分段数。
- 端面分段：设置围绕圆锥体顶部和底部中心的同心分段数。
- 边数：设置圆锥体周围边数。选中【平滑】复选框时，设置较大的数值可以着色和渲染为真正的圆。取消选中【平滑】复选框时，设置较小的数值可以创建规则的多边形对象。

- 平滑：混合圆锥体的面，从而在渲染视图中创建平滑的外观。
- 启用切片：创建切片后，如果取消选中【启用切片】复选框，则将重新显示完整的圆锥体。默认设置为禁用状态。
- 切片起始位置/切片结束位置：设置物体开始与结束切片的位置。对于这两个设置，正数值将按逆时针移动切片的末端；负数值将按顺时针移动它。这两个设置的先后顺序无关紧要。端点重合时，将重新显示整个圆锥体。
- 生成贴图坐标：生成将贴图材质用于圆锥体的坐标，默认设置为启用。
- 真实世界贴图大小：控制应用于该对象的纹理贴图材质所使用的缩放方法。缩放值由位于应用材质的【坐标】卷展栏中的【使用真实世界比例】控制。默认设置为禁用状态。

3．球体

球体工具将生成完整的球体、半球体或球体的其他部分，还可以围绕球体的垂直轴对其进行切片，如图 2-20 所示。球体的创建方法与长方体的创建方法相同，这里不再赘述。

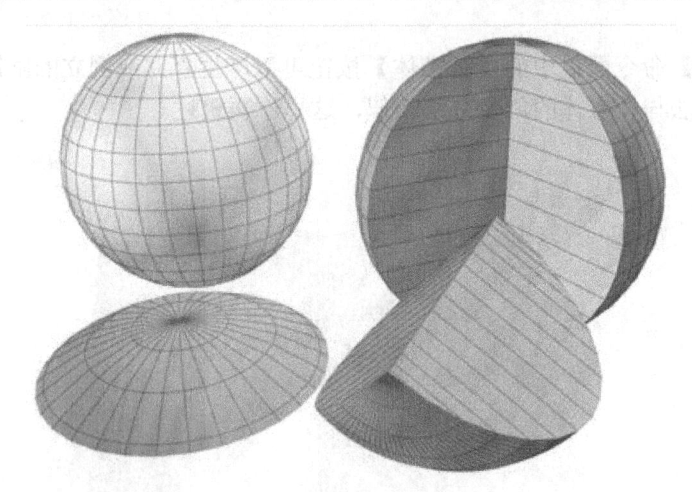

图 2-20　不同的球体变形

关于球体的参数简介如下。

- 半径：该参数用于指定球体的半径。
- 分段：该参数用于设置球体多边形分段的数目。
- 平滑：该参数用于混合球体的面，从而在渲染视图中创建平滑的外观。
- 半球：过分增大该值将“切断”球体，如果从底部开始，将创建部分球体。值的范围可以从 0～1.0。默认值是 0，可以生成完整的球体。设置为 0.5 时可以生成半球，设置为 1.0 时会使球体消失。
- 切除：通过在半球断开时将球体中的顶点和面“切除”来减少它们的数量。默认设置为启用。
- 挤压：保持原始球体中的顶点数和面数，将几何体向着球体的顶部“挤压”，直到体积越来越小。

4. 几何球体

使用几何球体工具可以基于三类规则多面体制作球体和半球。它与球体不同的是，几何球体所创建的物体的表面是由三角面组成的，如图 2-21 所示。

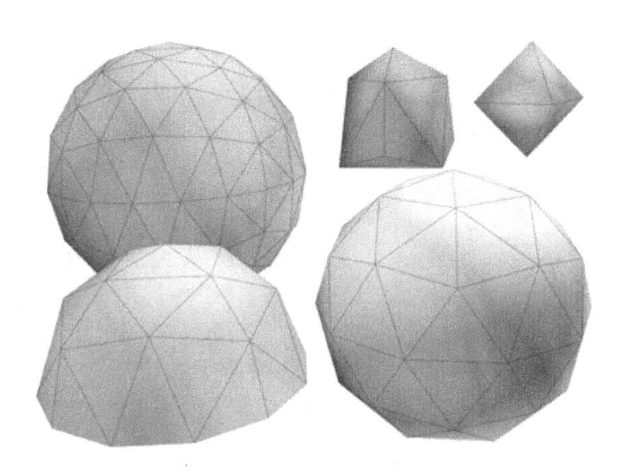

图 2-21　几何球体的表面

与标准球体相比，几何球体能够生成更规则的曲面。在指定相同面数的情况下，它们也可以使用比标准球体更平滑的剖面进行渲染。与标准球体不同，几何球体没有极点，这对于应用某些修改器如自由形式变形修改器 FFD 非常有用。

5. 圆柱体

圆柱体工具用于生成圆柱体，我们可以围绕其主轴进行“切片”。利用该工具创建出来的效果如图 2-22 所示。

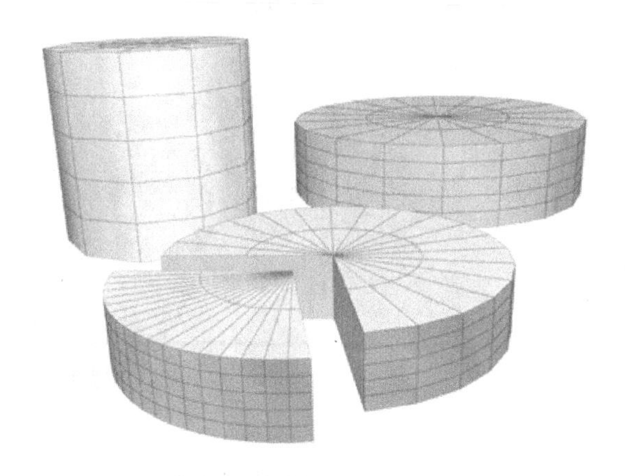

图 2-22　圆柱体

要创建圆柱体，可以单击【创建】面板下的【圆柱体】按钮，在任意视图中拖动以定义底部的半径，然后释放即可设置半径，上下移动鼠标定义高度，高度可为正值也可为负值，最后单击完成创建。

6．圆管

圆管工具可以生成圆形和棱柱管道，形状类似于中空的圆柱体，创建方法与圆锥体相似。图 2-23 所示为创建的各种形状的圆管。

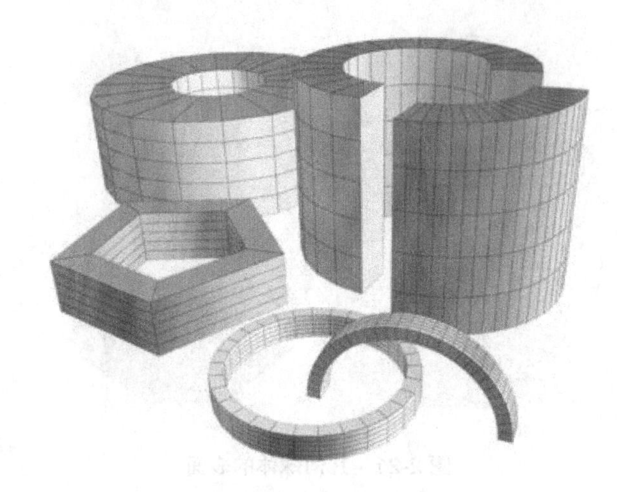

图 2-23　创建的圆管

7．圆环

圆环工具可生成一个环形或具有圆形横截面的环。可以将平滑选项与旋转和扭曲设置组合使用，以创建复杂的变体，如图 2-24 所示。

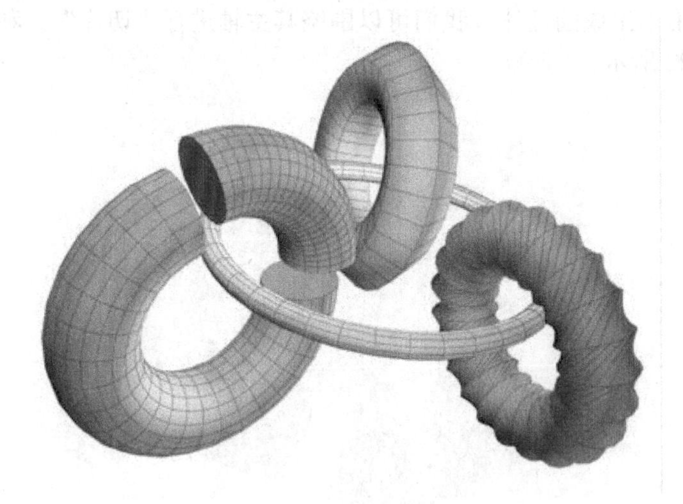

图 2-24　各种圆环形状

8．四棱锥

四棱锥基本体拥有方形或矩形底部和三角形侧面，类似于金字塔。它的变形体较少，基本上就一个金字塔形状，当然我们可以通过调整它的参数来适当地修改其外形，如图 2-25 所示。

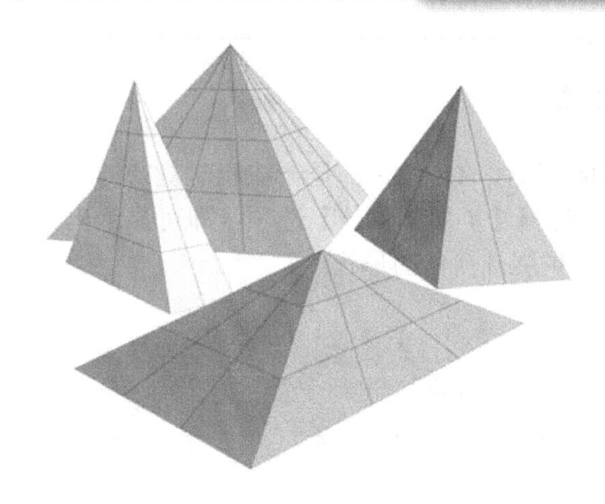

图 2-25　四棱锥形状

9．茶壶

茶壶可生成一个茶壶形状。可以选择一次制作整个茶壶(默认设置)或部分茶壶。由于茶壶是参量对象，因此可以选择创建之后显示茶壶的哪些部分，如图 2-26 所示。

图 2-26　茶壶

10．平面

【平面】对象是特殊类型的平面多边形网格，可在渲染时无限放大。可以通过修改其面板指定放大分段大小和/或数量的因子。通常可以使用【平面】对象创建地面，如图 2-27 所示。

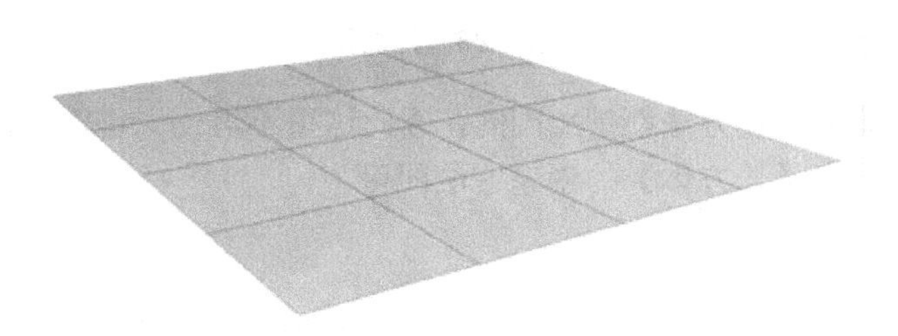

图 2-27　平面

2.2.3 扩展基本体

扩展基本体是标准几何体的延伸，都是一些相对复杂的几何体。在【创建】面板的几何体子面板下拉列表中选择【扩展基本体】选项，即可显示出扩展几何体的【对象类型】卷展栏。图 2-28 所示为扩展几何体的形状。

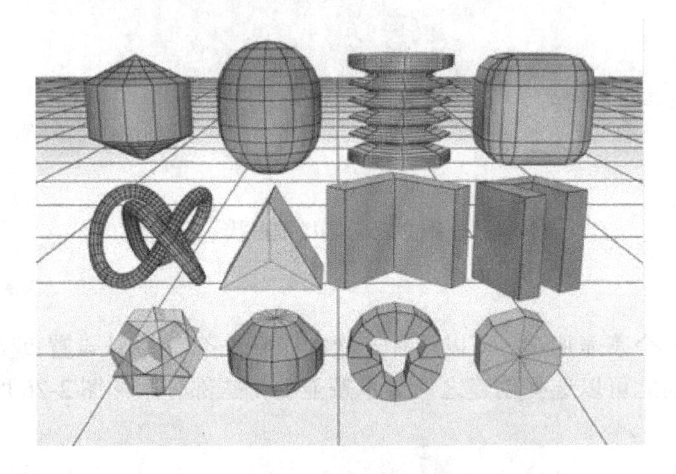

图 2-28 扩展基本体

1. 异面体

异面体是由多个面构成的几何体类型，所以也称为多面体。使用【异面体】工具可以根据实际需要创建多种不同类型的多边形，如图 2-29 所示。

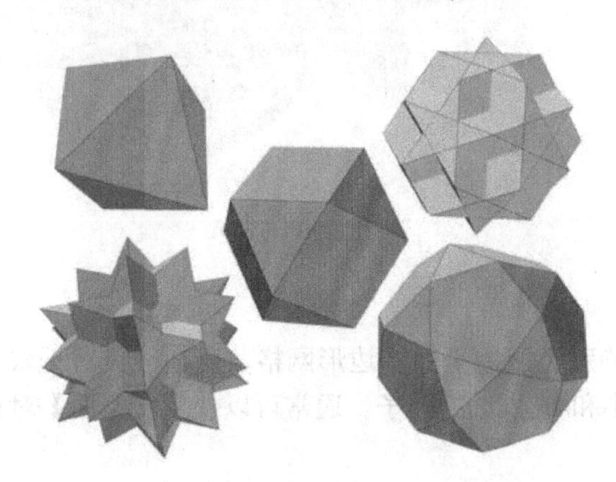

图 2-29 异面体

几乎所有几何体的创建方法都是相同的，因此这里不再一一讲解每种工具的使用方法，大家可以参考上一节中【长方体】的创建方法即可。

2. 环形结

使用环形结工具可以通过在正常平面中围绕 3D 曲线绘制 2D 曲线来创建复杂或带结的环形。3D 曲线(称为基础曲线)既可以是圆形，也可以是环形结，如图 2-30 所示。

图 2-30　环形结

3．倒角长方体

使用倒角长方体工具可以创建具有倒角和圆形边的长方体。经常用于创建沙发坐垫、椅子模型等，如图 2-31 所示。

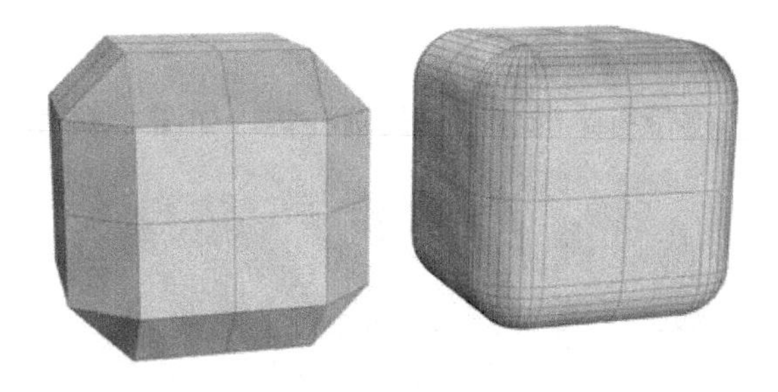

图 2-31　倒角长方体

4．倒角圆柱体

使用倒角圆柱体工具可以创建具有倒角或圆形封口边的圆柱体。与倒角长方体一样，均是在标准几何体的基础上增加了倒角效果，如图 2-32 所示。

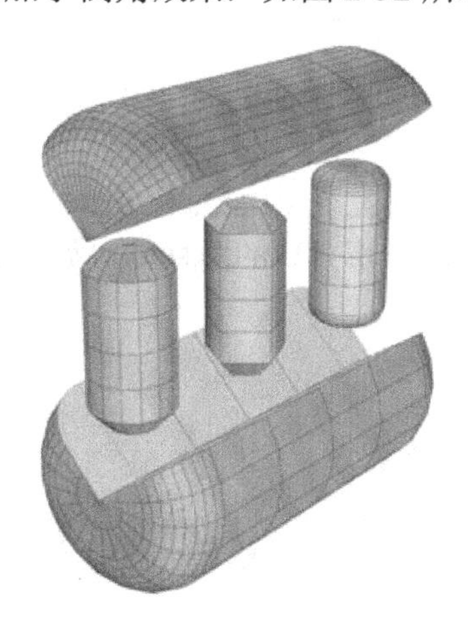

图 2-32　倒角圆柱体

5．油罐

使用油罐工具可以创建带有凸面封口的圆柱体，如图 2-33 所示。

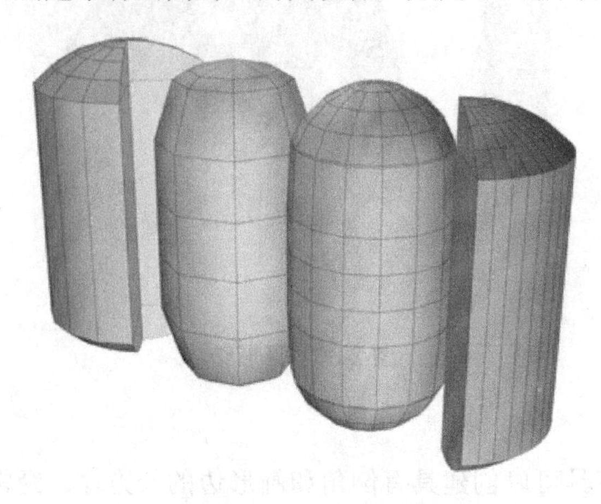

图 2-33　油罐形状

6．胶囊

使用胶囊工具可以创建带有半球状封口的圆柱体，如图 2-34 所示。

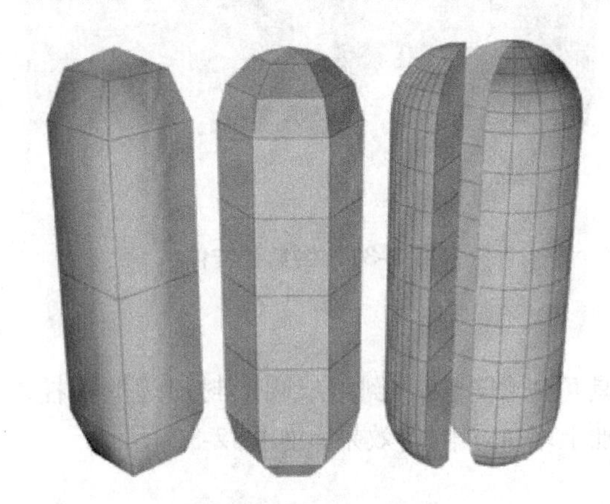

图 2-34　胶囊形状

7．纺锤

使用纺锤工具可以创建带有圆锥形封口的圆柱体，如图 2-35 所示。

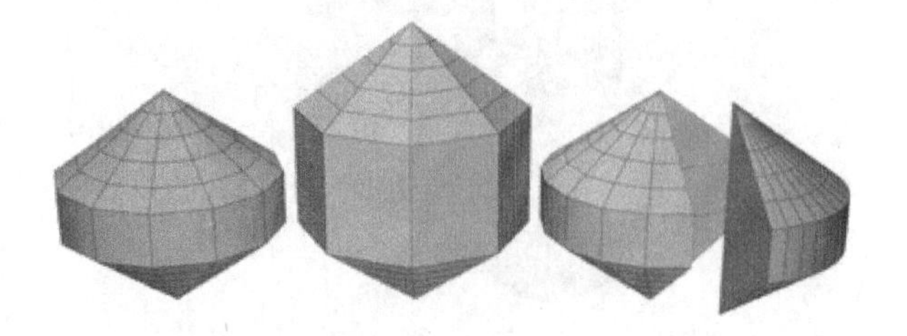

图 2-35　纺锤形状

8. L 型挤出

使用 L 形挤出工具可以创建挤出的 L 形对象，如图 2-36 所示。

图 2-36　L 型挤出形状

9. 球棱柱

使用球棱柱工具可以利用圆角边创建具有规则面的多边形，如图 2-37 所示。

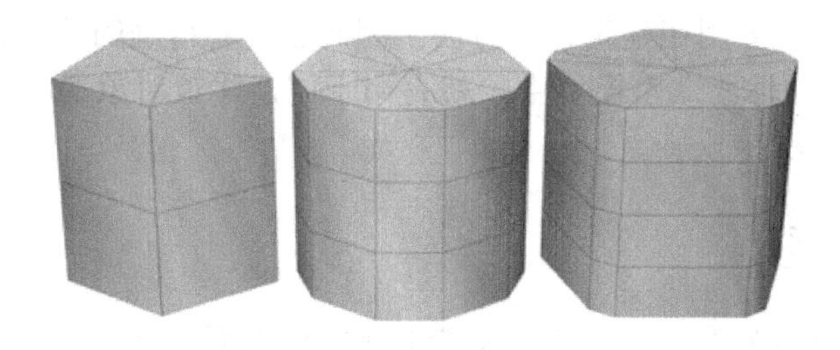

图 2-37　球棱柱形状

10. 环形波

使用环形波工具可以创建一个环形，可将环形的内部边和外部边设置为不规则的图形。环形波可以设置为动画。例如，可以利用它来制作星球爆炸产生的冲击波动画，如图 2-38 所示。

图 2-38　冲击波效果

11．软管

软管对象是一个能连接两个对象的弹性对象，因而能反映这两个对象的运动。它类似于弹簧，但不具备动力学属性。可以指定软管的总直径和长度、圈数以及其“线”的直径和形状，如图 2-39 所示。

图 2-39 “软管”对象

2.3 建筑对象

早期的 3ds Max 主要用在建筑设计方面，因此它有着精确的单位计数以及复杂的建筑设计系统。在创建几何体的众多模块中，就有用于创建建筑对象的相关模块。本节将介绍这几个模块的使用方法。

2.3.1 AEC 扩展

AEC 扩展对象是专为建筑、工程和构造领域的使用而设计的。在【创建】面板的【几何体】子面板下拉列表中选择【AEC 扩展】选项，即可显示出 AEC 扩展对象的【对象类型】卷展栏，其中主要包括植物、栏杆和墙等建筑配套元素模型。

1．植物

利用植物工具可以创建出各种植物，如树、草等，如图 2-40 所示。此外，还可以通过其参数控制植物的高度、密度、修剪、种子、树冠显示和细节级别。

图 2-40 创建植物

在场景中创建植物以后，就可以通过其【修改】面板来设置它的参数，从而实现我们预期的形状。

- 高度：控制植物的近似高度。3ds Max 将对所有植物的高度应用随机的噪波系数。因此，在视图中所测量的植物实际高度并不一定等于在【高度】参数中指定的值。
- 密度：控制植物上叶子和花朵的数量。值为 1 表示植物具有全部的叶子和花；值为 0.5 表示植物具有一半的叶子和花；值为 0 表示植物没有叶子和花，如图 2-41 所示。

图 2-41 植物的密度

- 修剪：只适用于具有树枝的植物，如图 2-42 所示，用于删除位于构造平面下且不可见的树枝。其中，0 表示不进行修剪；0.5 表示根据一个比构造平面高出一半高度的平面进行修剪；1 表示尽可能修剪植物上的所有树枝。

图 2-42 修剪效果

- 新建：显示当前植物的随机变体，按钮旁的数值字段中是种子值。

技巧： 可反复单击【新建】按钮，直至找到所需的变体。这比使用修改器调整树更为简捷。

- 种子：介于 0～16777215 之间的值，表示当前植物可能的树枝变体、叶子位置以及树干的形状与角度。

2. 栏杆

栏杆对象包括栏杆、立柱和栅栏，栅栏包括支柱或实体填充材质，如玻璃或木条，如图 2-43 所示。

图 2-43 栏杆效果

创建栏杆对象时，既可以指定栏杆的方向和高度，也可以拾取样条线路径并向该路径应用栏杆。3ds Max 对样条线路径应用栏杆时，该路径称作扶手路径。

【例 2-4】创建不规则栏杆

(1) 打开随书光盘本章目录下的“不规则围栏.max”文件，这是一个由样条线组成的场景文件，如图 2-44 所示。

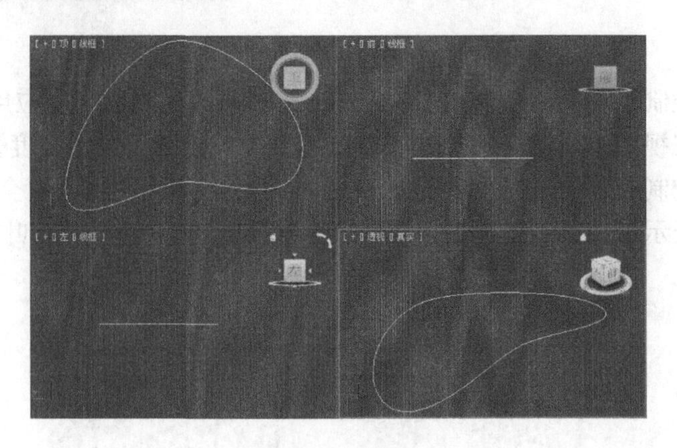

图 2-44　场景文件

(2) 在【几何体】面板中，在【标准几何体】下拉列表中选择【AEC 扩展】选项，如图 2-45 所示。

(3) 在【对象类型】卷展栏中单击【栏杆】按钮，激活该工具。然后再单击【拾取栏杆路径】按钮，如图 2-46 所示。

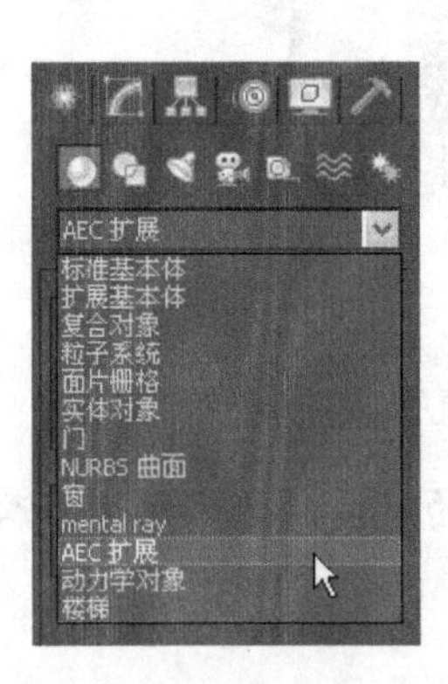

图 2-45　选择【AEC 扩展】选项

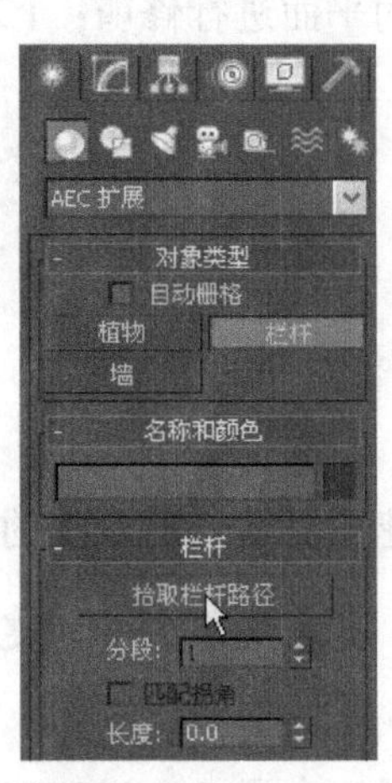

图 2-46　激活栏杆拾取路径

(4) 在顶视图中单击视图中的图形，观察此时的场景效果，如图 2-47 所示。

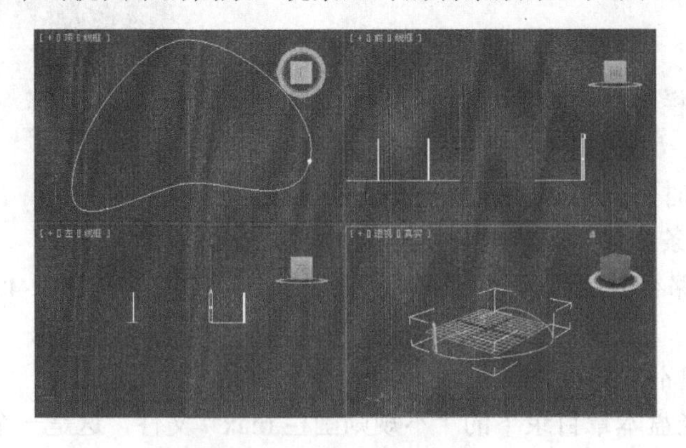

图 2-47　此时的场景效果

提示： 此时的栏杆并不是我们所需要的效果，这是因为它的参数设置有问题。下面可以通过其【修改】面板来修改它的参数，使其达到我们期望的效果。

(5) 切换到【修改】面板，将【分段】设置为 64，再观察其效果，如图 2-48 所示。

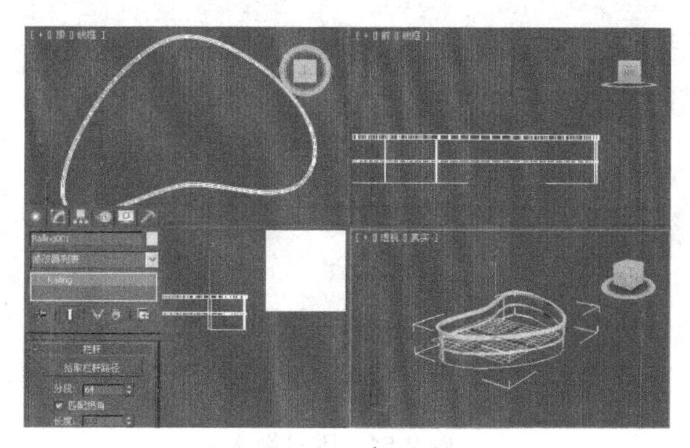

图 2-48　设置分段数

(6) 在【上围栏】选项组中，将【深度】设置为 2.5，将【宽度】设置为 1，将【高度】设置为 20，如图 2-49 所示。

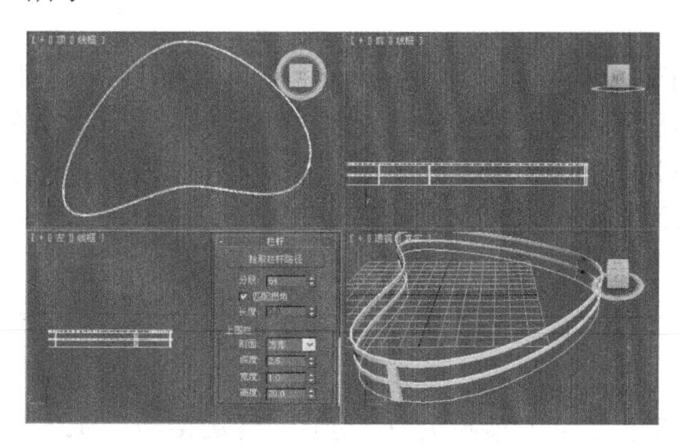

图 2-49　设置上围栏参数

(7) 展开【立柱】卷展栏，单击按钮，打开【支柱间距】对话框，并将【计数】的值设置为 35，如图 2-50 所示。

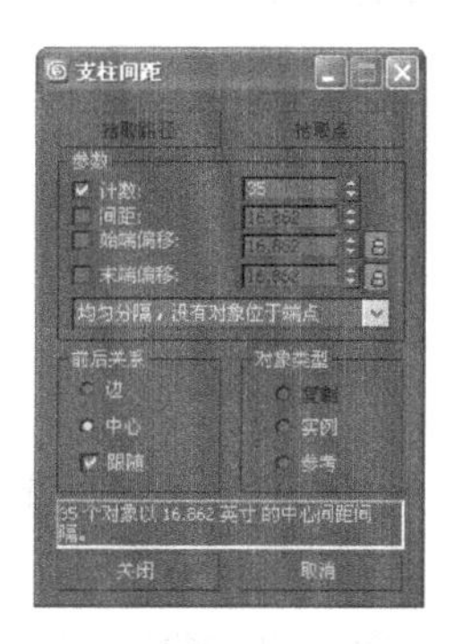

图 2-50　设置计数参数

(8) 设置完毕后，单击【关闭】按钮，即可完成围栏的创建，此时的效果如图 2-51 所示。

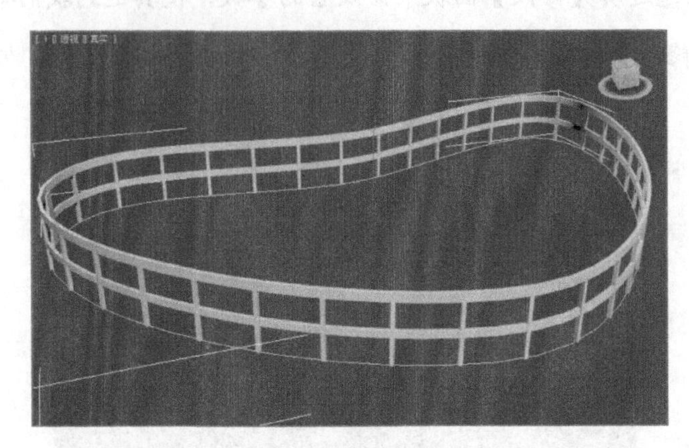

图 2-51　围栏物体

上述的创建方式，是栏杆的一种特殊的创建方式。而在通常情况下，可以直接使用单击的方式进行创建。具体的创建方式可参考长方体的创建方法。

3. 墙体

墙对象由 3 个子对象类型构成，这些对象类型可以在【修改】面板中进行修改。我们也可以对墙对象及其顶点、分段、轮廓进行编辑。3ds Max 可以自动在墙上开门和开窗。同时，它也会将门窗作为墙的子对象链接至墙。完成此操作最有效的方法，是捕捉到墙对象的面、顶点或边，从而直接在墙分段上创建门窗。

2.3.2　楼梯

楼梯是建筑对象中经常使用的一种组件。3ds Max 为了方便装饰设计的需求，针对市面上常见的楼梯结构，提供了 4 种楼梯类型，分别是螺旋楼梯、直线楼梯、L 型楼梯和 U 型楼梯。本节将对这 4 种楼梯类型分别进行介绍。

1. 螺旋楼梯

使用螺旋楼梯对象可以指定旋转的半径和数量，添加侧弦和中柱，甚至更多部件。螺旋楼梯的效果如图 2-52 所示。

图 2-52　螺旋楼梯

2. 直线楼梯

使用直线楼梯对象可以创建一个简单的楼梯，侧弦、支撑梁和扶手可选。直线楼梯效果如图 2-53 所示。

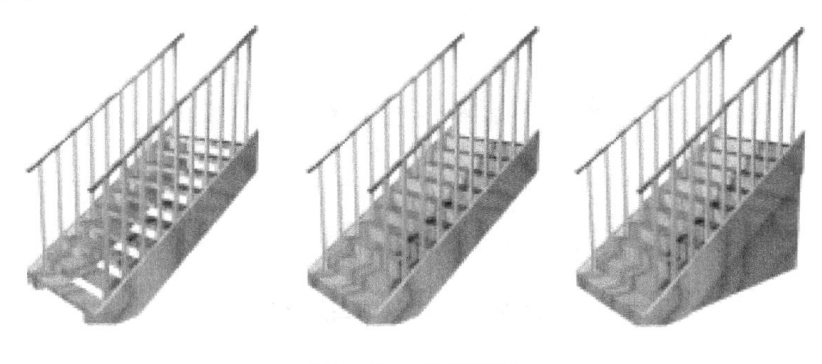

图 2-53　直线楼梯

3. L 型楼梯

使用 L 型楼梯对象可以创建彼此成直角的两段楼梯。L 型楼梯效果如图 2-54 所示。

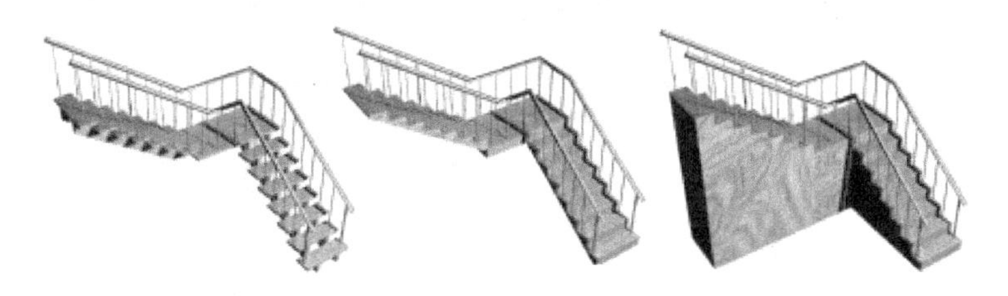

图 2-54　L 型楼梯

4. U 型楼梯

使用 U 型楼梯对象可以创建一个两段的楼梯，这两段楼梯彼此平行并且它们之间有一个平台。U 型楼梯效果如图 2-55 所示。

图 2-55　U 型楼梯

2.3.3　窗口

使用窗口对象，可以控制窗口外观的细节。此外，还可以将窗户设置为打开、部分打开或关闭状态，以及设置为随时打开的动画，效果如图 2-56 所示。

图 2-56　各种窗口效果

3ds Max 中的窗口分为遮篷式窗、平开窗、固定窗、旋开窗、伸出式窗、推拉窗等，关于它们的特性简介如下。

1．遮篷式窗

遮篷式窗具有一个或多个可在顶部转枢的窗框，效果如图 2-57 所示。

图 2-57　遮篷式窗

2．平开窗

平开窗具有一个或两个可在侧面转枢的窗框(像门一样)，如图 2-58 所示。

图 2-58　平开窗

3. 固定窗

固定的窗不能打开，因此没有【打开窗】控件。除了标准窗对象参数之外，固定窗还为进一步细分窗提供了设置的【窗格和面板】组。固定窗的效果如图 2-59 所示。

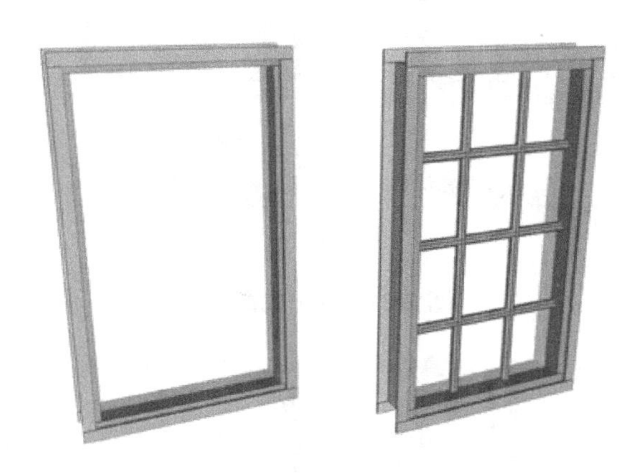

图 2-59　固定窗效果

4. 旋开窗

旋开窗只具有一个窗框，中间通过窗框而用铰链接合起来。旋开窗可以垂直或水平旋转打开，效果如图 2-60 所示。

图 2-60　旋开窗

5. 伸出式窗

伸出式窗具有 3 个窗框：顶部窗框不能移动，底部的两个窗框像遮篷式窗那样旋转打开，但是方向相反。伸出式窗的效果如图 2-61 所示。

6. 推拉窗

推拉窗具有两个窗框：一个固定的窗框，一个可移动的窗框。可以垂直移动或水平移动滑动部分。推拉窗的效果如图 2-62 所示。

图 2-61　伸出式窗

图 2-62　推拉窗效果

2.3.4　门

3ds Max 提供了 3 种门的模型，在【创建】面板的【几何体】子面板下拉列表中选择【门】选项，即可看到门物体的【对象类型】卷展栏。图 2-63 所示为 3ds Max 提供的 3 种门，左边为枢轴门，中间为滑动门，右边为折叠门。可以通过调整参数来控制门的外观细节，还可以将门设置为打开状态，并且可以为门录制动画。

图 2-63　门的造型

2.4　创建二维图形

在 3ds Max 的建模和动画的制作过程中，二维图形起着非常重要的作用，许多复杂的三维物体都是由二维图形转换来的。3ds Max 中的二维图形也作为一个单独的模块整合到了【创建】面板的【图形】子面板中。本节将介绍一些常见的二维图形的特性及其使用方法。

2.4.1　样条线

样条线就是由一组节点和线段组合起来的曲线，通过调整节点的属性、位置可以改变曲线的形状。样条线是一些基本的图形形状，例如，圆、椭圆、文本、螺旋线等，通过它们的组合可以生成各种复杂的图形。本节将逐一介绍它们的创建方法。

1. 线

使用线工具可以绘制出一条或多条同时包含直线和曲线段的线条对象。线是样条线中最基本也是最常用的一种类型。

【例 2-5】 绘制样条线

(1) 在【创建】面板中按下【图形】按钮，切换到【图形对象】卷展栏。

(2) 在【对象类型】卷展栏中单击【线】按钮，如图 2-64 所示。

(3) 在任意视图中单击确定曲线的起始位置，然后将鼠标移动到一个新的位置，并单击鼠标左键，即可确定第二个顶点的位置，如图 2-65 所示。

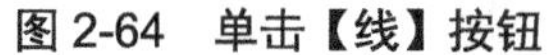
图 2-64　单击【线】按钮

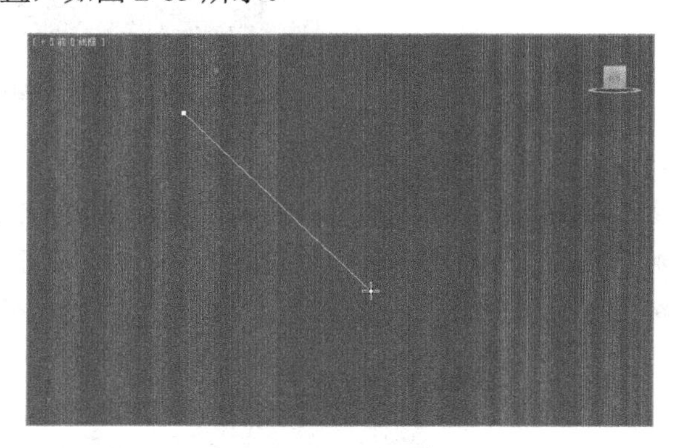
图 2-65　绘制样条线

(4) 如果在确定了样条线的起始位置后，将鼠标移动一个新的位置，按下鼠标左键不放并拖动鼠标，则可以创建出曲线，如图 2-66 所示。

(5) 创建完成后单击鼠标右键确认操作，如图 2-67 所示。

使用线工具创建线条时，会在其下方展开一系列的卷展栏，用于配合用户操作，如图 2-68 所示。

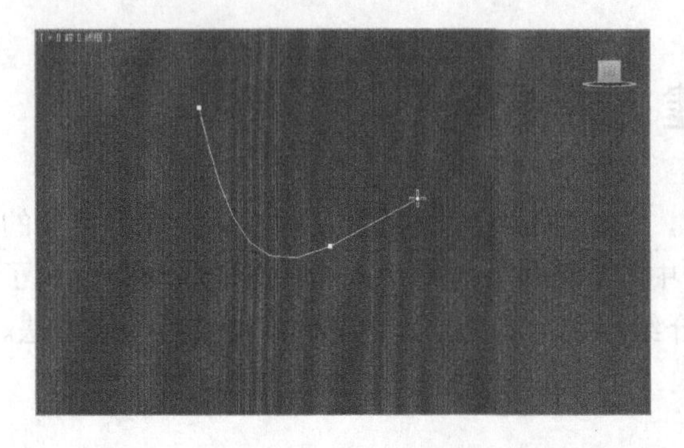

图 2-66　创建曲线

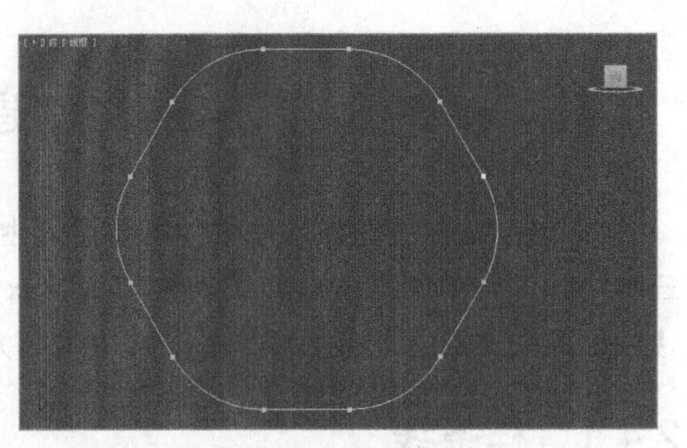

图 2-67　完成的样条线效果

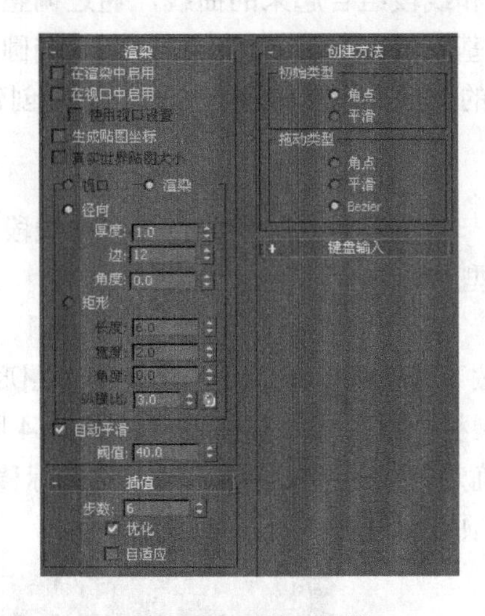

图 2-68　线修改参数

1) 【渲染】卷展栏

用于启用和禁用曲线的渲染性、在渲染场景中指定其厚度并应用贴图坐标。

- 在渲染中启用：选中该复选框后，可以在渲染时直接将图形渲染为 3D 网格。
- 在视口中启用：选中该复选框后，可以在视图中直接将图形显示为 3D 网格，如图 2-69 所示。

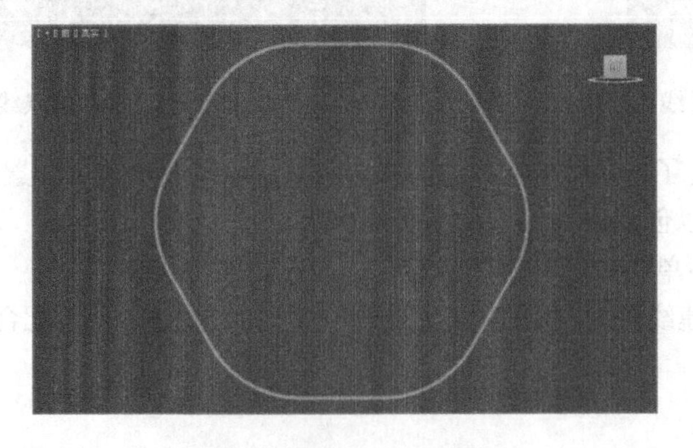

图 2-69　在视口中显示为实体

- 生成贴图坐标：选中该复选框可以应用贴图坐标。默认设置为禁用状态。

提示： 在 3ds Max 中，物体的贴图坐标沿着 U 向和 V 向两个维度生成。U 向坐标围绕物体截面进行包裹，而 V 向坐标沿其长度进行包裹。

- 真实世界贴图大小：控制应用在样条线上的纹理贴图的缩放方式。缩放值由材质的【坐标】卷展栏中的【使用真实世界比例】控制。
- 视口：选中该单选按钮可为图形指定截面的形状。当选中【在视口中启用】复选框，并取消选中【使用视口设置】复选框时，视口效果将显示在视图中。
- 径向：选中该单选按钮，可以将图形的截面设置为圆形。
- 厚度：该微调框可以设置样条线的截面直径，默认设置为 1.0。图 2-70 所示的是不同的厚度值所产生的不同效果。

图 2-70　不同厚度值的渲染效果

- 边：该微调框用于设置样条线的边数(或面数)。
- 角度：该微调框用于设置横截面的旋转角度。例如，如果样条线网格具有方形横截面，则可以使用【角度】将平面定位为面朝下。
- 矩形：选中该单选按钮可以将样条线截面显示为矩形。
- 长度：可以在该微调框中设置沿着局部 Y 轴的横截面大小。
- 宽度：可以在该微调框中设置沿着局部 X 轴的横截面大小。
- 纵横比：可以在该微调框中设置宽度与长度之比。调整【纵横比】会自动更改【长度】设置，从而建立相对于【宽度】值的指示纵横比。

2) 插值

该卷展栏用于设置曲线的步数。样条线上的每个顶点之间的划分数量称为步数，该值决定了曲线的光滑程度，图 2-71 所示为不同【步数】值所创建的效果对比。

3) 创建方法

该卷展栏用于设置曲线的创建方式。其中的【初始类型】选项组用于确定单击时创建的点是光滑类型还是角点类型；【拖动类型】选项组决定拖动时创建的点是角点、光滑顶点，还是 Bezier 顶点。

4) 键盘输入

在该卷展栏下，可以通过输入曲线节点的空间坐标创建曲线。

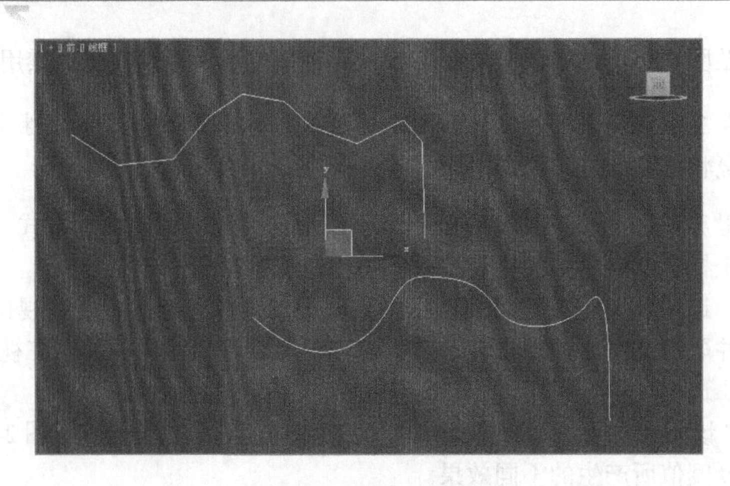

图 2-71　步数效果对比

2．矩形

使用【矩形】工具可以创建方形和矩形样条线，如图 2-72 所示。

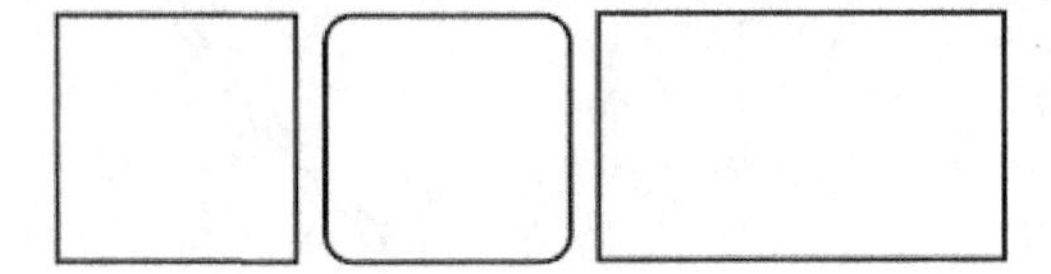

图 2-72　矩形

3．圆形

使用圆形工具可以创建由四个顶点组成的闭合圆形样条线，如图 2-73 所示。

4．椭圆

使用椭圆工具可以创建椭圆形和圆形样条线，如图 2-74 所示。

图 2-73　圆形

图 2-74　椭圆

5．弧形

使用弧形工具可以创建由四个顶点组成的打开和闭合圆形弧形，效果如图 2-75 所示。

6．圆环

使用圆环工具可以创建两个同心圆形成的封闭形状。每个圆都由四个顶点组成，如图 2-76 所示。

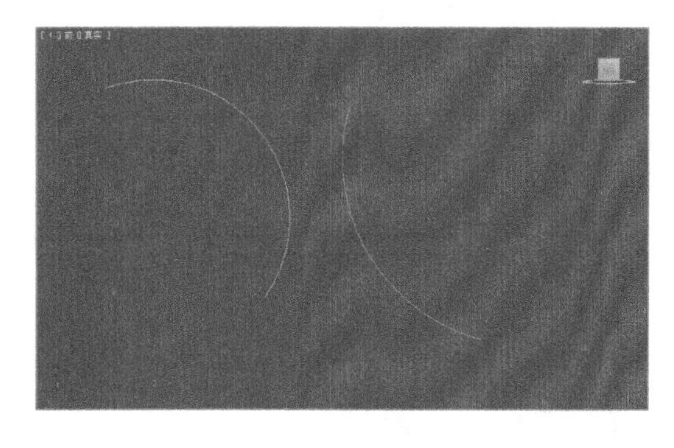

图 2-75　弧形

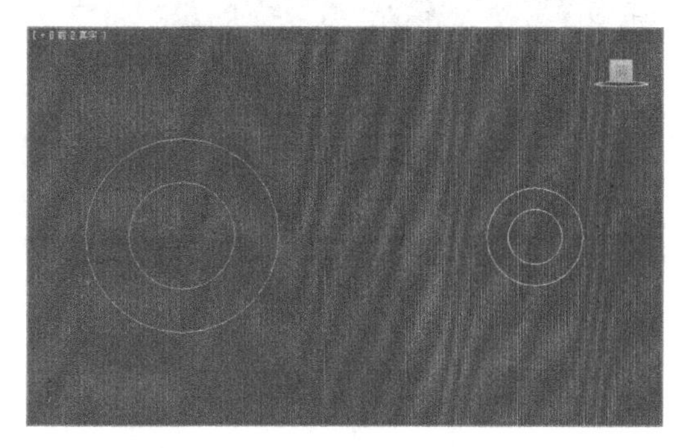

图 2-76　圆环

7．多边形

使用多边形工具可以创建具有任意面数或顶点数(N)的闭合平面或圆形样条线，如图 2-77 所示。

8．星形

使用星形工具可以创建具有很多顶点的闭合星形样条线，如图 2-78 所示。星形样条线使用两个半径来设置外点和内谷之间的距离。

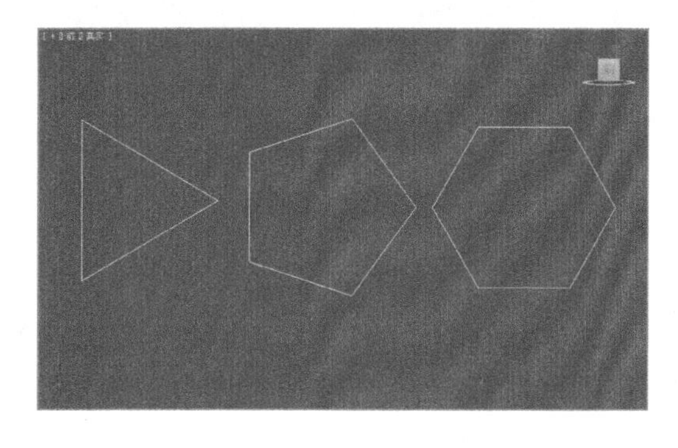

图 2-77　多边形

图 2-78　星形

9．文本

使用文本工具可以创建文本图形的样条线，如图 2-79 所示。

10．螺旋线

使用螺旋线工具可以创建开口平面或 3D 螺旋线或螺旋，如图 2-80 所示。

11．截面

截面是一种特殊类型的样条线，其可以通过网格对象基于横截面切片生成图形，如图 2-81 所示。截面对象显示为相交的矩形。只需将其移动并旋转即可通过一个或多个网格对象进行切片，然后单击【生成形状】按钮即可基于 2D 相交生成一个形状。

图 2-79　文本

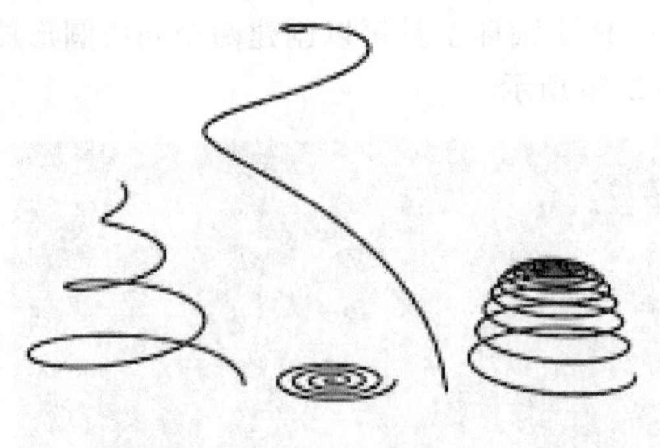
图 2-80　螺旋线

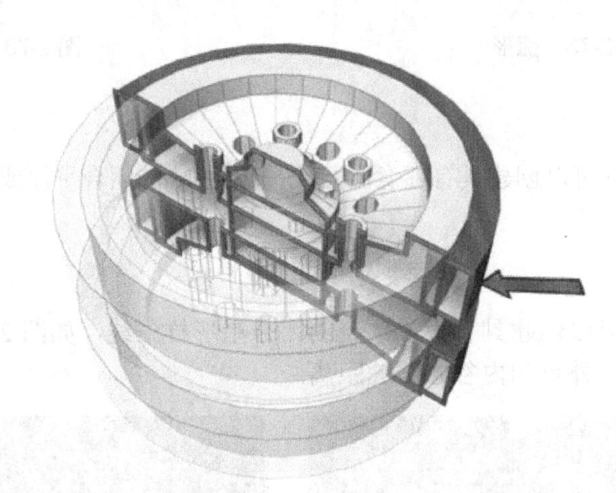
图 2-81　切片

2.4.2　扩展样条线

扩展样条线是一个集成性模块，它集成了一些可以直接使用而不需要编辑的图形，例如法兰等。通常情况下，可以直接把这些图形应用在建筑、机械等效果表现中。本节将分别介绍这些扩展样条线的功能。

1．墙矩形

使用墙矩形工具可以通过两个同心矩形创建封闭的形状，如图 2-82 所示。每个矩形都由四个顶点组成。墙矩形工具与圆环工具相似，只是其使用矩形而不是圆。

图 2-82　墙矩形

2. 通道

使用通道工具可以创建一个闭合形状为 C 型的样条线，如图 2-83 所示。使用时可以选择指定该部分的垂直网和水平腿之间的内部和外部角。

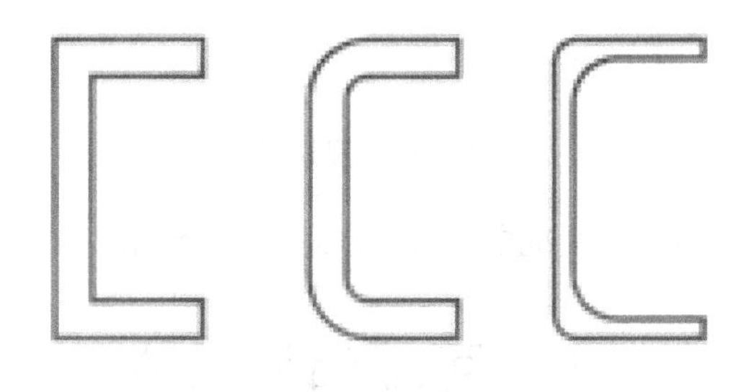

图 2-83　通道

3. 角度

使用角度工具可以创建一个闭合的形状为 L 型的样条线。可以指定该部分的垂直腿和水平腿之间的角半径，如图 2-84 所示。

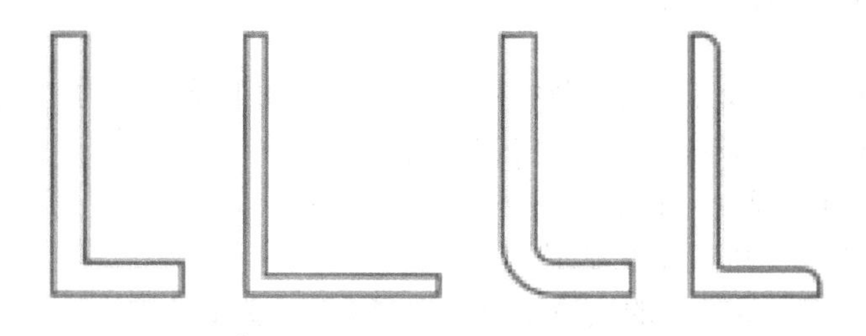

图 2-84　角度

4. 三通

使用三通工具可以创建一个闭合形状为 T 型的样条线。可以指定该部分的垂直网和水平凸缘之间的两个内部角半径，如图 2-85 所示。

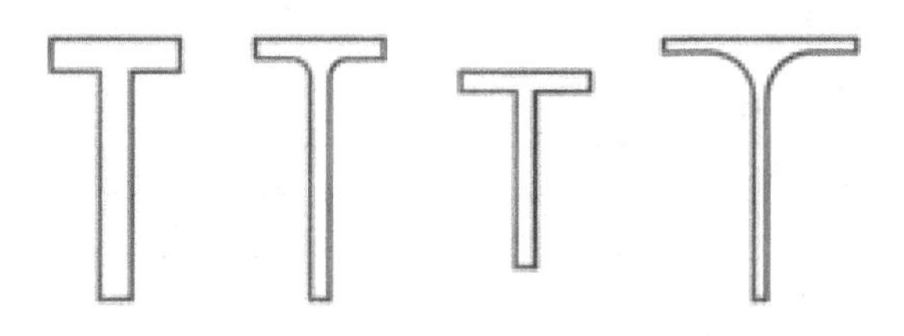

图 2-85　三通

5. 宽法兰

使用宽法兰工具可以创建一个闭合的形状为 I 型的样条线，如图 2-86 所示，可以指定该部分的垂直网和水平凸缘之间的内部角。

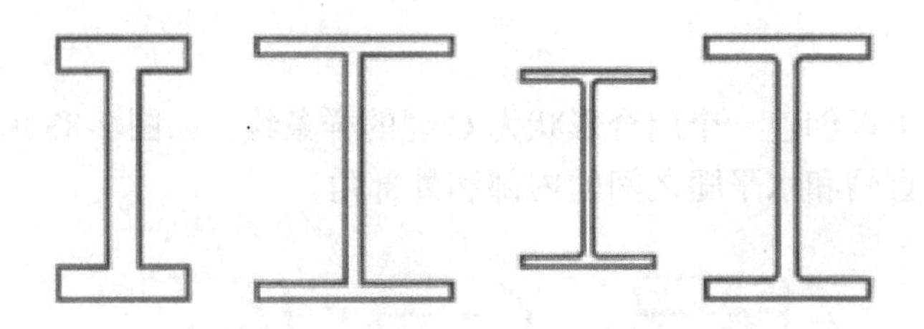

图 2-86　宽法兰

至此，关于 3ds Max 2012 中标准的二维图形就全部介绍完了。

2.5　可编辑样条线

创建二维图形的过程只是形体轮廓操作的一部分，如果要深入修改二维图形的形式或者想得到更为复杂的形状，就必须将其转换为可编辑样条线，然后才可以调整顶点、线段以及改变曲线的曲率等。

2.5.1　转换可编辑样条线

在 3ds Max 中，样条线是由 2.4 节中所介绍的二维图形转换来的。我们可以将任意一个二维图形转换为可编辑样条线，并调整它的形状。

【例 2-6】转换可编辑样条线

(1) 选中样条线，使其高亮度显示。

(2) 单击鼠标右键，从弹出的快捷菜单中选择【转换为】|【转换为可编辑样条线】命令，如图 2-87 所示。

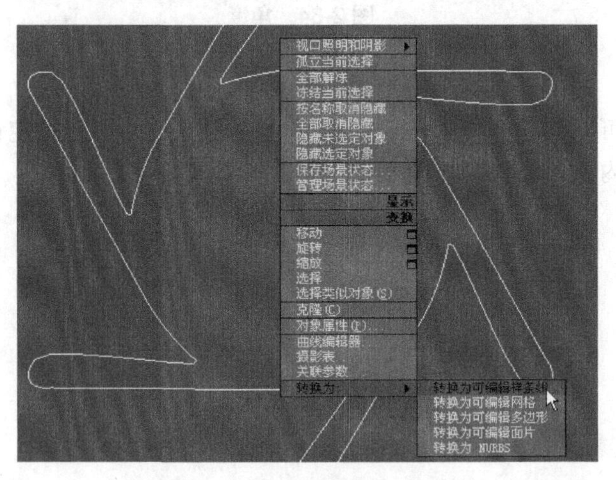

图 2-87　转换可编辑样条线

(3) 在【修改】面板中会出现编辑样条线的卷展栏。通过这些卷展栏中的参数可以对其进行修改。

2.5.2　【选择】卷展栏

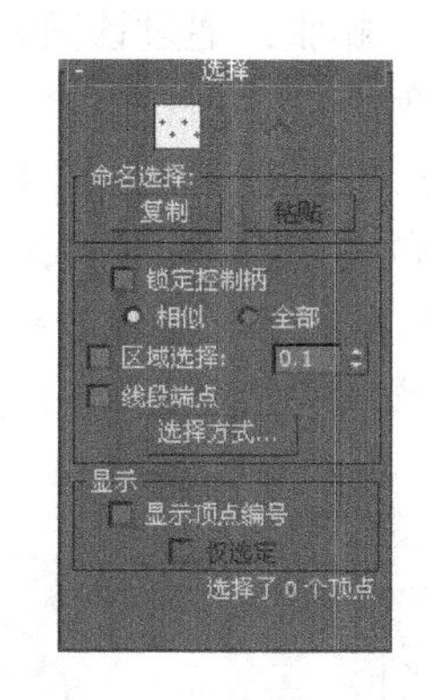

图 2-88　【选择】卷展栏

【选择】卷展栏中的选项用于对曲线中各个次对象进行选择操作，曲线的次对象包括顶点、线段、样条线。在【选择】卷展栏中单击任何一个次对象按钮，即可进入该次对象的编辑状态，如图 2-88 所示。

- 复制/粘贴：【复制】和【粘贴】按钮分别用于将“命名选择”复制到粘贴板或者从缓冲区粘贴命名选择。
- 锁定控制柄：通常，我们每次只能变换一个顶点的切线控制柄，选中该复选框后可以同时变换多个 Bezier 和 Bezier 角点控制柄。
- 相似：选中该单选按钮后，拖动传入向量的控制柄时，所选顶点的所有传入向量将同时移动。
- 全部：选中该单选按钮后，移动任何控制柄都将影响选择中的所有控制柄，无论它们是否已断裂。
- 区域选择：选中【区域选择】复选框后，系统将自动选择所单击顶点的特定半径中的所有顶点。在顶点子对象层级，选中该复选框后，可使用其右侧的微调框设置半径。
- 线段端点：选中该复选框后，可以通过单击线段选择顶点。在顶点子对象中，选中可以选择线段为顶点。
- 选择方式：单击该按钮可以选择所选样条线或线段上的顶点。

2.5.3　【软选择】卷展栏

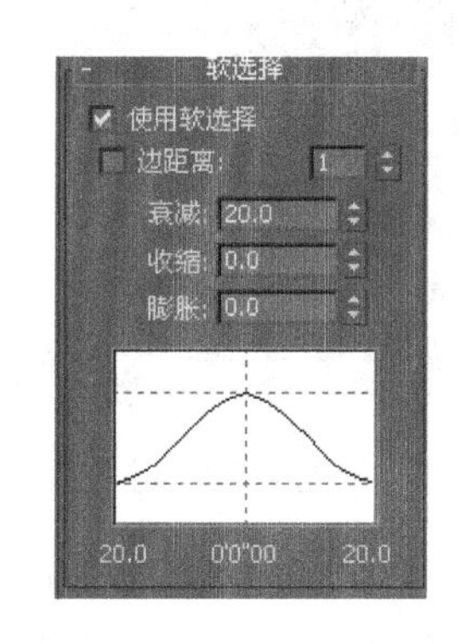

图 2-89　【软选择】卷展栏

【软选择】卷展栏提供了选择元素的功能，通过该卷展栏可以选择指定元素周围一定范围内的相邻元素。这种方式的最大优点在于：能够提高选择子元素的效率，可以根据需要选择指定范围内的子元素，而不需要手动逐一进行选择。图 2-89 所示为【软选择】卷展栏。

- 使用软选择：选中该复选框后，选择的顶点会影响一个区域，通过调整衰减值可以定义影响区域的距离。
- 边距离：如果选中【边距离】复选框，可将软选择限制在指定的距离内，在右边的微调框中可以控制距离的大小衰减，用以定义影响区域的距离，它表示的是从当前选择的单位的中心到球体的边的距离。
- 收缩：通过该微调框可以沿着垂直轴提高或降低曲线的顶点。

● 膨胀：通过该微调框可以沿着垂直轴展开或收缩曲线。

【例 2-7】在视图中使用软选择

(1) 选择【自定义】|【自定义用户界面】命令，打开【自定义用户界面】对话框。从该对话框的【组】下拉列表框中，选择【编辑多边形】选项，如图 2-90 所示。

(2) 在组的【动作】列表中，选中用于软选择的动作，并为其指定快捷键，如图 2-91 所示。设置完成后关闭该对话框即可。

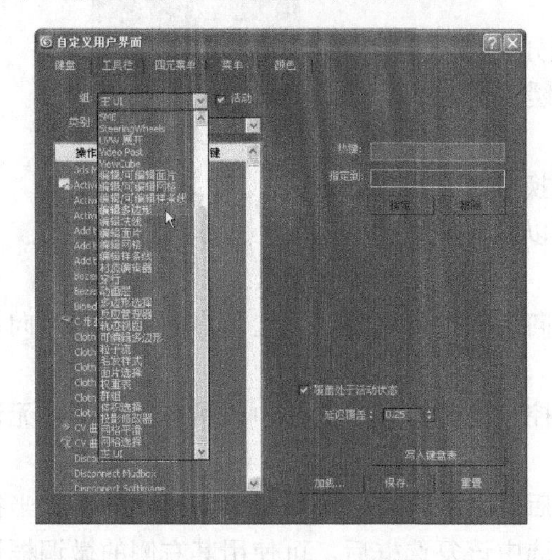

图 2-90 设置软选择

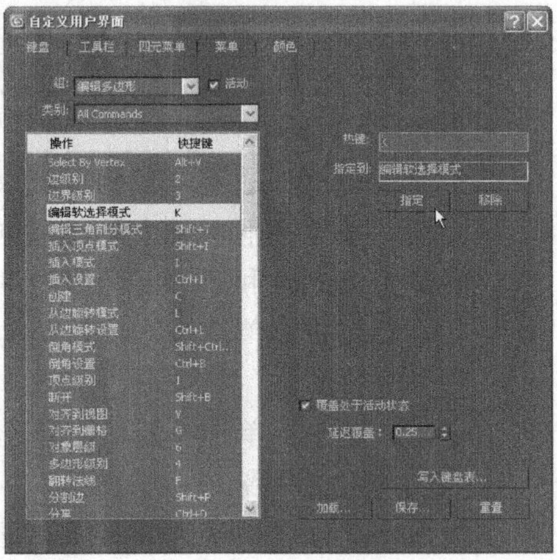

图 2-91 指定快捷键

(3) 选择场景中的多边形物体，切换到【修改】面板，按数字键 1，进入顶点编辑模式，如图 2-92 所示。

(4) 展开【软选择】卷展栏，选中【使用软选择】复选框，如图 2-93 所示。

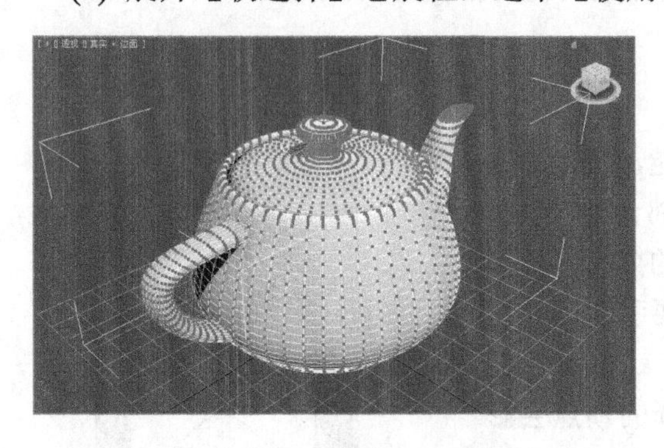

图 2-92 进入顶点编辑模式

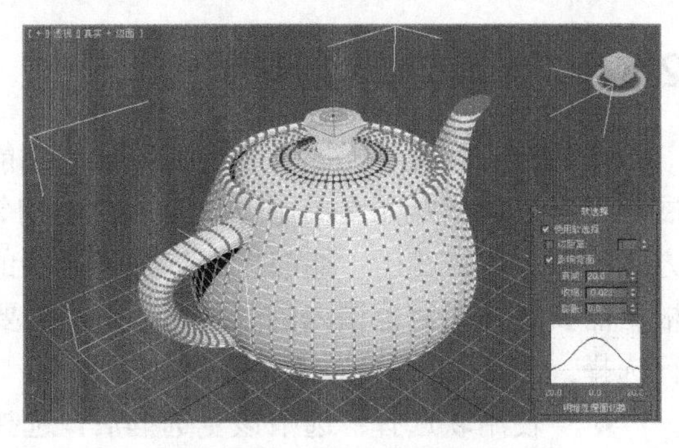

图 2-93 启用软选择

(5) 在视图中按步骤(2)所定义的快捷键，即可启用软选择工具，如图 2-94 所示。

(6) 单击软选择工具栏上的按钮，即可激活扩展工具，如图 2-95 所示。此时，需要注意鼠标指针的形状。

(7) 在选择的顶点上，按住鼠标左键不放并拖动，即可扩大顶点的选择范围，如图 2-96 所示。这一功能同样适用于其他子对象。

(8) 在视图的空白区域单击鼠标左键，即可切换模式，如图 2-97 所示。

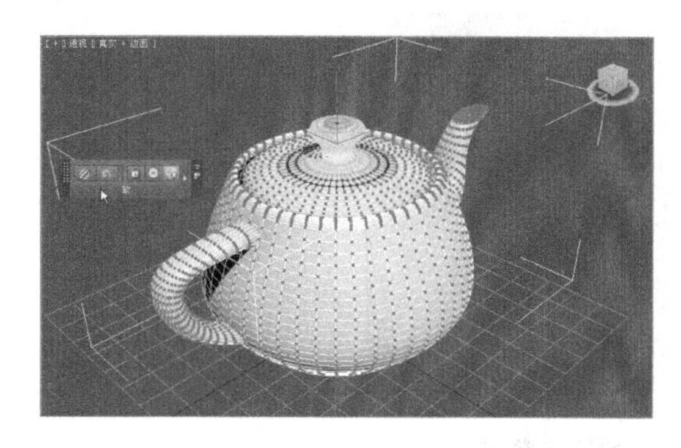

图 2-94　激活工具

图 2-95　激活扩展工具

图 2-96　扩大顶点的选择范围

图 2-97　切换模式

软选择中的衰减强度，在视图中表现为选择对象周围的颜色渐变，它与标准彩色光谱的第一部分相一致(红、橙、黄、绿、蓝)，红色表示完全影响，然后依次向蓝色递减，对选择的顶点进行移动即可看到效果。

2.5.4　【几何体】卷展栏

【几何体】卷展栏中包括多种曲线编辑工具，它随着选择的子对象不同而发生不同的变化。当选择的子对象不同时，该卷展栏中显示的编辑工具也会有所不同。本节将根据不同的次对象分别介绍各种编辑工具的作用。

1. 编辑对象层级

- 新顶点类型：该选项组中包含 4 种顶点编辑方式，分别是线性、Bezier、平滑和 Bezier 角点，它们所产生的曲线如图 2-98 所示。要使用其中一种编辑方式，只需选中相应的单选按钮即可。
- 创建线：单击该按钮，可以在现有的样条线上重新创建一条样条线，并且与原有的样条线结合为一条曲线。
- 附加/附加多个：单击【附加】按钮可以将场景中的其他样条线附加到所选样条线。如果单击【附加多个】按钮，则可以在打开的列表中进行选择。
- 重定向：选中该复选框后，如果单击【附加】或【附加多个】按钮，即可对附加物体使用统一的局部坐标系。这样可以有效地避免坐标系混乱的问题。

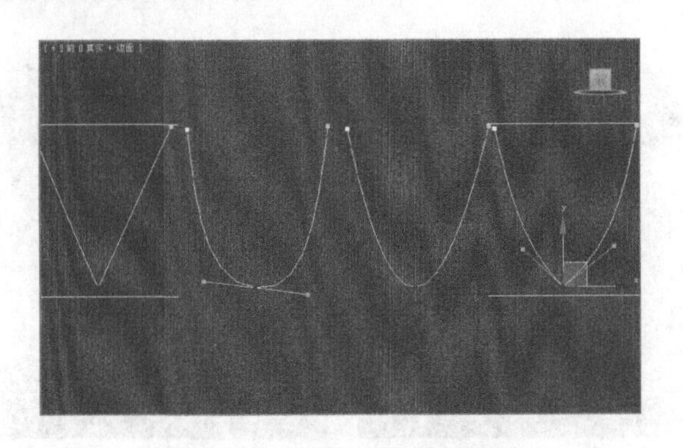

图 2-98　4 种不同的顶点类型

- 横截面：单击该按钮可以使用两个或多个横截面图形创建样条线框架。
- 插入：单击该按钮可以在当前线段上创建新的顶点并生成线段。

2. 编辑顶点次对象

在修改器堆栈中选择【顶点】选项，即可进入顶点层级(也可按快捷键 1)。此时，【几何体】卷展栏将提供与编辑顶点相关的工具，如图 2-99 所示。

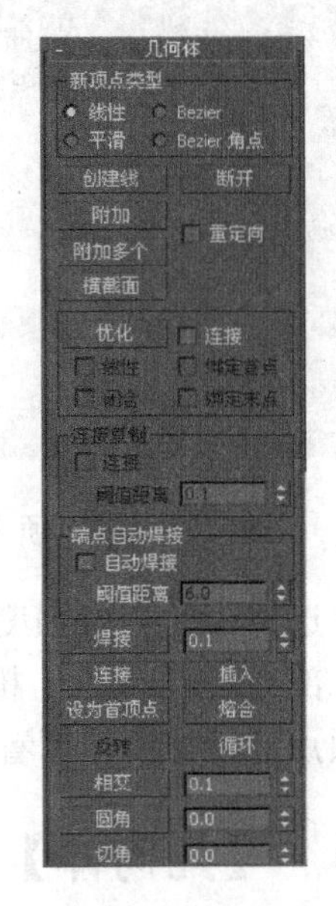

图 2-99　【几何体】卷展栏

下面讲解在编辑顶点时常用的一些工具。如果某个工具的功能在上文中已经讲解过，则这里将会跳过。

- 断开：在选定的一个或多个顶点拆分样条线。选择一个或多个顶点后，单击【断开】按钮可以创建拆分，如图 2-100 所示。
- 优化：可以在当前的图形上添加顶点，而不更改样条线的曲率值。单击【优化】按钮，然后在样条线上单击鼠标左键即可创建顶点，如图 2-101 所示。

注意：【优化】工具被整合到右键菜单中，但在右键菜单中工具的名称为【细化】。

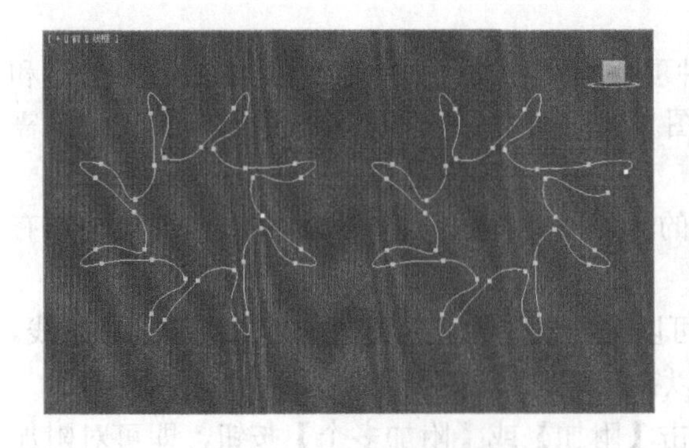

图 2-100　断开效果对比

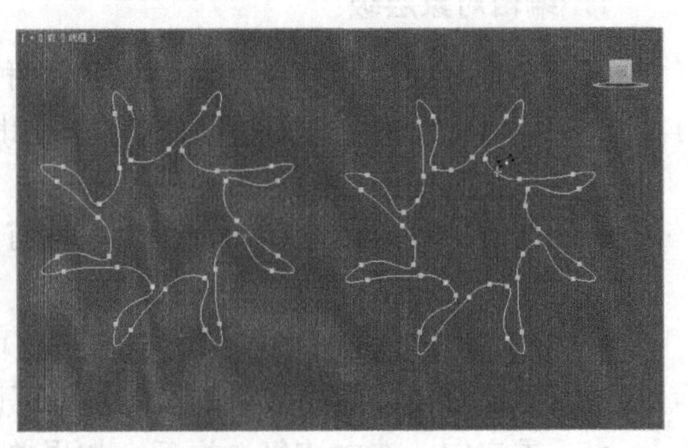

图 2-101　添加顶点

- 端点自动焊接：选中【自动焊接】复选框后，系统会自动焊接同一阈值范围内的顶点。下面的【阈值距离】微调框用来指定曲线端点可以被焊接的距离范围。
- 焊接：单击该按钮可以将两个端点顶点或同一样条线中的两个相邻顶点转换为一个顶点。右边的微调框用来设置焊接影响的距离。

【例 2-8】焊接顶点

(1) 选择如图 2-102 所示的两个顶点(读者可以在光盘中找到该文件)。

(2) 在【焊接】右侧的微调框中输入 10，如图 2-103 所示。

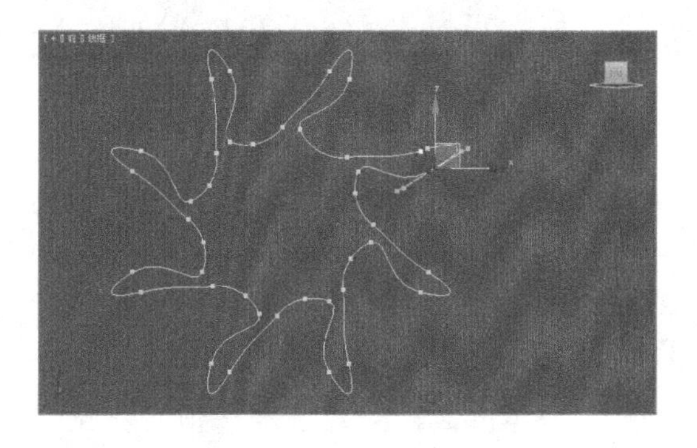

图 2-102　选择两个顶点

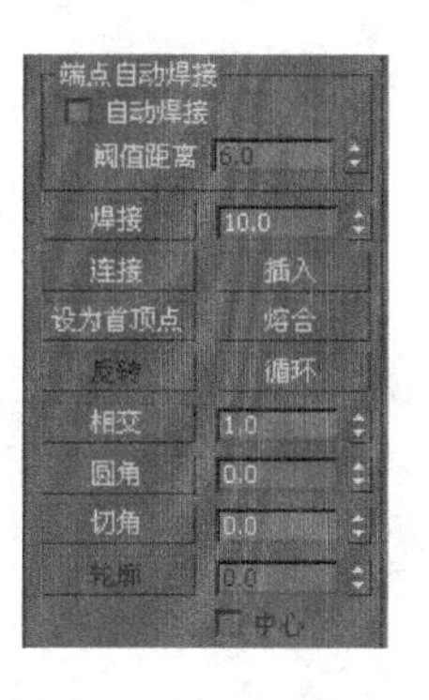

图 2-103　设置焊接参数

(3) 单击【焊接】按钮进行焊接，如图 2-104 所示。

(4) 使用相同的方法，将另外一组顶点焊接，从而形成完全封闭的图形，如图 2-105 所示。

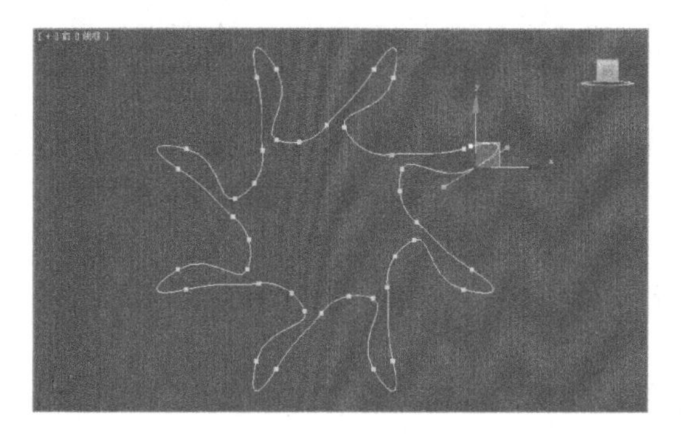

图 2-104　执行焊接操作

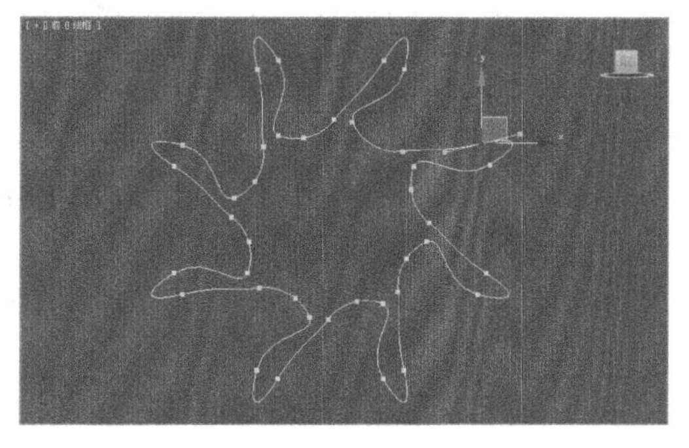

图 2-105　闭合图形

- 连接：单击该按钮可以连接两个端点顶点以生成一个线性线段。

【例 2-9】连接图形

(1) 打开光盘中 02 文件夹中的“连接图形.max”文件。

(2) 按键盘上的快捷键 1 进入顶点编辑状态，观看此时的顶点分布如图 2-106 所示。

(3) 单击【连接】按钮，然后将鼠标指针放置到如图 2-107 所示的顶点上。注意此时鼠标指针的变化。

(4) 按住鼠标左键不放，拖动鼠标指针到另外一个顶点上，如图 2-108 所示。

(5) 松开鼠标左键，即可在两个断开的顶点之间产生一条线段。使用相同的方法，可以将整个图形封闭，如图 2-109 所示。

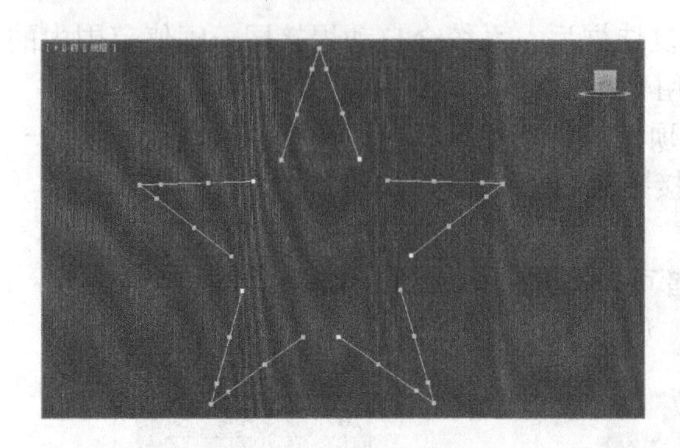

图 2-106　观察顶点分布

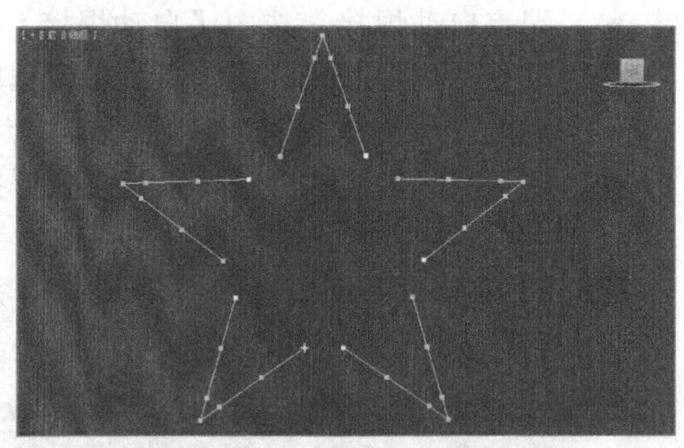

图 2-107　定义连接顶点

图 2-108　连接顶点

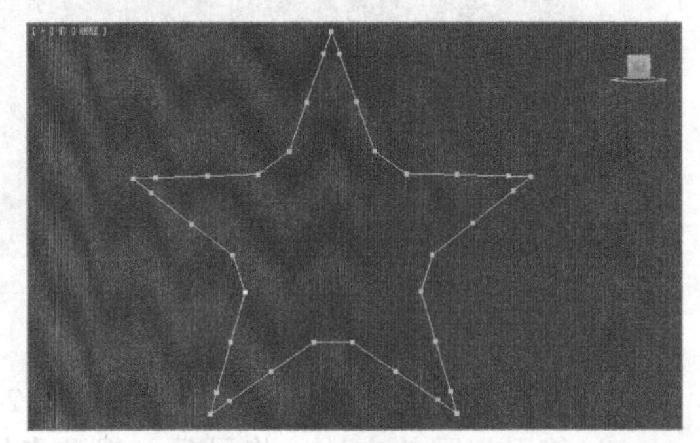

图 2-109　封闭图形

- 设为首顶点：单击该按钮可以指定所选形状中的哪个顶点为第一个顶点。样条线上的首顶点为黄色显示。
- 熔合：单击该按钮可以将选择的顶点移动到它们的平均中心位置，并重合在一起。这里注意：它们仅仅是重合到一起，并不是焊接到一起，如图 2-110 所示为将所选的顶点进行熔合的效果。
- 循环：在视图中选择一个顶点，单击该按钮即可在视图中按照顶点的先后次序进行选择。
- 相交：单击该按钮，可以直接在样条线的相交处单击鼠标创建相交点，如图 2-111 所示。

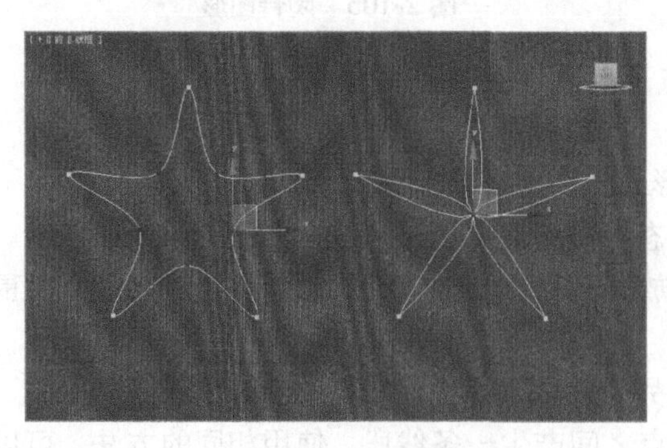

图 2-110　熔合前后

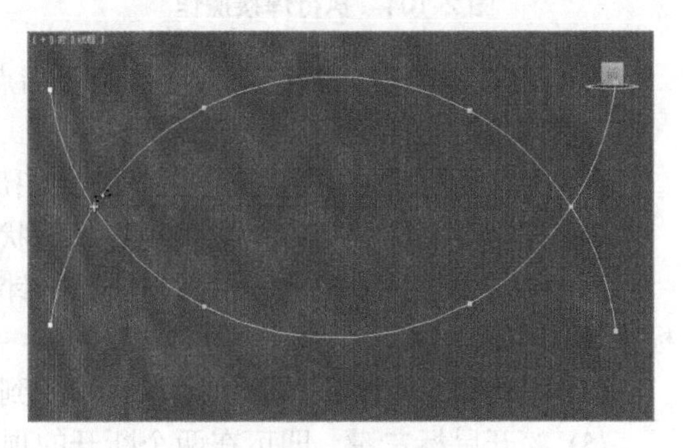

图 2-111　创建相交点

注意： 两条相交的样条线必须是同一个对象。如果是两条单独的样条线，则需要将其附加为一个对象后方可执行相交操作。

- 圆角：使用该工具可以在线段会合的地方设置圆角，如图 2-112 所示。
- 切角：使用该工具可以在线段会合的地方设置切角，或者说添加新的控制点，如图 2-113 所示。

图 2-112　圆角

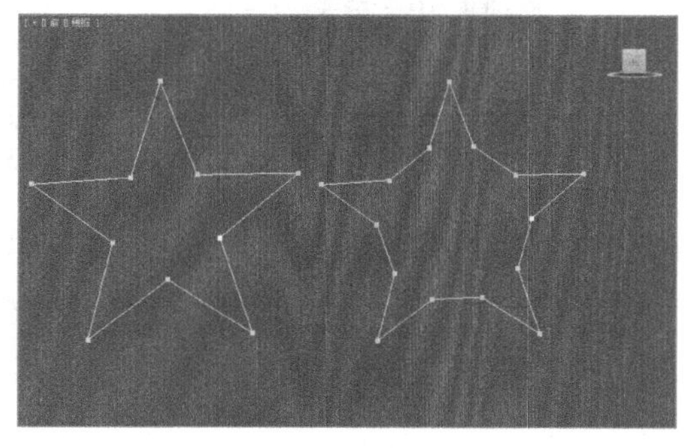

图 2-113　切角

3．编辑线段次对象

在修改器堆栈中选择【线段】选项，或者按下快捷键 2 时，将会进入【线段】层级，此时在【几何体】卷展栏中将显示与线段编辑相关的工具，如图 2-114 所示。

1) 拆分

通过该微调框设置的顶点数来细分或等分所选线段。

【例 2-10】等分线段

(1) 打开随书光盘中 02 文件夹中的“等分线段.max”文件，切换到线段编辑模式，并选择所有的线段，如图 2-115 所示。

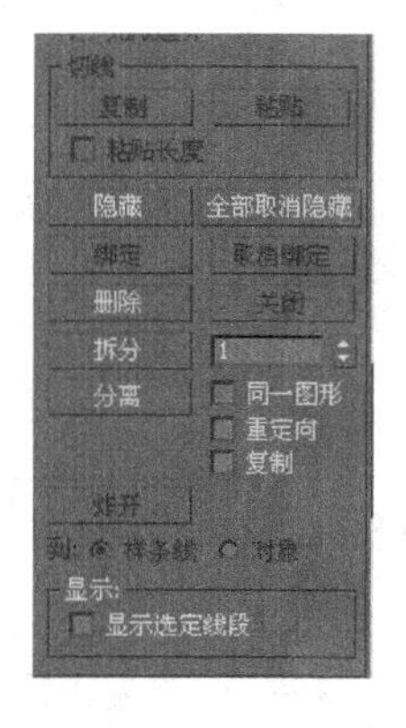

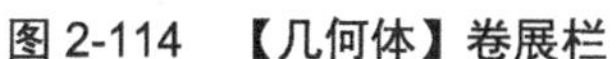

图 2-114　【几何体】卷展栏

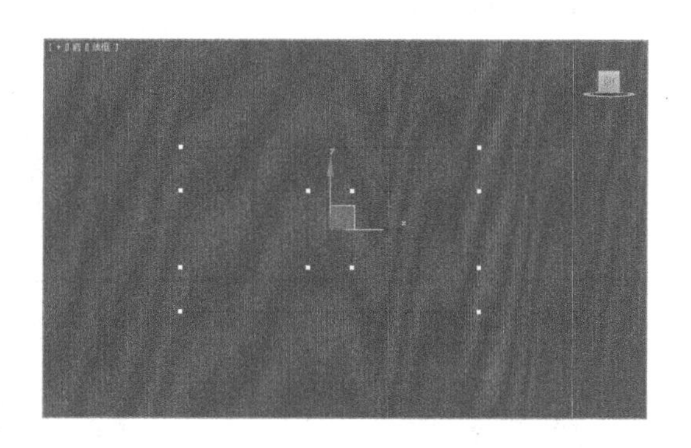

图 2-115　选择线段

(2) 在【拆分】按钮右侧的微调框中输入 2，如图 2-116 所示。在这里输入 2，表示在每条线段上都进行三等分。

(3) 单击【拆分】按钮，即可完成拆分操作，效果如图 2-117 所示。

2) 分离

该工具可以将选定的线段分离出来，构成一个新图形。共有 3 种分离方式：【同一图形】是指分离后的线段和原图形是同一图形；【重定向】可以对分离的线段重新设置起点；【复制】是指在原来的线段基础上复制一个线段。

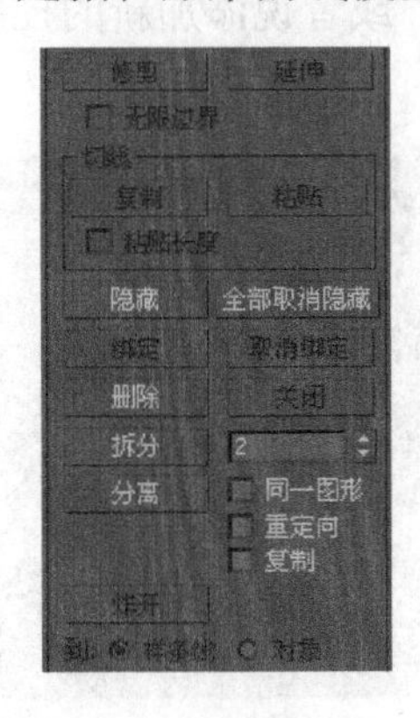

图 2-116　设置拆分值为 2

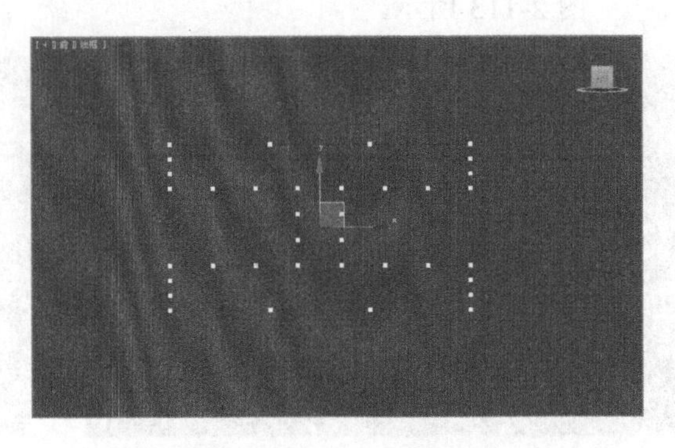

图 2-117　等分线段

4．编辑样条线次对象

进入可编辑样条线的【样条线】层级时，在【几何体】卷展栏下可以看到编辑样条线的工具选项被激活，下面分别介绍各工具的作用。图 2-118 所示为编辑样条线相关的工具。

- 反转：单击该按钮可以反转所选样条线的方向。如果样条线是开口的，第一个顶点将切换为该样条线的另一端。
- 轮廓：单击该按钮可以制作样条线的副本，所有侧边上的距离偏移量由【轮廓】按钮右边的微调框指定。

【例 2-11】创建轮廓

(1) 打开随书光盘中 02 文件夹中的“创建轮廓.max”文件，按数字键 3 进入样条线编辑层级，如图 2-119 所示。

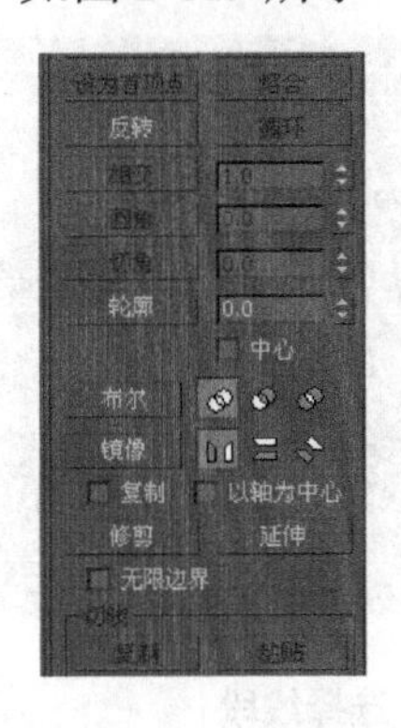

图 2-118　几何体卷展栏

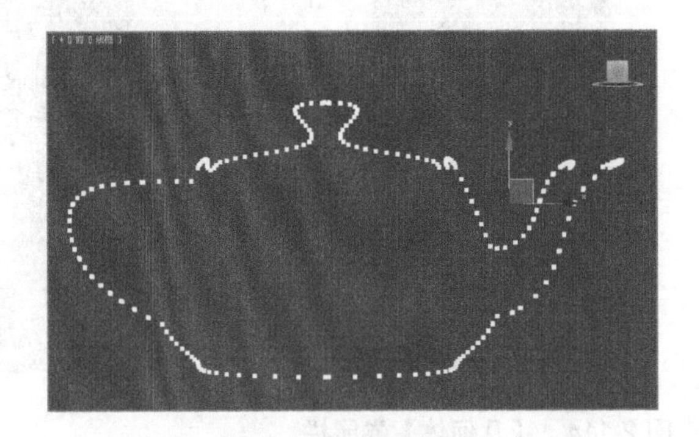

图 2-119　打开文件

(2) 在【轮廓】右侧的微调框中输入-0.5，表示将在现有样条线的内部产生一条轮廓，如图 2-120 所示。

(3) 设置完毕后，按 Enter 键即可创建出一条完整的轮廓，如图 2-121 所示。

- 中心：与【轮廓】工具搭配使用。如果取消选中该复选框，原始样条线将不变，而轮廓偏移到【轮廓】指定的距离。如果取消选中该复选框，原始样条线和轮廓将从一个不可见的中心线向外移动。

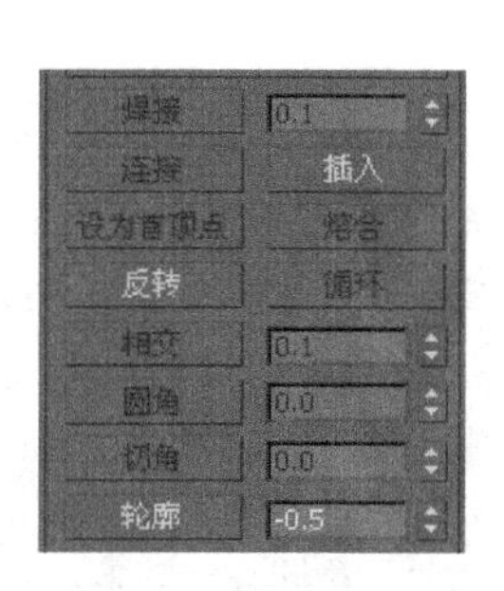

图 2-120　设置轮廓值

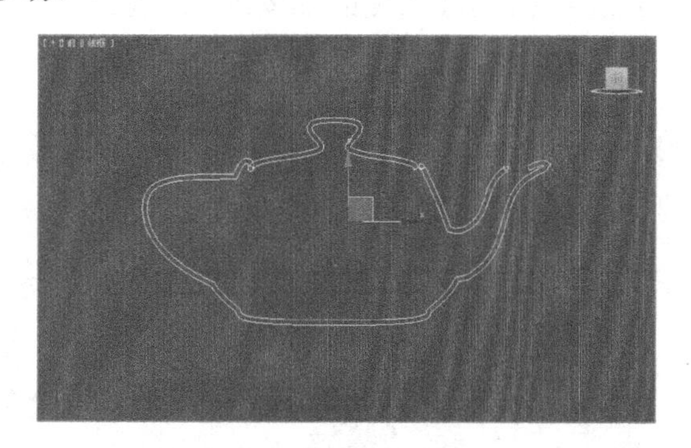

图 2-121　产生轮廓

- 布尔：该工具有并集、差集和交集 3 种运算方式，可将两个闭合样条线组合在一起。图 2-122 为 3 种不同的布尔运算所获得的结果。

【例 2-12】利用布尔运算绘制复杂图形

(1) 打开随书光盘中 02 文件夹中的“布尔运算.max”文件，如图 2-123 所示。

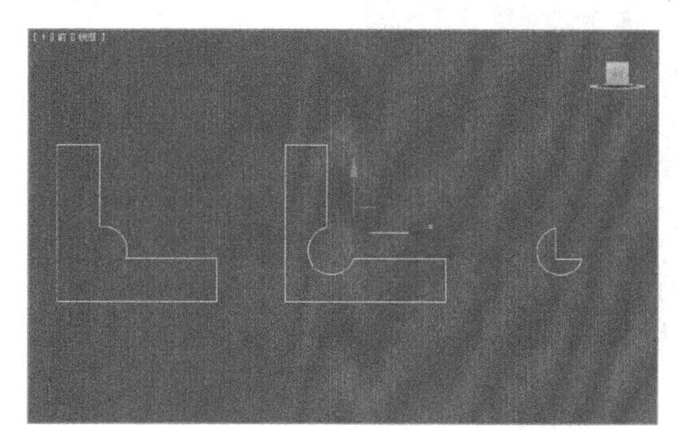

图 2-122　布尔运算结果

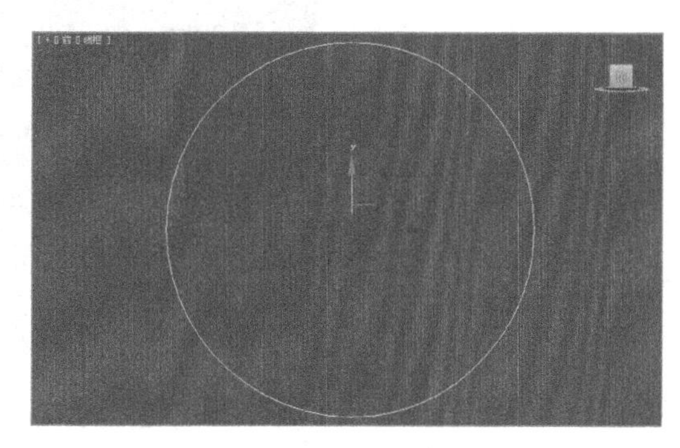

图 2-123　打开文件

(2) 在视图中选择圆图形，选择右键菜单中的【转换】|【转换为可编辑样条线】命令，如图 2-124 所示。

(3) 选择右键菜单中的【附加】命令，然后在视图中选择波浪线，从而将其结合为一个图形，如图 2-125 所示。

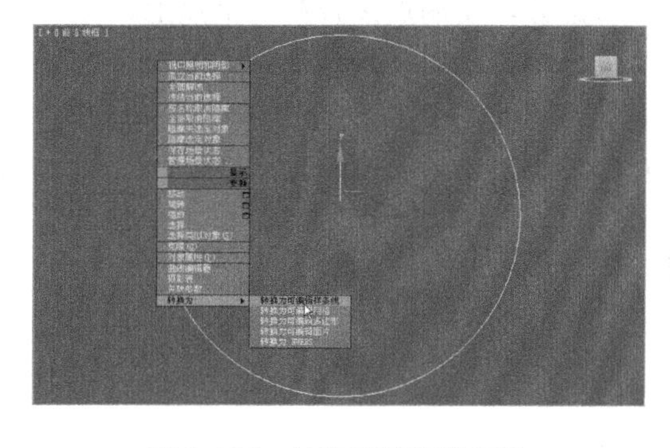

图 2-124　转换可编辑样条线

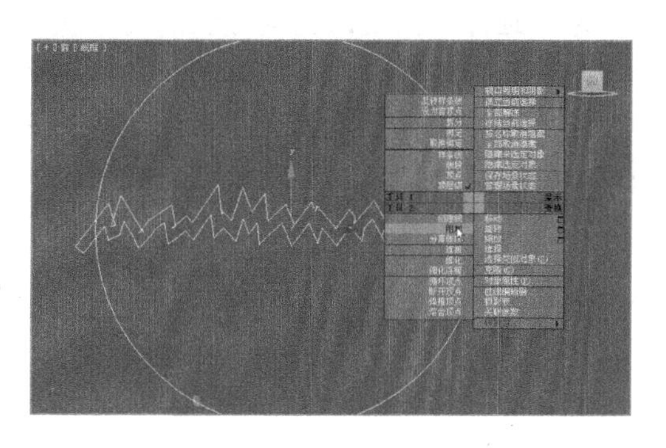

图 2-125　附加图形

(4) 在修改器堆栈中选择【样条线】选项，或者按快捷键 3 进入样条线编辑模式，并选择圆，如图 2-126 所示。

(5) 按下【布尔】右侧的按钮，在视图中单击波浪线，从而执行布尔运算，如图 2-127 所示。

图 2-126　选择样条线

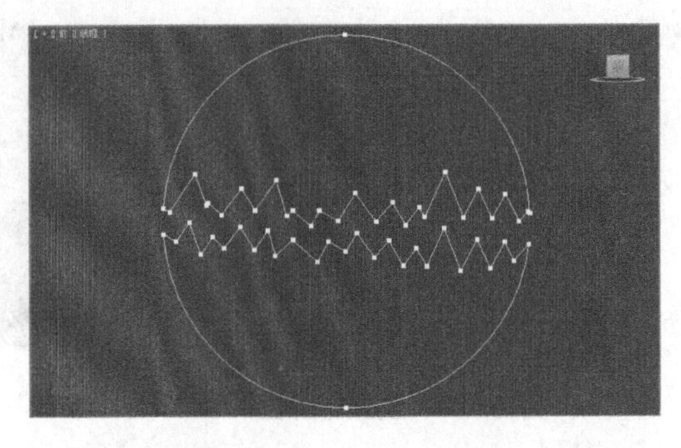

图 2-127　执行布尔运算

(6) 退出样条线编辑状态，观察此时的图形，如图 2-128 所示。

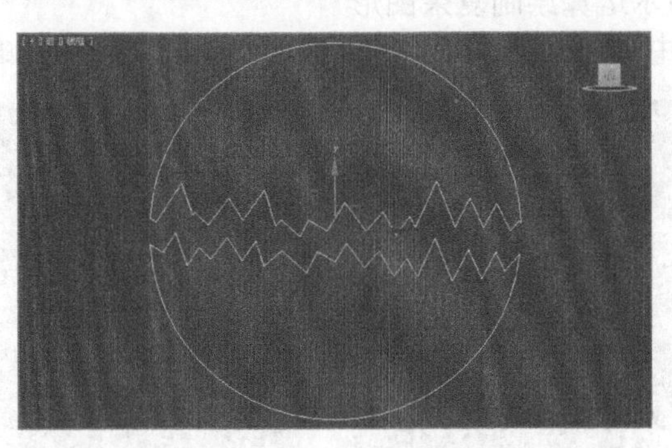

图 2-128　布尔运算执行结果

提示： 在使用该工具前，首先要把所有运算的图形结合为一个图形，否则将会出错。

- 镜像：该工具可以沿长、宽或对角方向镜像样条线，类似于主工具栏上的镜像工具。
- 修剪：使用该工具可以清理形状中的重叠部分，使端点接合在一个点上。
- 延伸：使用该工具可以清理形状中的开口部分，使端点接合在一个点上。
- 无限边界：为了计算相交，可以选中此复选框将开口样条线视为无穷长。

关于可编辑样条线的工具就全部介绍完了。在实际应用过程中，可编辑样条线的应用领域十分广泛，希望读者能够利用业余时间好好练习各个工具的使用方法。

2.6　习　　题

一、填空题

1. 在标准几何体中，唯一没有高度的物体是__________。

2. 可编辑样条线的顶点可以转换为 4 种方式，分别是线性、Bezier、平滑和__________。

3. 在编辑样条线时，当修改器堆栈中选择【顶点】选项后，即可进入顶点层级，也可以直接按快捷键__________进入顶点层级。

4. 在 3ds Max 中，要为对象指定颜色，通常需要通过__________对话框和【颜色选择器】对话框来实现。

二、选择题

1. 下面各个形状中，属于空间曲线的是__________。
   A. 弧形　B. 圆环　C. 球　D. 螺旋线

2. 下面各参数中用于控制球体大小的是__________。
   A. 半径　B. 分段　C. 平滑　D. 半球

3. 下面各选项中，不属于 AEC 扩展的几何体类型为__________。
   A. 植物　B. 栏杆　C. 遮篷式窗　D. 墙体

4. 使用__________扩展样条线工具可以通过两个同心矩形创建封闭的形状。
   A. 墙矩形　B. 通道　C. 法兰　D. 三通

5. 下面各选项中，不属于几何体的一项是__________。
   A. 球体　B. 扭曲物体　C. 平面　D. 螺旋线

三、问答题

1. 简述如何更改对象在视图中的颜色。

2. 可编辑样条线有几个层级？分别说一下它们的功能。

3. 简述如何将二维图形转换为可编辑样条线。常用的方法有几种？

第3章 复合建模

复合建模是一种特殊的建模方式。它可以将两种以上2D或3D物体通过复合的形式形成一个复杂的物体。复合建模实际上属于一种基本建模，之所以将其单独作为一章来介绍，是考虑它的建模和我们上一章所学习的基本建模有些不同。

3ds Max 2012提供了12种复合物体工具，分别是变形、散布、一致、连接、水滴网格、图形合并、布尔、地形、放样、网格化、ProBoolean和ProCutter。这些工具根据不同的建模手段，提供了便捷、快速的建模方法。本章将介绍这12种复合建模工具的主要功能。

3.1 变形

变形是一种与2D动画中的中间动画类似的动画技术。变形对象可以合并两个或多个对象，方法是插补第一个对象的顶点，使其与另外一个对象的顶点位置相符。如果反复执行这项插补操作，将会生成变形动画。图3-1所示为利用变形制作的人物表情动画。

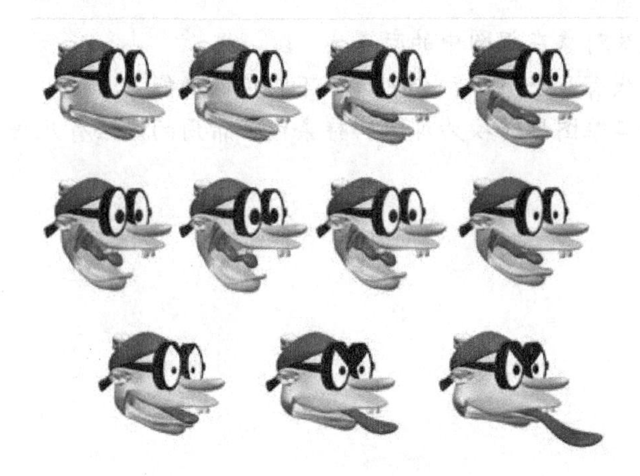

图3-1 变形效果

3.2 散布

分散是将某一物体无序散布，被散布的物体称为源物体。分散命令面板包含两种散布方式，一种是使用分布对象方式，它可以将源物体散布在分布对象的表面；另一种是只使用变换方式，它可以将物体散布在指定的长方体内。图3-2所示为在一个多边形上散布石头和树木的效果。

要创建一个散布复合对象，可以在选择一个源对象后，在复合对象面板中单击【散布】

按钮，然后单击【拾取分布对象】按钮，并在视图中拾取要散布的对象。

当我们将一个源对象散布到一个对象上时，就可以通过修改面板对其参数进行设置，如图 3-3 所示。

图 3-2　分散效果

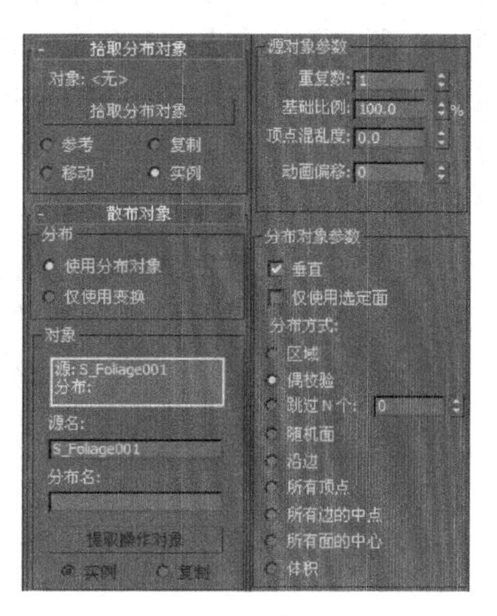

图 3-3　参数面板

1. 拾取分布对象

- 拾取分布对象：单击该按钮，然后在场景中单击一个对象，将其指定为分布对象。
- 参考/复制/移动/实例：这些单选按钮用于指定将分布对象转换为散布对象的方式。分布对象可以通过参考、复制、移动或实例的对象进行转换。

2. 散布对象

- 使用分布对象：该选项可以根据分布对象的几何体来散布源对象。
- 仅使用变换：该选项可以使用【变换】卷展栏中的参数来定位源对象的重复项。
- 重复数：指定散布的源对象的重复项数目。默认情况下，该值设置为 1，不过，如果要设置重复项数目的动画，则可以从 0 开始，将该值设置为 0。
- 基础比例：用于改变源对象的比例，同样也会影响每个重复项。
- 顶点混乱度：用于对源对象的顶点应用随机扰动。
- 垂直：如果选中该复选框，则每个重复对象垂直于分布对象中的关联面、顶点或边。反之，重复项与源对象保持相同的方向。
- 仅使用选定面：如果选中该复选框，则将分布限制在所选的面内。
- 区域：在分布对象的整个表面区域均匀地分布重复对象，效果如图 3-4 所示。
- 偶校验：用分布对象中的面数除以重复项数目，并在放置重复项时跳过分布对象中相邻的面数。
- 跳过 N 个：在放置重复项时跳过 N 个面。该可编辑字段指定了在放置下一个重复项之前要跳过的面数。如果设置为 0，则不跳过任何面。如果设置为 1，则跳过相邻的面。
- 随机面：在分布对象的表面随机地放置重复项。

- 沿边：沿着分布对象的边随机地放置重复项。
- 所有顶点：在分布对象的每个顶点放置一个重复对象。
- 所有边的中点：在每个分段边的中点放置一个重复项。
- 所有面的中点：在分布对象上每个三角形面的中心放置一个重复项。
- 体积：遍及分布对象的体积散布对象，如图 3-5 所示。

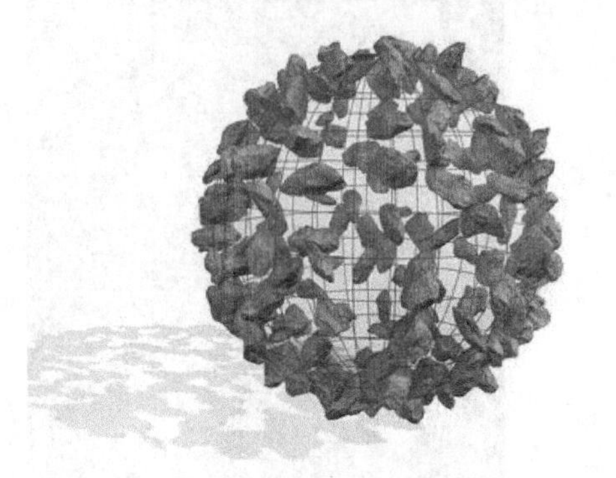
图 3-4　区域散布

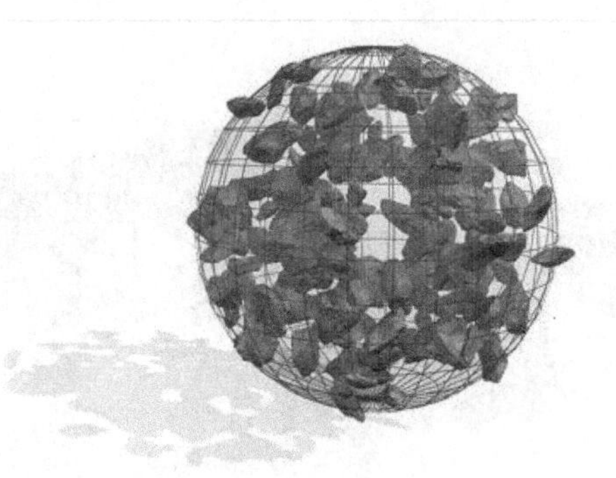
图 3-5　体积散布

关于散布的参数很多，不同的参数设置所产生的效果也不相同。由于篇幅的原因，这里就不再做过多的介绍。

3.3　试验指导——创建森林

散布有一个显著的特性，即它可以将一个对象按照指定的方式均匀布置到另一个对象的表面。当需要在不平整的表面上进行阵列时，就可以利用这种方式。本节所介绍的案例是在一个山地地形上阵列树木，从而形成森林。

(1) 打开光盘中的“03\散布.max”文件，这是一个山地造型和一棵树，如图 3-6 所示。

(2) 在视图中选择山地，在修改器堆栈中选择【多边形】选项，或按快捷键 4 进入多边形编辑模式，然后选择图 3-7 所示的多边形面。

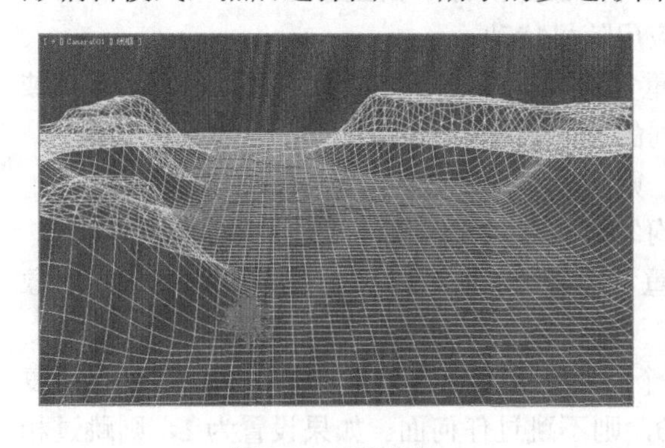
图 3-6　光盘文件

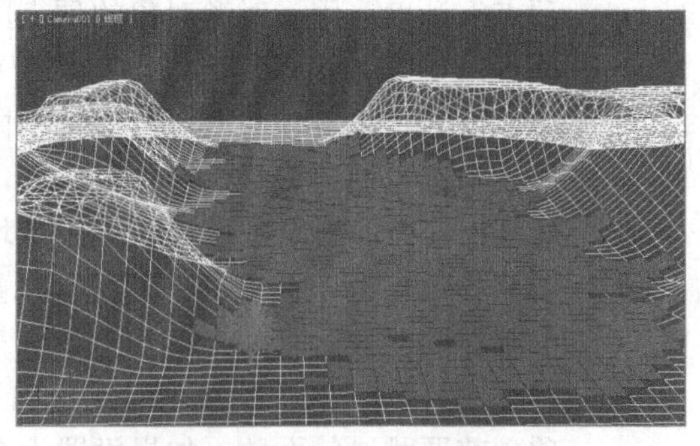
图 3-7　选择多边形面

(3) 在修改器下拉列表中选择【多边形选择】选项，从而为其添加一个多边形选择器，如图 3-8 所示。

(4) 在视图中选择树，选择【复合对象】选项，然后激活【散布】工具，如图 3-9 所示。

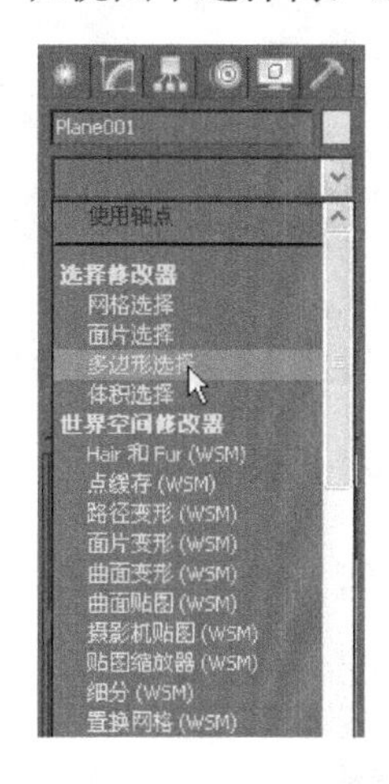

图 3-8　添加多边形选择

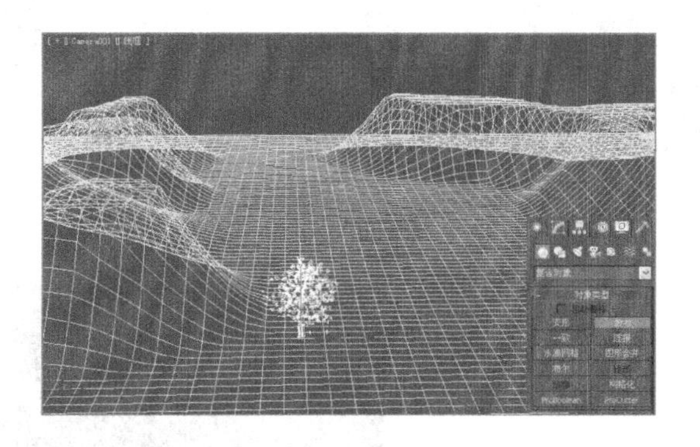
图 3-9　激活散布工具

(5) 在【拾取分布对象】卷展栏中单击【拾取分布对象】按钮，并在视图中选择山地，如图 3-10 所示。

提示： 此时，源物体(即树)将会被放置在山地的原点上，然后就可以通过修改其参数设置，使其按照我们的意愿进行分布了。

(6) 在【源对象参数】选项组中将【重复数】设置为 100，观察此时的效果，如图 3-11 所示。

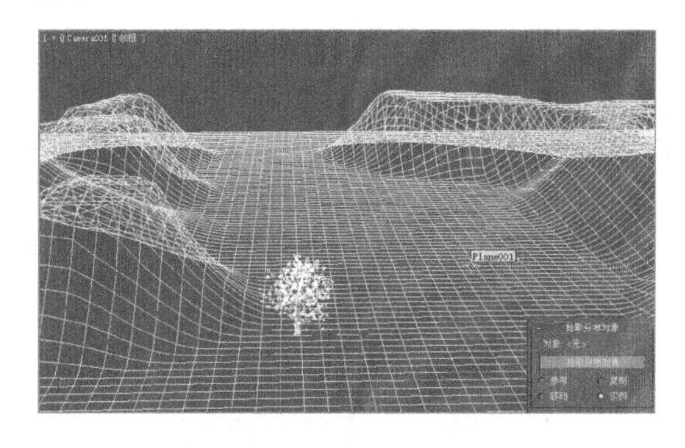

图 3-10　拾取分布对象

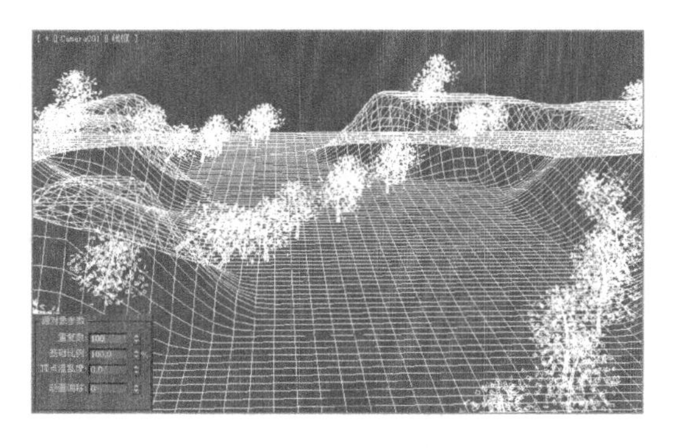
图 3-11　设置重复数

(7) 在【分布对象参数】选项组中选中【仅使用选定面】复选框，观察此时的效果，如图 3-12 所示。

(8) 使用相同的方法，还可以在场景中再添加一些树木，效果如图 3-13 所示。

(9) 图 3-14 所示为在彩色墨水显示模式下显示的效果。

在使用散布时，要注意源物体尽量不要使用缩放、旋转等操作，否则可能会在执行散布的过程中产生错误。

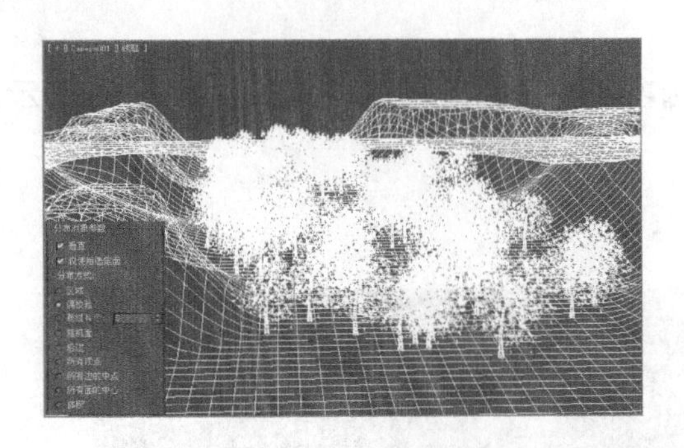

图 3-12　选定面散布

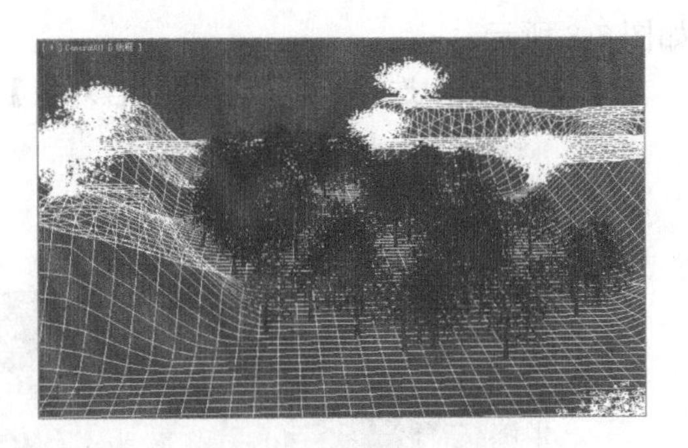

图 3-13　再次执行散布

图 3-14　显示效果

3.4　一　致

“一致”是指将一个物体的顶点投射到另一个物体上，使被投射的物体产生变形。被投射的物体称为“包裹器”，其顶点包裹到被称为“包裹目标”的物体上。这两个物体必须是网格或者是可以转换为网格的物体，两个物体的顶点数目不要求相同。图 3-15 所示为将公路散布到山地上的效果。

启用“一致”工具后，会打开如图 3-16 所示的面板。下面就来介绍该面板的使用方法。

图 3-15　一致效果

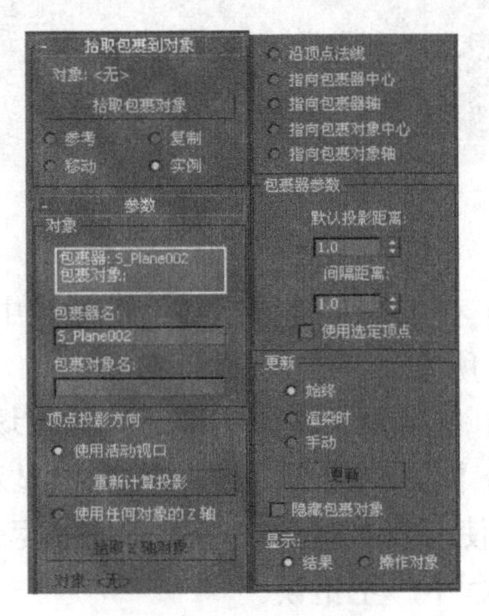

图 3-16　参数面板

- 拾取包裹对象：单击【拾取包裹对象】按钮，则可以在场景中选择一个对象作为被附着的对象。
- 使用活动窗口：选中该单选按钮后，系统将以活动窗口为基准执行顶点投影操作。
- 重新计算投影：单击该按钮可以重新计算当前活动视口的投射方向。

提示： 由于投影方向最初是在拾取包裹对象时指定的，因此，如果要在产生投影后更改视图窗口，可单击【重新计算投影】按钮重新计算投影效果。

- 使用任何对象的 Z 轴：选中该单选按钮可以使用场景中任何对象的局部 Z 轴作为投影方向。指定包裹对象之后，可以通过旋转方向对象来改变顶点投射的方向。
- 拾取 Z 轴对象：选中【使用任何对象的 Z 轴】单选按钮后，再单击该按钮，可以在视图中，选择一个对象作为投射源方向。
- 沿顶点法线：选中该单选按钮可以沿顶点法线的相反方向向内投射包裹器对象的顶点。

提示： 顶点法线是通过对顶点连接的所有面的法线，求平均值所产生的向量。如果包裹器对象将包裹对象包围在内，则包裹器将呈现包裹对象的形状。

- 指向包裹器中心：选中该单选按钮可以向包裹器对象的边界中心投射顶点。
- 指向包裹器轴：选中该单选按钮可以向包裹器对象的原始轴心投射顶点。
- 指向包裹对象中心：选中该单选按钮可以向包裹对象的边界中心投射顶点。
- 指向包裹对象轴：选中该单选按钮可以向包裹对象的轴心投射顶点。
- 默认投影距离：用于定义包裹对象和包裹器在未执行一致操作前顶点之间的距离。也就是说，在执行投影操作时，允许用户指定一个默认的投影距离，该距离表示投影前包裹对象和包裹器对象之间的距离。
- 间隔距离：该参数用于设定在执行一致操作后，包裹器和包裹对象之间的距离。

除了这些参数以外，在“一致”参数面板中还有很多参数用来定义“一致”工具，鉴于这些参数很少使用，这里就不再一一介绍。

3.5　连　　接

连接是指将两个物体连接成为一个物体，并且可以通过参数来控制二者的连接形状。连接物体必须是网格或可以转换为网格的物体，如图 3-17 所示。

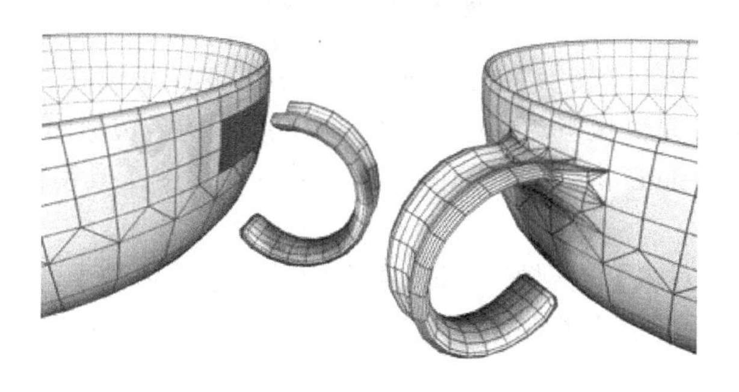

图 3-17　连接效果

图 3-18 所示为连接参数面板，下面介绍连接的参数功能。

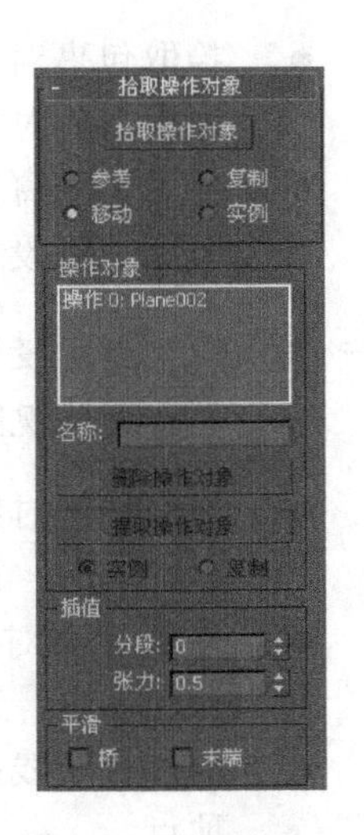

图 3-18　连接参数面板

- 操作对象：在列表中显示当前的操作对象。单击操作对象即可选中该对象，可以进行重命名、删除或提取操作。
- 名称：对所选的操作对象进行重命名。在文本框中输入新的名称，然后按 Enter 键即可。
- 删除操作对象：单击该按钮可以将所选操作对象从操作对象列表中删除。
- 提取操作对象：单击该按钮可以提取选中操作对象的副本或实例。在操作对象列表中选择一个操作对象即可激活该按钮。
- 实例/复制：选中该单选按钮可以指定提取操作对象的方式。
- 分段：在该微调框中输入或选择一个数值，用于设置连接桥中的分段数目。
- 张力：在该微调框中输入或选择一个数值，用于控制连接桥的曲率。当该参数设置为 0 时，表示无曲率。值越高，匹配连接桥两端的表面法线的曲线就越平滑。
- 桥：选中该单选按钮可以在连接桥的面之间应用平滑。
- 末端：选中该单选按钮可以在连接桥新建表面与原始对象之间应用平滑。

【例 3-1】 DNA 组件

(1) 在视图中创建一个球体，并调整它们的摆放位置，如图 3-19 所示。

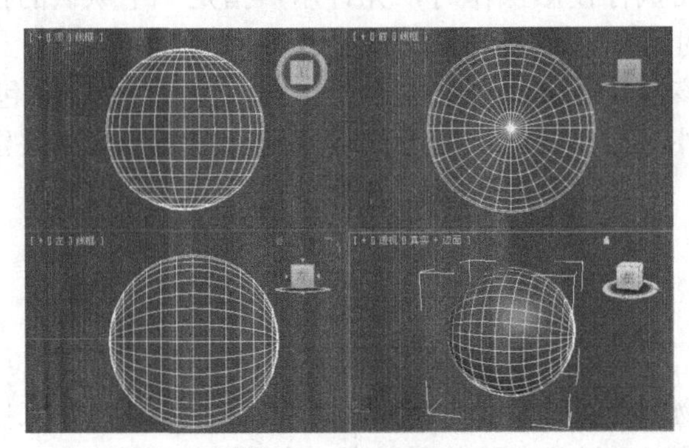

图 3-19　创建球体

(2) 选择右键菜单中的【转换】|【转换为可编辑多边形】命令，将物体转换为多边形。按快捷键 4 进入多边形编辑状态，并选择如图 3-20 所示的多边形面。

(3) 按键盘上的 Delete 键将选择的面删除，并利用镜像工具镜像一个副本，如图 3-21 所示。

(4) 切换到【复合对象】卷展栏，确认视图中的一个球体处于选中状态，单击【连接】按钮激活该工具。然后单击【拾取操作对象】按钮，并在视图中拾取另外一个球体，效果如图 3-22 所示。

(5) 将【分段】设置为 10，观察此时的效果，如图 3-23 所示。

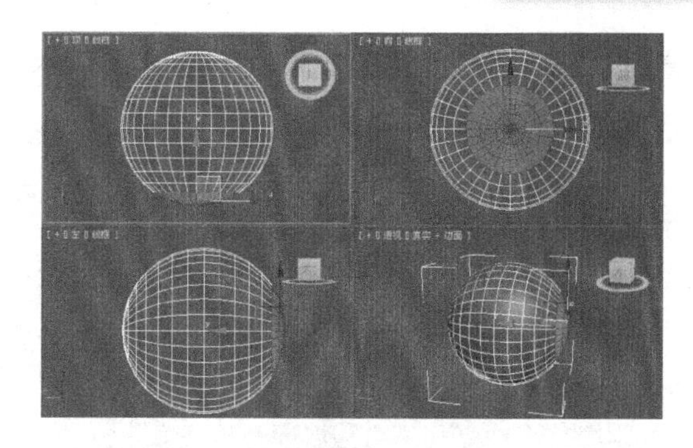

图 3-20　选择多边形

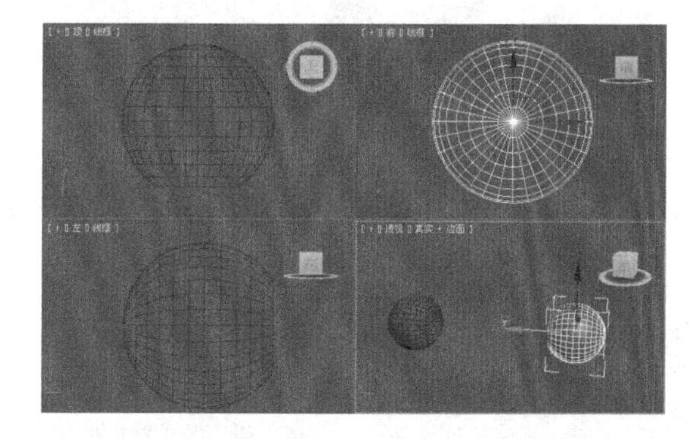

图 3-21　复制物体

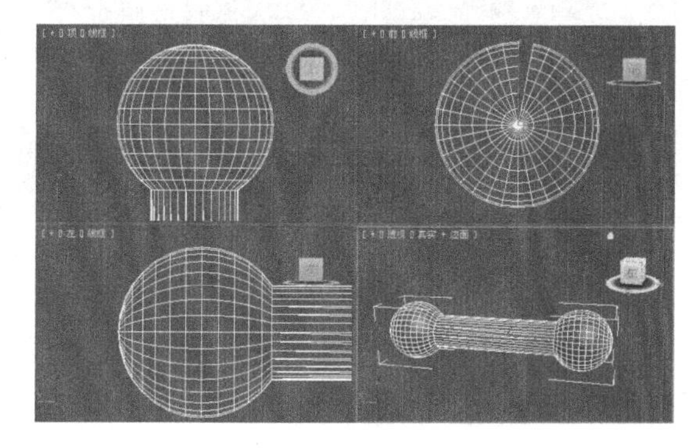

图 3-22　执行连接

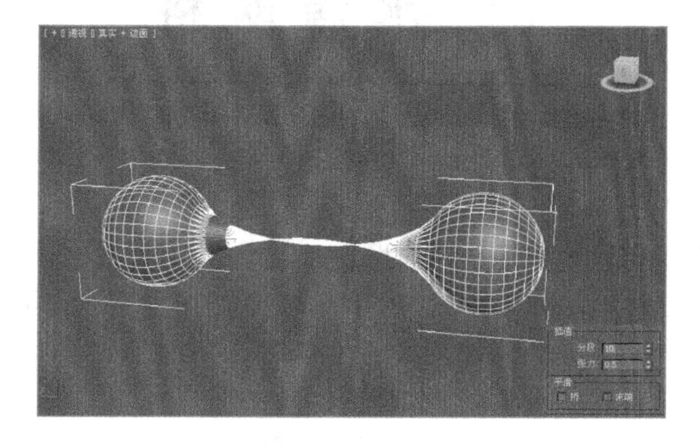

图 3-23　设置分段

(6) 将【张力】设置为 0.26，观察此时的效果，如图 3-24 所示。

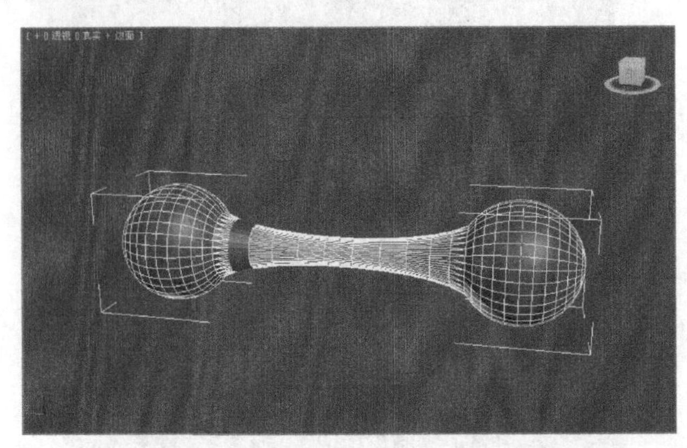

图 3-24　DNA 分子

(7) 最后，可以利用阵列工具产生一个 DNA 片段的效果，如图 3-25 所示。

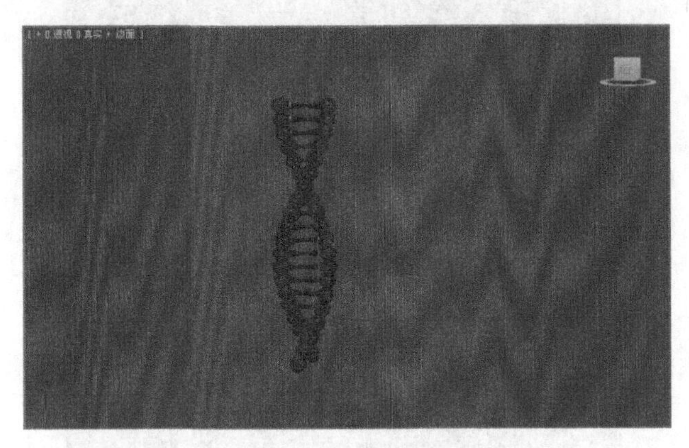

图 3-25　DNA 片段效果

在使用连接工具创建模型时，所要连接的面必须为空，即需要将连接的局部面删除，否则将导致错误或者连接不成功。

3.6　水滴网格

【水滴网格】是一种实体几何体，具有将距离很近的物体融合到一起的特性，使用这种物体可以表现流动的液体，还可以表现有机体、器官等物体。图 3-26 所示为利用【水滴网格】制作的冰珠效果。

水滴网格复合对象可以根据场景中的指定对象生成变形球，此后，这些变形球会形成一种网格效果，即水滴网格。如果要模拟移动和流动的厚重液体和柔软物质时，使用水滴网格是最佳选择。图 3-27 所示为水滴网格的【参数】卷展栏。

- 大小：用于指定对象的每个变形球的半径。
- 张力：用于确定曲面的松紧程度。该值越小，曲面就越松。取值范围为 0.01～1。

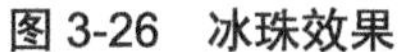

图 3-26　冰珠效果

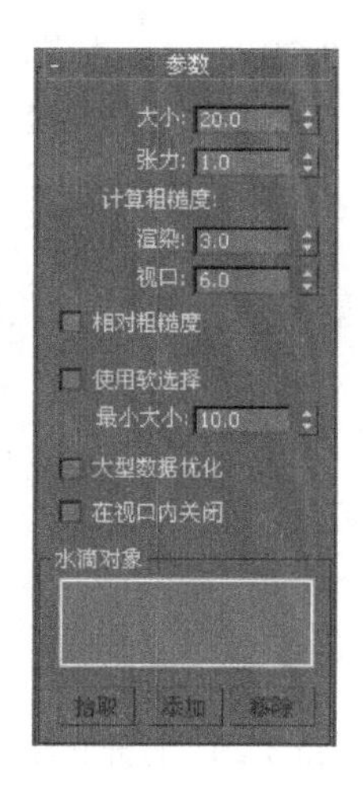

图 3-27　【参数】卷展栏

- 渲染/视口：分别用于设置网格在渲染时或者视口中显示的高度和宽度。
- 相对粗糙度：用于确定如何使用粗糙度值。
- 使用软选择：选中该复选框可以利用软选择的方式选择水滴网格的附着区域。
- 大型数据优化：选中该复选框后，将使用另外一种方法来优化场景中的网格，而不再采用默认的优化方式。
- 在视口中关闭：选中该复选框可以禁止在视图中显示水滴网格。
- 水滴对象：通过其下面的【拾取】、【添加】和【移除】按钮可以将几何体对象添加到其上的列表中，并对其进行添加、移除操作。

3.7 图 形 合 并

图形合并工具可以将二维造型融合到三维网格物体上。通过设置命令面板中不同的控制参数可以切掉三维网格物体的内部或者外部，其效果如图 3-28 所示。

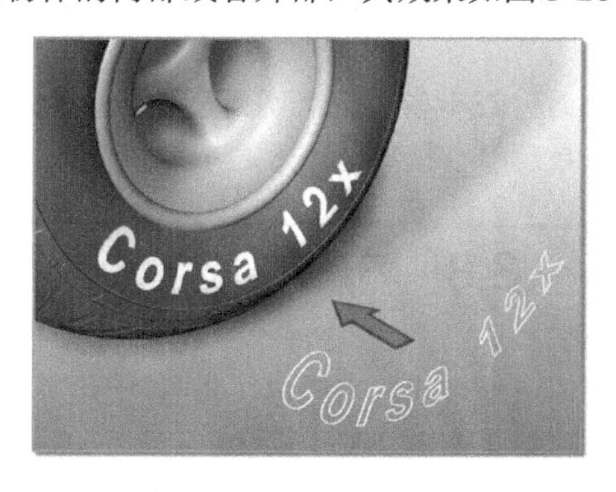

图 3-28　图形合并效果

【例 3-2】合并徽标

(1) 打开光盘中的“03\图形合并.max”文件，可以看到一个汽车的模型和一个“奥迪”

的徽标，如图 3-29 所示。本节将介绍如何把徽标合并到汽车上。

(2) 在视口中对齐图形，使它们朝网格对象的曲面方向进行投射，如图 3-30 所示。

图 3-29　打开文件

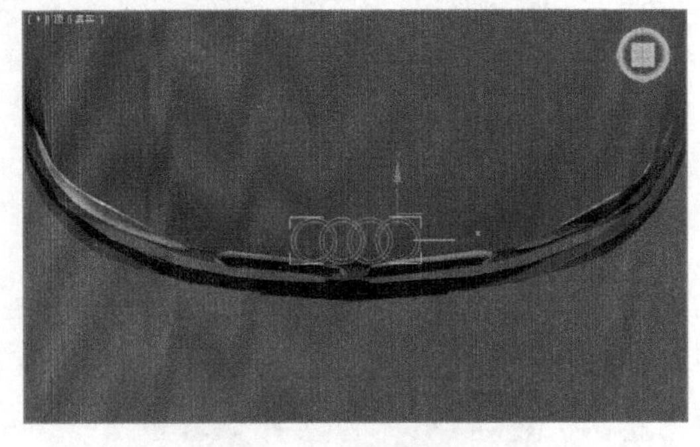

图 3-30　对齐图形和网格

(3) 选择将要执行图形合并的曲面，即汽车。然后，切换到【复合对象】卷展栏，单击其中的【图形合并】按钮，激活该工具。

(4) 单击【拾取图形】按钮，并在视图中选择徽标图形，如图 3-31 所示。

(5) 此时，图形合并工作已经完成。但还需要在模型的【边面】显示方式下才能看到，如图 3-32 所示。

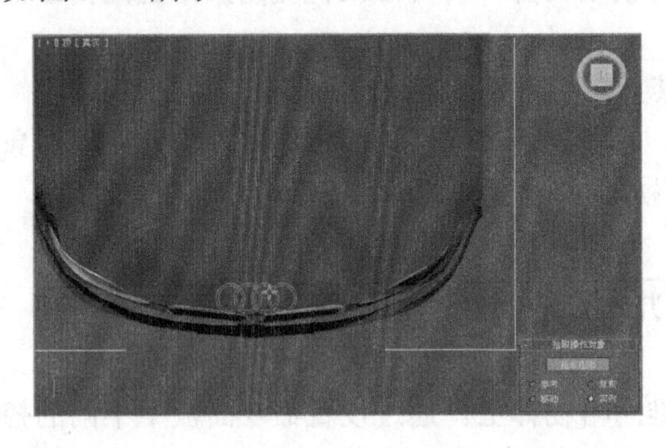

图 3-31　拾取图形

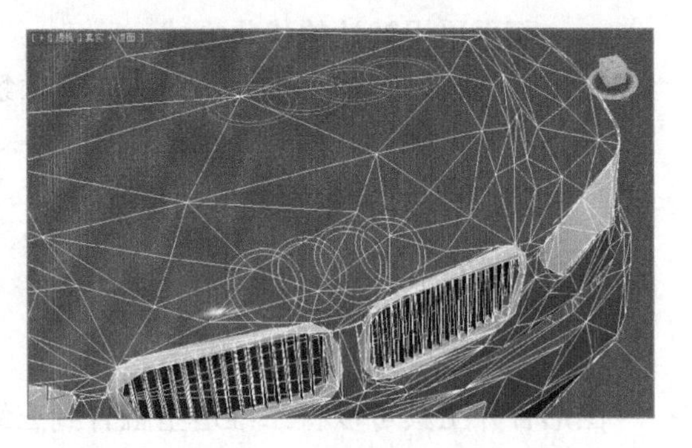

图 3-32　图形合并效果

提示： 由于是在“边面”显示模式下观察图形，所以汽车模型上的所有边都将被显示出来，从而导致整个模型的边看起来比较凌乱，这属于正常现象。

3.8 布尔运算

通过布尔运算可以将物体进行合成，它提供了 3 种子运算，分别是交运算、减运算和并运算。关于布尔运算的运算结果如图 3-33 所示。

【例 3-3】 制作象棋子

(1) 打开光盘中的“03\布尔运算.max”文件，这是一个由圆柱体、圆环以及一个文本文字组成的场景，如图 3-34 所示。

(2) 移动圆环的位置，使其和圆柱体充分接触，如图 3-35 所示。

图 3-33　布尔运算

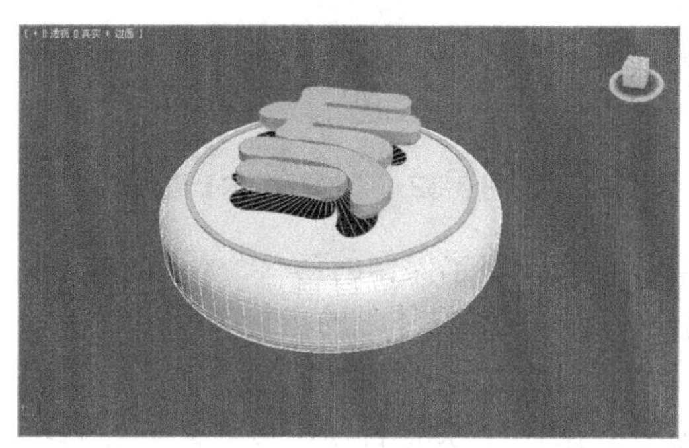

图 3-34　打开场景

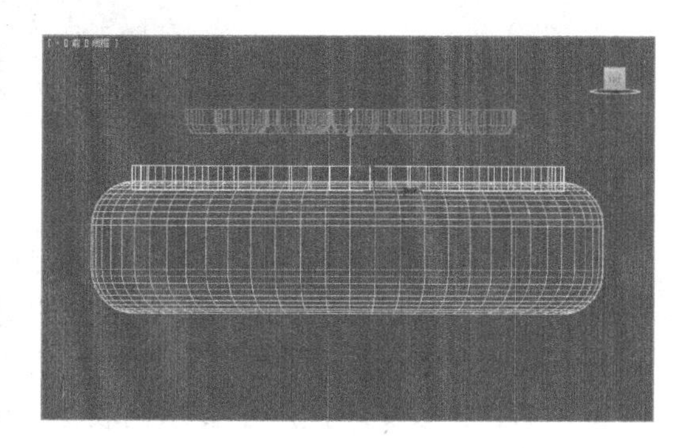

图 3-35　调整物体的位置

(3) 在视图中选择圆柱体，在【复合对象】卷展栏中激活布尔工具，单击【拾取布尔】卷展栏中的【拾取操作对象 B】按钮，然后在视图中拾取圆环，如图 3-36 所示。

技巧： 默认情况下，启用布尔运算工具时，采用的计算方式就是差集(A-B)，如果需要采用交集或者并集进行运算时，需要在执行这一步之前展开【参数】卷展栏，修改【操作】选项组中的相关设置。

(4) 执行完毕后，在透视图中观察此时的效果，如图 3-37 所示。

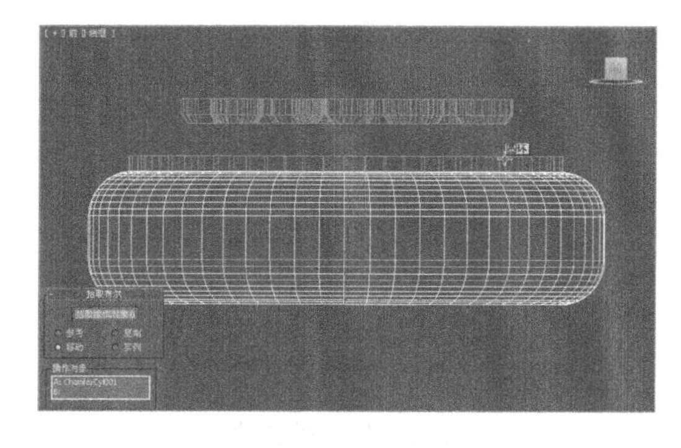

图 3-36　执行布尔运算

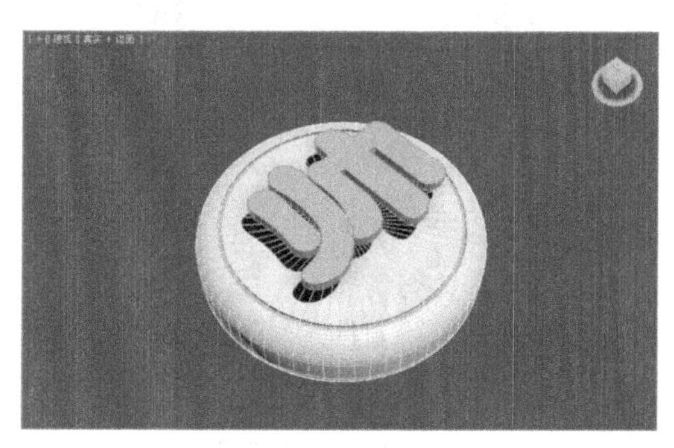

图 3-37　观察效果

(5) 将“帅”字充分与圆柱体接触，在视图中选择圆柱体，并激活布尔工具。

(6) 在视图中选择“帅”字执行布尔运算，效果如图 3-38 所示。

激活布尔工具之后，将会在修改面板中打开布尔的各项参数设置。下面来认识这些参数的功能。图 3-39 所示为【拾取布尔】卷展栏。

图 3-38　完成布尔运算

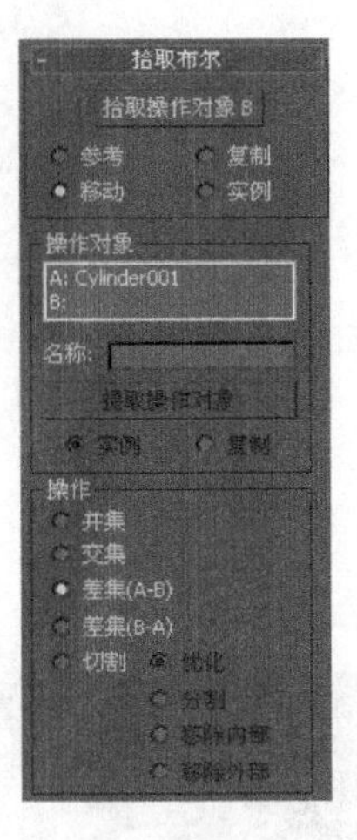

图 3-39　【拾取布尔】卷展栏

- 拾取操作对象 B：单击该按钮可以选择用以完成布尔操作的第二个对象。其下的 4 个单选按钮用来控制运算对象 B 的属性，这与复制物体时的运算类型相似。
- 操作对象：该列表框用来显示所有运算对象的名称，并可对它们进行相关的操作。
- 名称：该文本框用于显示列表框中选中的操作对象的名称，可对其进行编辑和修改。
- 提取操作对象：单击该按钮可将当前指定的运算对象重新提取到场景中，作为一个新的可用对象，包括实例和复制两种属性。
- 并集：选中该单选按钮可以将两个造型合并，移除两个物体的相交部分或重叠部分，运算完成后两个物体将成为一个物体，如图 3-40 所示。
- 交集：选中该单选按钮可以保留两个运算对象的相交或重叠的部分，如图 3-41 所示。

图 3-40　并集运算

图 3-41　交集运算

- 差集：差集运算包括两种运算方式，差集(A-B)可以在 A 物体中减去与 B 物体重合的部分，如图 3-42 所示。

差集(B-A)可以在 B 物体中减去与 A 物体重合的部分，如图 3-43 所示。

图 3-42　差集(A-B)

图 3-43　差集(B-A)

- 切割："切割"是指用 B 物体切除 A 物体，但不在 A 物体上添加 B 物体的任何部分。当【切割】单选按钮被选中时，将激活其下方的 4 个单选按钮，让用户选择不同的切除类型。

图1.1　优化：选中该单选按钮可以根据 B 物体的外形将 A 物体的表面进行重新细分。
图1.2　分割：选中该单选按钮可以在 B 物体切割 A 物体部分的边缘增加一排顶点。
图1.3　移除内部：选中该单选按钮可以删除位于 B 物体内部的 A 物体的所有面。
图1.4　移除外部：选中该单选按钮可以删除位于 B 物体外部的 A 物体的所有面。

关于【显示/更新】卷展栏中的相关参数设置，这里就不再详细介绍，它们主要用于控制是否在视图中显示运算结果以及每次修改后何时进行重新计算。

3.9　地　　形

地形工具可以将一个或者几个二维造型转换为一个平面，其效果如图 3-44 所示。

图 3-44　地形效果

通常情况下，地形工具可以用在以下几个方面：以 3D 形式对分级计划的效果进行可视化；通过研究土地形式的地形波动最大限度地提高视图或太阳光效果；通过对数据使用颜色来分析海拔的变化；将建筑物、景观和公路添加到地形模型中，以创建虚拟的城市或社区；通过将摄影机添加到场景中，从某个地点的特定位置查看走廊并完成隆起分析。

3.10 放　　样

可以从两个或多个现有样条线对象中创建放样对象。这些样条线之一会作为路径，其余的样条线会作为放样对象的横截面或图形。沿着路径排列图形时，3ds Max 会在图形之间生成曲面，如图 3-45 所示。

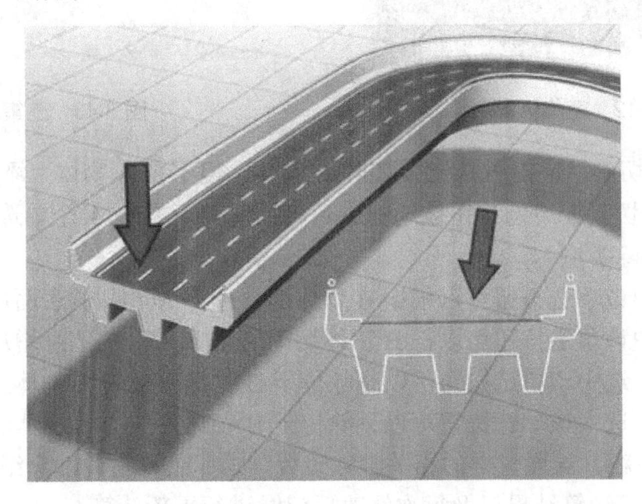

图 3-45　放样效果

【例 3-4】创建放样

上面讲过创建放样物体要有放样路径和截面图形，下面就来动手练习放样的使用方法。

(1) 打开光盘中的“03\放样练习.max”文件，该场景由一个文本和一条样条线组成，如图 3-46 所示。

(2) 选中视图中的曲线，选择【复合对象】选项，单击【放样】按钮激活该工具，如图 3-47 所示。

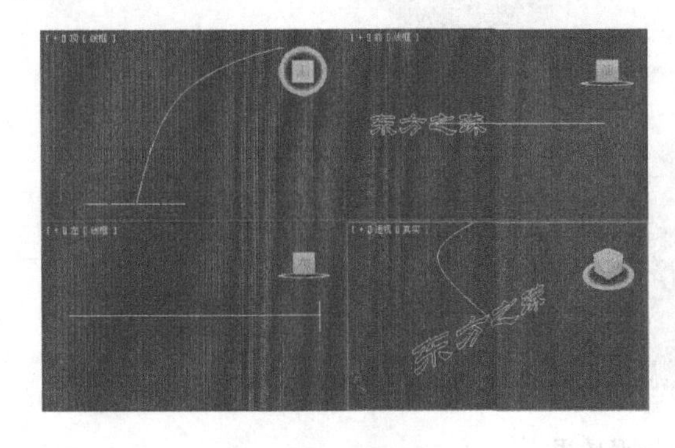

图 3-46　场景文件

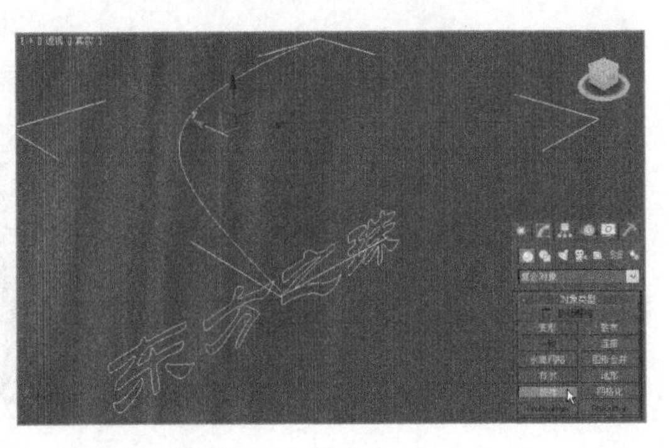

图 3-47　激活复合工具

(3) 在展开的【创建方法】卷展栏中单击【获取剖面】按钮，并在视图中选择文本曲线，即可获得如图 3-48 所示的模型。

注意： 如果在第(2)步中选择了放样的剖面，那么在第(3)步中则需要单击【获取路径】按钮，并在视图中选择样条线进行放样。

在实际应用过程中，通过上述方法创建的放样大多不能直接应用，通常需要进行局部修改。此时，可以切换到修改面板中对其参数进行修改。图 3-49 所示为放样的参数面板。

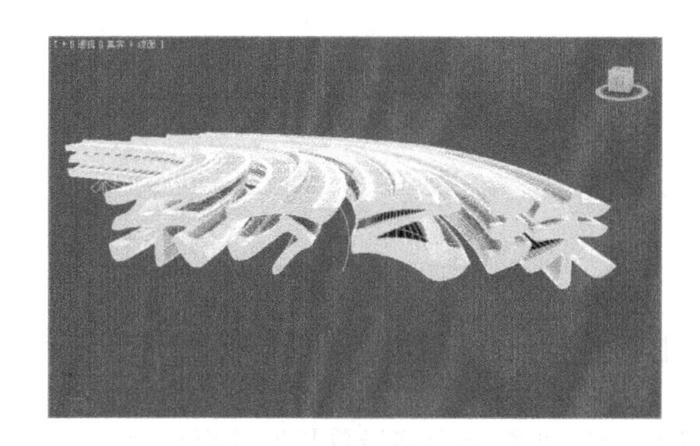

图 3-48　执行放样

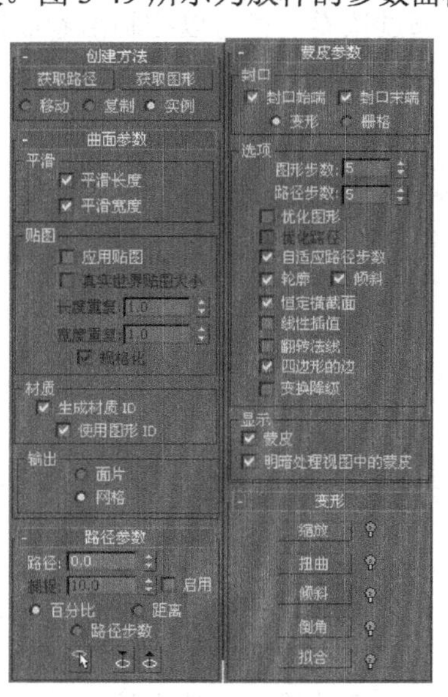

图 3-49　放样的参数面板

下面对制作过程中的放样参数功能进行介绍。

1. 【创建方法】卷展栏

该卷展栏用于确定使用图形还是路径创建放样对象，以及结果放样对象使用的操作类型。

- 获取路径：单击该按钮可将路径指定给选定图形或更改当前指定的路径。
- 获取图形：单击该按钮可将图形指定给选定路径或更改当前指定的图形。

2. 【曲面参数】卷展栏

通过【曲面参数】卷展栏可以控制放样曲面的平滑以及指定是否沿着放样对象应用纹理贴图。

- 【平滑】选项组：该选项组决定最终的放样对象的表面是否平滑，其中【平滑长度】复选框是沿着路径的长度提供平滑曲面；【平滑宽度】复选框是围绕横截面图形的周界提供平滑曲面，如图 3-50 所示。
- 【贴图】选项组：该选项组用来控制对放样对象的贴图。因为放样对象难以应用 UVW 贴图修改器中的标准贴图类型，在这里可以使用放样对象自己的贴图参数来应用贴图坐标。

- 【材质】选项组：【生成材质 ID】复选框允许在放样期间生成材质 ID 号；【使用图形 ID】复选框表示使用样条线材质 ID 来定义材质 ID 的选择。
- 【输出】选项组：该选项组用来控制生成放样对象的表面形式。选中【面片】单选按钮表示放样过程可生成面片对象，选中【网格】单选按钮表示可生成网格对象。

3. 【路径参数】卷展栏

通过该卷展栏可以控制沿着放样对象路径在各个间隔期间的图形位置，如图 3-51 所示。

图 3-50　平滑效果对比

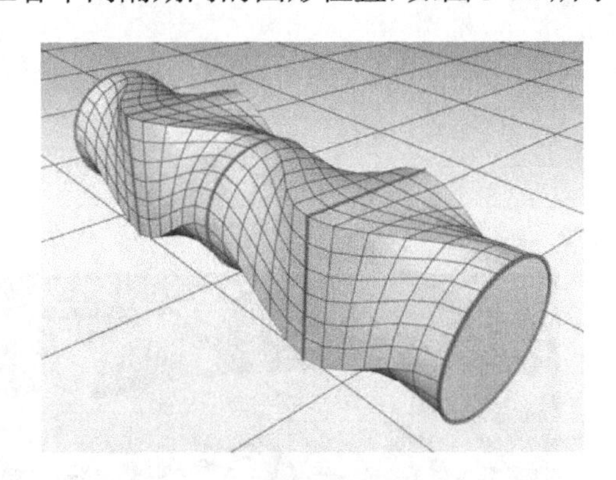

图 3-51　调整路径参数

- 路径：通过输入值或微调框的按钮来设置路径的级别。如果捕捉处于启用状态，该值将变为上一个捕捉的增量。
- 百分比：当选中该单选按钮时将把路径级别表示为路径总长度的百分比。
- 距离：当选中该单选按钮时将把路径级别表示为路径第一个顶点的绝对距离。
- 路径步数：选中该单选按钮时路径级别取决于曲线的步数和顶点。

4. 【蒙皮参数】卷展栏

通过设置该卷展栏中的参数，可以调整放样对象网格的复杂性，还可以通过控制面数优化网格。

- 封口始端/末端：这两个复选框决定放样模型的两端是否封口，如图 3-52 所示。
- 图形步数：设置横截面图形的每个顶点之间的步数，该值会影响围绕放样周界的边的数目，如图 3-53 所示。

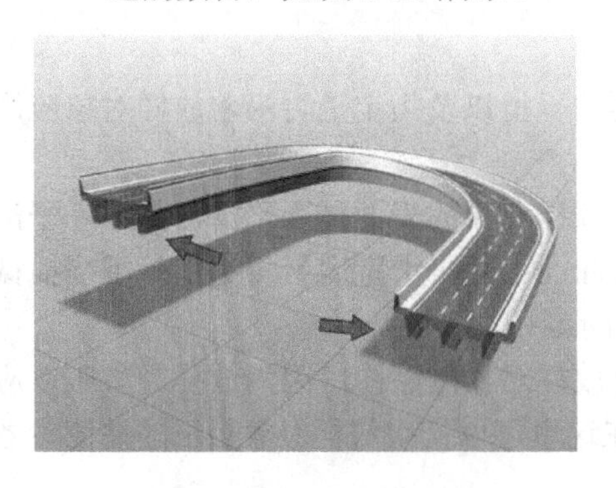

图 3-52　放样的始端和末端

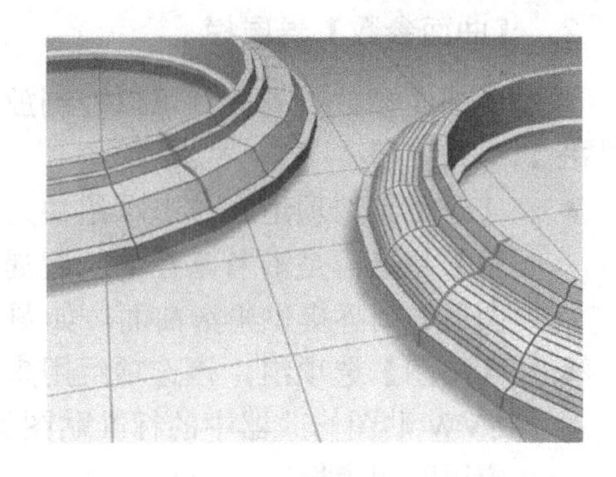

图 3-53　图形步数对模型的影响

- 路径步数：设置路径每个主分段之间的步数，该值会影响沿放样长度方向的分段的数目，如图 3-54 所示。图 3-54(a)是将【路径步数】设置为 1 的效果，图 3-54(b)是将【路径步数】设置为 5 的效果。

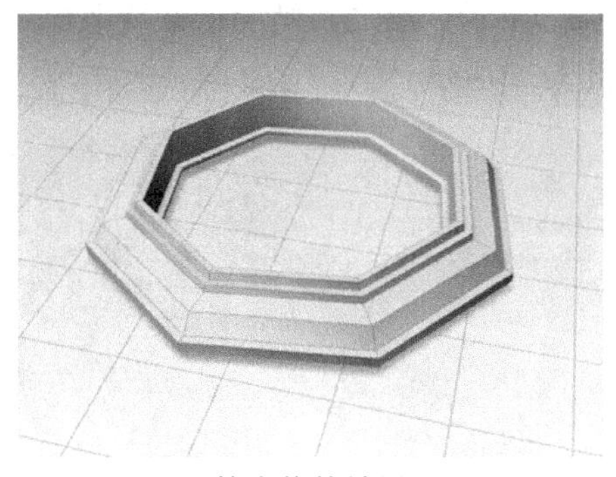

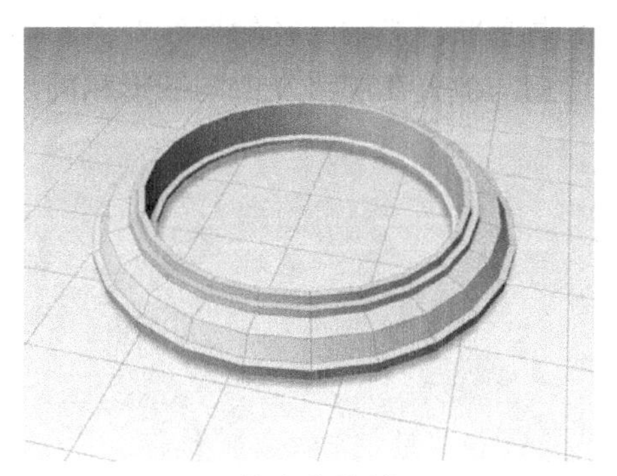

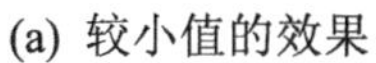

(a) 较小值的效果　　(b) 较大值的效果

图 3-54 不同路径步数对比

- 优化图形：如果选中该复选框，则将忽略横截面图形的直分段步数，如图 3-55 所示。如果路径上有多个图形，则只优化在所有图形上都匹配的直分段。默认设置为禁用状态。

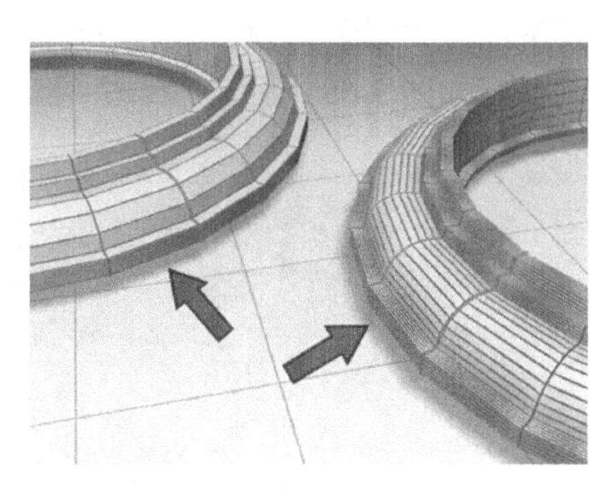

图 3-55 优化图形对比

- 优化路径：如果选中该复选框，则忽略路径直分段上的“路径步数”设置。但是“路径步数”设置还要用于弯曲截面。效果对比如图 3-56 所示。

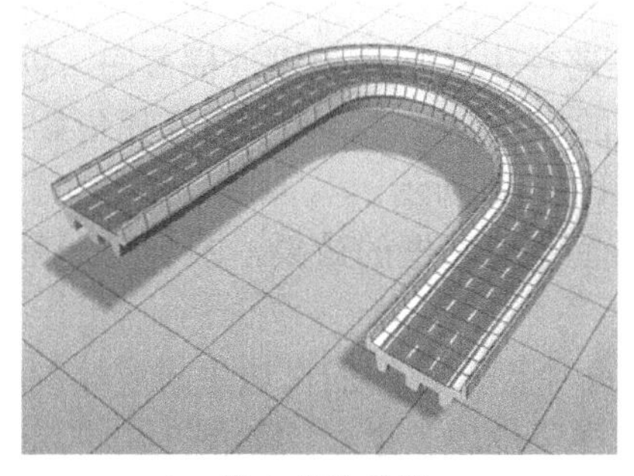

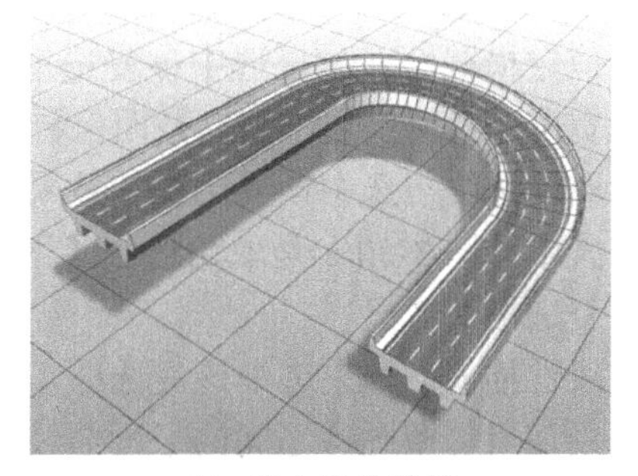

(a) 选中前的效果　　(b) 选中后的效果

图 3-56 选中与取消选中前后效果

- 自适应路径步数：如果选中该复选框，则系统将分析放样模型，并调整路径分段的数目，以生成最佳蒙皮。
- 轮廓：如果选中该复选框，则每个图形都将遵循路径的曲率。每个图形的正 Z 轴与形状层级中路径的切线对齐，如图 3-57 所示。反之，则图形保持平行，且其方向与放置在层级 0 中的图形相同，如图 3-58 所示。

图 3-57 启用轮廓效果　　图 3-58 禁用轮廓效果

- 倾斜：如果选中该复选框，则只要路径弯曲并改变其局部 Z 轴的高度，图形便围绕路径旋转。如果该路径为 2D 图形，则忽略倾斜。反之，则图形在穿越 3D 路径时不会围绕其 Z 轴旋转，如图 3-59 所示。

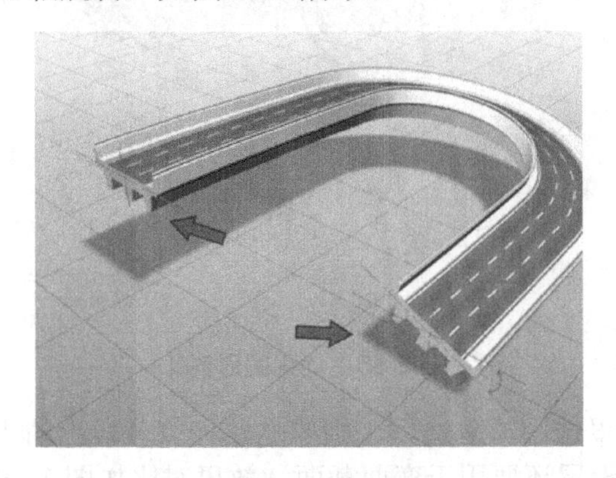

图 3-59 倾斜效果

- 恒定横截面：如果选中该复选框，则在路径中的拐角处缩放横截面，以保持路径宽度一致。反之，则横截面保持其原来的局部尺寸，从而在路径拐角处产生收缩。取消选中与选中该复选框的效果对比如图 3-60 所示。

  其中，图 3-60(a)是取消选中【恒定横截面】复选框的效果，图 3-60(b)则是选中该复选框的效果。
- 线性插值：如果选中该复选框，则使用每个图形之间的直边生成放样蒙皮。反之，则使用每个图形之间的平滑曲线生成放样蒙皮。效果对比如图 3-61 所示。
- 翻转法线：如果选中该复选框，则将法线翻转 180 度，可使用此选项来修正内部外翻的对象。

- 四边形的边：如果选中该复选框，且放样对象的两部分具有相同数目的边，则将两部分缝合到一起的面显示为四方形。具有不同边数的两部分之间的边将不受影响，仍与三角形连接。

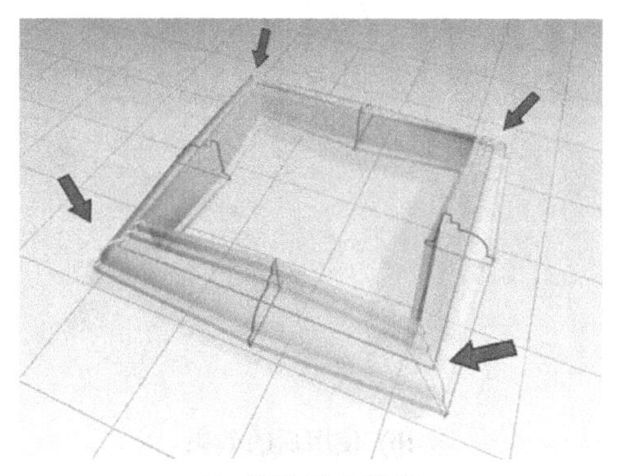

(a) 禁用后的效果

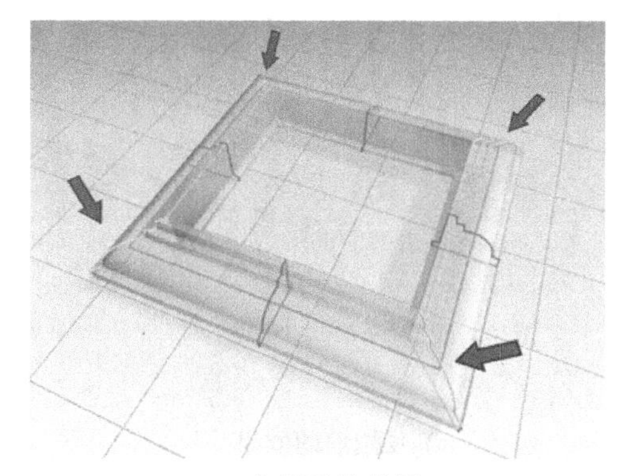

(b) 启用后的效果

图 3-60　禁用与启用前后效果对比

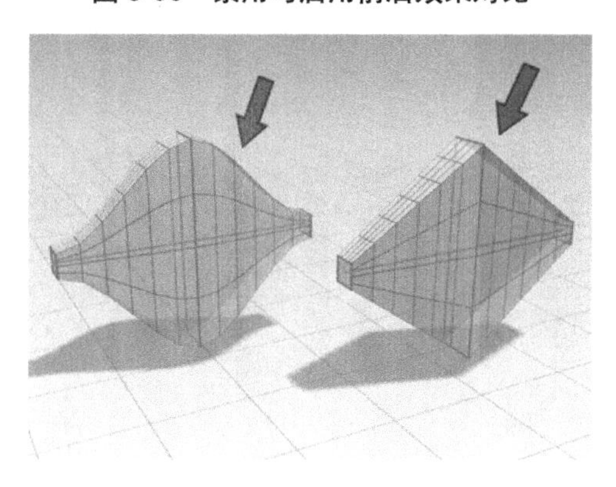

图 3-61　线性插值效果对比

5. 【变形】卷展栏

通过【变形】卷展栏可以将放样物体进行多种变形，例如，沿着路径缩放、扭曲、倾斜和倒角的变化等。

- 缩放：缩放变形可以改变截面的 X 和 Y 方向的比例，从而改变模型的结构，使模型产生局部突起或者凹陷。

  我们可以利用工具栏中的工具添加控制点，并用工具调整控制点的位置，从而改变曲线形状。
- 扭曲：扭曲变形用来控制截面相对路径的旋转程度，它通过调整控制点之间的相对位置来控制旋转的角度。
- 倾斜：倾斜变形使截面能够围绕垂直于路径的 X 轴和 Y 轴旋转。图 3-62 所示为使用倾斜前后的截面变化。
- 倒角：倒角变形对放样物体执行一种类似于倒角的变形功能。对于放样物体首尾附近的小量偏移最好使用倒角变形。

● 拟合：拟合变形是变形放样方式中功能最强的一种方式，它非常适合于制作侧面有不同截面轮廓的放样对象，效果如图 3-63 所示。

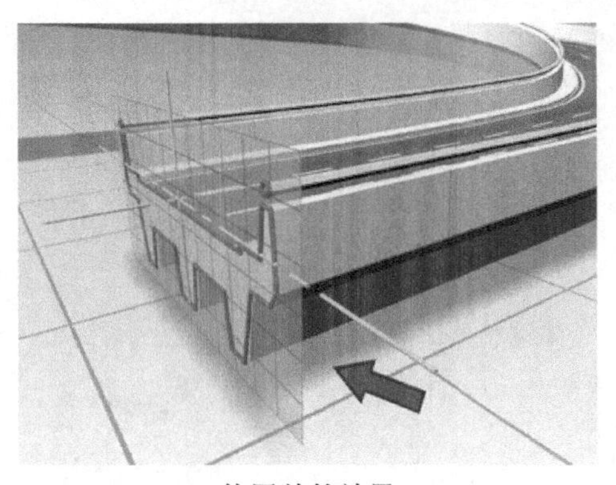

(a) 使用前的效果

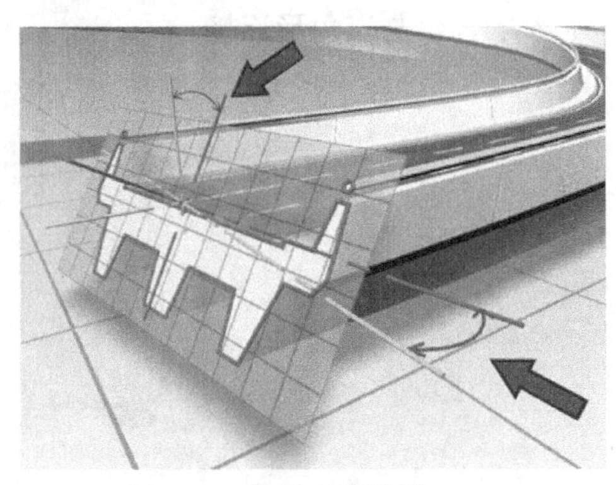

(b) 使用后的效果

图 3-62 倾斜前后效果对比

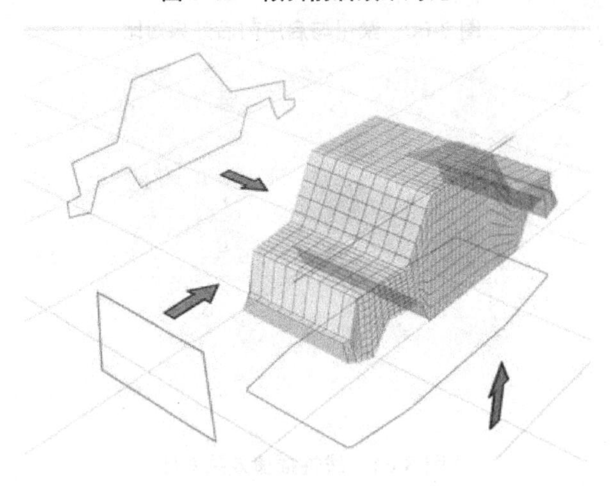

图 3-63 拟合效果

3.11 试验指导——制作罗马柱

罗马柱是意大利的一种建筑元素，在制作一些室外场景时，经常需要利用 3ds Max 制作此类事物。当然，制作方法有很多种，但是最为快捷的仍然是【放样】，利用放样不仅能制作出来基本的模型，最重要的是还可以在模型的基础上进行修改。

1. 创建放样物体

(1) 新建一个场景文件，利用矩形工具在顶视图中绘制一个矩形框，参数设置如图 3-64 所示。

(2) 利用圆工具在顶视图中绘制一个圆，将其半径设定为 22.5，如图 3-65 所示。

(3) 利用星形工具在顶视图中绘制一个星形，并按照图 3-66 所示修改其参数。

(4) 利用线工具在前视图中绘制线段，长度可自定义，如图 3-67 所示。

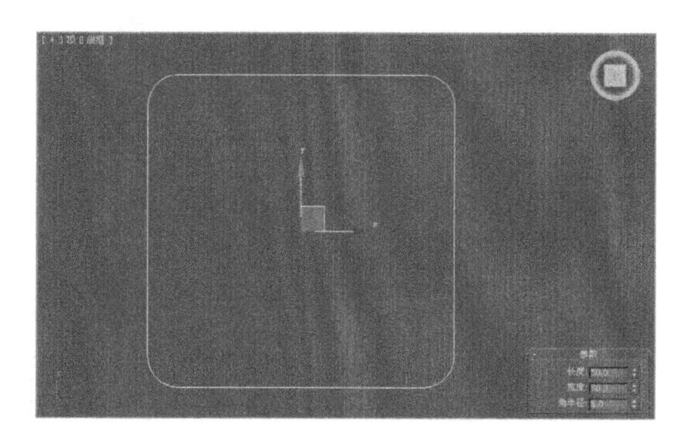

图 3-64　绘制矩形

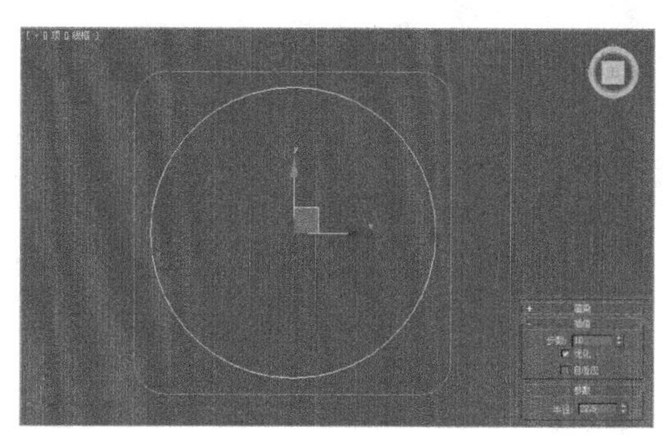

图 3-65　绘制圆

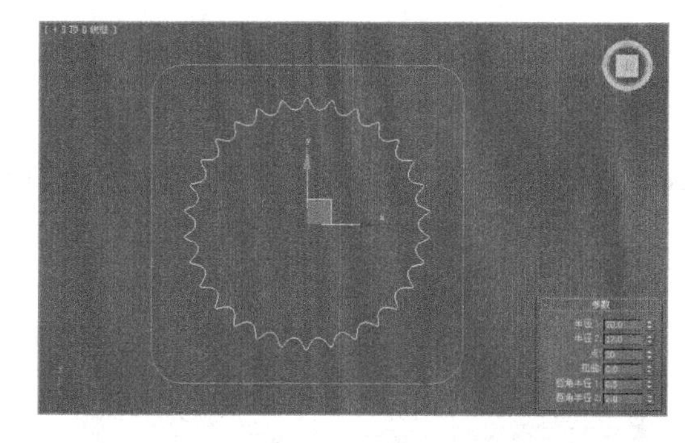

图 3-66　绘制星形

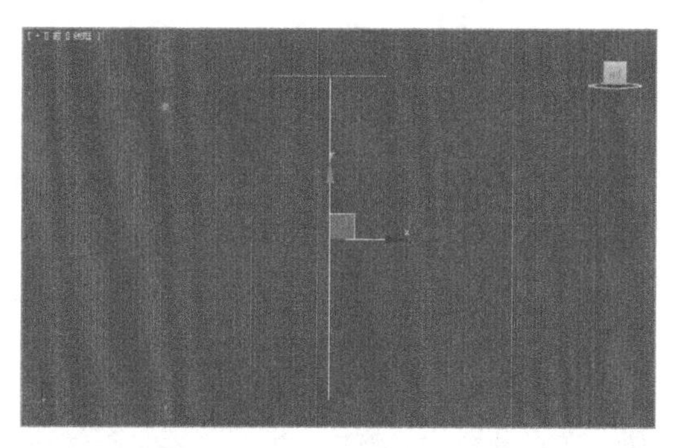

图 3-67　绘制线段

(5) 选中线段，选择【复合对象】选项，单击【放样】按钮，激活放样工具。然后在【创建方法】卷展栏中单击【拾取剖面】按钮，并在视图中拾取矩形框作为第一个剖面，如图 3-68 所示。

(6) 展开【路径参数】卷展栏，将【路径】设置为 8，并再次在视图中拾取矩形框作为剖面，如图 3-69 所示。

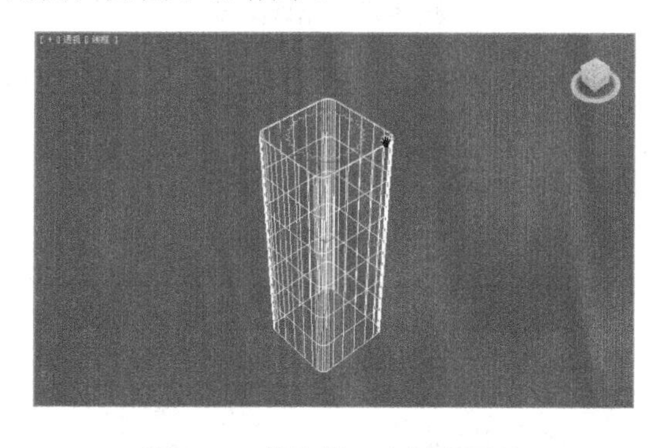

图 3-68　拾取第一个剖面图形

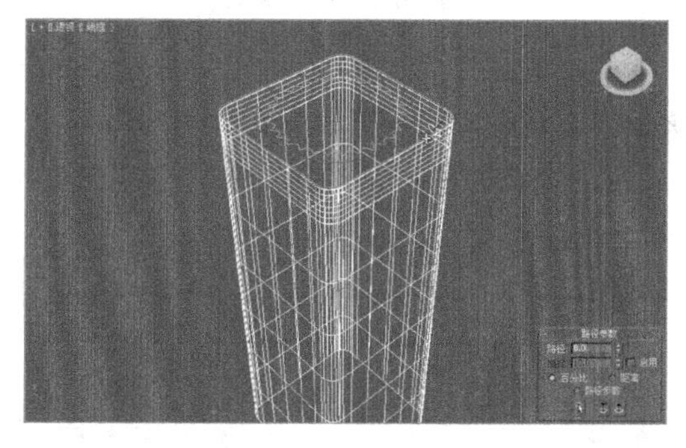

图 3-69　设置路径

(7) 将【路径】设置为 9，再次拾取矩形框作为剖面，如图 3-70 所示。

(8) 将【路径】设置为 10，单击【拾取剖面】按钮，在视图中拾取圆作为放样剖面，如图 3-71 所示。

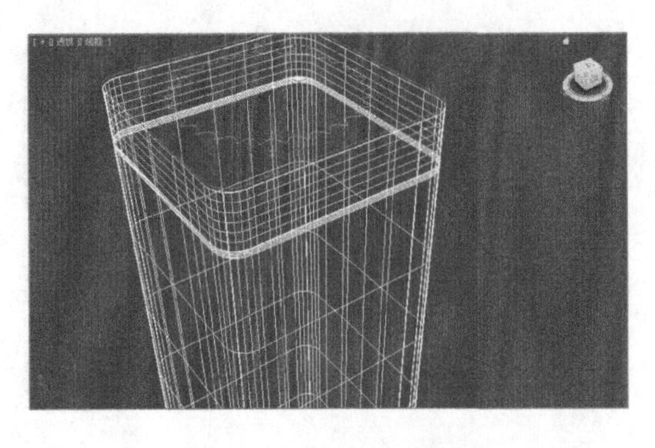
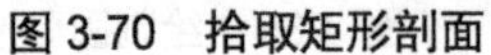

图 3-70　拾取矩形剖面

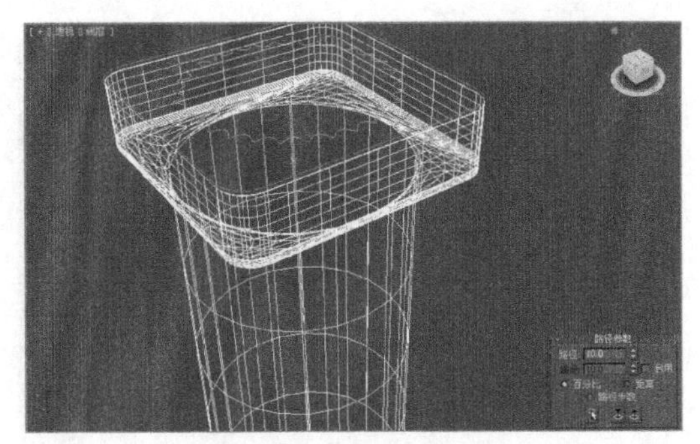

图 3-71　拾取圆形剖面

提示：分别将路径设置为 9、10，并拾取不同的截面后，可以使模型在 9%～10%之间形成从矩形到圆形的过渡，从而添加整个模型的细节。

(9) 将【路径】设置为 15，在视图中拾取圆作为放样截面，这样可以在罗马柱上创建出一段圆形柱体，如图 3-72 所示。

(10) 将【路径】设置为 16，在视图中拾取星形作为放样剖面，效果如图 3-73 所示。

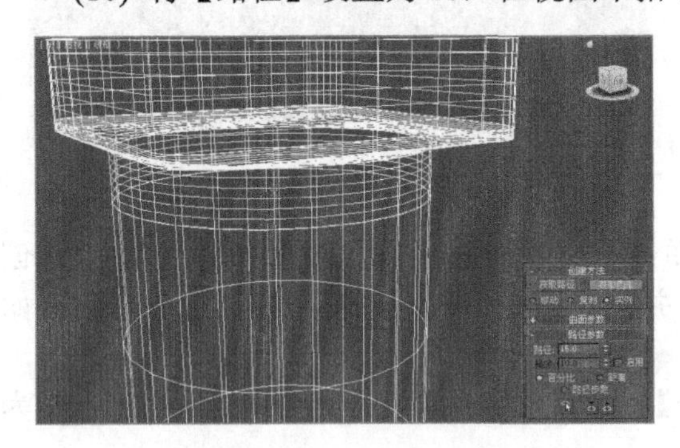

图 3-72　拾取剖面

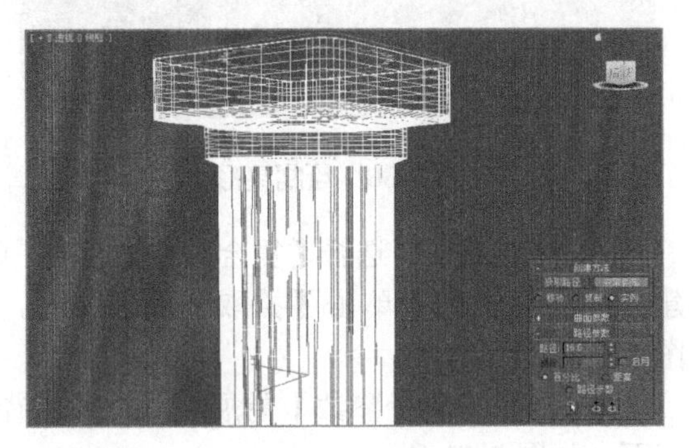

图 3-73　拾取星形

(11) 将【路径】设置为 84，再在视图中拾取星形作为剖面，如图 3-74 所示。这样可以将星形形状在整个柱体的 84%处结束。

(12) 将【路径】设置为 85，在视图中拾取圆形作为剖面，效果如图 3-75 所示。

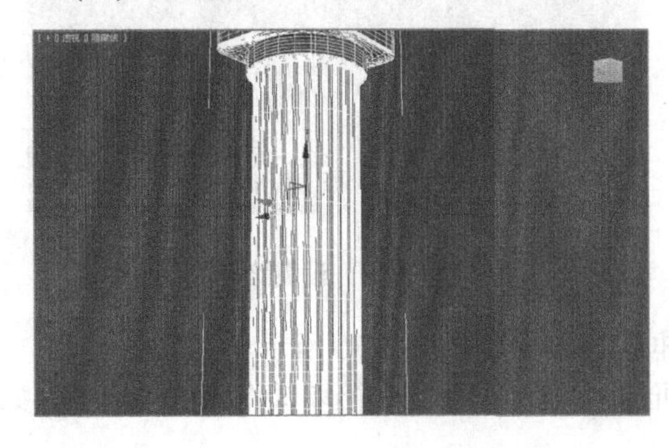

图 3-74　拾取星形剖面

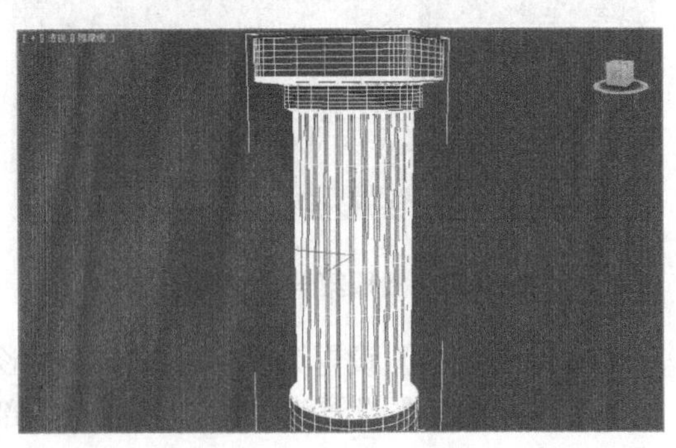

图 3-75　改变剖面形状

(13) 将【路径】设置为 90，在视图中拾取圆形作为剖面，如图 3-76 所示。

(14) 将【路径】设置为 92，在视图中拾取矩形框作为剖面，如图 3-77 所示。

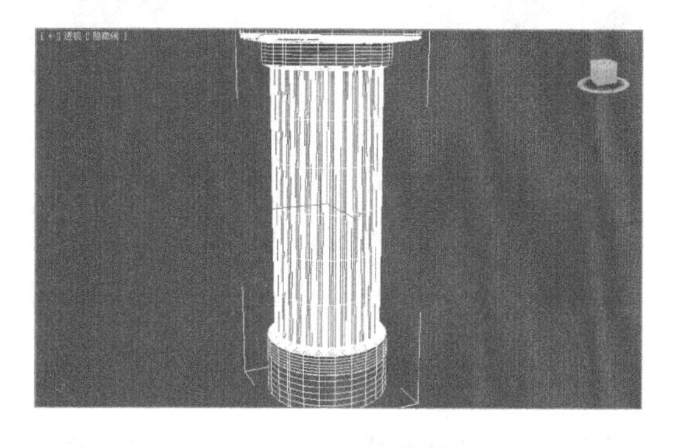

图 3-76　创建放样

图 3-77　放样效果

(15) 将【路径】设置为 100，在视图中拾取矩形框作为剖面即可完成整个放样操作，如图 3-78 所示。

图 3-78　完成放样

2. 修改放样模型

(1) 在修改器堆栈中展开 Loft 字样，选择其中的【路径】选项。然后在其下显示的 Line 子层级中选择【顶点】选项，如图 3-79 所示。

(2) 在视图中选择底部的顶点，将其沿着 Y 轴向下移动，从而改变路径的长度。这样，也可以使放样发生改变，如图 3-80 所示。

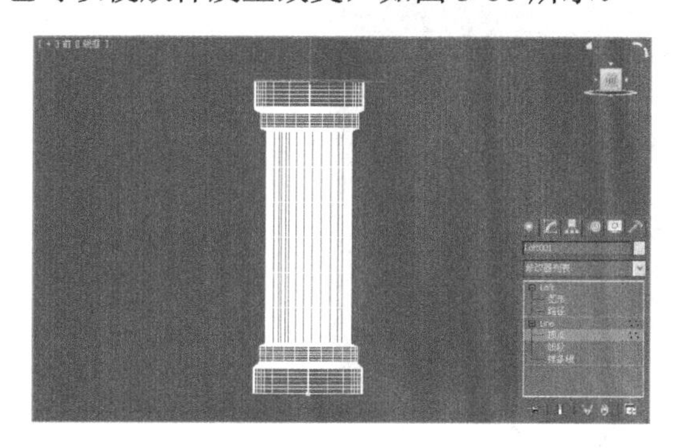

图 3-79　选择顶点

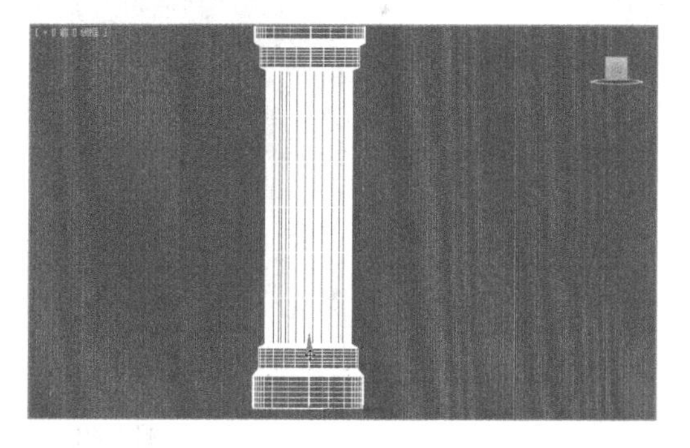

图 3-80　更改放样的长度

(3) 在修改器堆栈中展开 Loft 选项，选择其中的【图形】选项，切换到透视图中选择如图 3-81 所示的截面。

(4) 利用旋转工具旋转该截面，可以有效地避免放样引起的截面扭曲，如图 3-82 所示。

(5) 使用相同的方法，调整其他截面的角度，如图 3-83 所示。

(6) 在修改器堆栈中选择【图形】选项，然后再在视图中选择星形截面，并在修改面板中修改其参数设置，从而改变罗马柱表面的齿状效果，如图 3-84 所示。

图 3-81　选择截面

图 3-82　调整截面角度

图 3-83　修改截面

图 3-84　修改图形

(7) 修改后的效果如图 3-85 所示。

图 3-85　完整的放样效果

(8) 使用【变形】工具对整个放样物体进行修改，从而添加一些细节，即可完成整个罗马柱的放样，最终的效果如图 3-86 所示。

在本节中，我们利用放样制作了一个罗马柱。通过它的制作，我们学习了多截面放样的实现过程。同时，还学习了一些常用的修改方法，例如，截面修改、路径修改等。这些方法在实际的应用中都十分重要，希望各位读者能够好好练习一下。

图 3-86 罗马柱效果

3.12 ProBoolean 和 ProCutter

ProBoolean 与 ProCutter 是 3ds Max 在近几个版本中新集成的两个复合工具。其中，ProBoolean 的功能和布尔运算相同，不过在布线方面进行了改进；而 ProCutter 则是一个切割器，可以将对象进行任意程度的切割。本节就来认识这两个工具。

3.12.1 认识 ProBoolean

ProBoolean 实际上就是一种布尔运算工具。它是利用网格的方式进行计算并增加了额外的智能。首先它组合了拓扑，然后确定共面三角形并移除附带的边，再在 N 多边形上执行布尔运算。完成布尔运算之后，对结果重复执行三角算法，然后在共面的边隐藏的情况下将结果计算出来。图 3-87 所示为利用 ProBoolean 制作的物体。

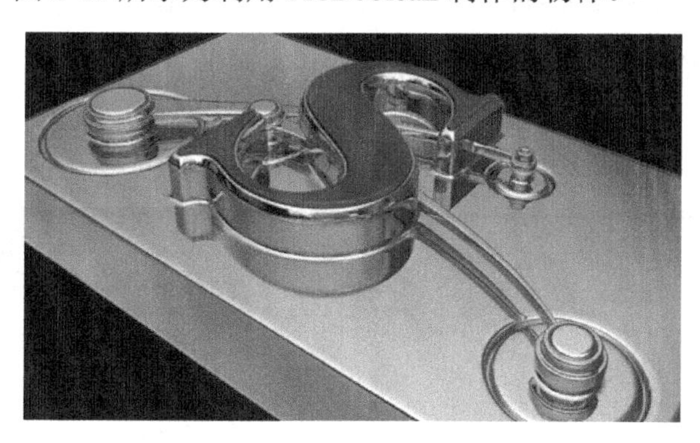

图 3-87 ProBoolean 计算结果

相对于布尔复合对象，ProBoolean 的可靠性更高，因为有更少的小边和三角形，因此结果输出更清晰、平滑。

【例 3-5】制作西药

(1) 打开光盘中的“03\ProBoolean.max”文件，如图 3-88 所示。

(2) 利用前面讲到的复制物体的方法，复制如图 3-89 所示的阵列。

图 3-88　打开文件

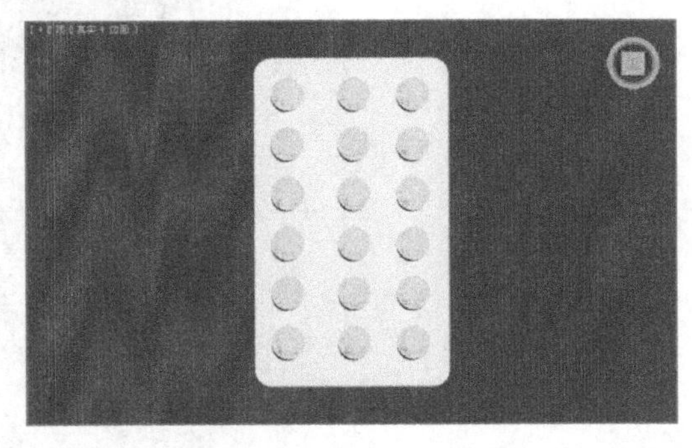

图 3-89　复制物体

(3) 选择“底板”物体，切换到【复合对象】卷展栏，单击 ProBoolean 按钮激活该工具。

(4) 单击【开始拾取】按钮，并在【运算】选项组中选中【并集】单选按钮，如图 3-90 所示。

(5) 在视图中选择“胶囊”物体，观察此时的物体，如图 3-91 所示。

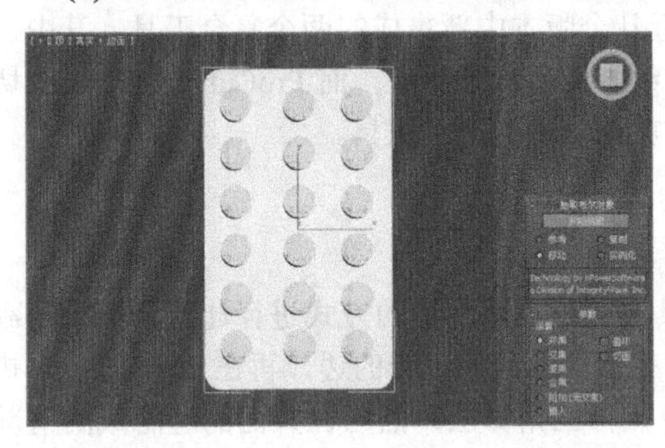

图 3-90　设置 ProBoolean

图 3-91　执行并集操作

(6) 保持【开始拾取】按钮处于按下状态，在视图中分别拾取其他胶囊对象，从而将它们计算为一个物体，如图 3-92 所示。

(7) 图 3-93 所示为布置场景后所获得的渲染效果。

图 3-92　药片效果

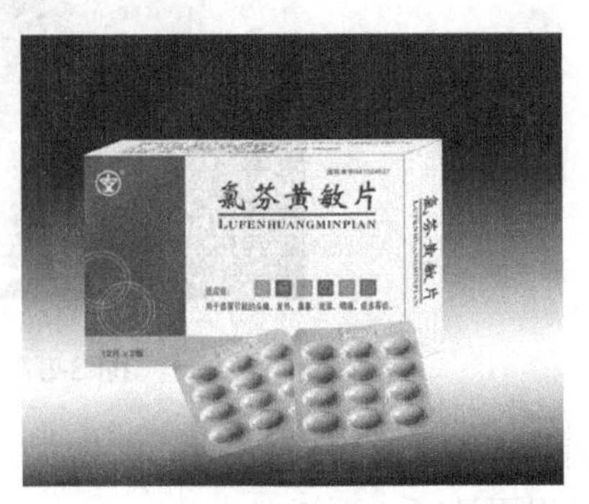

图 3-93　布置场景后的渲染效果

3.12.2　认识 ProCutter

ProCutter 是一个用于爆炸、断开、装配、建立截面或将对象(如 3D 拼图)拟合在一起的出色的工具。它实际上就是一个切割器，可以将一个完整的物体按照指定的要求切割成不规则的碎片，如图 3-94 所示。

图 3-94　ProCutter 切割效果

图 3-95 所示为 ProCutter 参数面板。下面介绍该面板中参数的功能。

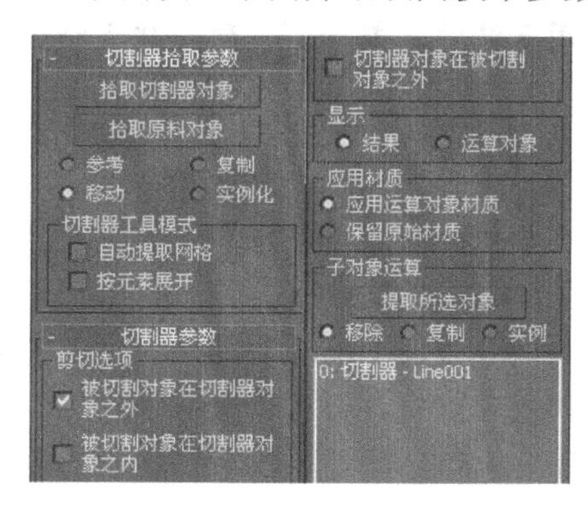

图 3-95　ProCutter 参数面板

- 拾取切割器对象：当按下该按钮后，选择的对象将被指定为切割器，用来细分原料对象。
- 拾取原料对象：当按下该按钮后，选择的对象将被指定为原料对象，也就是由切割器细分的对象。
- 自动提取网格：选择原料对象后自动提取结果。它没有将原料对象保持为子对象，但对其进行了编辑，并用剪切结果替换了该对象。
- 按元素展开：选中【自动提取网格】复选框后，自动将每个元素分割成单独的对象。
- 被切割对象在切割器对象之外：显示被切割对象。在这种运算方式下，切割器对象将被布尔运算完全切掉。
- 被切割对象在切割器对象之内：显示被切割器切掉的部分，相当于布尔运算中的交集运算效果。

- 切割器对象在被切割对象之外：显示切割器没有被切割掉的部分。相当于布尔运算中利用切割器和原材料之间的差集运算。
- 结果/运算对象：【结果】单选按钮用于显示布尔运算的结果；【运算对象】单选按钮显示定义布尔结果的运算对象。
- 应用运算对象材质：选中该单选按钮，布尔运算产生的新面获取运算对象的材质。
- 保留原始材质：选中该单选按钮，布尔运算产生的新面保留原始对象的材质。

除了上述参数外，ProCutter 还提供了一个【子对象运算】选项组，用来对子对象进行各种运算。关于该选项组的使用方法就不再详细讲解。

3.13 习　　题

一、填空题

1. 3ds Max 2012 提供了__________种复合物体工具。
2. __________是一种与 2D 动画中的中间动画类似的动画技术。它可以合并两个或多个对象，方法是插补第一个对象的顶点，使其与另外一个对象的顶点位置相符。
3. __________复合对象采用了 3ds Max 网格并增加了额外的智能。首先它组合了拓扑，然后确定共面三角形并移除附带的边。
4. __________是一个用于爆炸、断开、装配、建立截面或将对象拟合在一起的出色工具。

二、选择题

1. __________是将一个物体的顶点投射到另一个物体上，使被投射的物体产生变形。

   A. 变形　　B. 散布　　C. 一致　　D. 连接

2. __________是将两个物体连接成为一个物体，并且可以通过参数来控制二者的连接形状。连接物体必须是网格或可以转换为网格的物体。

   A. 变形　　B. 散布　　C. 一致　　D. 连接

3. __________可以将二维造型融合到三维网格物体上。

   A. 水滴网格　　B. 图形合并　　C. 布尔运算　　D. 地形

4. 通过__________可以将物体进行合成，它提供了 3 种子运算，分别是交运算、减运算和并运算。

   A. 水滴网格　　B. 图形合并　　C. 布尔运算　　D. 地形

5. ________是将一个二维形体对象作为沿某个路径的剖面，而形成复杂的三维对象。

   A. 变形　　B. 连接　　C. 散布　　D. 放样

三、问答题

1. 简述变形的建模思路。
2. 简述 ProCutter 与布尔运算的区别。
3. 利用图形合并能在模型上创建二维图形吗？说明具体实现方法。

第 4 章　修改器基础

修改器是一种建模工具，它可以在二维图形或者三维物体的基础上进行修改，使其按照某种规律进行变形，从而达到设计要求。3ds Max 中提供了多种修改器，分别针对不同的模块使用，例如建模类、贴图类、动画类、粒子类，甚至动力学等。本章介绍的修改器是指建模类修改器，至于其他类型的修改器，将在相关章节中进行介绍。下面首先学习修改器的使用方法。

4.1　修改器堆栈

用于存放修改器的地方，称为修改器堆栈。准确地说，修改器堆栈是一个容器，一个可以将应用在某个对象上的所有修改器集合到一起，使其能够按照指定的顺序对原始物体进行变形的平台。

4.1.1　认识修改器堆栈

在创建面板中单击【修改】标签，即可进入【修改】命令面板。如果我们在某个物体上添加了修改器，将会在这里显示出来，如图 4-1 所示。

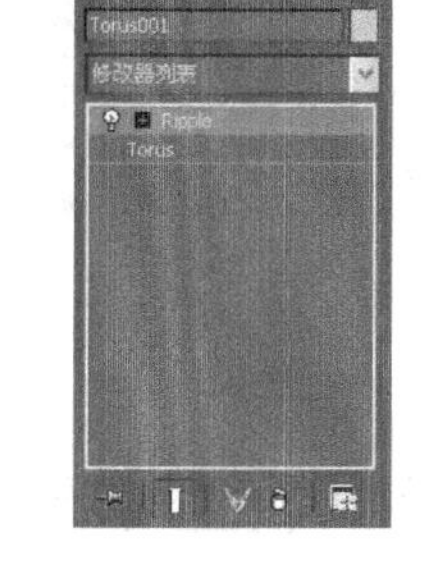

图 4-1　【修改】面板

图 4-1 实际上就是一个修改器堆栈。本节主要讲解整个堆栈中各工具的功能。

- 锁定堆栈：按下该按钮可以将堆栈和修改面板中的所有控件锁定到选定对象的堆栈中。
- 显示最终结果开/关：按下该按钮后，可以在选定的对象上显示整个堆栈的效果。
- 使唯一：按下该按钮可以将有关联关系的对象变为独立对象，从而方便对集中的各物体进行单独操作。
- 从堆栈中移除修改器：在修改器堆栈中选择一个修改器，单击该按钮即可将选定的修改器删除。同时，场景模型也将失去该修改器的作用效果。
- 配置修改器集：单击该按钮可以打开一个子菜单，用来决定在【修改】面板中以什么方式显示和选择修改器。

4.1.2　添加修改器

下面为大家展示一下如何在一个物体上添加修改器。

【例 4-1】为对象添加修改器。

(1) 打开随书光盘中的“04\碗筷.max”文件，如图 4-2 所示。

(2) 在场景中选择需要添加修改器的物体，如图 4-3 所示。

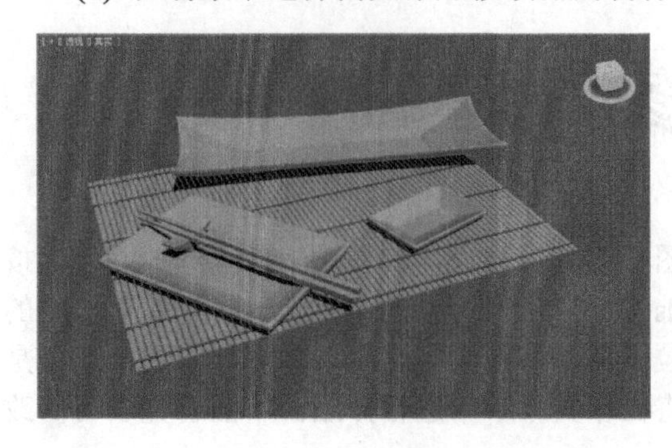

图 4-2　光盘文件

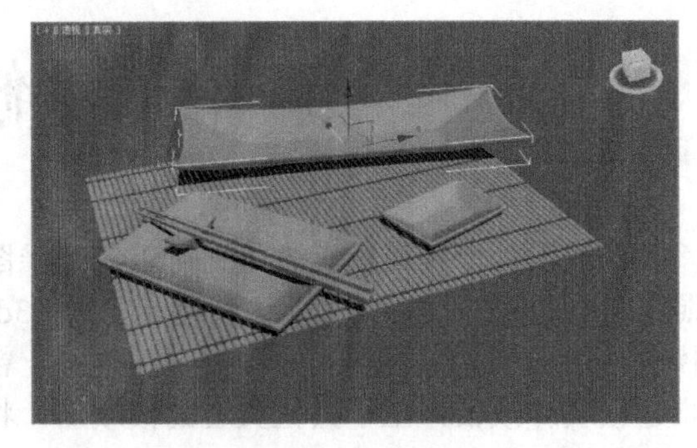

图 4-3　选择物体

(3) 在创建面板上单击【修改】标签，切换到【修改】面板。展开【修改器列表】下拉列表，选择合适的修改器，例如弯曲修改器，如图 4-4 所示。

(4) 选择一个修改器后，单击鼠标左键即可将其添加到该物体上，此时的修改器堆栈如图 4-5 所示。

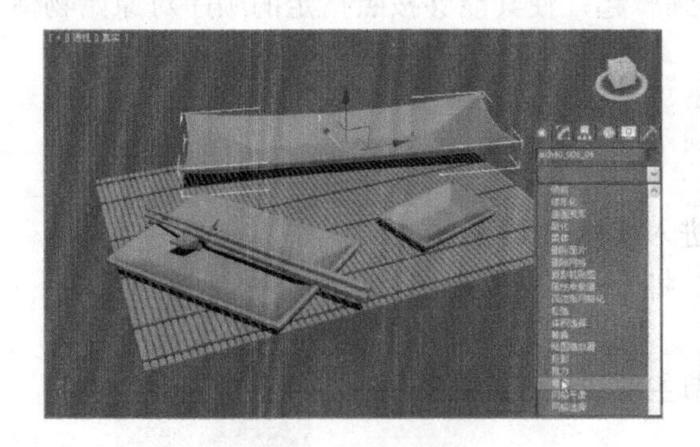

图 4-4　选择修改器

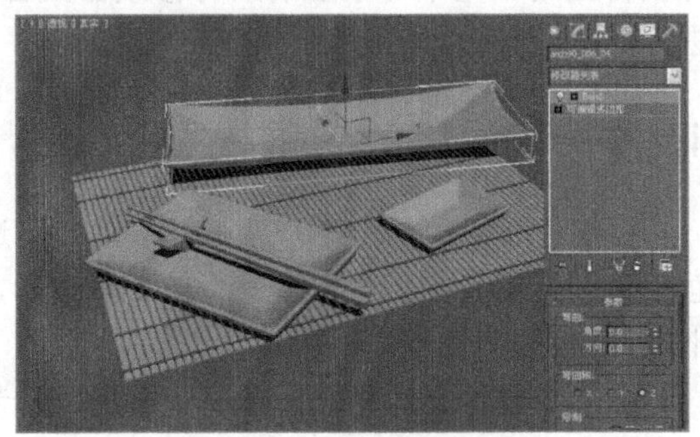

图 4-5　添加的修改器

4.1.3　调整修改器顺序

在一个对象上，我们可以添加多个修改器。此时，修改器之间的顺序就显得十分重要了。如果顺序不同，那么最后所产生的物体模型就可能会产生很大的差异，如图 4-6 所示。

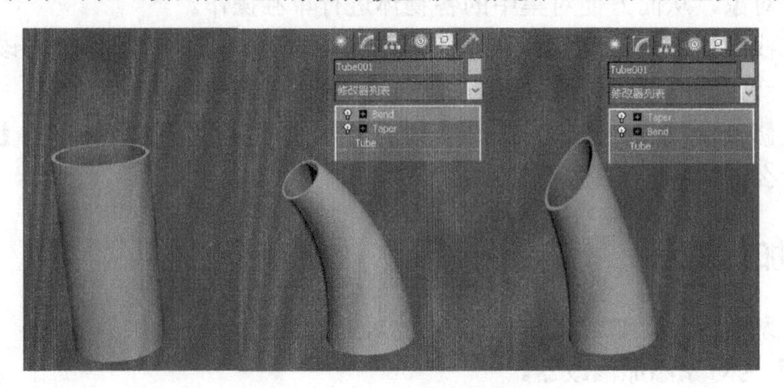

图 4-6　调整修改器顺序的效果

提示： 图 4-6 是一个圆管变换后的效果。其中，第一个是原始物体；第二个是先添加锥化，后进行弯曲的效果；第三个则是先进行弯曲，后进行锥化的效果。通过这个对比效果可以看出，不同的修改器顺序所创建出来的效果是截然不同的。

调整修改器顺序的方法很简单，在修改器堆栈中选择一个修改器，按住鼠标左键不放，将其拖曳到需要放置的位置松开鼠标左键即可。

4.1.4　塌陷修改器

当对一个对象的修改操作定型后，就可以将修改器堆栈进行塌陷，从而便于场景的管理以及节省系统的资源。当把一个对象塌陷后，将会丢失应用在该对象上的所有修改器和参数信息，只保留对象的最终状态。

【例 4-2】 塌陷修改器

(1) 打开随书光盘中的“04\塌陷.max”文件。

(2) 选择“条盘”物体，切换到修改面板观察应用在该对象上的修改器种类。单击其中的某个修改器，即可显示与该修改器相关的参数设置，如图 4-7 所示。

(3) 在修改器堆栈中选择【编辑多边形】修改器，单击鼠标右键，选择快捷菜单中的【塌陷到】命令，打开如图 4-8 所示的对话框。

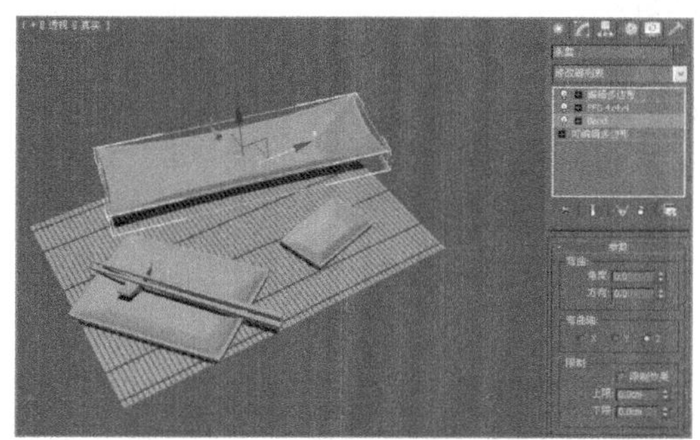

图 4-7　观察修改器信息

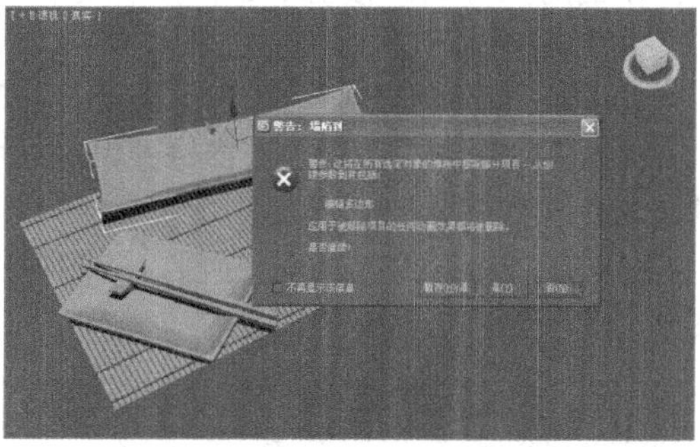

图 4-8　塌陷到

(4) 单击【是】按钮，将执行一次塌陷操作，此时将把修改器堆栈中的修改器塌陷为一个对象，如图 4-9 所示。

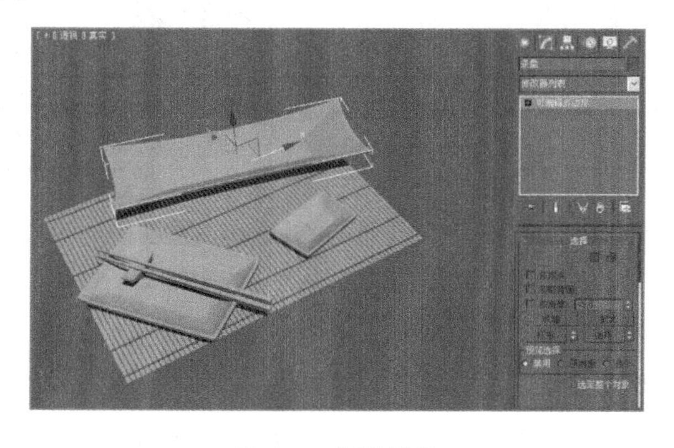

图 4-9　塌陷堆栈

在执行塌陷以后，可以按 Ctrl+Z 组合键返回到塌陷前的模式执行修改。不过，这仅仅局限于刚执行塌陷后。所以，大家在塌陷时最好能考虑一下是否还需要做修改。

4.1.5 更改公共属性

大多数修改器都共享一些相同的基本属性。通常情况下，一个典型修改器除了其自身所具有的基本参数设置外，还包含次层级的子对象，如 Gizmo 和【中心】。在修改器堆栈中，大多数修改器，展开其左边的+按钮，就可以看到这两个属性，如图 4-10 所示。

图 4-10 公共属性

Gizmo 是一种显示在视图中以线框的方式包围被选择对象的形式。Gizmo 是作为修改器使用的重要辅助工具，要想改变修改器在对象上的效果，可以像对任何对象一样，对 Gizmo 进行移动、缩放和旋转。【中心】是作为场景中对象的三维几何中心出现的，同时也是修改器的作用中心。

1. 移动 Gizmo 和【中心】

通常，移动 Gizmo 和【中心】产生的效果是相同的。不同的是，移动 Gizmo 将使其与所匹配的对象分离。移动中心只会改变中心的位置。

【例 4-3】调整物体的 Gizmo

(1) 打开随书光盘中的“04\Gizmo.max”文件。

(2) 切换到修改面板，选择修改器堆栈中的 Taper 选项，单击其左侧的“+”号，展开其子对象，如图 4-11 所示。

(3) 选择其中的 Gizmo 选项，并在视图中沿 X 轴移动包围物体的黄色边框，效果如图 4-12 所示。

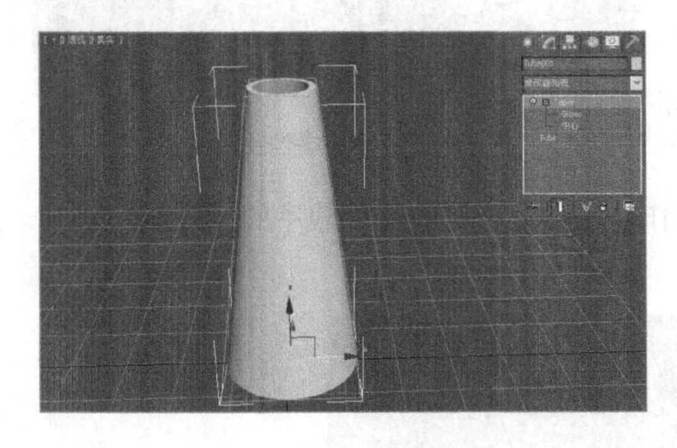

图 4-11 展开子对象

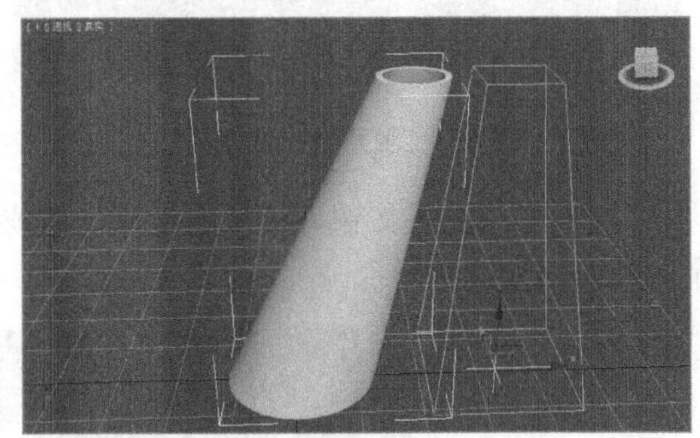

图 4-12 移动 Gizmo

实际上，上述的操作就是在移动修改器的 Gizmo，通过移动可以发现：虽然 Gizmo 已经脱离出物体之外，但是仍然要受黄色边框的影响。移动【中心】的操作方法和 Gizmo 相同，这里不再赘述。

2. 旋转/缩放 Gizmo

除了可以通过移动 Gizmo 来改变几何体的形状外，还可以对 Gizmo 执行旋转和缩放操作，操作方法和几何基本体的操作相同。

一般不提倡对 Gizmo 进行旋转或缩放操作，因为许多修改器都提供了一些旋转或缩放的参数设置，可以通过调整这些参数来精确地达到修改的目的。对一些没有旋转或缩放参数的修改器，就只能对 Gizmo 进行旋转或缩放操作了。

4.2　挤出修改器

挤出修改器可以将一个二维图形挤成三维立体的效果，如图 4-13 所示，它是创建三维模型必不可少的一个修改器。

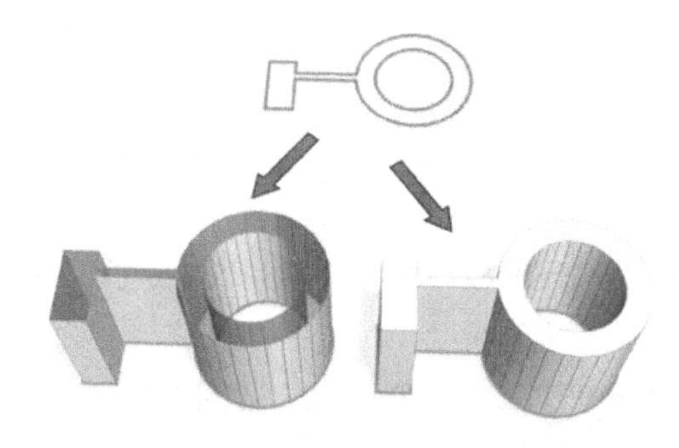

图 4-13　挤出效果

挤出修改器是应用在二维图形上的一种修改器类型，当我们在二维图形上添加了挤出修改器以后，则可以在图 4-14 所示的面板中修改其参数设置。

- 数量：该参数用于控制拉伸的高度，需要读者自定义。不同的数量值所产生的效果不尽相同，如图 4-15 所示。

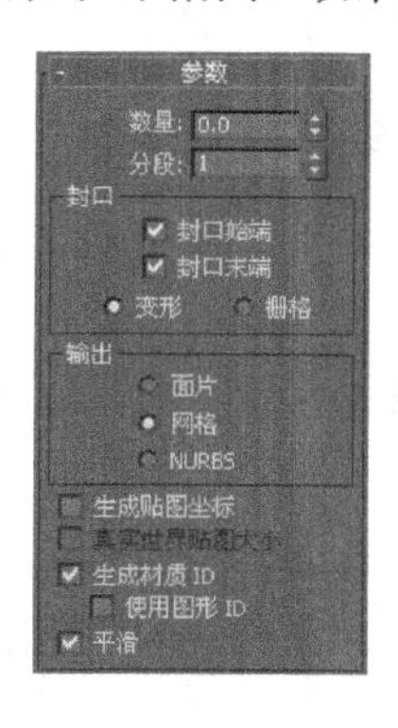

图 4-14　挤出参数

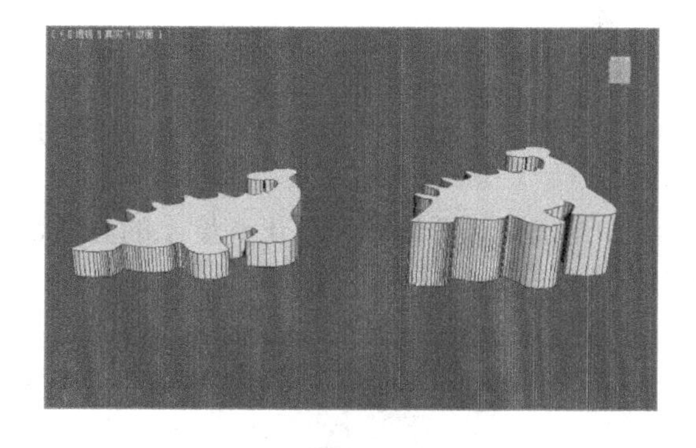

图 4-15　数量效果对比

- 分段：指定将要在挤出对象中创建分段的数目，效果对比如图 4-16 所示。这个参数十分重要，尤其在后期要进行多边形处理时特别有用。
- 封口始端：如果选中【封口始端】复选框，则封闭模型的顶端。
- 封口末端：选中【封口末端】复选框，则封闭模型末端。效果如图 4-17 所示。
- 输出：该选项组用于设置物体的输出类型，包括面片、网格和 NURBS。选择不同的输出方式，会使物体表面的布线也发生变化。

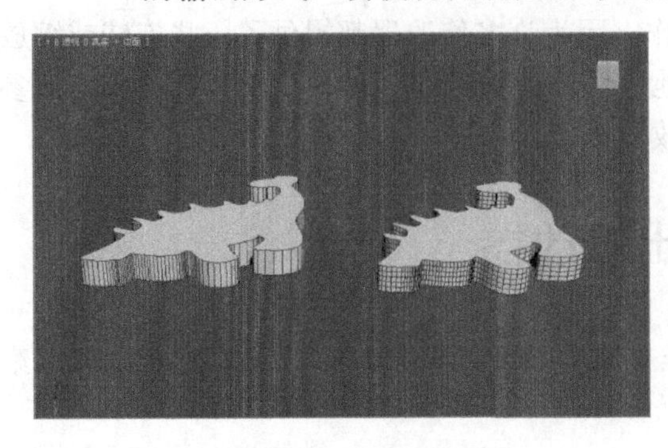

图 4-16　分段对比

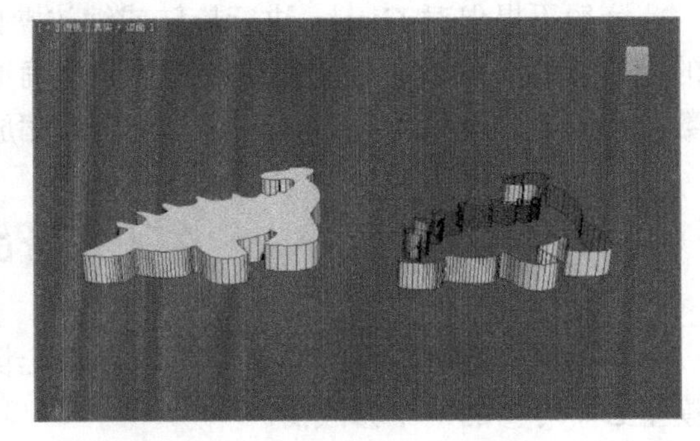

图 4-17　不封闭模型效果

【例 4-4】制作徽标

(1) 打开光盘中的“04\挤出修改器.max”文件，这是一个利用样条线编辑出来的二维图形，如图 4-18 所示。

(2) 选择样条线，切换到修改面板。在修改器列表中选择【挤出】选项，将其添加到二维图形上，如图 4-19 所示。

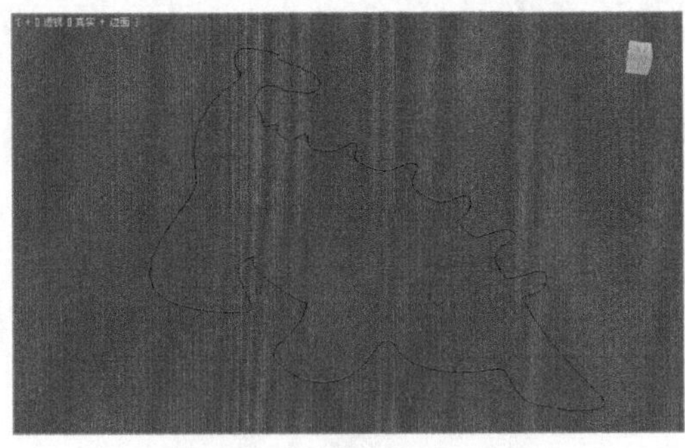

图 4-18　光盘文件

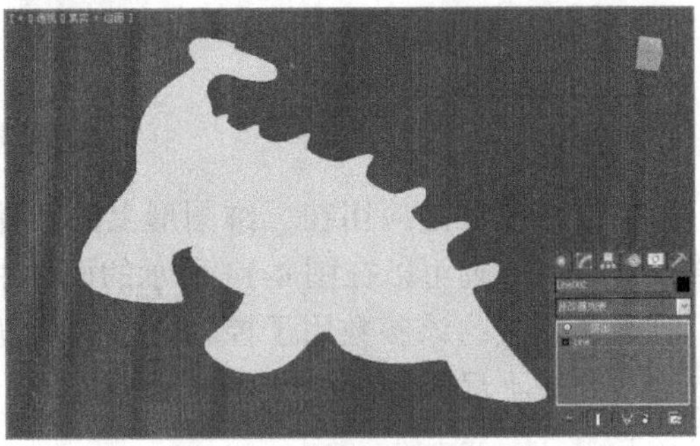

图 4-19　添加修改器

(3) 在【参数】卷展栏中将【数量】设置为 60，即可生成一个立体物体，如图 4-20 所示。

(4) 如果需要设置物体在挤出高度上的分段数量，可以修改【分段】的参数设置。图 4-21 所示为将【分段】设置为 3 的效果。

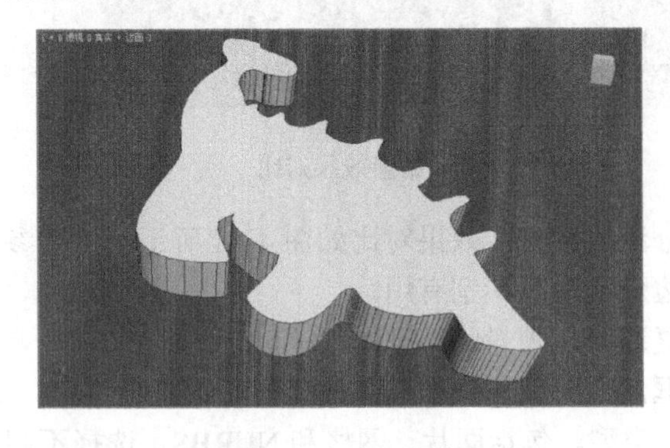

图 4-20　生成三维效果

图 4-21　分段

4.3　车削修改器

车削修改器可以通过对一个图形或者 NURBS 进行旋转来制作三维物体，例如平时生活中经常看到的花瓶、酒瓶杯子、桶等物体，如图 4-22 所示。

车削修改器的添加方法和挤出修改器相同，下面重点介绍其参数设置。图 4-23 所示为车削修改器的参数面板。

图 4-22　车削效果

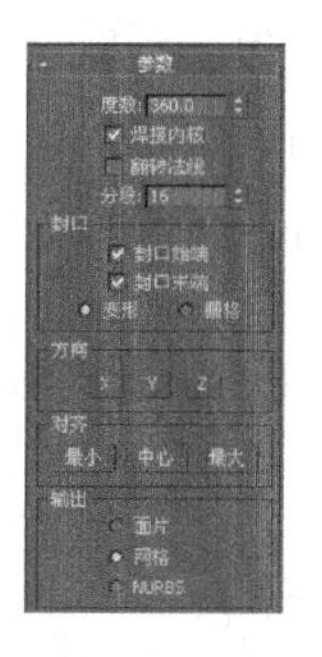

图 4-23　车削参数

- 度数：用于设置对象绕轴旋转的度数，该参数可以是大于 0 的任意度数。图 4-24 所示为不同的度数所创建的不同效果。
- 焊接内核：将旋转轴中的顶点焊接可以简化网格，一般主要用于焊接旋转中心位置处的顶点，如图 4-25 所示。

图 4-24　度数效果对比

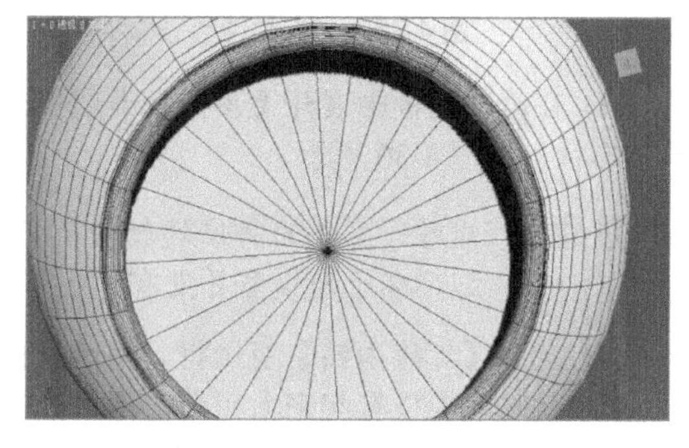

图 4-25　焊接内核

- 翻转法线：3ds Max 中的物体是依赖图形上顶点的方向旋转物体，旋转时可能会产生法线错误，导致模型内部造型外翻，此时就可以通过选中该复选框来进行纠正，如图 4-26 所示。
- 方向：该选项组用于设置截面旋转的方向。通过设置该选项，可以确定截面图形旋转的轴向。不同的轴向所产生的效果也不同，如图 4-27 所示。
- 对齐：设置旋转的对齐方式，使旋转轴沿着图形的最大、最小和中心进行旋转。不同的对齐方式所创建的外观是不同的。

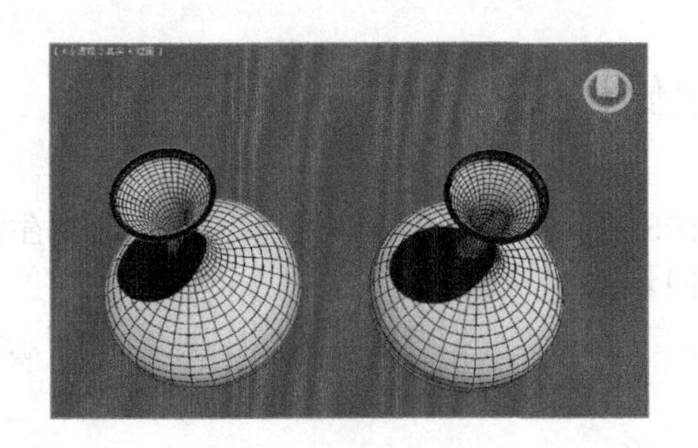

图 4-26　反转发现对比

图 4-27　轴向影响物体外形

【例 4-5】制作酒杯。

(1) 打开随书光盘中的“04\车削.max”文件，这是利用线工具绘制的一条轮廓线，如图 4-28 所示。

(2) 选择轮廓线，切换到【修改】面板，在修改器列表中选择【车削】选项，如图 4-29 所示。

图 4-28　光盘文件

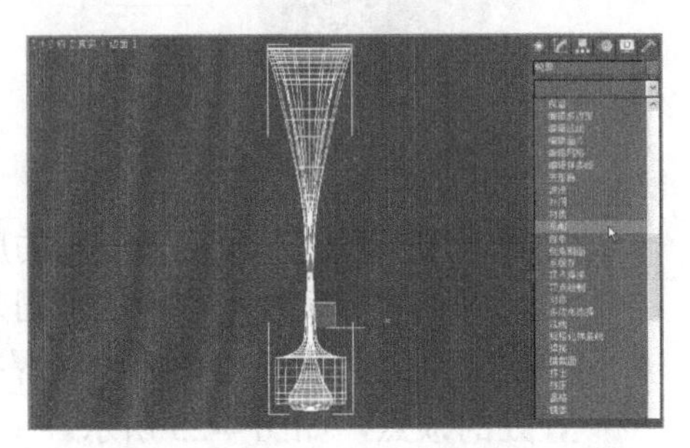

图 4-29　添加车削修改器

(3) 在修改面板中展开【参数】卷展栏，单击【对齐】选项组中的【最小】按钮，纠正一下形状，如图 4-30 所示。

注意： 此时，生成的物体的轴向是正确的，但是对齐的方式有点问题，大家可以看到，杯子的模型并没有产生。

(4) 选中【焊接内核】复选框，将旋转的内核进行焊接。

(5) 此时，模型看起来太粗糙，不太圆润。可以考虑将【分段】的值提高一些，使物体更加光滑，如图 4-31 所示。

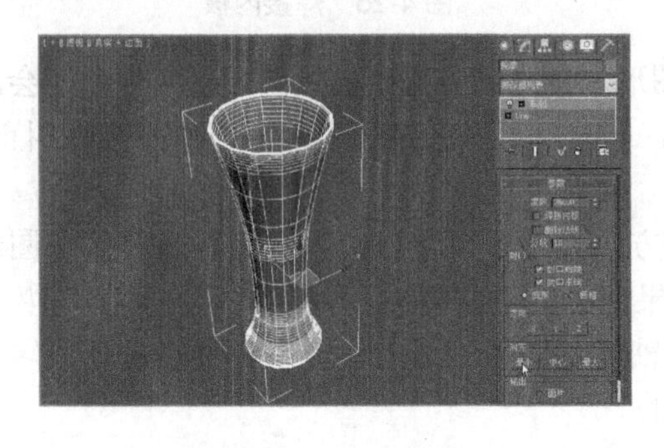

图 4-30　更改对齐方式

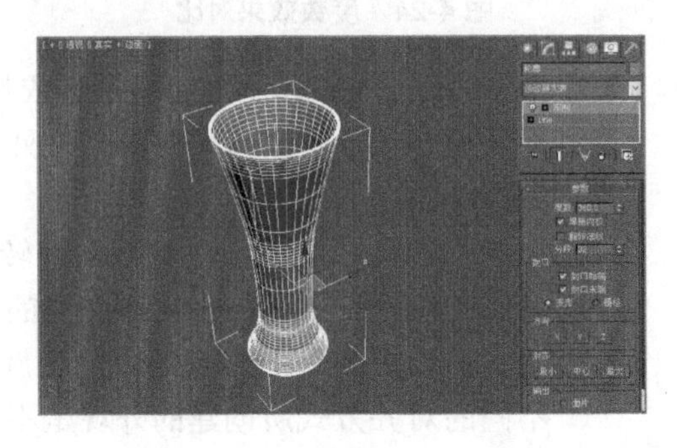

图 4-31　提高物体的分段

到此，这个酒杯就创建好了。图 4-32 所示为经过渲染后的最终效果。

图 4-32　酒杯效果

4.4　倒角修改器

使用倒角修改器也可以将图形挤出为三维物体，并且还可以在物体的边缘产生一个平滑的倒角效果，如图 4-33 所示。

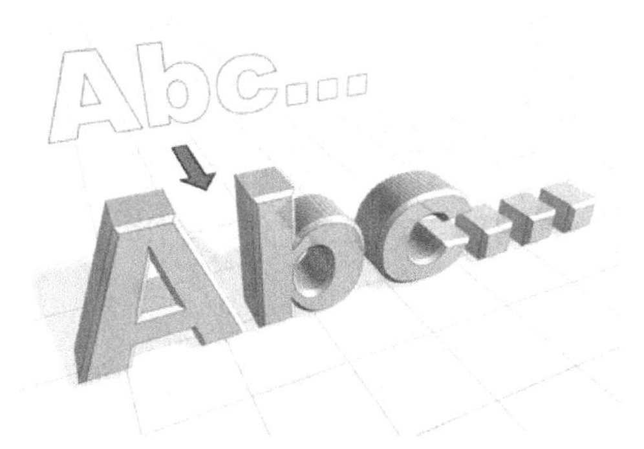

图 4-33　倒角效果

倒角修改器的参数设置面板分为两个卷展栏，即【参数】卷展栏和【倒角值】卷展栏，如图 4-34 所示。

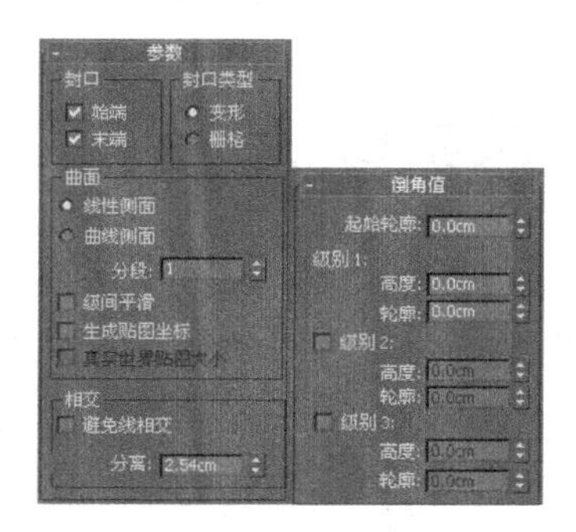

图 4-34　倒角参数

1. 【参数】卷展栏

- 封口：封口用于指定倒角物体是否要封闭开口。我们可以分别在物体的始端和末端执行封口操作。
- 封口类型：该选项组用于指定封口的类型。其中，【变形】单选按钮用于创建适合的变形封口曲面。【栅格】单选按钮则可以在栅格图案中创建封口曲面。
- 曲面：该选项组中的参数用于设置生成模型的表面曲度。其中，【线性侧面】单选按钮会在级别之间沿着一条直线进行分段插补；【曲线侧面】单选按钮则会沿着一条 Bezier 曲线进行分段插补。
- 相交：该选项组主要防止重叠的相邻边产生锐角，如图 4-35 所示。其中，【避免线相交】复选框可以防止轮廓彼此相交；【分离】微调框可以设置边与边之间的距离。

图 4-35　避免相交效果对比

2. 【倒角值】卷展栏

- 起始轮廓：该参数用于设置轮廓和原图形之间的偏移距离。正值会使轮廓大于图形，负值则会使轮廓小于图形。
- 级别 1：设置级别 1 的外观。其中，【高度】设置为级别 1 在起始级别之上的距离；【轮廓】设置为级别 1 的轮廓到起始轮廓的距离。
- 级别 2：在级别 1 的基础上添加的一个级别，其参数功能和级别 1 相同。
- 级别 3：在级别 2 的基础上添加的一个级别，其参数功能和级别 1 相同。

4.5　实验指导——励志匾额

匾额是一种随处可见的东西，励志匾额也是其中的一种，通常出现在书房、办公室中。本节我们将利用上文所学习的倒角修改器来创建一个完整的匾额效果。

1. 制作匾额

(1) 新建一个场景文件，使用【扩展样条线】卷展栏中的墙矩形工具，在视图中绘制一个如图 4-36 所示的矩形框。

(2) 确认矩形框处于选中状态，切换到修改面板，在修改器列表中选择【倒角】选项，如图 4-37 所示。

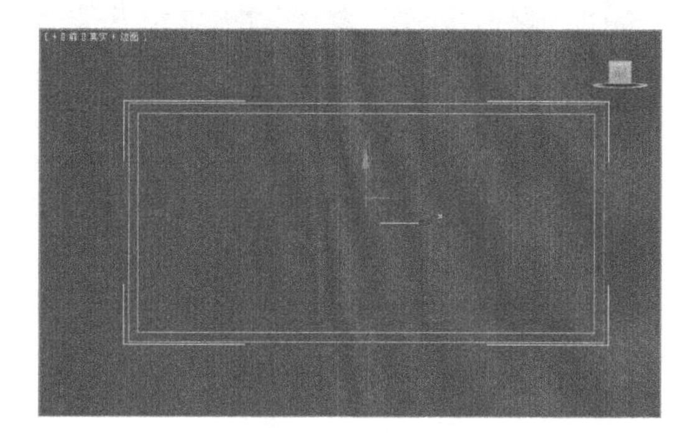

图 4-36　绘制矩形框

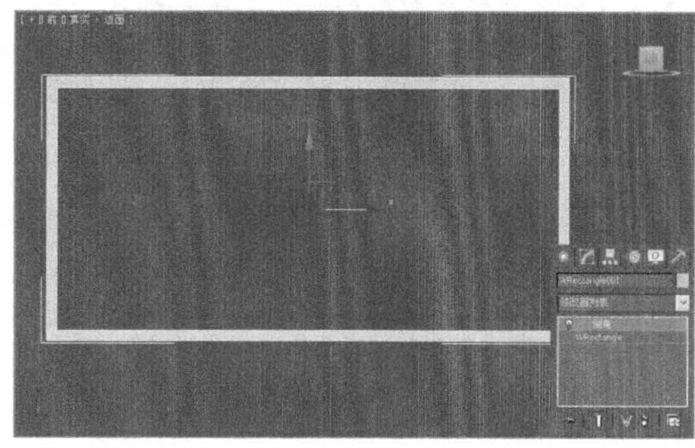

图 4-37　添加倒角修改器

(3) 展开【倒角值】卷展栏，按照图 4-38 所示的参数设置倒角参数。

(4) 再次使用墙矩形工具在如图 4-39 所示的位置创建一个矩形，并按照上述方法为其添加倒角。

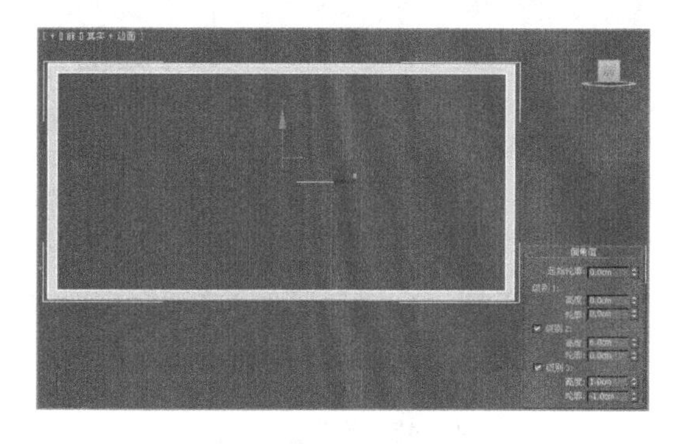

图 4-38　倒角参数

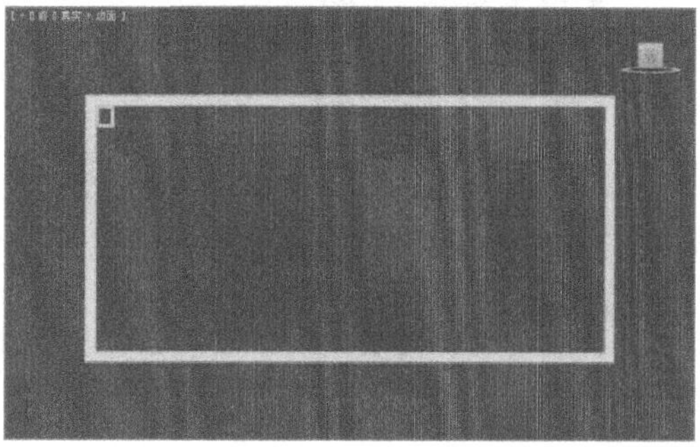

图 4-39　创建矩形

(5) 复制几个矩形，按照图 4-40 所示的花式分布在矩形框的四个角。

(6) 选择外边框，复制一个副本，并调整其大小，将其放置到如图 4-41 所示的位置。

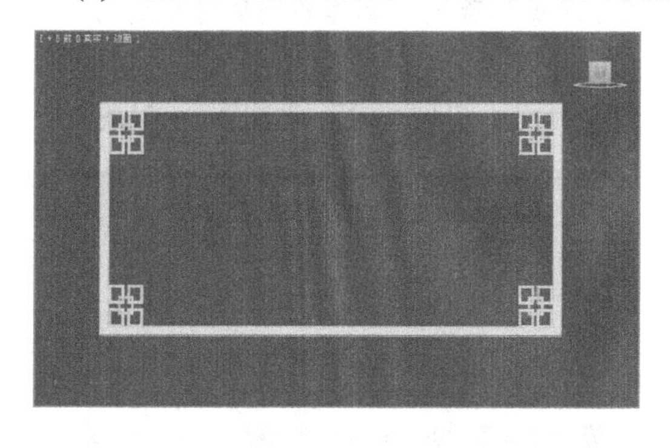

图 4-40　创建花式

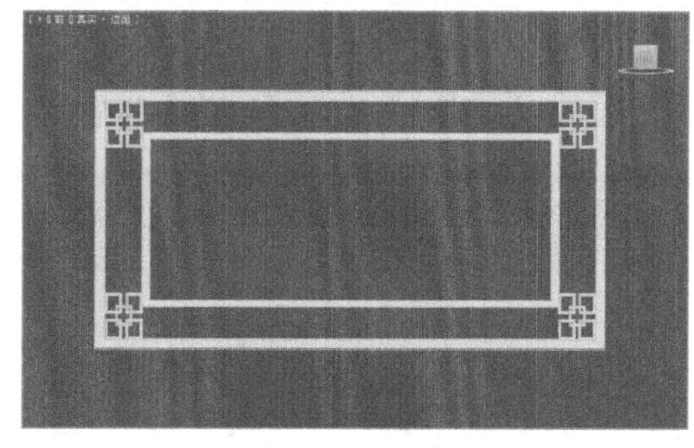

图 4-41　复制边框

(7) 再创建三个边框，按照上述方法添加倒角，并将其放置到如图 4-42 所示的位置。

(8) 利用平面工具在大矩形框的内部绘制一个平面作为背景，如图 4-43 所示。

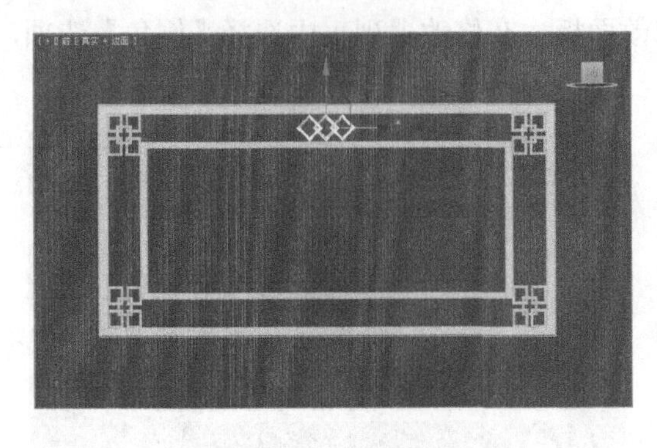

图 4-42　放置形状

图 4-43　制作背景

2. 制作倒角文字

(1) 利用文本工具在匾额上制作“天道酬勤”四个大字，参数设置如图 4-44 所示。
(2) 选择文本，选择修改器列表中的【倒角】选项，为其添加倒角工具。
(3) 展开【倒角值】卷展栏，将【起始轮廓】设置为 0.6，如图 4-45 所示。

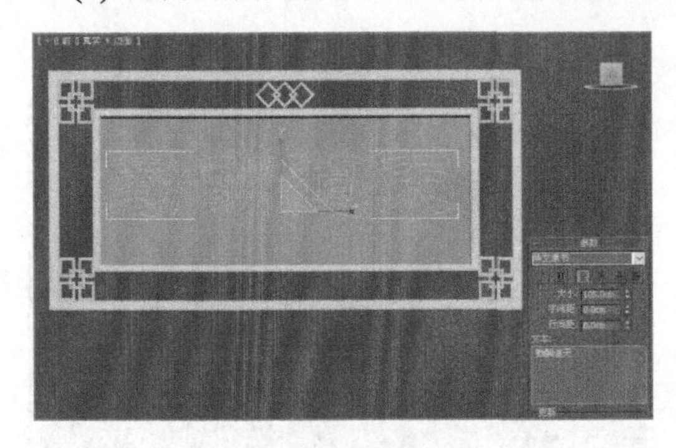

图 4-44　创建文本

图 4-45　设置起始轮廓

注意：在这里一定要注意，如果设置了【起始轮廓】后，视图中的文本依然是二维图形，而没有产生类似于上图的实体效果，就需要降低设置的【起始轮廓】的值，或者选中【避免线相交】复选框进行纠正。否则，制作的倒角将会出错。

(4) 在【级别 1】中将【高度】设置为 1，如图 4-46 所示。
(5) 在【级别 2】中将【高度】设置为 2，将【轮廓】设置为-1，如图 4-47 所示。

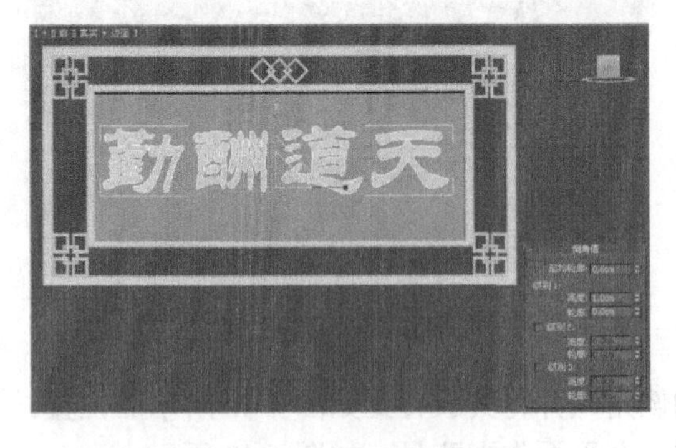

图 4-46　设置级别 1 参数

图 4-47　设置级别 2 参数

(6) 在【级别 3】中将【高度】设置为 1，将【轮廓】设置为-0.5，效果如图 4-48 所示。

到此，关于整个匾额就做好了。整个物体的制作都是利用基础操作搭配倒角修改器来完成。最后，可以将其渲染输出。图 4-49 所示为最终的输出效果。

图 4-48　设置级别 3 效果

图 4-49　输出效果

4.6　弯曲修改器

弯曲修改器是一种非线性变形的修改器，它允许将当前选中的对象围绕指定轴向弯曲 360 度，在对象几何体中产生均匀弯曲。可以在任意三个轴上控制弯曲的角度和方向，也可以对几何体的一段限制弯曲。图 4-50 所示为弯曲参数面板。

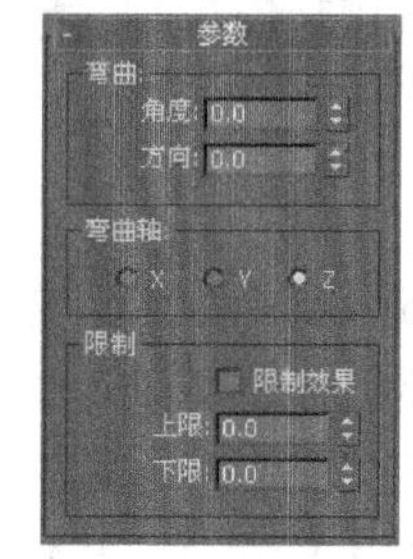

图 4-50　参数面板

- 角度：从顶点平面设置要弯曲的角度，其范围为-999999～999999，其默认值为 0。
- 方向：设置弯曲相对于水平面的方向。
- X/Y/Z：指定要弯曲的轴。
- 限制效果：将限制约束应用于弯曲效果。默认设置为禁用状态。
- 上限：以世界单位设置上部边界，此边界位于弯曲中心点上方，超出此边界弯曲不再影响几何体。默认值为 0。
- 下限：以世界单位设置下部边界，此边界位于弯曲中心点下方，超出此边界弯曲不再影响几何体。默认值为 0。

【例 4-6】打造别致路灯

(1) 打开随书光盘中的“04\弯曲.max”文件，这是一个路灯的模型，如图 4-51 所示。本节将在该模型上展示如何使用弯曲修改器。

(2) 选择路灯立柱，切换到修改面板，在修改器列表中选择【弯曲】选项，从而添加该修改器，如图 4-52 所示。

图 4-51　素材文件

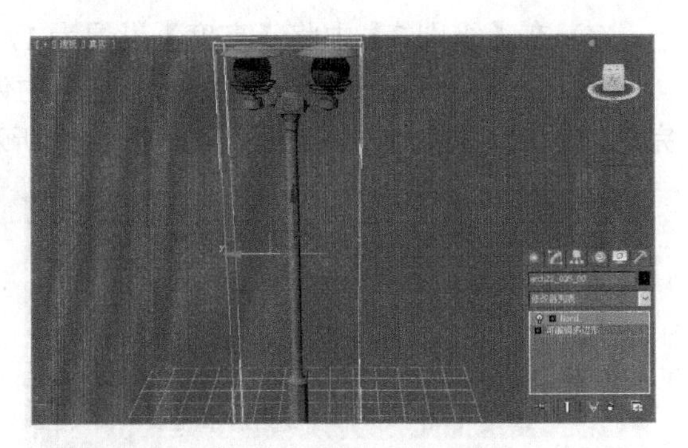

图 4-52　添加修改器

(3) 选中【限制效果】复选框，并将【上限】设置为 25，效果如图 4-53 所示。

(4) 将【角度】设置为 90，观察此时的弯曲效果，如图 4-54 所示。

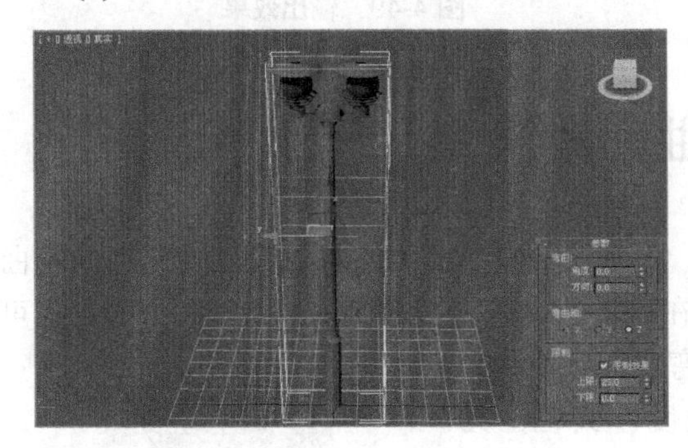

图 4-53　设置限制

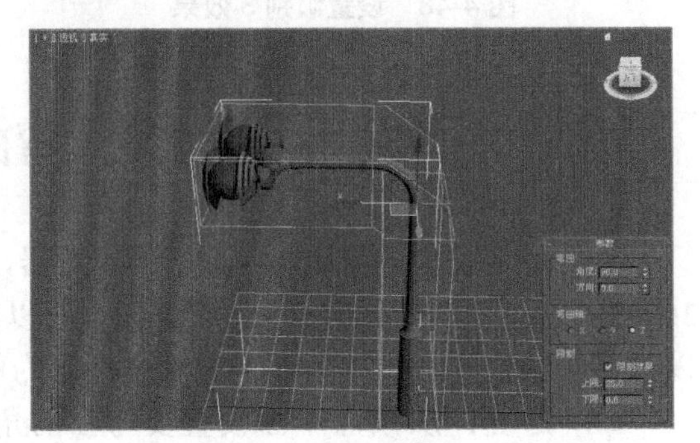

图 4-54　设置弯曲角度

(5) 在修改器堆栈中选择 Gizmo 选项，并在视图中沿着 Z 轴向下移动，从而调整弯曲修改器的作用部位，如图 4-55 所示。

(6) 选择路灯模型，单击鼠标右键，在弹出的快捷菜单中选择【转换为】|【转换为可编辑多边形】命令，将修改器堆栈塌陷，如图 4-56 所示。

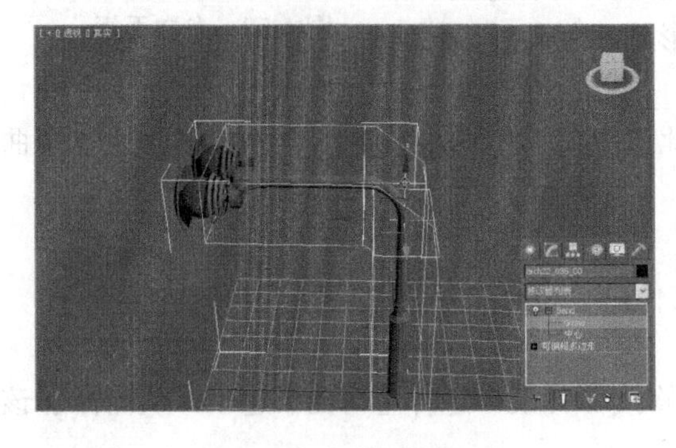

图 4-55　修改作用部位

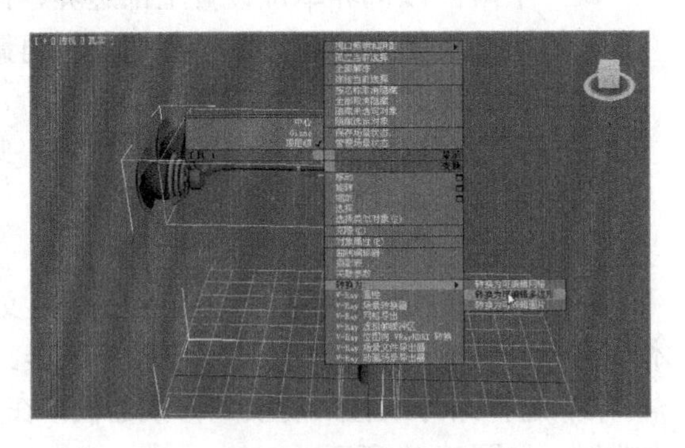

图 4-56　塌陷堆栈

(7) 使用上述方法，在路灯上重新添加【弯曲】修改器。在修改器堆栈中选择 Gizmo 选项，利用旋转工具调整作用角度，如图 4-57 所示。

(8) 使用移动工具调整 Gizmo 的位置，从而设定一个作用部位，如图 4-58 所示。

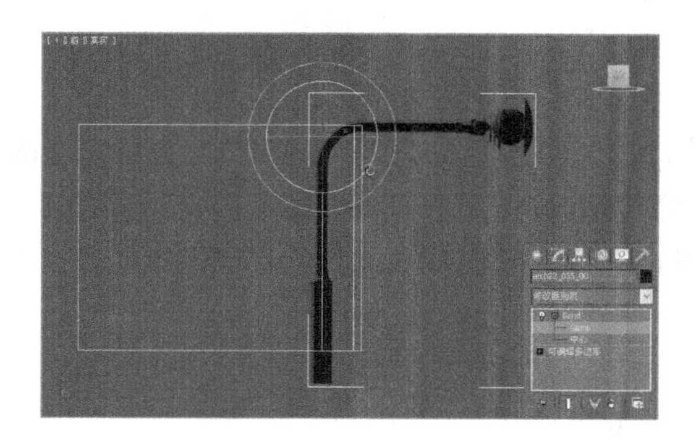

图 4-57　调整 Gizmo 角度

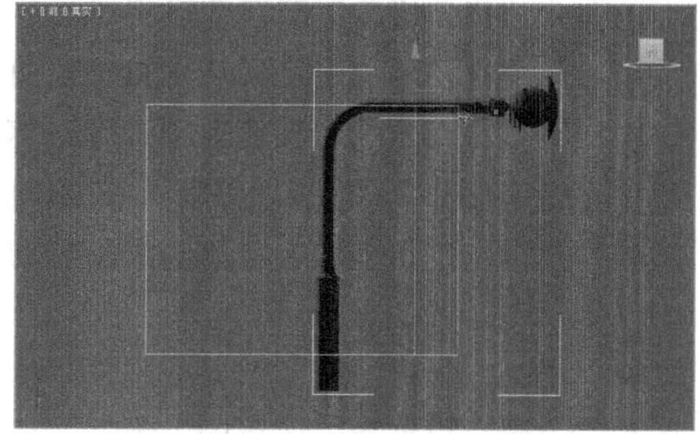

图 4-58　调整位置

(9) 在【参数】卷展栏中将【角度】设置为 90，观察此时的效果，如图 4-59 所示。

(10) 将堆栈塌陷，即可完成弯曲的创建过程。路灯效果如图 4-60 所示。

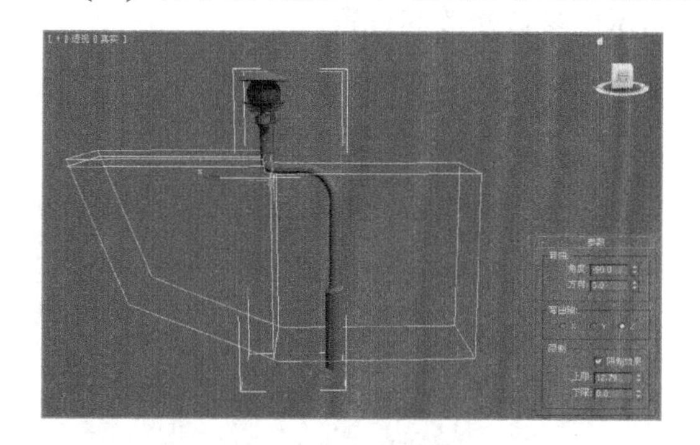

图 4-59　创建弯曲

图 4-60　路灯效果

4.7　扭曲修改器

使用扭曲修改器会在对象几何体中产生一个旋转效果，如图 4-61 所示，可以控制任意三个轴上扭曲的角度，并设置偏移来压缩扭曲相对于轴点的效果，也可以对几何体的一段限制扭曲。

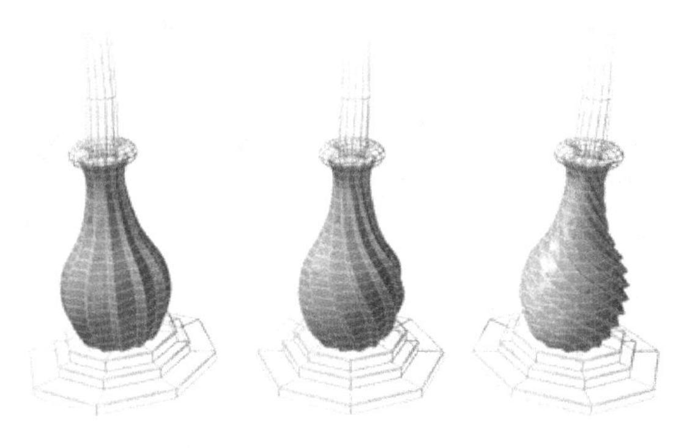

图 4-61　扭曲效果

下面介绍扭曲修改器的参数设置。

- 角度：角度值确定围绕垂直轴扭曲的量。默认设置为 0。
- 偏移：使扭曲旋转在对象的任意末端聚团。此参数为负时，对象扭曲会与 Gizmo 中心相邻。此值为正时，对象扭曲远离 Gizmo 中心。如果参数为 0，将均匀扭曲。
- 扭曲轴：扭曲轴决定扭曲所沿着的轴向。这是扭曲 Gizmo 的局部轴。默认设置为 Z 轴。
- 限制效果：对扭曲效果应用限制约束。
- 上限：设置扭曲效果的上限。默认值为 0。
- 下限：设置扭曲效果的下限。默认值为 0。

【例 4-7】打造休闲手镯

(1) 使用圆柱体工具，在顶视图中拖动鼠标创建一个圆柱体，参数设置如图 4-62 所示。

(2) 展开圆柱体的修改面板，按照图 4-63 所示的参数修改其设置。

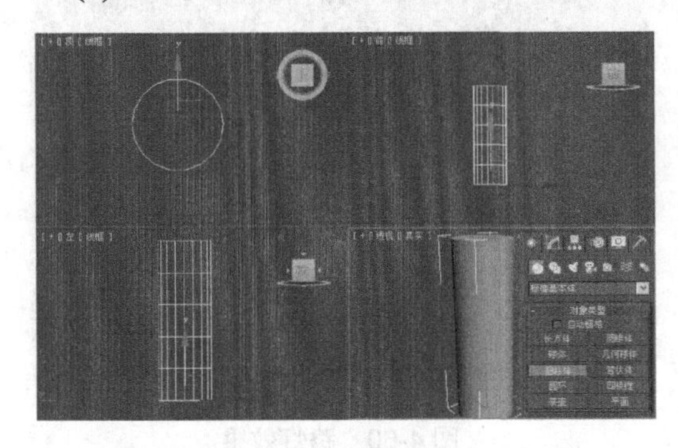

图 4-62　创建圆柱体

图 4-63　修改参数设置

(3) 在视图中选择创建的圆柱体，按组合键 Ctrl+V 复制一个副本，并将其调整到图 4-64 所示的位置。

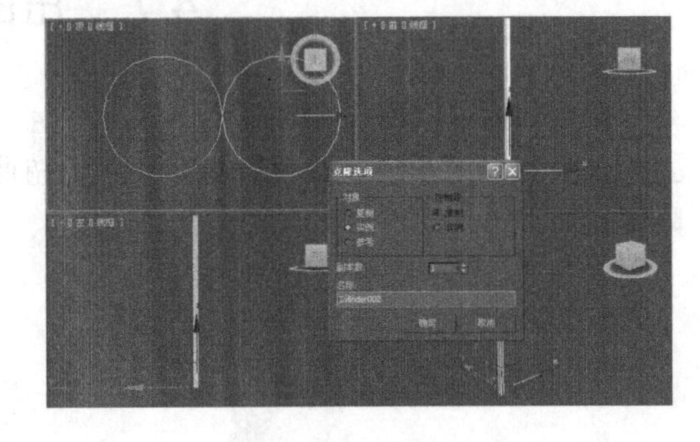

图 4-64　复制副本

(4) 框选两个圆柱体，切换到修改命令面板，展开修改器列表，选择其中的【扭曲】选项，将【扭曲】修改器添加到两个物体上，如图 4-65 所示。

(5) 展开扭曲【参数】卷展栏，将【角度】设置为 4800，从而使两个圆柱体扭曲 4800 度，旋转轴向为 Z 轴，如图 4-66 所示。

(6) 在视图中框选扭曲到一起的圆柱体，展开修改器列表，选择其中的【弯曲】选项，将该修改器作用于圆柱体，如图 4-67 所示。

(7) 切换到弯曲修改器的【参数】卷展栏，保持其他参数不变，只将【角度】设置为 360 即可，如图 4-68 所示。

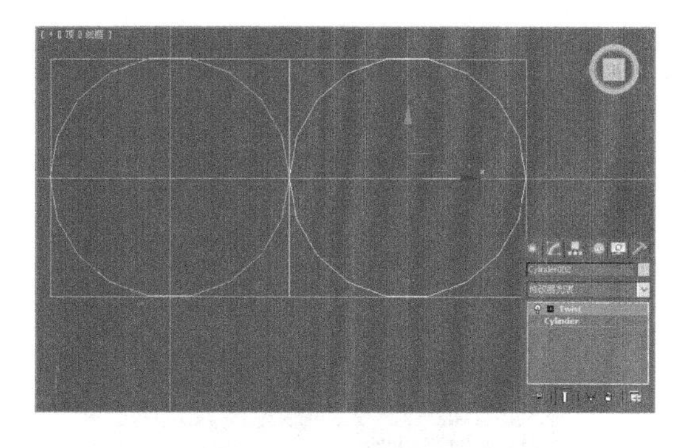

图 4-65　施加对象

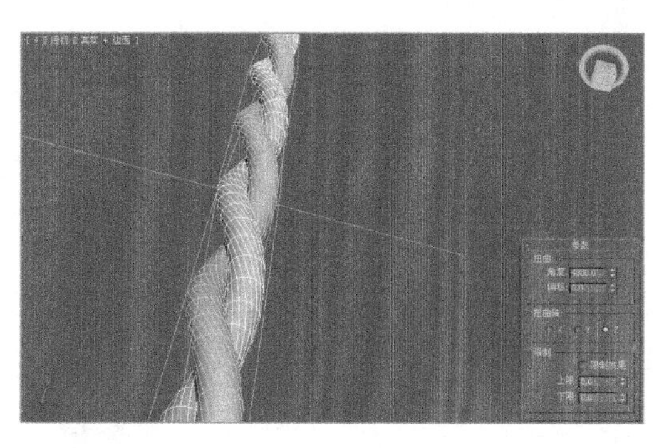

图 4-66　扭曲效果

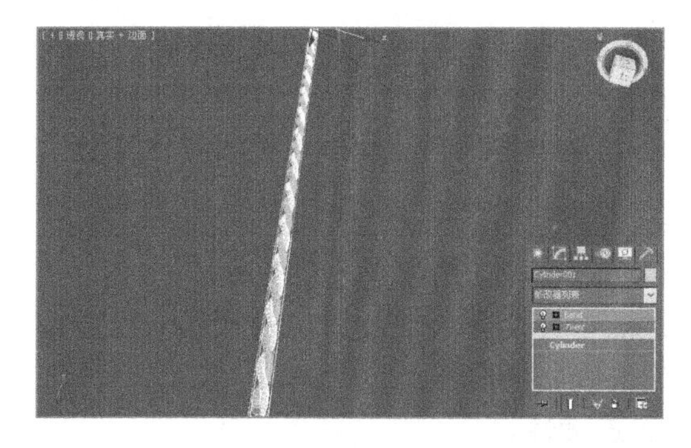

图 4-67　添加弯曲修改器

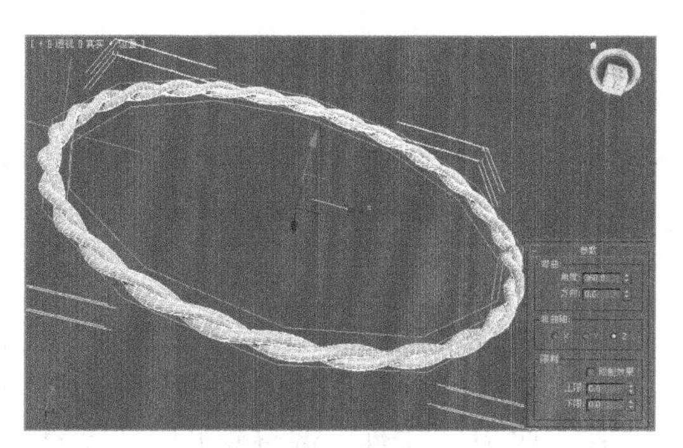

图 4-68　弯曲效果

至此，关于时尚手镯的造型就创建完成了。读者可以再为其布置一个简单的场景，将其渲染出来。

4.8　FFD 修改器

FFD 是一种特殊的晶格变形修改，它可以使用少量的控制点来调节表面的形态，产生均匀平滑的变形效果，如图 4-69 所示。FFD 的最大优点就在于它能保护模型不发生局部的撕裂。

FFD 修改器分为多种类型，常见的有 FFD 2×2×2、FFD 3×3×3、FDD 4×4×4、FFD(长方体)和 FFD(圆柱体)等。由于 FFD 修改器的使用方法基本相同，因此这里以 FFD(长方体)的参数为例，讲解其参数功能，图 4-70 所示为其参数面板。

- 尺寸：显示晶格中使用的控制点的数目，例如 4×4×4。
- 设置点数：单击该按钮打开【设置 FFD 尺寸】对话框，可以设置 FFD 控制点的数量。

注意： 请在调整晶格控制点的位置之前更改其尺寸。当使用该对话框更改控制点的数目时，之前对控制点所做的任何调整都会丢失。

- 晶格：确定是否使用连接控制点的线条形成栅格。
- 源体积：确定是否将控制点和晶格以未改动的状态显示出来。

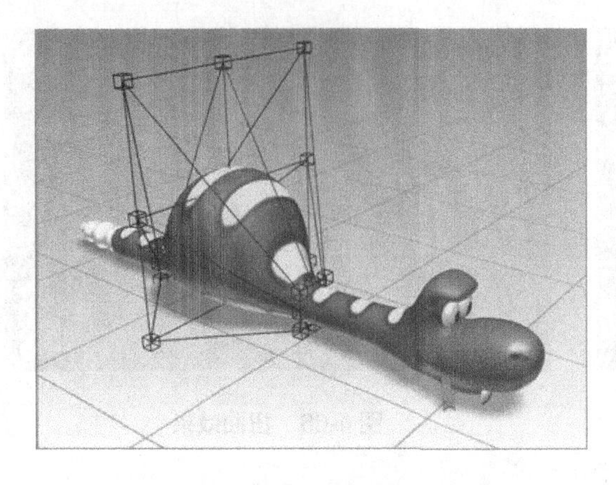

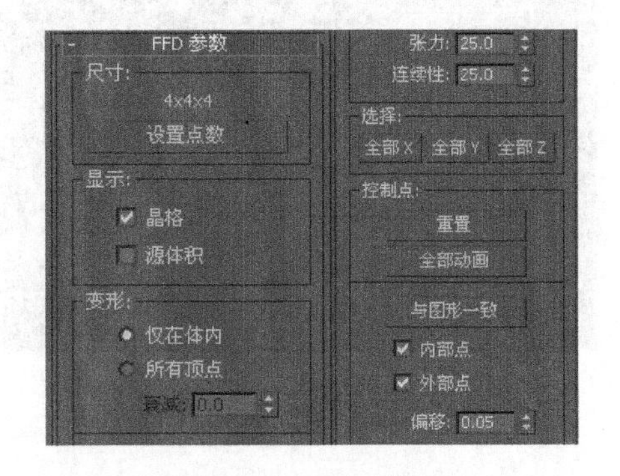

图 4-69　使用 FFD 修改器效果

图 4-70　FFD 参数面板

提示： 要查看位于源体积中的点，可以通过单击堆栈中显示出的关闭灯泡图标来暂时取消激活修改器。

- 仅在体内：选中该单选按钮后，只有位于源体积内的顶点才会变形。
- 所有顶点：选中该单选按钮后，所有顶点都会变形。
- 衰减：该微调框决定变形效果减为 0 时离晶格的距离。
- 张力/连续性：调整变形样条线的张力和连续性。
- 全部 X/Y/Z：用于确定选中 X/Y/Z 轴向上的所有控制点。
- 张力/连续性：调整变形样条线的张力和连续性。虽然无法看到 FFD 中的样条线，但晶格和控制点代表着控制样条线的结构。在调整控制点时，会改变样条线使对象的几何结构变形。
- 重置：将所有控制点返回到它们的原始位置。
- 全部动画：单击该按钮可以将控制器指定给所有的控制点，使它们在轨迹视图中变为可见。
- 与图形一致：在对象中心点位置沿直线方向延长线条，可以将每个 FFD 控制点移到修改对象的交叉点上。
- 内部点：用于控制受【与图形一致】选项影响的对象内部的点。
- 外部点：用于控制受【与图形一致】选项影响的对象外部的点。
- 偏移：该微调框用于设置控制点偏移对象曲面的距离。

4.9　晶格修改器

晶格修改器可以将二维形状或三维几何体对象的线段或边转化为圆柱形结构，并在顶点产生可选的关节多面体，如图 4-71 所示。使用该修改器可基于网格拓扑创建可渲染的几何体结构，或作为获得线框渲染效果的另一种方法。

晶格修改器可以作用在整个对象上，也可以作用在物体的次对象上，灵活地运用晶格修改器只需要几个简单的步骤就能创建出复杂的形体结构，其参数面板如图 4-72 所示。

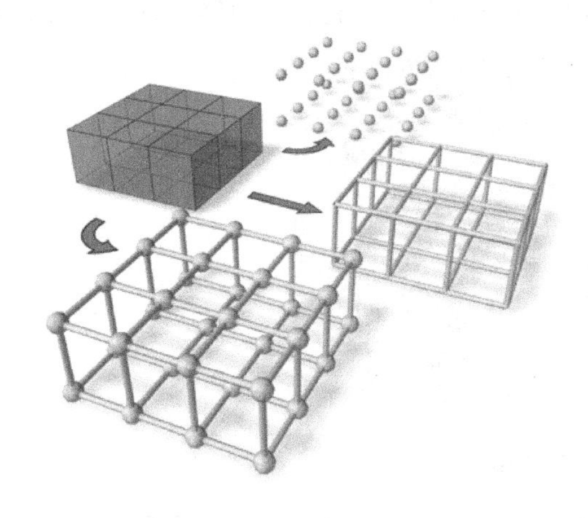

图 4-71　晶格效果

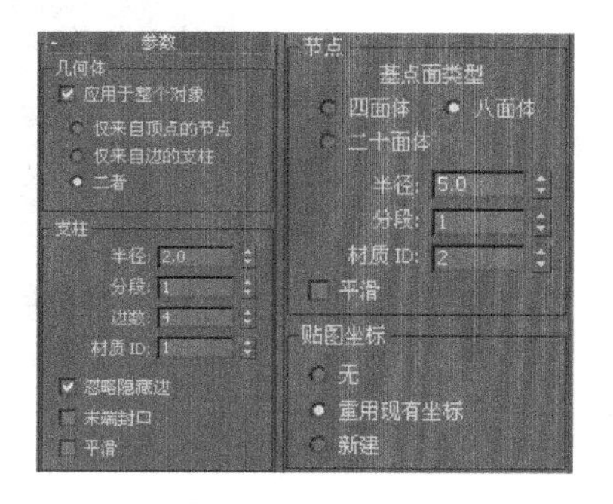

图 4-72　参数面板

- 应用于整个对象：将晶格应用到对象的所有边或线段上。如果要将晶格应用到堆栈中的所选子对象时，需要取消选中该复选框。
- 仅来自顶点的节点：仅显示由原始网格顶点产生的球状节点。
- 仅来自边的支柱：仅显示由原始网格线段产生的柱形结构。
- 二者：选中该单选按钮后，将同时显示节点和支柱。
- 半径/分段/边数(支柱)：用于指定晶格结构的半径、沿结构的分段数目以及结构边界的边数目。
- 材质 ID：指定用于结构的材质 ID，使结构和关节具有不同的材质 ID。
- 忽略隐藏边：仅生成可视边的结构。如果取消选中该复选框，将生成所有边的结构，包括不可见边。
- 末端封口：将末端封口应用于结构。
- 平滑：将平滑应用于结构。
- 基点面类型：指定用于关节的多面体类型，包括四面体、八面体和二十面体 3 种基本类型。
- 四面体：选中该单选按钮后，晶格的每个节点将变成四面体，如图 4-73 所示。
- 八面体：选中该单选按钮后，晶格的每个节点将变成八面体，如图 4-74 所示。

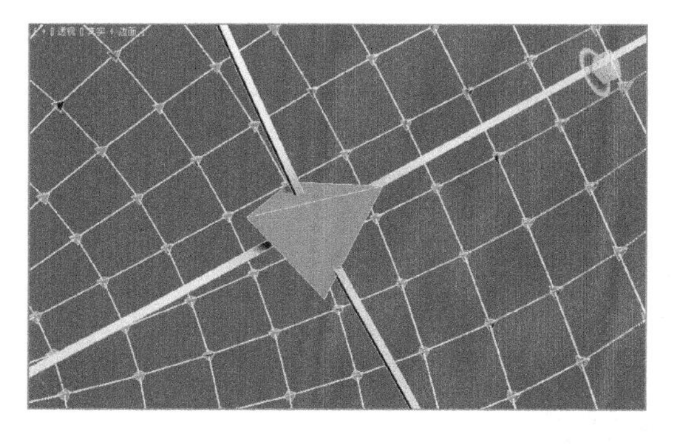

图 4-73　四面体

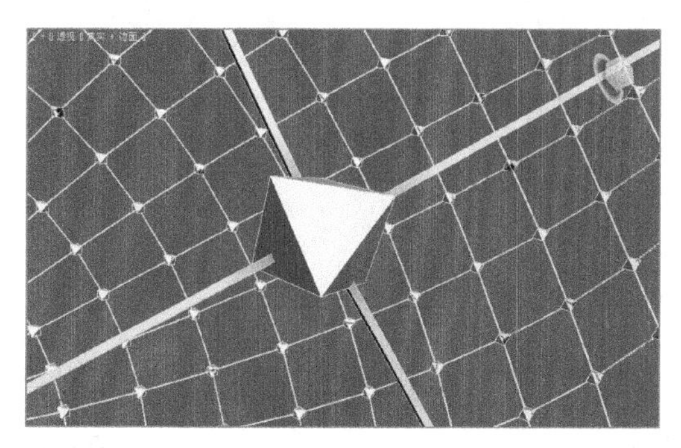

图 4-74　八面体

- 二十面体：选中该单选按钮后，晶格的每个节点将变成二十面体，如图 4-75 所示。

图 4-75　二十面体

- 半径/分段/边数(节点)：这三个参数分别用于设置节点的半径、分段数目以及边数。
- 材质 ID：用于指定节点的材质 ID。
- 平滑：将平滑应用于节点。
- 无：不为节点指定贴图坐标。
- 重用现有坐标：将当前贴图坐标指定给对象。
- 新建：将贴图用于晶格修改器。将圆柱形贴图应用于每个结构，圆形贴图应用于每个节点。

4.10　网格平滑修改器

使用网格平滑修改器可以通过多种不同方法平滑场景中的几何体，即允许用户细分几何体，同时在角和边插补新面的角度以及将单个平滑组应用于对象中的所有面，如图 4-76 所示。

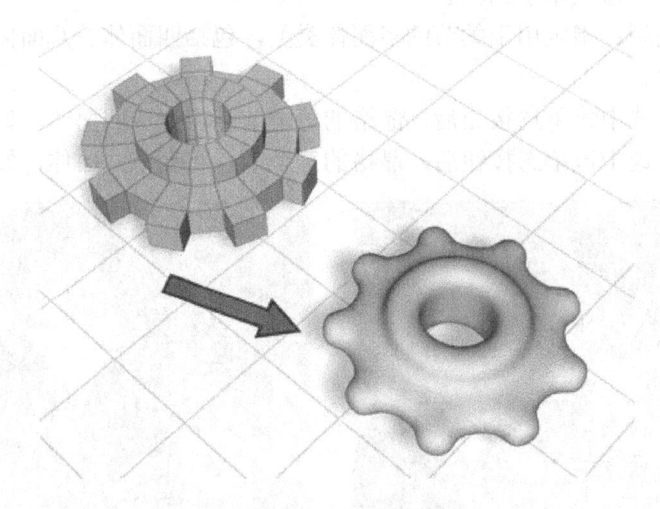

图 4-76　平滑效果

网格平滑的效果是使角和边变圆，就像它们被锉平或刨平一样。使用网格平滑参数可控制新面的大小和数量，以及它们如何影响对象曲面，如图 4-77 所示。

图 4-77　网格平滑的模型

网格平滑修改器在建模过程中一般都要用到，它的参数面板相对而言比较复杂，下面我们将对常用的参数进行介绍。图 4-78 所示为其参数面板。

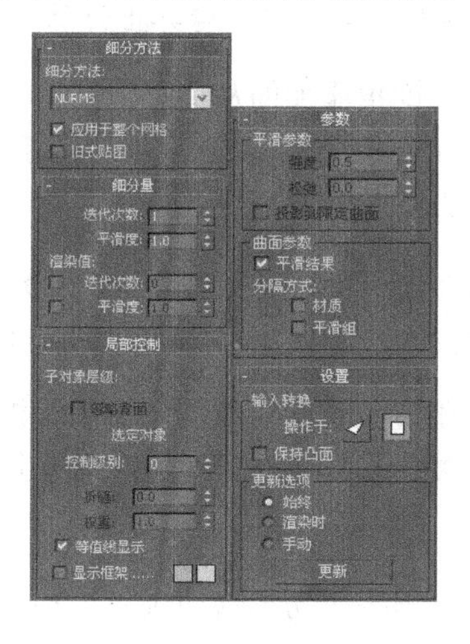

图 4-78　参数面板

1．细分方法

- 细分方法：该下拉列表框提供了三种网格输出方法，分别是 NURBS、四边形输出和经典。
- 应用于整个网格：选中该复选框时，在堆栈中向上传递的所有被选择的子对象被忽略，且网格平滑应用于整个对象。
- 旧式贴图：将网格平滑应用于贴图坐标。此方法会在创建新面和纹理坐标移动时变换贴图坐标。

2．细分量

- 迭代次数：设置网格细分的次数。增加该值时，每次新的迭代会通过在迭代之前对顶点、边和曲面创建平滑差补顶点来细分网格，效果对比如图 4-79 所示。修改器会细分曲面来使用这些新的顶点。

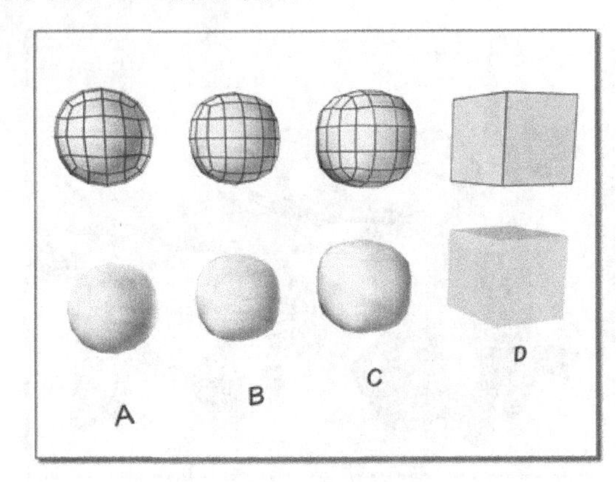

图 4-79　迭代效果对比

注意： 在增加迭代次数时要注意。对于每次迭代，对象中的顶点和曲面数量(以及计算时间)增加四倍。对平均适度的复杂对象应用四次迭代会花费很长时间来进行计算。在计算过程中可按 Esc 键终止计算。

- 平滑度：确定对尖锐的锐角添加面从而平滑它。计算得到的平滑度为顶点连接的所有边的平均角度。当该值为 0.0 时会禁止创建任何面。当该值为 1.0 会将面添加到所有顶点，即使这些顶点位于一个平面上。

提示： 如果仅仅细分锐化边和角，需要使用小于 1.0 的【平滑度】值。如果要在【线框/边面】图中查看细分，需要取消选中【等值线显示】复选框。

- 渲染值：该参数用于在渲染时对对象应用不同平滑迭代次数和不同的平滑度值。该选项组中的【迭代次数】和【平滑度】请参考上述两个参数。

3．局部控制

- 子对象级别：将细分作用于“边”或“顶点”层级。如果两个层级都被禁用，将在对象层级工作。
- 忽略背面：选中该复选框时，仅控制在视口中可见的那些子对象。取消选中该复选框时，作用于所有对象。
- 控制级别：控制在一次或多次迭代后查看控制网格，并在该级别编辑子对象点和边。
- 拆缝：创建不连续的曲面，从而获得褶皱或唇状结构等清晰边界。
- 权重：设置选定顶点或边的权重。增加顶点权重会朝该顶点“拉动”平滑结果。
- 等值线显示：选中该复选框时，3ds Max 仅显示等值线，即对象在进行光滑处理之前的原始边。
- 显示框架：在细分之前，切换显示修改对象的两种颜色线框。

4．参数

- 平滑参数：对所有曲面应用相同的平滑组。

- 材质：防止在不共享材质 ID 的曲面之间的边上创建新曲面。
- 平滑组：防止在不共享至少一个平滑组的曲面之间的边上创建新曲面。

5. 设置

- 操作于面/多边形：“操作于面”将每个三角形作为面并对所有边进行平滑。“操作于多边形”忽略不可见边，将多边形作为单个面。
- 保持凸面：选中该复选框后，保持所有输入多边形为凸面，并将非凸面多边形作为单独面进行处理。

提示： 凸面是指可以用一条线连接多边形的任意两点而不会超出多边形以外。大多数字母都不是凸面的。例如，大写字母 T，不能使用不超出该形状的直线，从底部连接到左上角。圆、三角形和规则多边形都是凸面的。
非凸面的面会出现的问题包括：输入对象几何体中的更改会导致执行【网格平滑】命令时产生不同的拓扑。例如，在长方体中，如果将一个顶角拖至穿过顶面中心的位置，此长方体将变为非凸面长方体。然后，【网格平滑】命令会将此面作为两个三角形而不是一个四边形，且结果中的点数也会更改。

关于网格平滑就介绍到这里。除了这些参数外，其他一些参数由于篇幅原因就不再一一详解，读者可参考其他修改器的介绍。

4.11　实验指导——钢骨架

钢骨架，是建筑效果中经常出现的一种结构，不少室内外设计师对此类物体都很头疼。其实，利用 3ds Max 的晶格修改器就可以很简单地实现这种效果。

(1) 新建一个场景，使用长方体工具在视图中创建长、宽、高均为 65 的正方体，如图 4-80 所示。

注意： 这里需要注意调整长度分段、宽度分段和高度分段，如果调整的参数不合理，那么制作出来的钢骨架将失真。设定这三个参数时，需要根据实际的钢骨架数目进行设置。

(2) 选中长方体，在修改面板中展开修改器列表，选择其中的【晶格】选项，如图 4-81 所示。

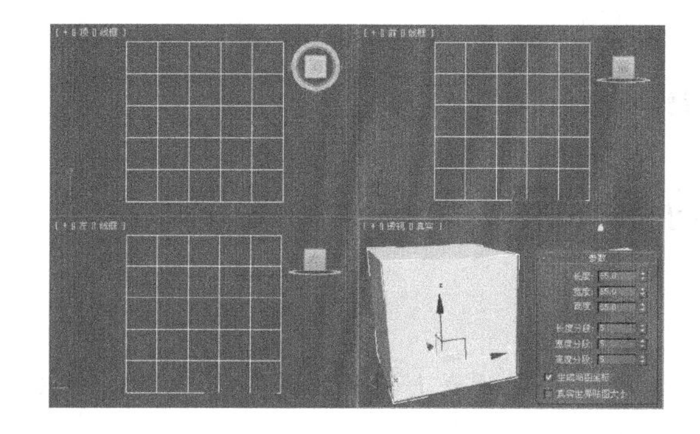

图 4-80　创建几何体

图 4-81　添加修改器

(3) 把立柱的【半径】设置为1.5，将【分段】设置为22，效果如图4-82所示。

(4) 将节点的类型设置为【二十面体】，将【半径】设置2.9，将【分段】设置为6，如图4-83所示。

图 4-82　设置立柱

图 4-83　设置节点

提示： 通过提高【分段】的值，可以使节点变得更加圆润、光滑。不过，调整该参数时要谨慎，过大的值可能会导致计算机运行变慢。

这样，一个钢骨架的模型就制作出来了。可以为其添加材质，将其渲染出来，效果如图4-84所示。在实际制作过程中，读者需要实现构建物体的曲面，然后进行布线，最后添加晶格，这样才能保证钢骨架的正确性。

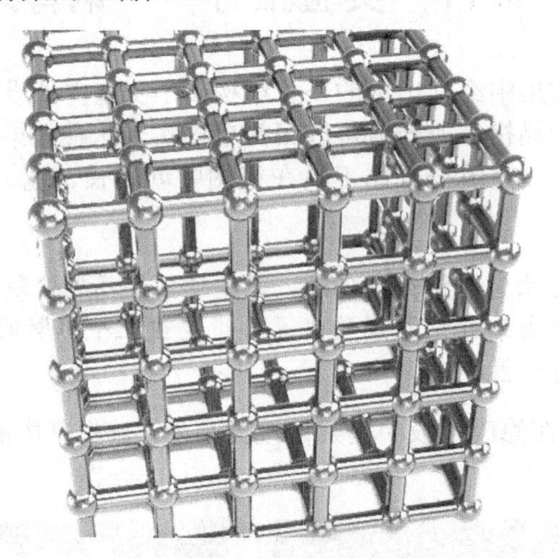

图 4-84　钢骨架效果

4.12　习　　题

一、填空题

1. ＿＿＿＿＿是一个容器，一个可以将应用在某个对象上的所有修改器集合到一起，使其能够按照指定的顺序对原始物体进行变形的平台。

2. 在执行塌陷以后，可以按__________组合键返回到塌陷前的模式执行修改。

3. __________是一种显示在视图中以线框的方式包围被选择对象的形式。它被作为修改器使用的重要辅助工具。

4. 3ds Max 的默认坐标系是__________。

5. 有一个正方形，如果需要将其变得圆润、光滑一些，应该为其添加__________修改器。

二、选择题

1. __________修改器可以将一个二维图形挤成三维立体的效果。

A. 挤出　B. 车削　C. 倒角　D. 弯曲

2. __________修改器可以通过对一个图形或者 NURBS 的旋转制作三维物体，例如日常生活中经常看到的花瓶、酒瓶杯子、桶等物体。

A. 挤出　B. 车削　C. 倒角　D. 弯曲

3. __________修改器是一种非线性变形的修改器。它允许将当前选中的对象围绕一个选择轴向弯曲 360 度，在对象几何体中产生均匀弯曲。

A. 挤出　B. 车削　C. 倒角　D. 弯曲

4. 使用__________修改器会在对象几何体中产生一个旋转效果，如图 4-49 所示。可以控制任意三个轴上扭曲的角度，并设置偏移来压缩扭曲相对于轴点的效果。

A. 晶格　B. 车削　C. 扭曲　D. FFD

5. __________是一种特殊的晶格变形修改，它可以使用少量的控制点来调节表面的形态，产生均匀平滑的变形效果

A. 晶格　B. 车削　C. 扭曲　D. FFD

6. 下列各选项中，不属于 FFD 修改器类型的一项是__________。

A. FFD(长方体)　B. FFD(圆锥体)

C. FFD 3 × 3 × 3　D. FFD 2 × 2 × 2

三、问答题

1. 简述如何调整修改器顺序？这一操作会对物体造成什么影响？

2. 说说挤出修改器和车削修改器的区别，是否可以对三维物体使用这两种修改器？

3. 网格平滑的作用是什么？说说你对该修改器的使用心得。

第5章 高级建模

所谓的高级建模，实际上是本书对 3ds Max 中的一些复杂性建模技术的统称。在实际应用过程中，很多模型的外观并不是规则的，而往往是一些细节比较丰富，不能采用程序的方式计算生成的。为此，3ds Max 根据不同的物体，提供了几套合理的解决方案，即所谓的高级建模。

高级建模是一个统称，它分为多种工具，包括多边形建模、石墨建模、网格建模以及 NURBS 建模等。

本章将分别讲解这几种建模工具的特性，以及它们的使用方法。

5.1 多边形建模

多边形建模是 3ds Max 中一种重要的建模方法。要使用多边形建模，首先需要将一个对象转换为可编辑多边形对象，然后通过对该多边形的各种次对象进行编辑和修改来实现建模。本节将讲解多变形建模的相关知识。

5.1.1 转换多边形

对于可编辑多变形而言，它包含了节点、边界、边界环、多边形面和元素 5 个次对象模式，如图 5-1 所示。

在 3ds Max 2012 中，如果要把一个存在的对象转换为可编辑多边形，则可采用以下任意一种方法。

- 选择物体后，切换到【工具】面板，并单击其中的【塌陷】按钮，如图 5-2 所示。

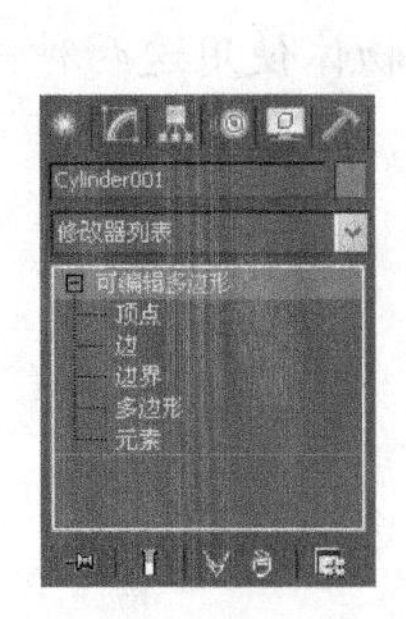

图 5-1　多边形子层级

图 5-2　塌陷

- 右击选择的对象，从弹出的快捷菜单中选择【转换为】|【转换为可编辑多边形】命令，如图 5-3 所示。
- 选择要转换的对象，切换到修改命令面板，选择修改器列表中的【可编辑多边形】

选项，如图 5-4 所示。

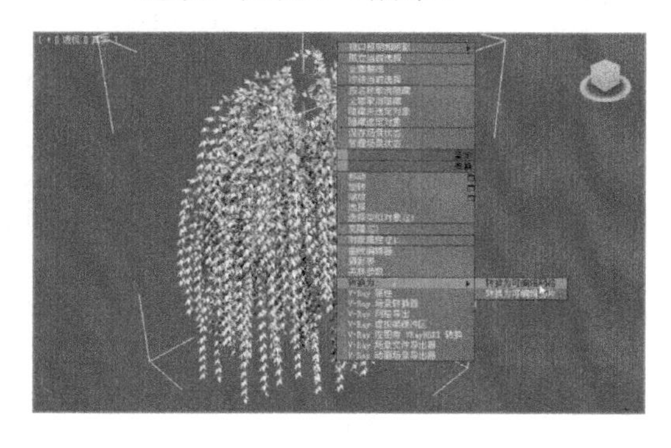

图 5-3　转换

图 5-4　使用修改器

在上述三种方法中，第二种和第三种方法的使用频率最高，它可以使一个对象直接进入可编辑多边形的状态。

警告： 与可编辑网格相比，可编辑多边形具有更大的优越性，即多边形对象的面不仅可以是三角形面或者四边形面，而且可以是具有任意多个节点的多边形面。所以，一般情况下网格建模可以完成的建模，多边形建模也一定能够完成，而且多边形建模的功能更加强大。

5.1.2　公用属性简介

所谓的公用属性，是指在 5 个层级中都可以调整的一些属性。如图 5-5 所示，在【选择】卷展栏中提供了进入各次对象模式的按钮，同时也提供了一些便于选择次对象的工具。

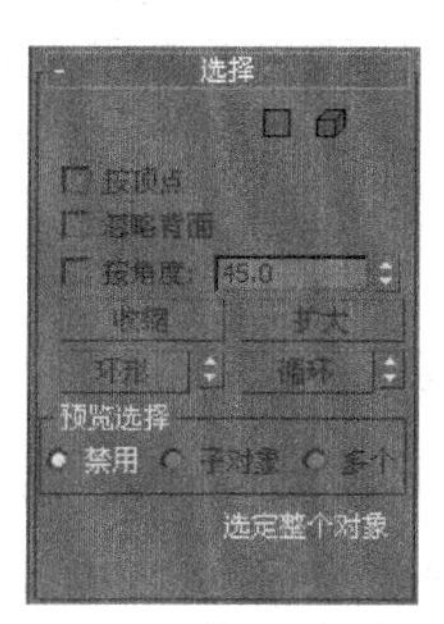

图 5-5　【选择】卷展栏

多边形对象的【选择】卷展栏中包含了几个特有的功能选项，关于它们的简介如下。

- 收缩：单击该按钮将取消选择集最外面的一层次对象，从而可以实现收缩选择的功能。
- 扩大：单击该按钮可以使已有的选择集沿任意可能的方向向外拓展，与【收缩】按钮功能相反。
- 环形：该工具只有在边和边界模式下才能使用，它是增加边界选择集的一种方式，可以将所有和当前选择的边或边界平行的对象选中，如图 5-6 所示。
- 循环：【循环】也是增加次对象选择集的一种方式，单击该按钮可以使选择集对应于选择的边界尽可能地拓展，如图 5-7 所示。

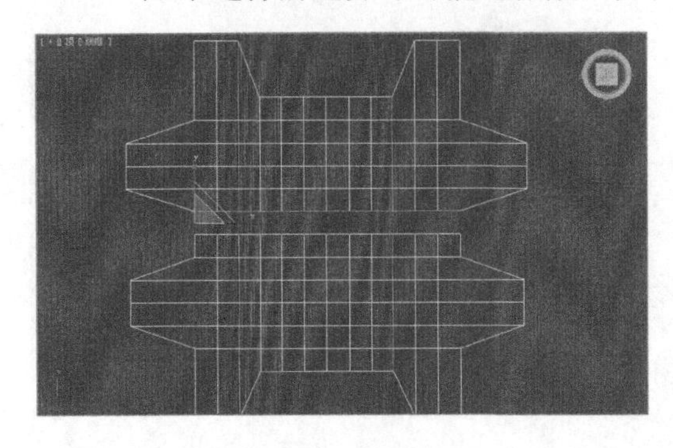

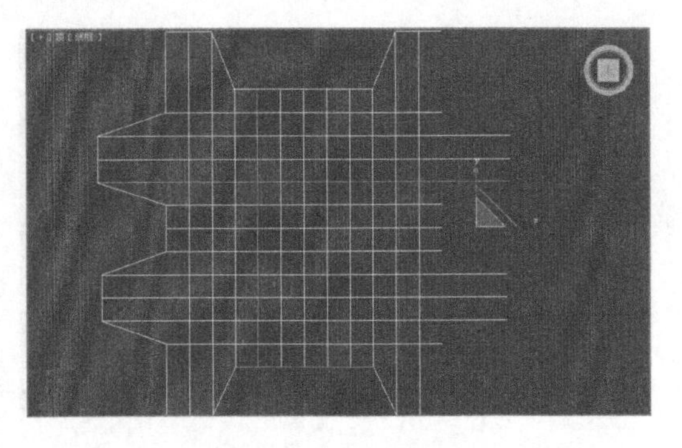

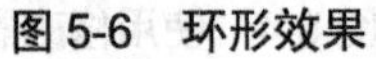

图 5-6　环形效果

图 5-7　循环效果

5.1.3　编辑顶点

在 3ds Max 中，对于多边形对象各个次对象的编辑主要包括编辑对象和编辑几何体两种方式，如图 5-8 所示。其中，【编辑几何体】主要针对顶点提供的工具，因此在不同的次对象模式下该卷展栏所提供的工具不完全相同，下面分别介绍它们。

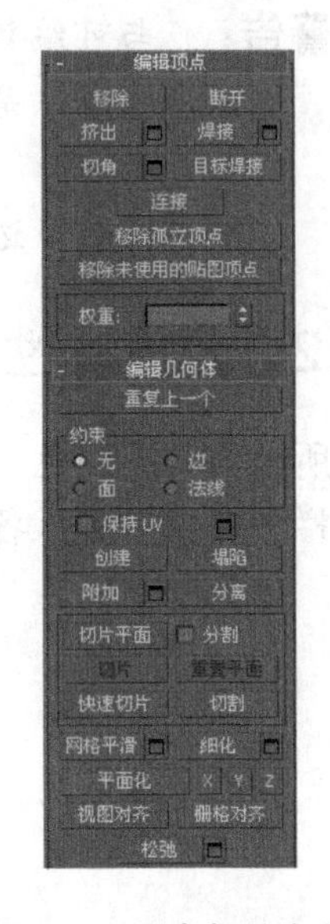

图 5-8　顶点相关参数

1．编辑顶点

在【选择】卷展栏中按下■按钮后，就可以打开【编辑顶点】卷展栏，下面介绍它的参数使用方法。

- 移除：单击该按钮可以将选择的顶点移除。移除某个节点后，共享该节点的两条边线将组合在一起。
- 断开：该按钮可以将选择的节点分离出新的节点，但是对于孤立的节点和只被一个多边形使用的节点而言，该按钮不起任何作用。
- 挤出：该按钮可以对多边形节点使用【挤出】操作。挤出功能允许将多边形表面上选择的顶点垂直拉伸出一定的距离形成新的节点，如图 5-9 所示。
- 焊接：该按钮可以用来焊接选择的顶点，单击其右侧的按钮可以在打开的对话框中设置焊接的顶点范围。
- 目标焊接：该按钮用于把选择的节点焊接到目标节点上，如图 5-10 所示。

【例 5-1】焊接顶点

(1) 打开随书光盘中的“05\多边形.max”文件。

(2) 在【选择】卷展栏中按下【顶点】按钮■，进入顶点编辑状态，如图 5-11 所示。

(3) 选择如图 5-12 所示的顶点，然后展开【编辑顶点】卷展栏，并按下【目标焊接】按钮。

(4) 在选择的顶点上按住鼠标左键不放，将其拖动到如图 5-13 所示的顶点上，即可完成焊接操作。

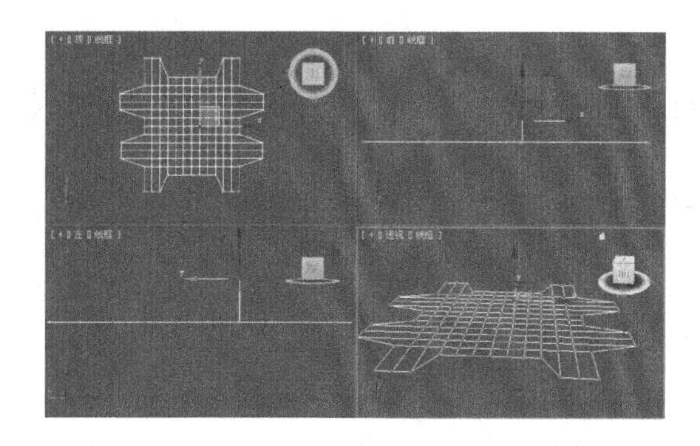

图 5-9 挤出顶点

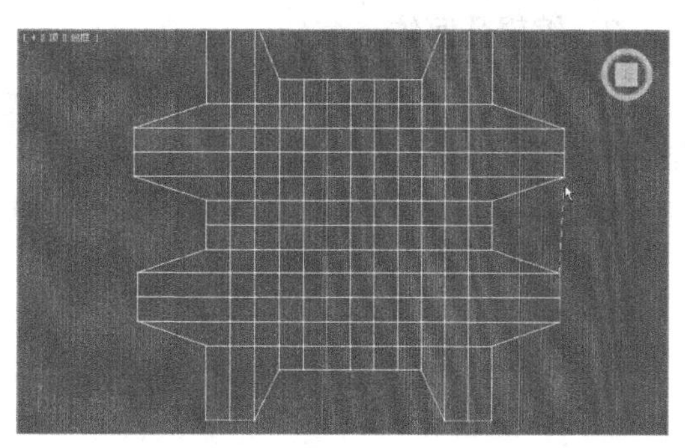

图 5-10 焊接目标点

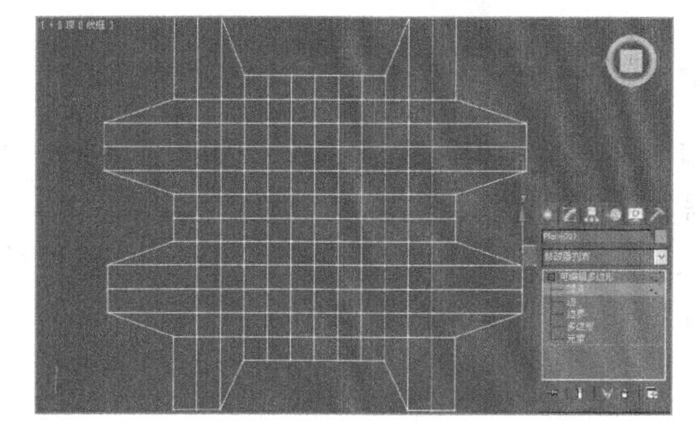

图 5-11 进入顶点状态

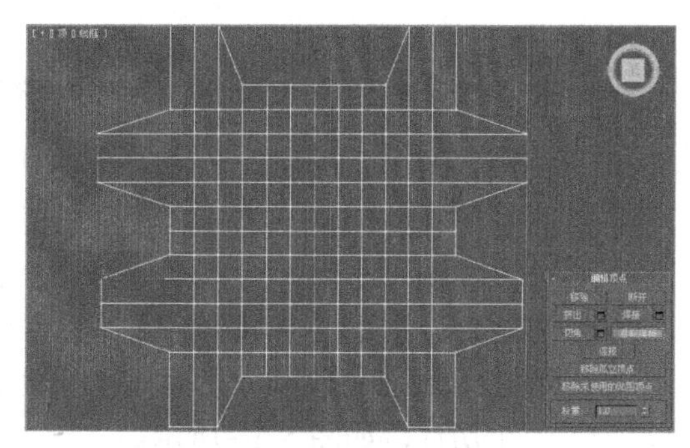

图 5-12 选择顶点

- 切角：切角工具可以将一个顶点分为多个顶点。读者只需要在视图中选择一个顶点，单击切角工具即可。
- 移除孤立顶点：单击该按钮，可以将场景中所有孤立的顶点移除，对于多边形建模而言，这是一种移除孤点的快捷方法。
- 连接：连接工具可以在选择的两个顶点之间添加一条线段。但是，它不允许生成的边界有交叉现象存在，如图 5-14 所示。
- 移除未使用的贴图顶点：在对多边形对象进行材质贴图时，特定的建模操作将留下一些不能被使用的贴图顶点。因此可以使用该工具移除这些顶点。
- 权重：该选项可以用来设置节点的量值，提高节点的量值有助于在选择的节点处产生光滑的效果。

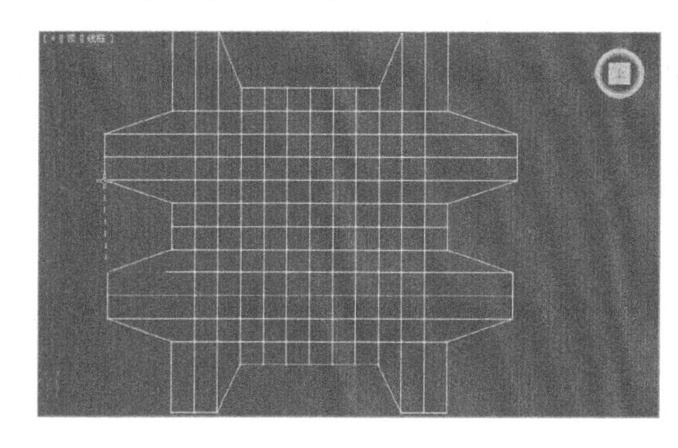

图 5-13 目标焊接

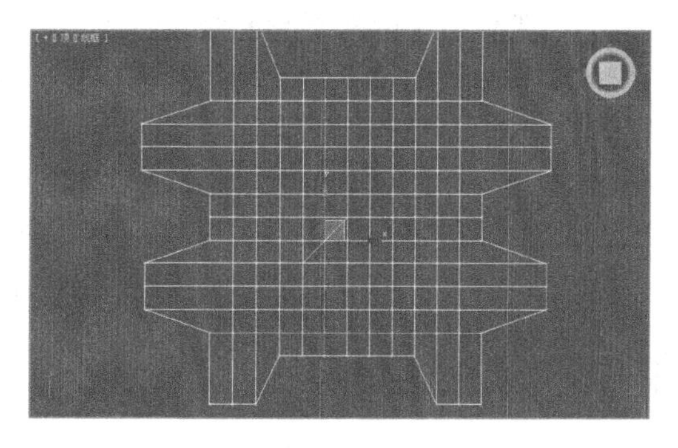

图 5-14 连接

2．编辑几何体

【编辑几何体】卷展栏给出了编辑各次对象的一些公用选项，与【编辑顶点】卷展栏结合可以完成编辑操作。

- 重复上一个：单击该按钮可以在选择的节点上重复最近一次的编辑操作，执行过程如图 5-15 所示。

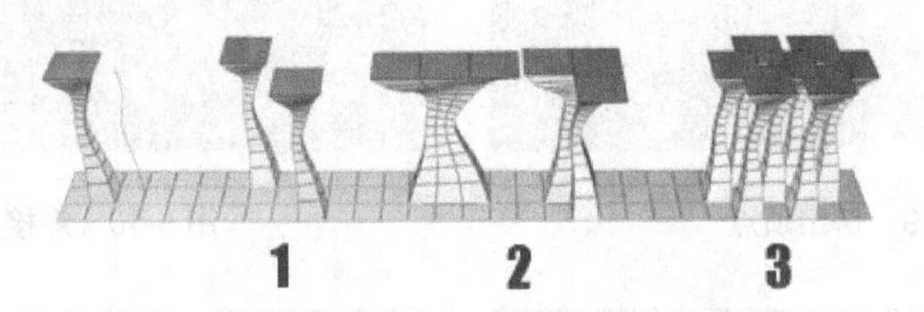

图 5-15　重复上一个效果

- 约束：该工具可以对各次对象的几何变换产生约束效应。在其右侧的下拉列表中列出了几种常见方式，读者可以根据实际需要选择它们。
- 分割和切片平面：分割和切片平面工具是通过平面切割来细分多边形网格的两种方式，分别可以通过单击【切片平面】和【分割】来执行操作。
- 快速切片：利用鼠标确定一个平面，并按照该平面的方向和位置在多边形上创建一个切片，如图 5-16 所示。

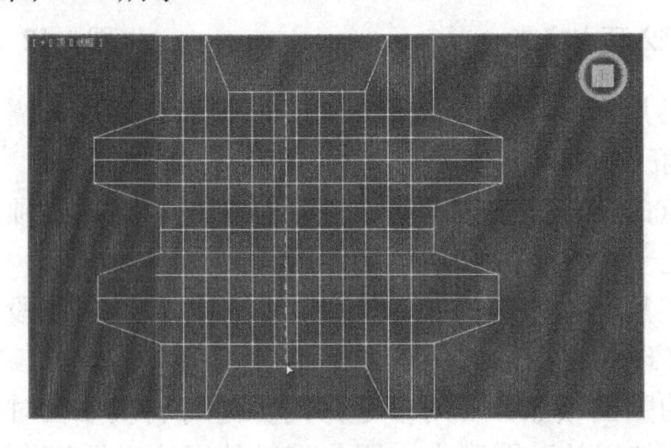

图 5-16　快速切片

- 网格平滑：网格平滑工具是对次对象选择集提供光滑处理的一种方式，在功能上类似于【网格平滑】修改器。
- 附加：附加工具的使用频率较高，它可以将多个独立的对象合并到一起，从而形成一个物体。
- 分离：分离工具可以将选择的点分离为一个独立的对象。

以上介绍的都是多边形对象顶点编辑中的一些常用工具，除了它们以外还有很多工具没有介绍，读者可以自行学习它们的使用方法。

5.1.4　编辑边线

多边形对象的边线是指在两点之间起连接作用的线段。在多边形对象中，边界也是一个被编辑的重要次对象。下面介绍一些常用的编辑工具，图 5-17 所示为【编辑边】卷展栏。

图 5-17　编辑边

- 移除：这个工具的功能与编辑顶点中的移除工具相同，主要用来将选择的顶点移除。

> **提示：** 移除和删除不同，当我们将场景中的某个元素移除后，如果是删除元素，则模型表面会产生破洞。

- 插入顶点：该工具是利用选择的边手动插入顶点来分割边界的一种方式。
- 利用所选内容创建图形：该工具用来通过选择的边界创建样条线。

【例 5-2】创建图形。

(1) 打开随书光盘中的“05\图形.max”文件，如图 5-18 所示。

(2) 切换到边编辑状态，并选择如图 5-19 所示的图形。

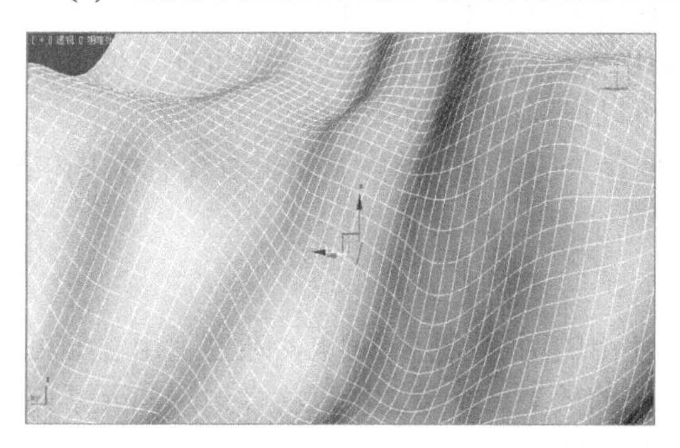

图 5-18　打开场景　　图 5-19　选择图形

(3) 单击【利用所选内容创建图形】按钮，打开如图 5-20 所示的对话框。

(4) 指定一个名称后，单击【确定】按钮，即可创建一个图形，如图 5-21 所示。

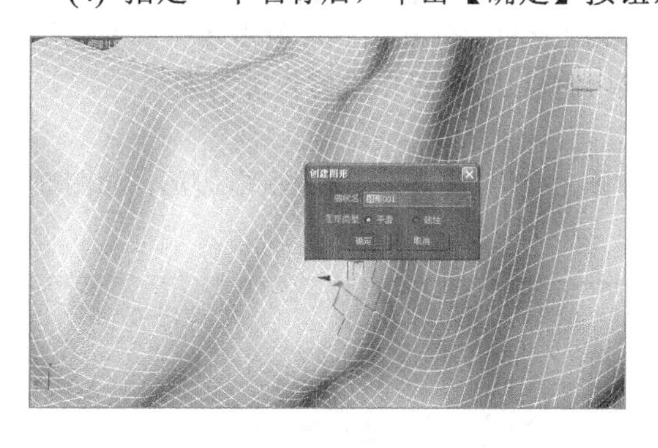

图 5-20　激活工具

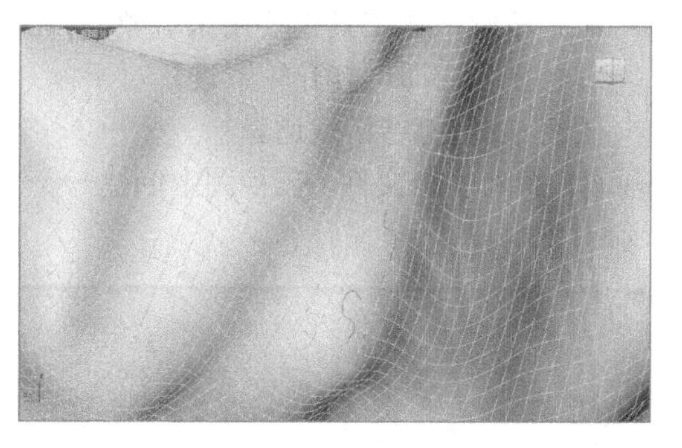

图 5-21　生成图形

- 折缝：该工具用来控制被选择边的褶皱程度。当数值较低时，褶皱较小，几乎看不出来，当数值较大时，将会出现明显的褶皱。
- 编辑三角形：该按钮用于修改绘制内边或对角线时多边形细分为三角形的方式，如图 5-22 所示。

- 旋转：按下该按钮后，如果单击四边面的对角线，即可更改其位置。

关于编辑边线的知识就介绍到这里，【编辑边线】卷展栏中的很多工具与编辑顶点中介绍的工具相似，这里不再一一介绍。

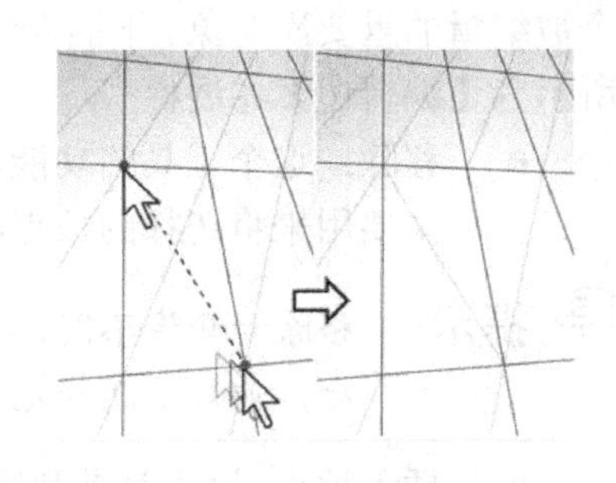

图 5-22　编辑三角形效果

5.1.5　编辑边界

边界可以理解为多边形对象上网格的线性部分，通常由多边形表面上的一系列边线依次连接形成。本节主要介绍【编辑边界】卷展栏中的一些工具。

- 封口：该工具有着自己独特的功能，当我们在视图中选择一个边界后，单击【封口】按钮即可将该边界转换为几何表面。
- 桥接：使用多边形的桥接工具，可以将两个边界连接在一起。
- 插入顶点：用于手动细分边界边。启用该工具后，单击边界边即可在该位置处添加顶点。只要命令处于活动状态，就可以连续细分边界边。

这里介绍了编辑边界的三个特有参数，其他参数参考编辑节点和编辑边线的相关内容。

5.1.6　多边形和元素

多边形和元素，是我们在编辑物体时经常使用的两种子层级对象，通过使用它们可以调整多边形面的结构，从而能够准确创建出需要的效果。本节之所以将多边形和元素归纳为一节进行介绍，是因为它们的工具使用方法都相同。

- 插入顶点：单击该按钮后在视图中的相应面上单击鼠标，即可插入一个顶点，同时也对多边形面执行了分割操作，如图 5-23 所示。该工具仅存在于【编辑元素】卷展栏中。
- 轮廓：该工具主要用来调整拉伸形成多边形面的外部边界，单击【轮廓】右侧的按钮，即可打开轮廓设置对话框，通过调整该数值可以设置轮廓的大小。

【例 5-3】打造游戏道具

(1) 新建一个文件，在视图中创建一个长方体，并将其转换为可编辑多边形，如图 5-24 所示。

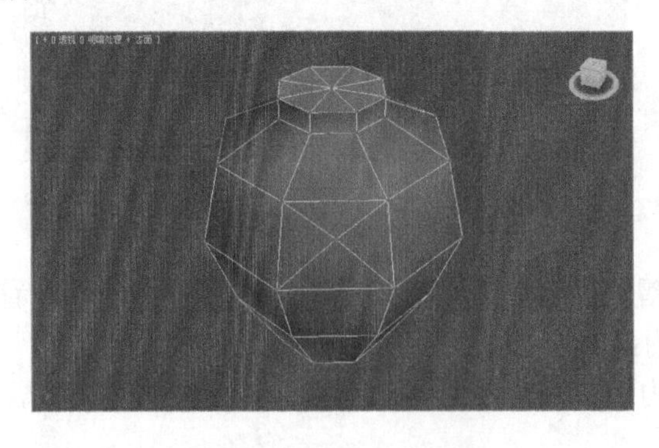

图 5-23　插入顶点效果

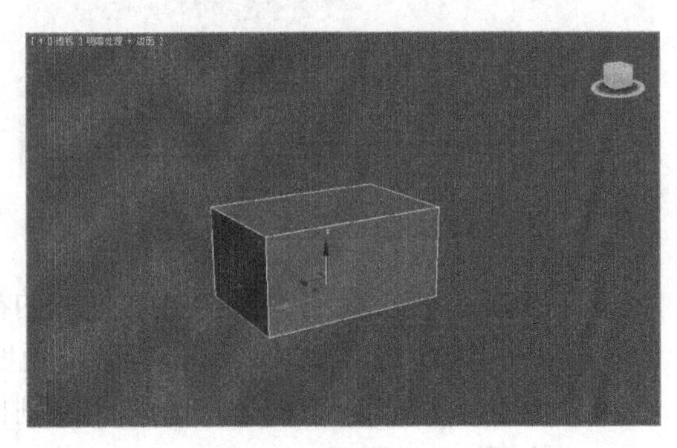

图 5-24　创建长方体

(2) 进入多边形编辑状态，选择如图 5-25 所示的面，利用缩放工具调整它的大小，从而使长方体变为锥体。

(3) 在【编辑多边形】卷展栏中激活挤出工具，并挤出一个厚度为 0 的多边形面，如图 5-26 所示。

图 5-25　缩放多边形

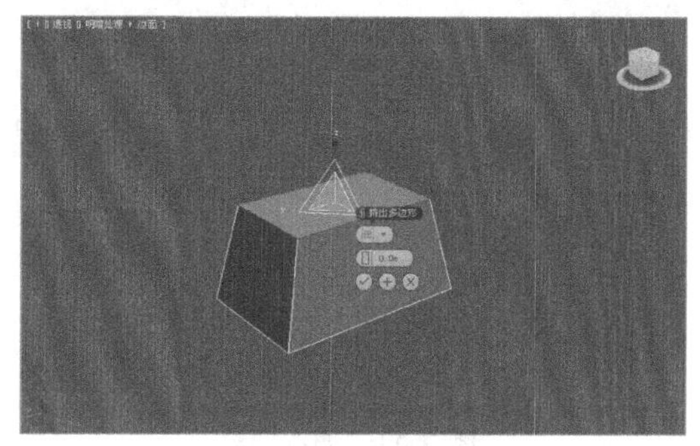

图 5-26　挤出多边形

(4) 再次使用缩放工具调整挤出的多边形面的大小，如图 5-27 所示。

(5) 单击【倒角】右侧的按钮，执行倒角操作，此时的场景如图 5-28 所示。

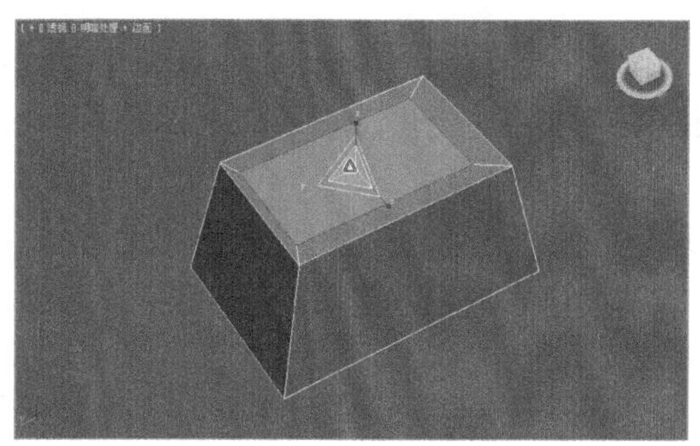

图 5-27　缩放多边形

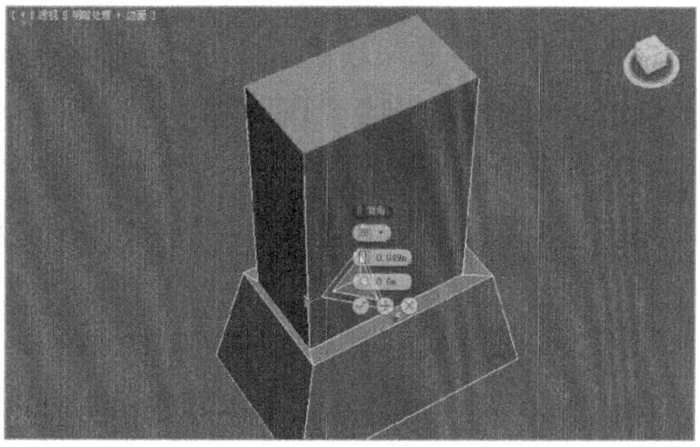

图 5-28　执行倒角操作

(6) 按照图 5-29 所示的参数修改倒角的设置。

(7) 选择如图 5-30 所示的面，单击【编辑多边形】卷展栏中的【插入顶点】按钮。

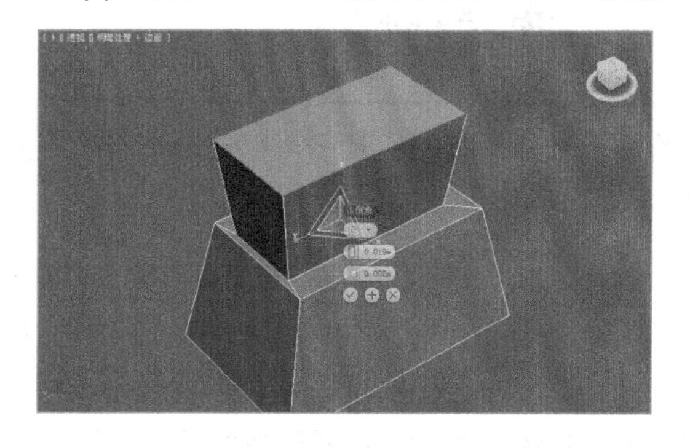

图 5-29　执行倒角

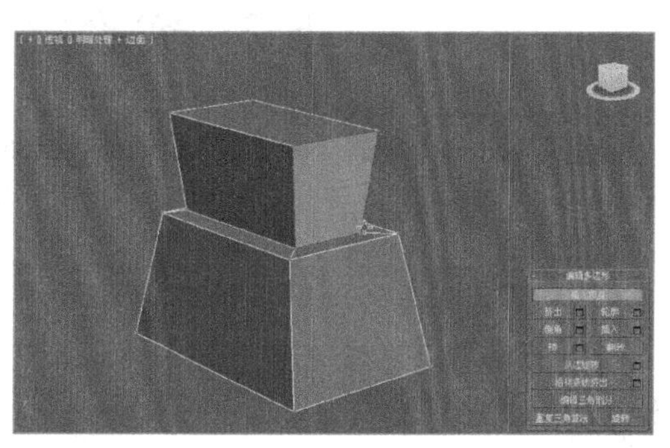

图 5-30　激活工具

(8) 在选择的多边形上单击鼠标左键创建一个顶点，如图 5-31 所示。

(9) 切换到顶点子层级，选择创建的顶点，并移动其位置，最后创建的打铁台的效果如图 5-32 所示。

图 5-31　插入顶点

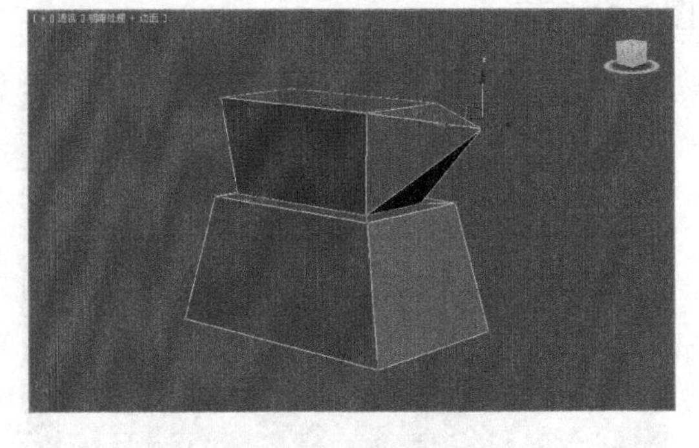

图 5-32　打铁台

提示： 本案例制作的模型是 3D 游戏中经常使用的一种道具，也是游戏美工所必须熟悉的一种建模，即低模。这种模型的特点在于多边形面少，能够节省计算机资源，从而加大游戏运行速度，使画面流畅。

- 插入：插入是对选择的多边形进行倒角的另一种方式。与倒角功能不同的是，插入生成的多边形面相对于原多边形面没有高度上的变化，新的多边形面只是相对于原多边形面在同一平面上收缩。
- 翻转：单击该按钮，可以将选择的多边形面的法线翻转。
- 从边旋转：【从边旋转】用于通过围绕某一边界来旋转选择的多边形。在旋转后的多边形面和原多边形面之间将生成新的多边形。
- 沿样条线挤出：沿样条线挤出工具可以使被选择的多边形面沿视图中某个样条线的走向进行拉伸。

关于多边形的操作就介绍到这里，对于多边形而言，最重要的是要勤加练习，只有在实际操作中才能得到最好的经验。

5.2　实验指导——欧式台灯

多边形建模是 3ds Max 中一种非常重要的建模工具，利用它几乎可以创造出来所有的几何模型。本节将利用一个台灯的建模帮助大家提高多边形建模的综合应用能力。

1．创建底座

(1) 打开随书光盘中的“05\台灯.max”文件，这是一个绘制了底座轮廓的场景文件，如图 5-33 所示。

(2) 利用【车削】修改器将其转换为三维物体，具体参数设置以及生成的效果如图 5-34 所示。

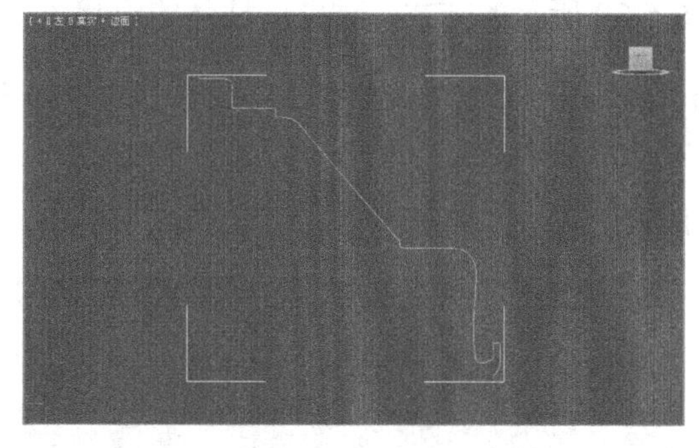

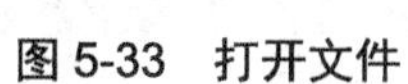

图 5-33　打开文件

图 5-34　创建底座

2．创建灯杆

(1) 使用线工具绘制一条如图 5-35 所示的曲线，作为灯杆的雏形。

(2) 选择曲线，在修改面板中展开【渲染】卷展栏，并按照图 5-36 所示的参数进行设置。

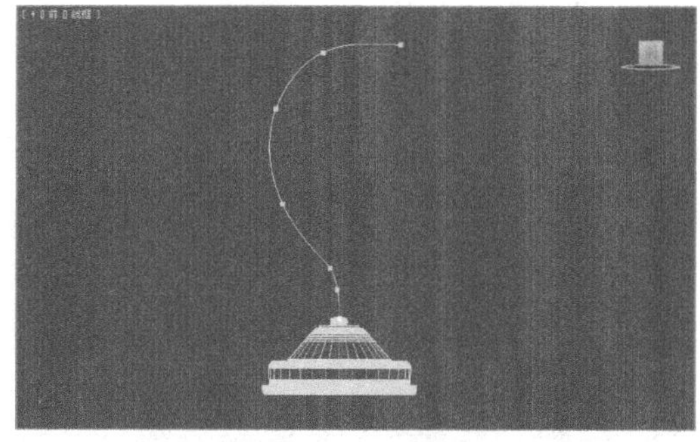

图 5-35　绘制曲线

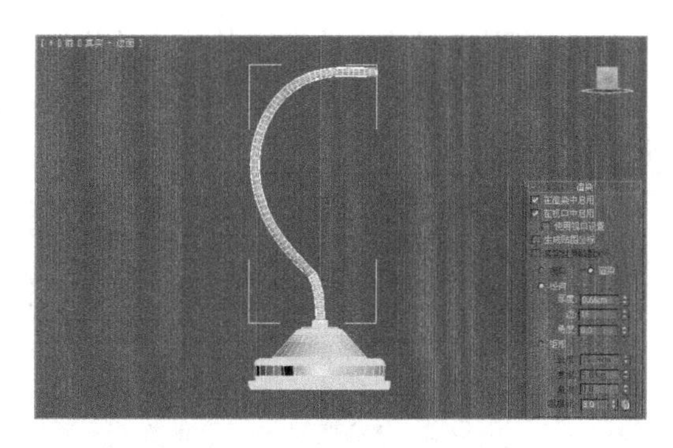

图 5-36　制作灯杆

(3) 调整一下它的位置，确认创建无误后，将其转换为可编辑多边形，完成灯杆的制作。

3．制作装饰造型

(1) 使用圆柱体工具在顶视图中创建一个圆柱体，其参数设置如图 5-37 所示。

(2) 将其转换为多边形，在顶视图中调整它的形状，如图 5-38 所示。

图 5-37　创建圆柱体

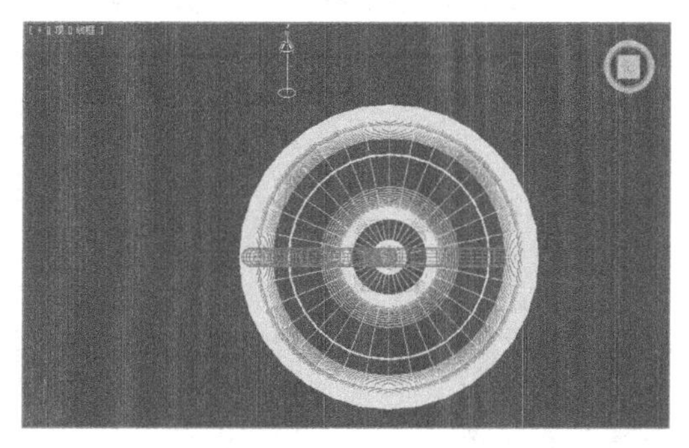

图 5-38　调整形状

(3) 切换到前视图，进入边子层级，按照图 5-39 所示的方式，调整圆柱体的形状。

提示： 在调整的过程中，需要使用移动、旋转和缩放工具调整边的位置、角度和大小，这是在创建多边形模型时经常使用的工具。

(4) 旋转如图 5-40 所示的边，利用移动、旋转、缩放工具调整其位置、角度和大小。

图 5-39　调整圆柱体形状

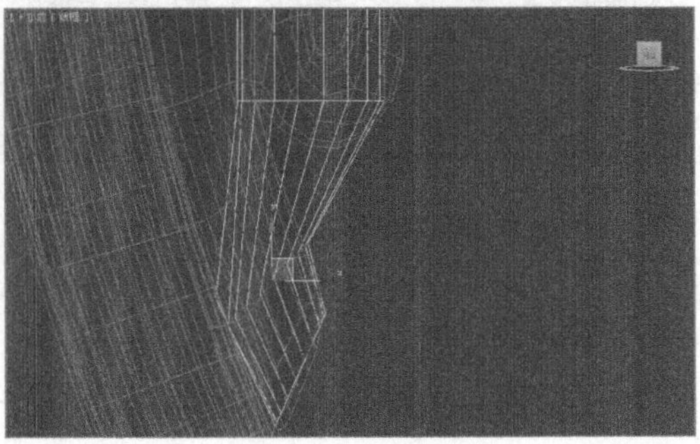

图 5-40　调整边

(5) 使用相同的方法调整其他边的位置，调整完成的形状如图 5-41 所示。

(6) 展开【编辑几何体】卷展栏，按下【快速切片】按钮，在如图 5-42 所示的位置添加一圈边线。

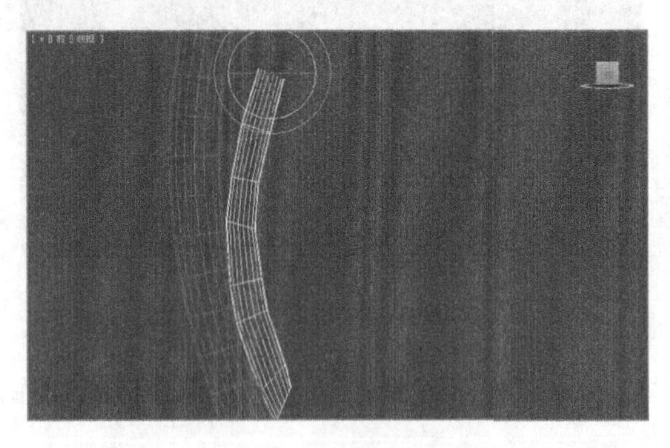

图 5-41　调整形状

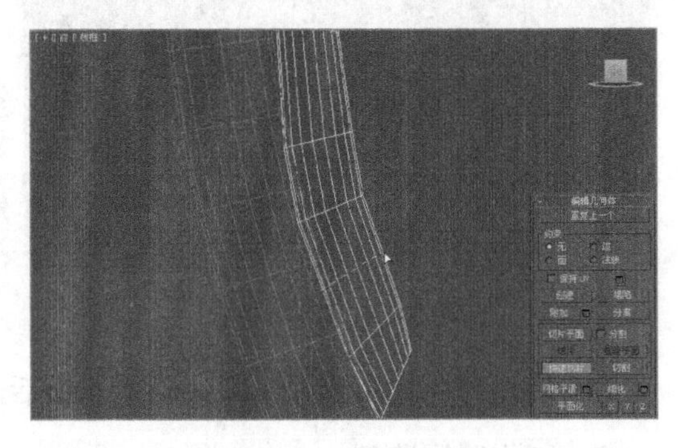

图 5-42　快速切片

(7) 使用相同的方法在如图 5-43 所示的位置添加边线。

(8) 再次调整整个物体的形状，使其平滑一些，如图 5-44 所示。

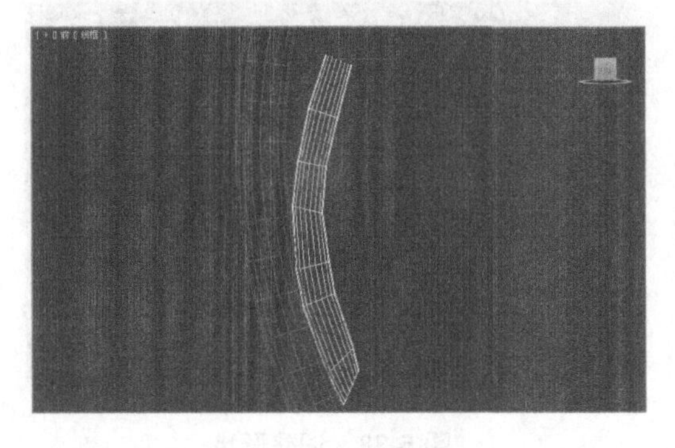

图 5-43　添加边线

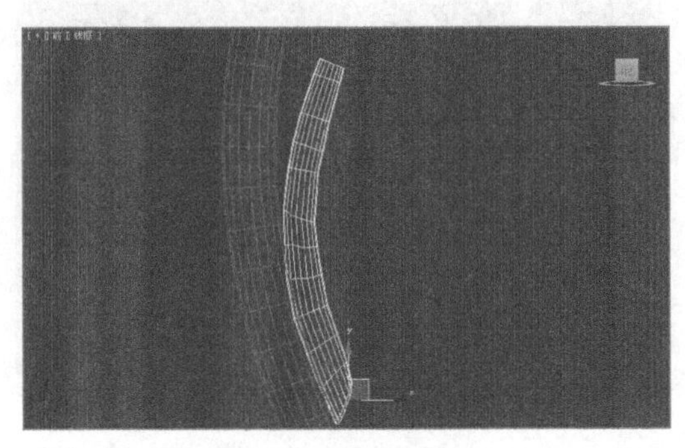

图 5-44　调整形状

(9) 使用线工具绘制一条如图 5-45 所示的曲线。

(10) 使用前面介绍的方法，将其转换为一个三维物体，如图 5-46 所示。

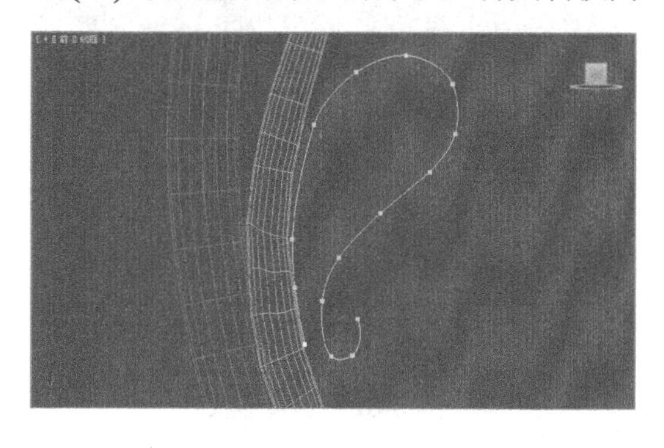

图 5-45　绘制曲线

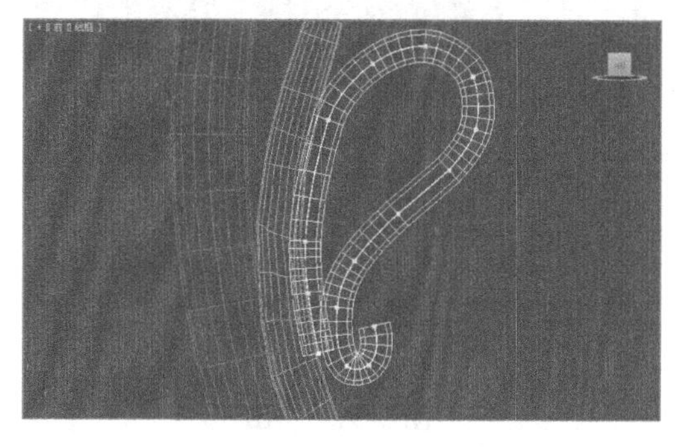

图 5-46　转换为三维物体

(11) 将其转换为可编辑多边形。选择边线，调整其大小，从而形成一个造型，如图 5-47 所示。

(12) 选择如图 5-48 所示的面，利用【编辑多边形】卷展栏中的倒角工具创建一个倒角。

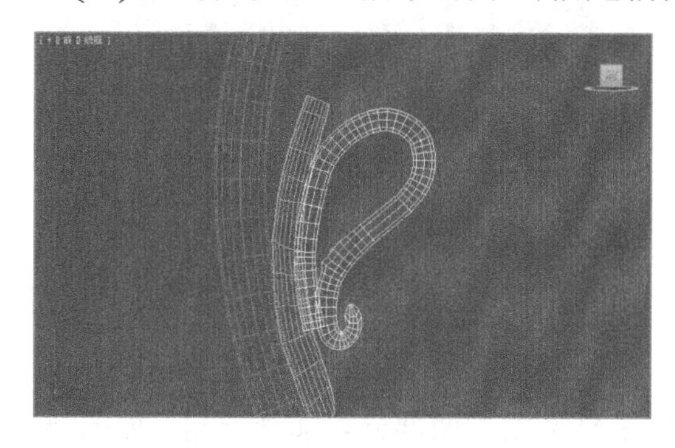

图 5-47　调整形状

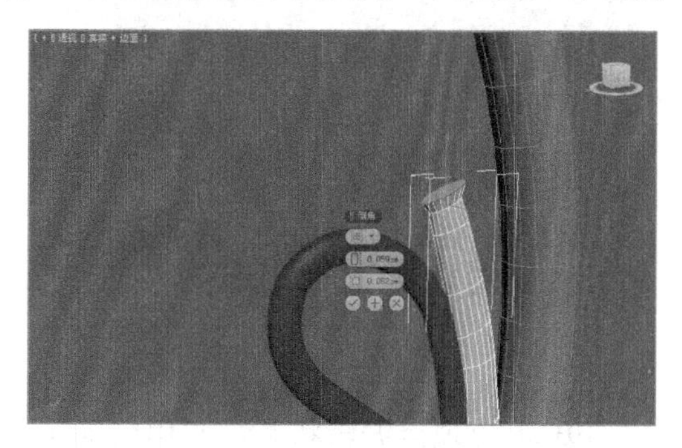

图 5-48　制作倒角

(13) 使用相同的方法，再次创建一个倒角，具体参数设置和效果如图 5-49 所示。

(14) 使用相同的方法，利用倒角工具创建出如图 5-50 所示的造型。

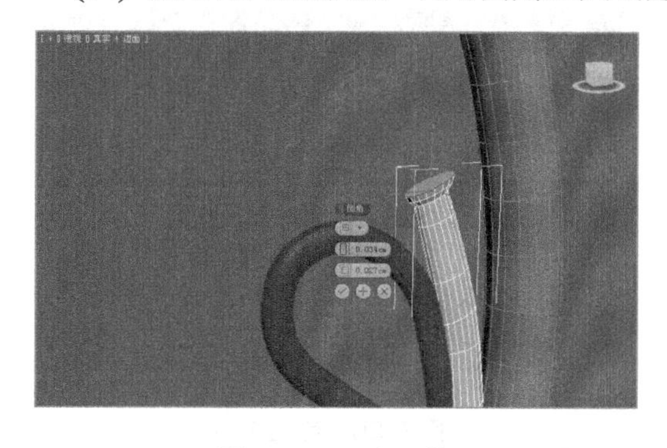

图 5-49　再次调整

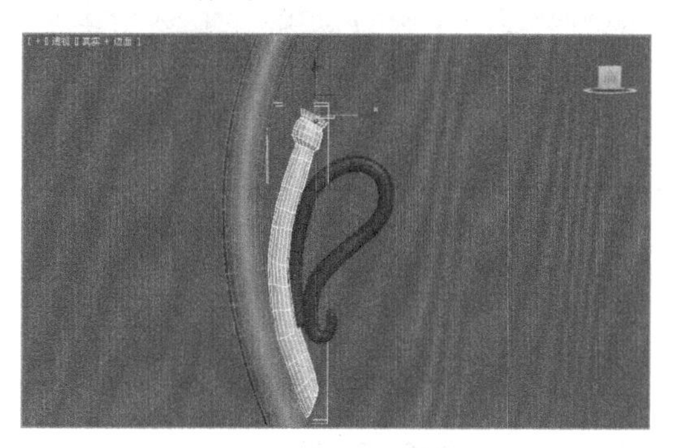

图 5-50　倒角效果

(15) 选择如图 5-51 所示的多边形，展开【编辑几何体】卷展栏，单击【挤出】按钮对模型进行挤出操作。

(16) 切换到边和顶点状态，调整各条边线和顶点的位置，如图 5-52 所示。

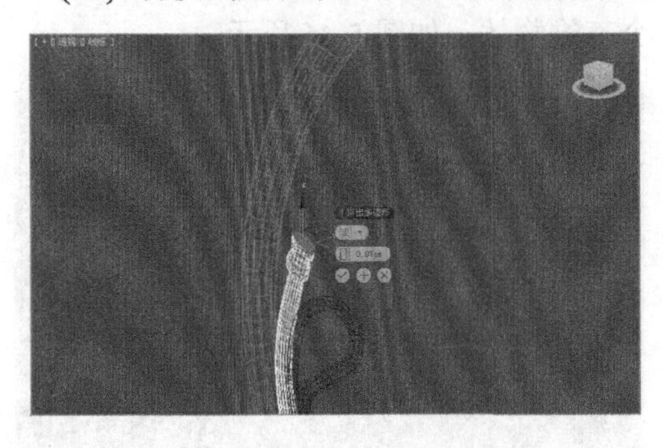

图 5-51 挤出

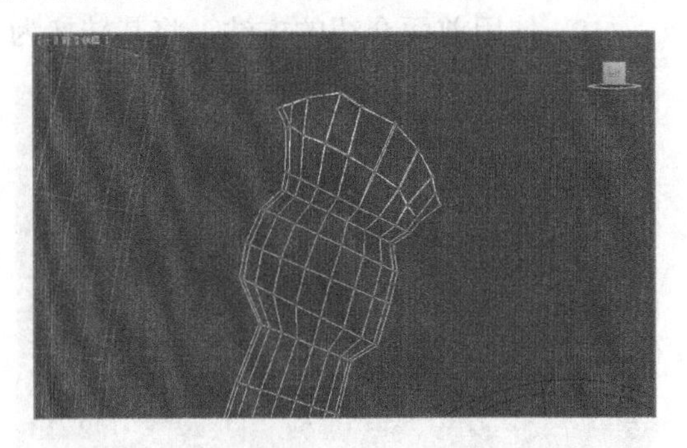

图 5-52 调整形状

(17) 再次执行挤出操作，并调整顶点位置，如图 5-53 所示。

(18) 使用相同的方法，利用挤出工具创建一个如图 5-54 所示的形状。

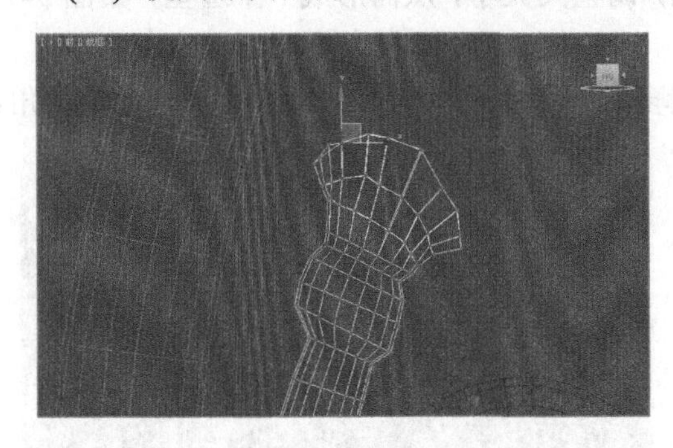

图 5-53 执行挤出

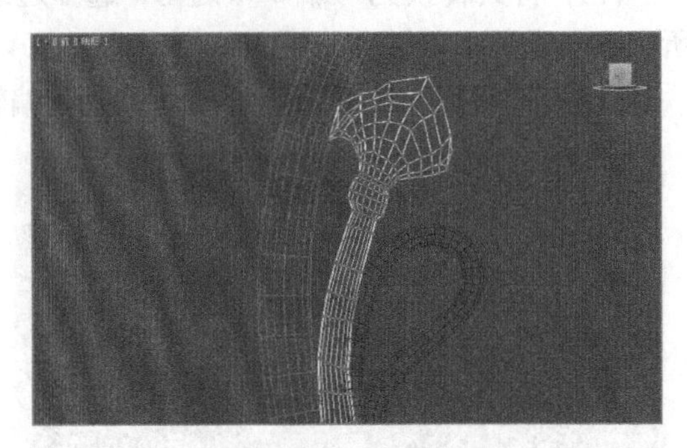

图 5-54 调整形状

(19) 退出顶点编辑状态，利用附加工具将装饰造型的两部分附加到一起，如图 5-55 所示。

(20) 选择装饰造型，切换到修改面板，选择修改器列表中的【网格平滑】命令，从而对其进行平滑，效果如图 5-56 所示。

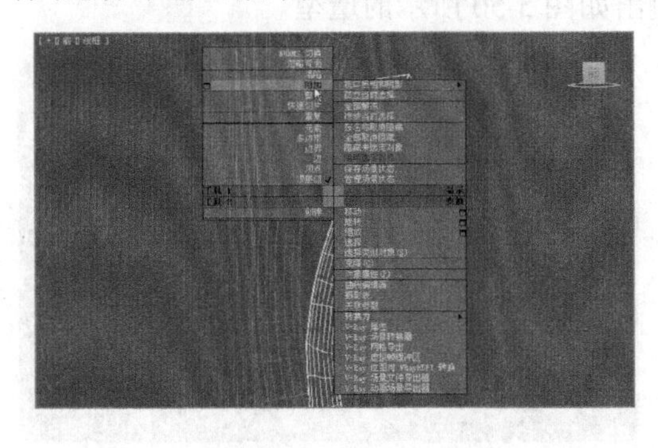

图 5-55 附加物体

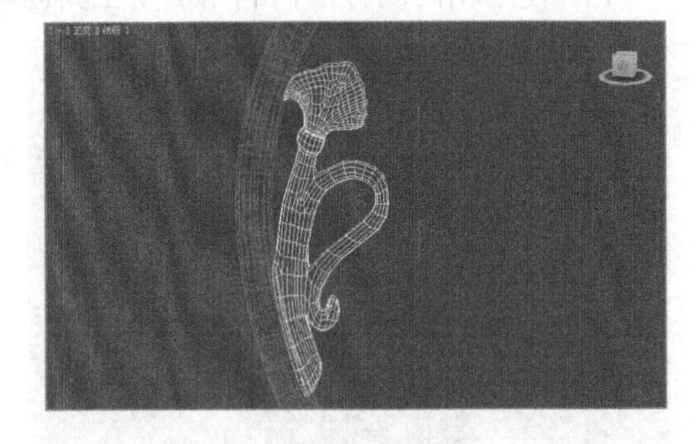

图 5-56 装饰造型

本小节是整个欧式台灯的难点，在制作的过程中需要读者耐心调整，并熟练配合多边形工具进行操作。在创建的过程中，要注意线的拓扑，如果拓扑被破坏，那么物体可能会变形。

4．制作灯头

(1) 利用线工具在前视图中绘制一条如图 5-57 所示的曲线，用于制作灯罩。

(2) 退出顶点编辑状态，为其添加【车削】修改器，并按照图 5-58 所示的参数修改其设置，从而创建出一个灯罩。

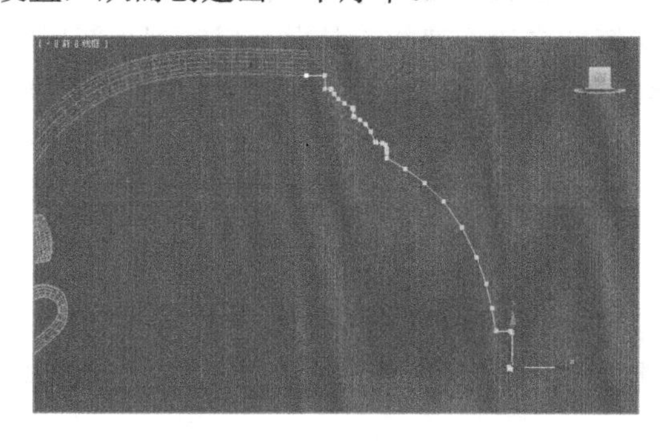

图 5-57　绘制曲线

图 5-58　灯罩

(3) 创建一个几何球体，将其调整到如图 5-59 所示的位置，作为灯罩和灯杆之间的连接。

(4) 到此，关于整个台灯效果就创建完成了，如图 5-60 所示。

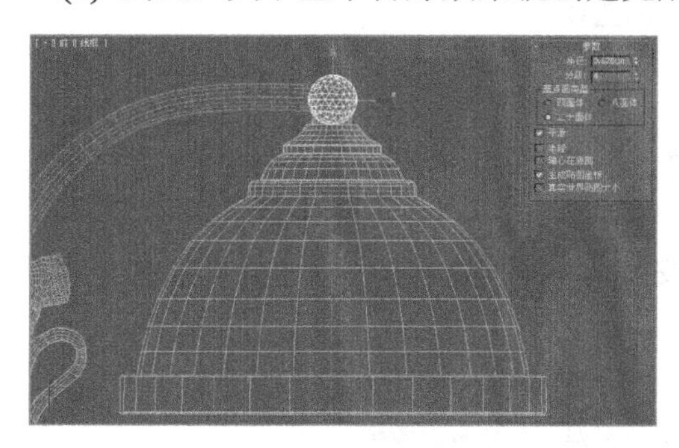

图 5-59　创建球体

图 5-60　台灯效果

(5) 最后，可以为制作的台灯模型添加贴图与灯光，并将其渲染出来，效果如图 5-61 所示。

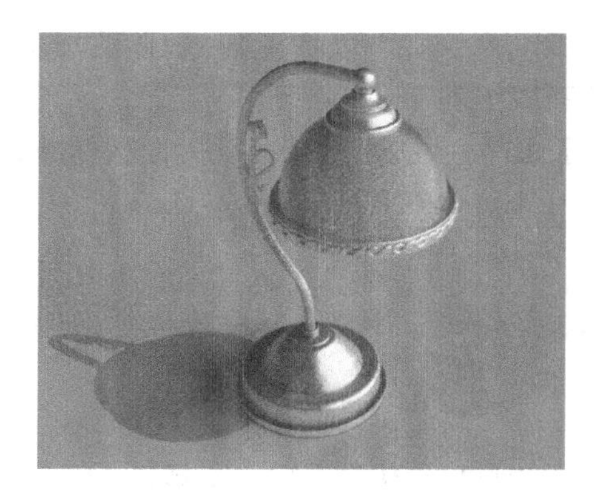

图 5-61　台灯

5.3　石墨建模工具

石墨工具起源于 PolyBoost，它是 Carl-Mikael Lagnecrantz 开发的 3ds Max 工具集，能快速有效地完成一系列多边形建模工作。石墨建模把多边形建模工具向上提升到全新层级。至少提供了 100 种新的工具，读者可以自由地设计和制作复杂的多边形模型。本节将带领读者认识 3ds Max 中的石墨建模工具。

5.3.1　认识石墨建模

石墨建模工具包含【Graphite(石墨)建模工具】、【自由形式】、【选择】和【对象绘制】4 个选项卡，如图 5-62 所示。每个选项卡都提供了很多工具，这些工具根据当前建模对象的需求自动显示。

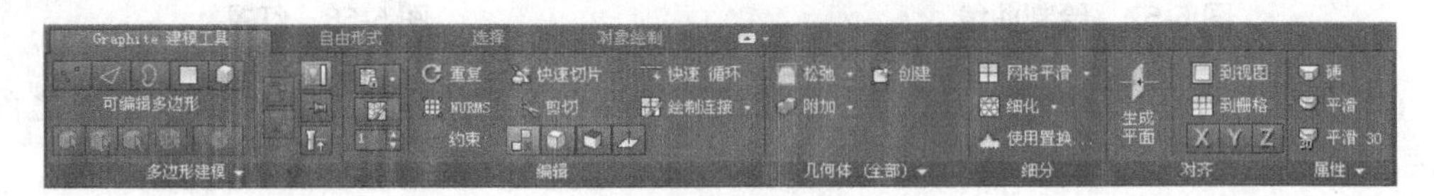

图 5-62　石墨工具

1. 打开石墨建模工具

当我们第一次启动 3ds Max 2012 时，石墨工具会自动出现在主工具栏的下方。要打开石墨建模工具，可按照下面的方法执行操作。

单击主工具栏上的【Graphite 建模工具】按钮，使其处于按下状态，即可打开石墨建模工具，如图 5-63 所示。

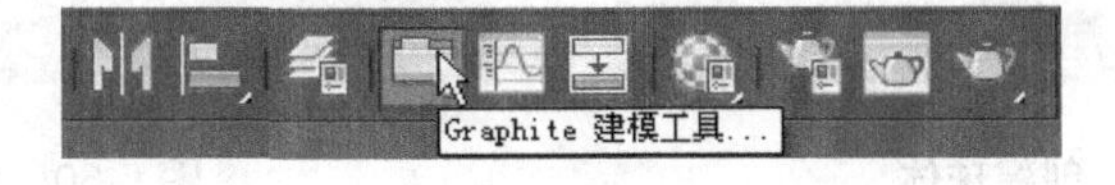

图 5-63　打开工具

2. 显示与隐藏

除了可以将石墨工具关闭以外，还可以将其隐藏。隐藏与显示石墨工具的方法如下。

【例 5-4】显示与隐藏石墨工具

(1) 在【石墨建模工具】工具栏中单击【最小化为面板标题】按钮，如图 5-64 所示。

图 5-64　单击最小化面板标题

(2) 此时，石墨建模工具栏将最小化为选项卡工具栏，所有的工具将被隐藏，如图 5-65 所示。

图 5-65　隐藏工具

(3) 如果需要显示石墨工具，再次单击【最小化为面板标题】按钮即可。

5.3.2　使用石墨工具——公共属性

【石墨建模工具】选项卡中提供了几乎所有与多边形建模相关联的工具，并按照不同的类别分别放置在不同的区域中，如图 5-66 所示。

图 5-66　分类放置

当我们在多边形对象中切换到不同的子层级时，【石墨建模工具】选项卡下的参数面板也将发生相应的变化。图 5-67 所示为分别切换到顶点、边、边界、多边形和元素级别时的建模工具选项卡。

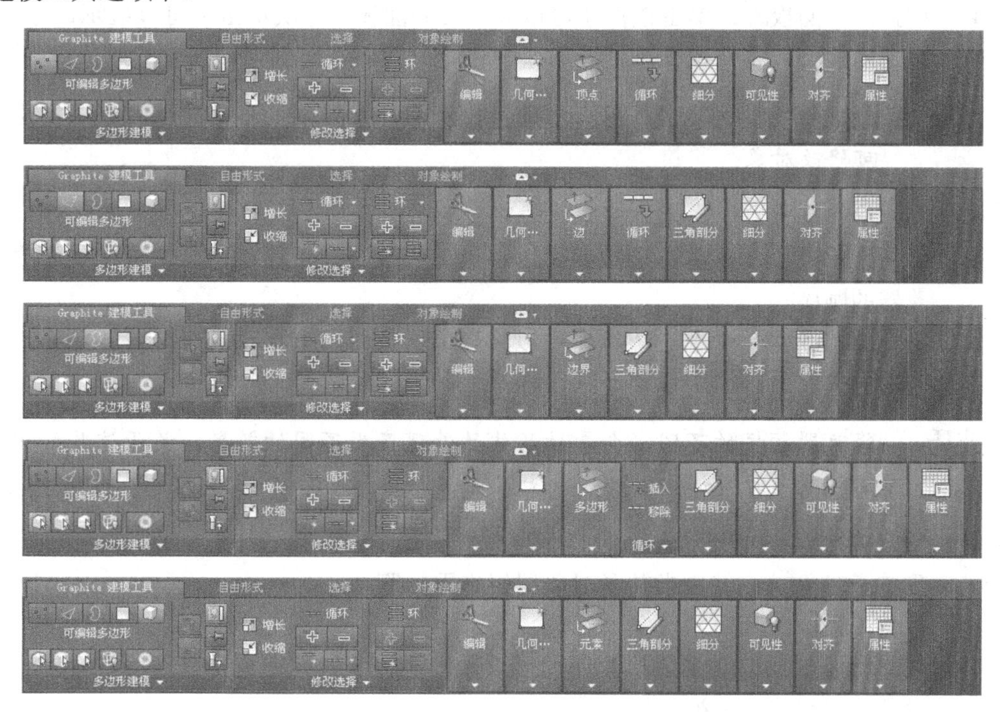

图 5-67　不同子层级状态下的石墨工具面板

本节将介绍石墨建模工具中的公共工具。

1．多边形建模

【多边形建模】面板中提供了用于切换子对象、修改器堆栈以及转换多边形的相关工具，如图 5-68 所示。

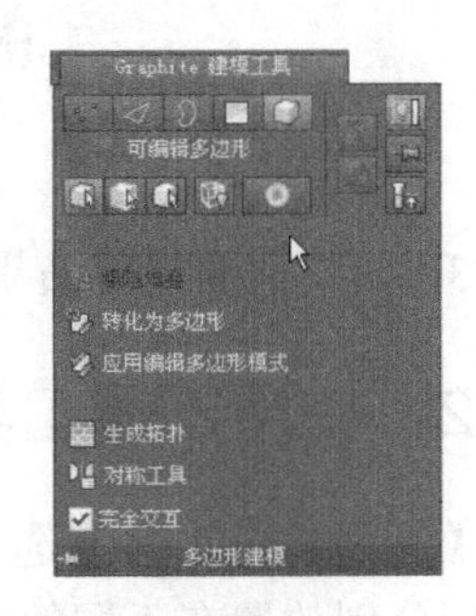

图 5-68　多边形建模面板

默认情况下，【多边形建模】面板中的工具仅仅显示一部分，我们可以单击多边形建模按钮显示所有多边形建模工具。

- 顶点：按下该按钮后，进入多边形的【顶点】级别，且整个石墨建模工具面板中将提供与编辑顶点相关的工具。
- 边：按下该按钮后，进入多边形的【边】级别，且整个石墨建模工具面板中将提供与编辑边相关的工具。
- 边界：按下该按钮后，进入多边形的【边界】级别，且整个石墨建模工具面板中将提供与编辑边界相关的工具。
- 多边形：按下该按钮后，进入多边形的【多边形】级别，且整个石墨建模工具面板中将提供与编辑多边形相关的工具。
- 元素：按下该按钮后，进入多边形的【元素】级别，且整个石墨建模工具面板中将提供与编辑元素相关的工具。
- 切换命令面板：单击该按钮可以关闭命令面板。再次单击则可以显示命令面板。
- 锁定堆栈：将修改器堆栈和石墨建模工具控件锁定到当前选定的对象。

技巧： 锁定堆栈工具非常适用于在保持已修改对象的堆栈不变的情况下变换为其他可修改对象。

- 显示最终结果：显示堆栈中修改完成的对象。
- 下一个修改器：单击该按钮可以将当前修改器向下移动一个位置，从而改变修改器的顺序。
- 上一个修改器：单击该按钮可以将当前修改器向上移动一个位置，从而改变修改器的顺序。

技巧： 修改器顺序的不同，会导致物体的外观产生不同的效果。关于这些知识在讲解修改器时就详细讲解过，大家可以翻阅前文温习一下。

- 预览关闭：关闭预览功能。
- 预览子对象：仅在当前子对象层级启用预览。
- 预览多个：开启预览多个对象。
- 忽略背面：忽略多边形背面的子对象。当按下该按钮后，处于当前视图背面的对象子层级将不再被选择。
- 使用软选择：单击该按钮，将在软选择和【软选择】面板之间进行切换。按下该按钮后，将会在石墨建模工具末端显示软选择面板，如图 5-69 所示。
- 塌陷堆栈：将选定对象的整个堆栈塌陷为可编辑多边形。
- 转换为多边形：将选择的对象转换为可编辑多边形，并直接进入编辑模式。

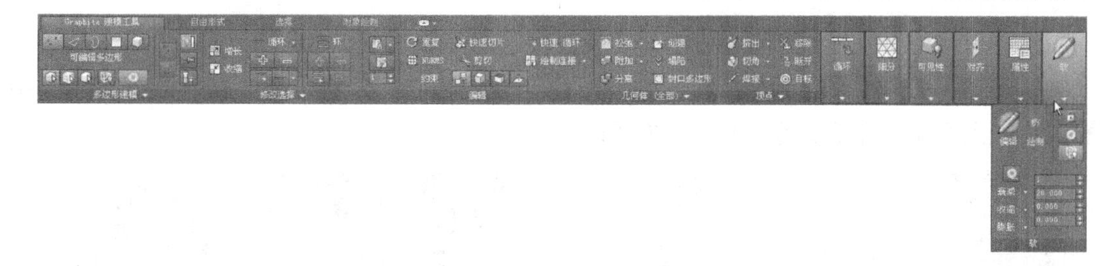

图 5-69　软选择

- 应用编辑多边形模式：对选择的多边形对象添加【可编辑多边形】修改器，并直接进入编辑模式。
- 生成拓扑：单击该按钮后，可以打开【拓扑】对话框。
- 对称工具：单击该按钮，可以打开【对称工具】对话框。
- 完全交互：用于切换快速切片工具和切割工具的反馈层级以及所有的设置对话框。

2. 修改选择

【修改选择】面板主要提供一些用于调整多边形子对象的工具，如图 5-70 所示。

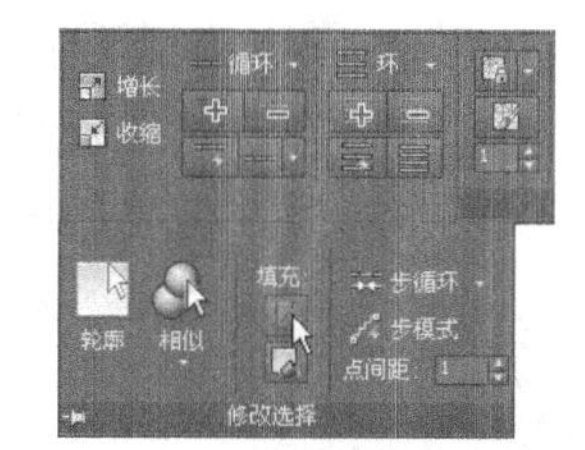

图 5-70　【修改选择】面板

- 增长：可以朝所有可用方向外侧扩展选择区域。
- 收缩：通过取消选择最外部的子对象来缩小子对象的选择区域。
- 循环：根据当前选择的子对象，来选择一个或者多个循环。
- 增长循环：以当前选择的元素为基点，向四周进行扩大选择，如图 5-71 所示。
- 收缩循环：其功能和上一按钮的功能相反，可以在当前选择的层级外层缩放，从而减少选择，如图 5-72 所示。

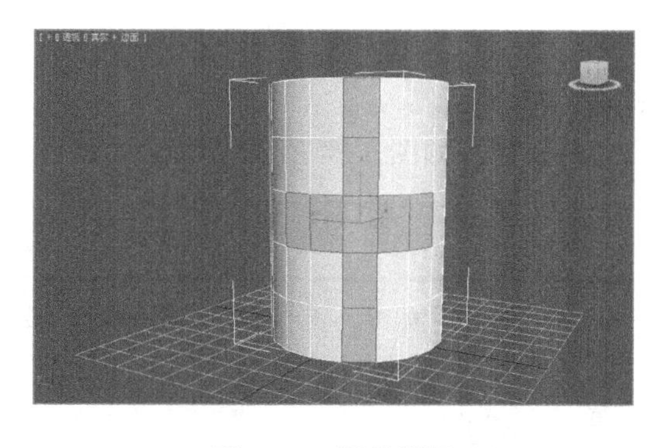

图 5-71　增长循环

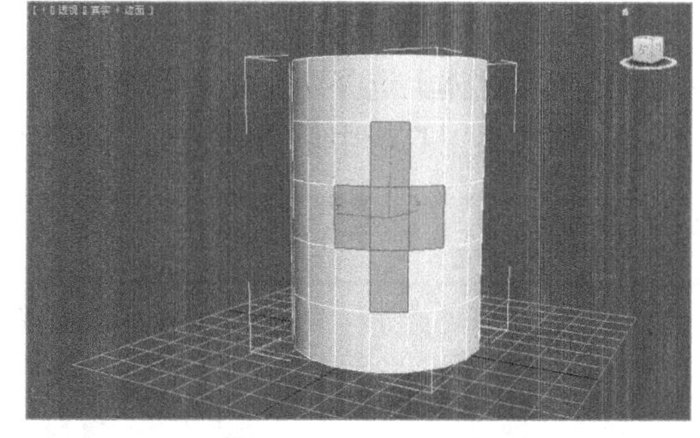

图 5-72　收缩循环

- 循环模式：按下该按钮后，可以启用循环模式。当用户选择相邻的两个子对象时，系统将自动选择与其相关的循环。

【例 5-5】自动选择循环多边形

(1) 创建一个圆柱体，并将其转换为多边形。

(2) 在石墨工具栏中按下□按钮，切换到多边形编辑层级，如图 5-73 所示。

(3) 按下▭按钮，激活循环模式。此时，在视图的右上角将出现“循环模式启用”字样，表示已经启用循环模式，如图 5-74 所示。

图 5-73　切换子对象

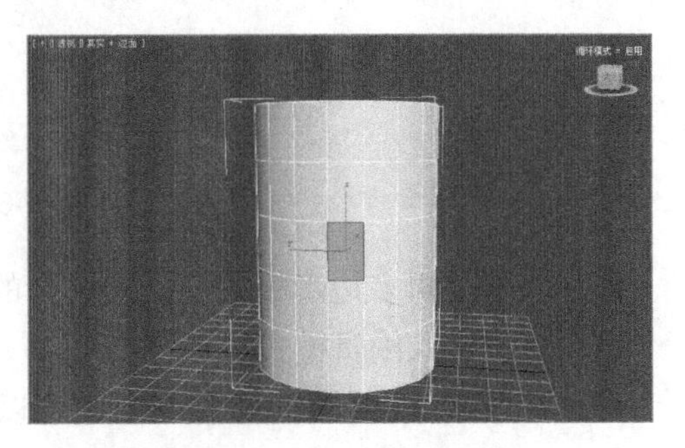

图 5-74　启用循环模式

(4) 在视图中选择两个相邻的多边形，系统将自动执行循环操作，如图 5-75 所示。

- 点循环▭：点循环其实也被称为“间隔循环”，可以每间隔一个子对象选择一个子对象，效果如图 5-76 所示。

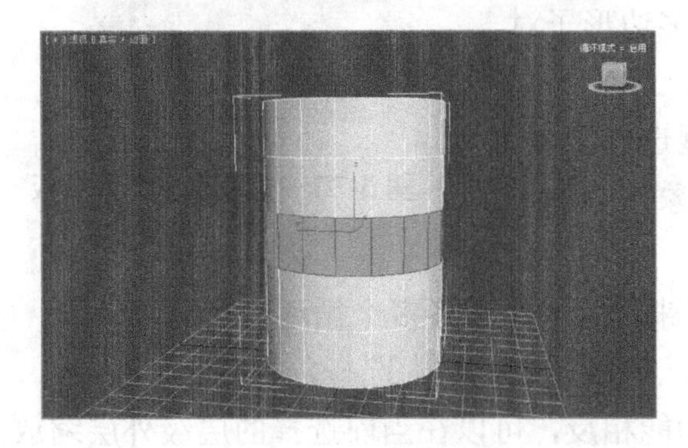

图 5-75　循环效果

图 5-76　间隔效果

【例 5-6】选择间隔多边形

(1) 在圆柱体上选择两个相邻的多边形，如图 5-77 所示。

(2) 在石墨工具栏中单击▭按钮，即可完成间隔操作，如图 5-78 所示。

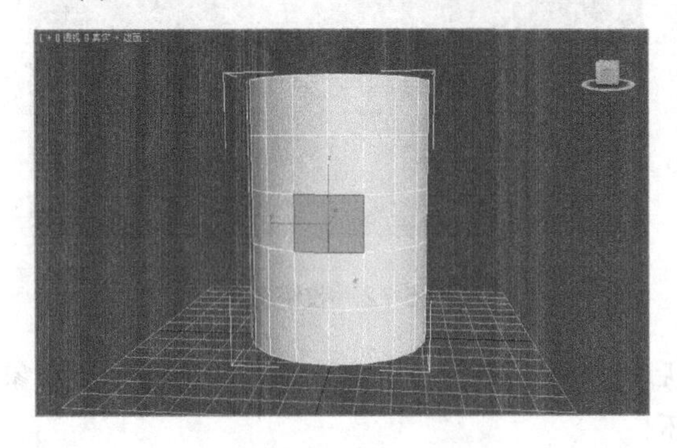

图 5-77　选择相邻多边形

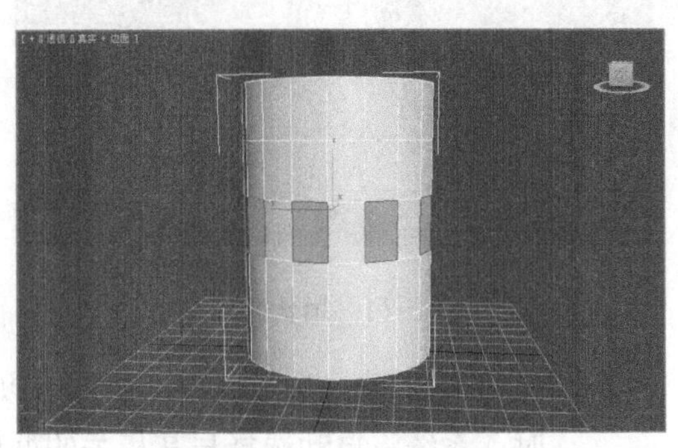

图 5-78　执行间隔循环

- 环![]：根据当前选择的子对象来选择一个或者多个环。
- 增长环![]：分布扩大一个或多个边环。该工具只能在【边】和【边界】子对象中才能使用。
- 收缩环![]：通过从末端移除边来减小选定边循环的范围。
- 环模式![]：当将该按钮按下时，系统将启动自动选择环模式。
- 点环![]：基于当前的选择，选择有间隔的边环，如图 5-79 所示。

3. 编辑

【编辑】面板中提供了用于修改多边形子对象的各种工具。图 5-80 所示为【编辑】面板，本节将对该面板展开介绍。

图 5-79　间隔环

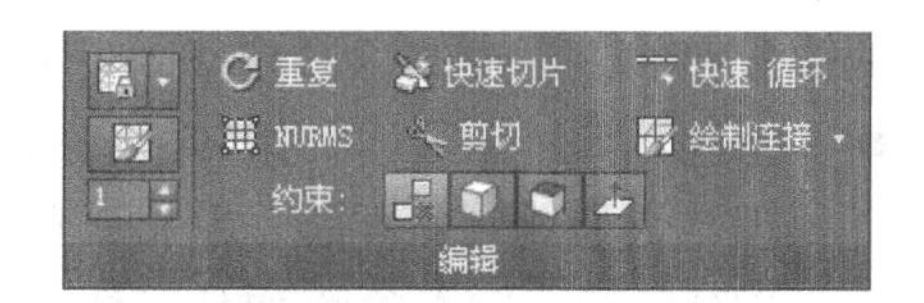

图 5-80　编辑面板

- 保留 UV![]：按下该按钮后，可以编辑子对象，而不影响对象的 UV 贴图，效果如图 5-81 所示。在图 5-81 中，左图为启用【保留 UV】前的效果，右图则为启用后的效果。
- 扭曲![]：通过拖动模型的顶点可直接在视图中调整模型上的 UVW 贴图，如图 5-82 所示。

图 5-81　保留 UV 效果的前后对比

图 5-82　调整 UVW 贴图

- 重复上一个![]：重复最近使用的命令。例如，挤出一个多边形后，如果要对几个其他多边形应用相同的挤出效果，则可以选择其他多边形，并单击该按钮。
- 使用 NURBS![]：对采用 NURBS 细分的对象应用平滑，其光滑原理和【网格平滑】、【涡轮平滑】修改器的原理相同。

- 快速切片：迅速对对象执行切片操作，且无须操作Gizmo。

注意： *在多边形和元素子对象层级，快速切片仅影响选定多边形。要对整个对象执行切片操作，需要在对象层级执行快速切片操作。*

- 剪切：创建一个多边形到另一个多边形的边，或在多边形内创建边。
- 快速循环：通过单击来放置边循环。单击该按钮后，在任意位置单击鼠标左键，即可插入边循环操作。继续单击左键可以执行插入操作，单击鼠标右键则可以结束当前操作。
- 绘制连接：单击该按钮后，可以以交互的方式绘制边和顶点的连接线。
- 约束：使用现有的几何体来约束子对象的变化，可以使用的几何体包括：约束到无、约束到边、约束到面和约束到法线。

4．几何体(全部)

【几何体(全部)】面板中提供了编辑几何体的相关工具，如图5-83所示。该面板中提供的工具和编辑多边形修改面板中的【编辑几何体】卷展栏提供的工具相似。下面给予简单介绍。

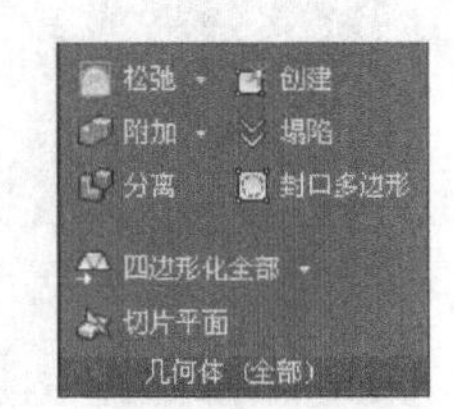

图5-83　几何体面板

- 松弛：通过朝着相邻区域的平均位置移动每个顶点，规格化当前网格间距，从而产生松弛效果。
- 创建：向对象添加几何体。
- 附加：用于将场景中的其他对象附加到选定的多边形对象。在讲解多边形时已经详细介绍过这个工具的功能。
- 塌陷：塌陷邻近的选定顶点或边的组，方法是将所选内容合并成一个顶点并置于每个组的选择中心位置。
- 分离：将选定的子对象和附加到子对象的多边形作为单独的对象或元素进行分离。
- 封口多边形：从顶点或边选择创建一个多边形。
- 四边形化全部：从整个对象移除边，以便将三角形转换为四边形。
- 切片平面：为切片平面创建Gizmo，且可以对它执行定位和旋转操作，从而指定切片位置。

5．循环

【循环】面板中提供的工具主要用来处理边的循环，如图5-84所示。本小节分别介绍这些工具的功能。

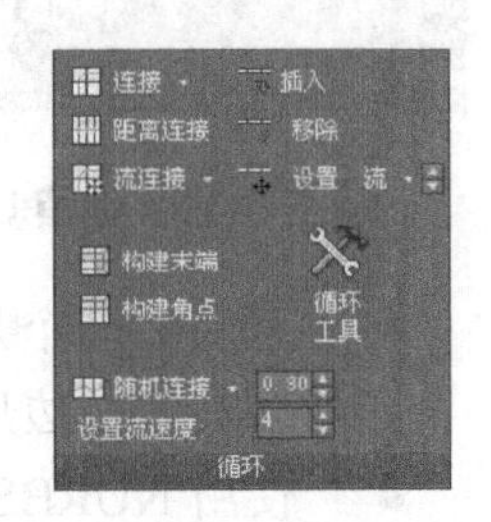

图5-84　【循环】面板

- 连接：在同一多边形中的每对选定边之间创建新边。要在两条边之间创建新边，可以在旋转两条边后，单击【连接】按钮。
- 插入循环：基于当前的选择，创建一个或多个边循环并选择结果。
- 距离连接：在选定的两条边线之间产生一条边线。

- 移除循环：将选择的边循环删除，并自动删除所有孤立顶点。
- 流连接：跨越一个或多个边环连接选定边，然后调整新循环的位置以适合周围网格的图形。
- 构建末端：在选择的边上构建一个末端造型，这个末端是以两个平行循环边为末端的四边形。

注意： 只有当正好两个平行循环终止于同一内部边的同一侧时，构建末端工具才有用。

- 构建角点：根据所选的边构建四边形角点，从而使边循环翻转。

6. 细分

【细分】面板所提供的工具主要用来增加网格数量，如图5-85所示。

图5-85 【细分】面板

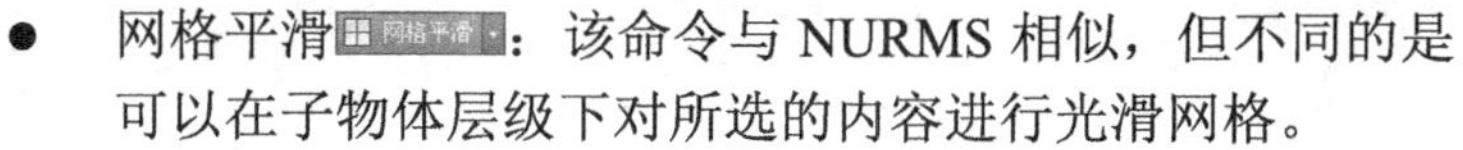

- 网格平滑：该命令与NURMS相似，但不同的是可以在子物体层级下对所选的内容进行光滑网格。

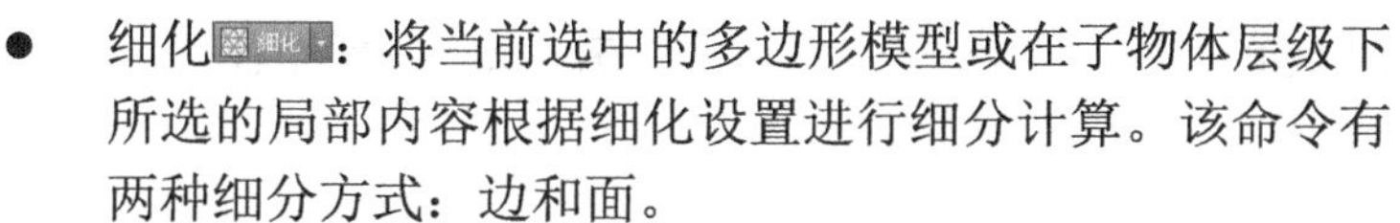

- 细化：将当前选中的多边形模型或在子物体层级下所选的局部内容根据细化设置进行细分计算。该命令有两种细分方式：边和面。
- 使用置换：启用时，可以使用在【细分预设】和【细分方法】组中指定的方法和设置，将多边形进行细分以精确地置换多边形对象。禁用时，如果移动现有的顶点，多边形将会发生位移。

7. 三角剖分

【三角剖分】面板中提供了用于将多边形细分为三角形的一些工具，如图5-86所示。

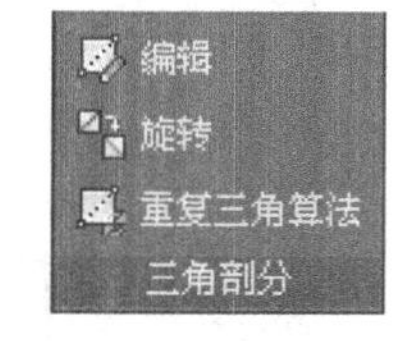

图5-86 【三角剖分】面板

- 编辑三角剖分：在修改内边或者三角线时，将多边形细分为三角形。
- 旋转：通过单击对角线将多边形细分为三角形。
- 重复三角算法：对当前选定的多边形自动执行最佳的三角剖分操作。

8. 对齐

【对齐】面板中提供了一些用于对多边形模型、多边形子层级进行压平的工具。这些工具同时也出现在【可编辑多边形】中。图5-87所示的是【对齐】面板。

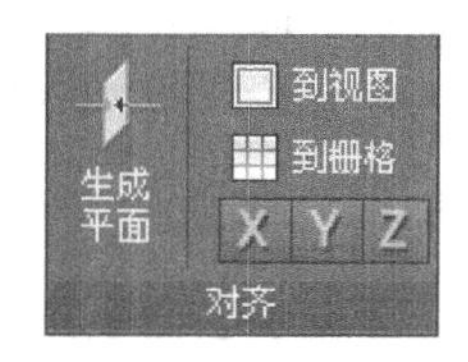

图5-87 【对齐】面板

- 平面化：将当前选中的多边形模型或在子物体层级下所选中的局部内容在原始的位置上进行法线的平均化，从而使所选的内容保持在一个平面上，如图5-88所示。图5-88中左图为执行平面化前的效果，右图则为执行平面化后的效果。
- 到视图：将当前所选中的多边形模型或在子物体层级下所选中的局部内容与当前激活的窗口进行保持平行平面化对齐。也就是说，将选中的内容与摄像机的显示角度成 90 度，如图 5-89 所示。

- 到栅格：将选中的多边形模型或在子物体层级下所选中的局部内容对齐到激活视图的栅格上。
- 对齐 X/Y/Z：将选中的多边形模型或在子物体层级下所选中的局部内容按 X/Y/Z 轴向上进行平面化。图 5-90 所示为按 Z 轴执行平面化。

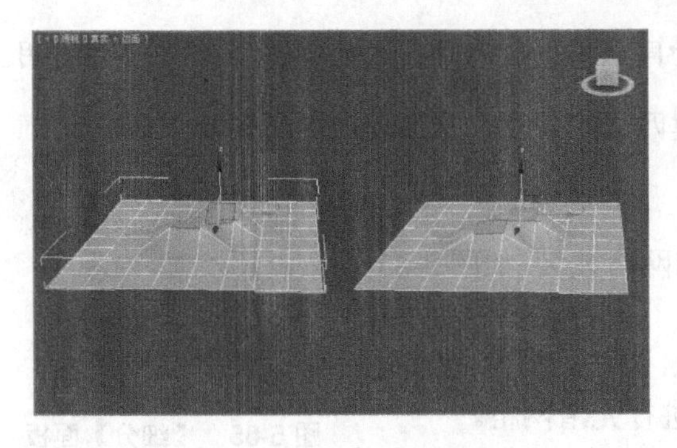

图 5-88　平面化效果

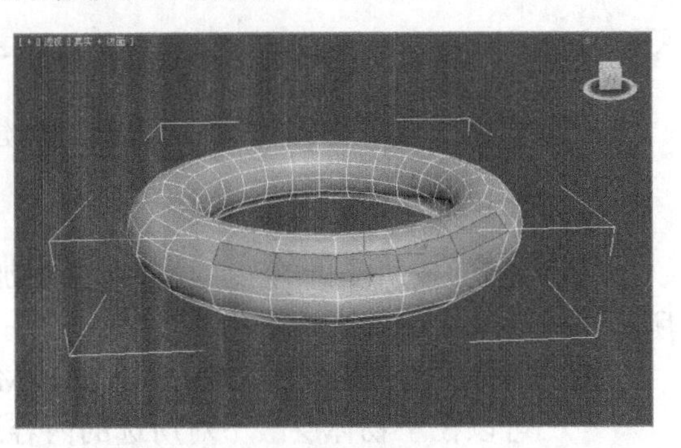

图 5-89　对齐到视图

9．可见性

【可见性】面板提供了一些用于隐藏和取消隐藏对象的工具，如图 5-91 所示。该面板类似于【显示】面板。

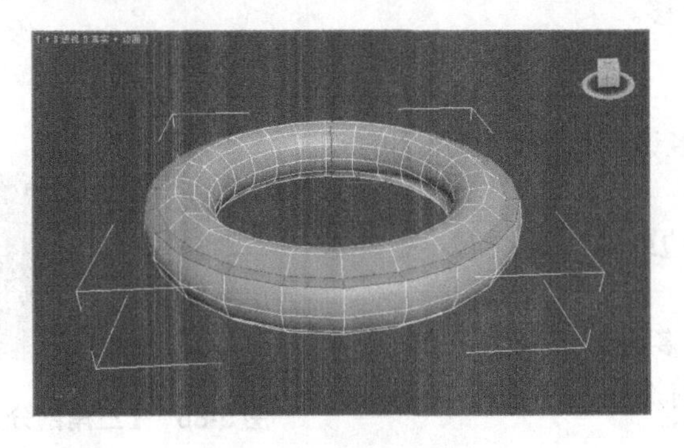

图 5-90　对齐到 Z 轴

隐藏选定对象
隐藏未选定对象
全部取消隐藏
可见性

图 5-91　【可见性】面板

- 隐藏选定对象：隐藏当前选定对象。
- 隐藏未选定对象：隐藏未选定对象。
- 全部取消隐藏：将隐藏的对象恢复为可见。

10．属性

【属性】面板主要用于调整多边形物体的网格平滑、顶点颜色和材质 ID 等属性，如图 5-92 所示。

该面板中的属性和可编辑多边形物体的工具相同，由于篇幅的限制，这里不再一一赘述。

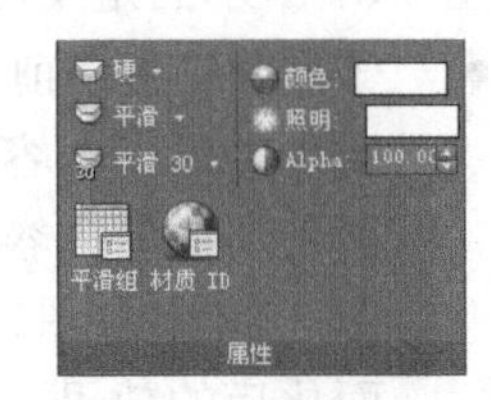

图 5-92　【属性】面板

到此为止，关于石墨建模工具的公共属性部分就全部介绍完毕。读者在使用的过程中如果对某个工具不太明白，可以将鼠标放到该工具上查看其功能以及示例。

5.3.3　使用石墨工具——独有属性

在石墨工具中，进入不同的子对象层级，其面板显示出来的工具也不同。本节将分别介绍在不同的子对象中，不同工具的功能。

1. 顶点

在【多边形建模】面板中按下按钮，即可在石墨建模工具栏中显示【顶点】子面板，如图 5-93 所示。该面板提供了编辑顶点所使用的工具。

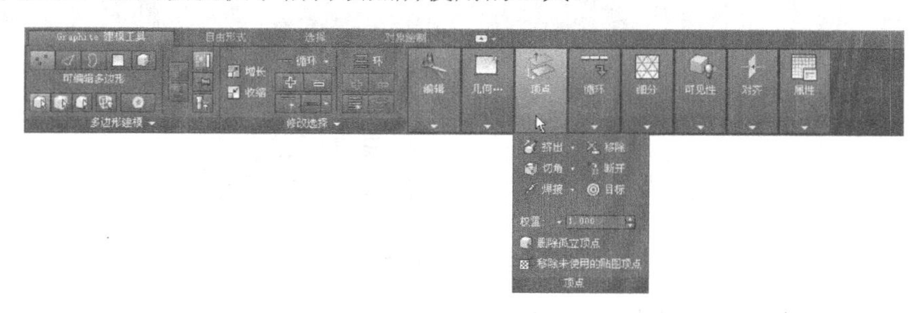

图 5-93　【顶点】子面板

- 挤出：使用该工具可以对选中的顶点执行挤出操作。如果要设置挤出的参数，则可以按住 Shift 键的同时单击该按钮。
- 切角：使用该工具可以对当前所选定的顶点执行切角操作。按住 Shift 键的同时单击该按钮可以打开其参数设置对话框。
- 焊接：对阈值范围内所选中的顶点执行合并，合并后所选中的顶点将变为一个顶点。
- 移除：单击该按钮可以将选中的顶点删除，且与顶点相关联的边也将被删除，如图 5-94 所示。
- 断开：将选中的顶点断开。从而使得每一个和该顶点相关联的多边形上都产生一个新顶点，使多边形的转角相互分开，如图 5-95 所示。

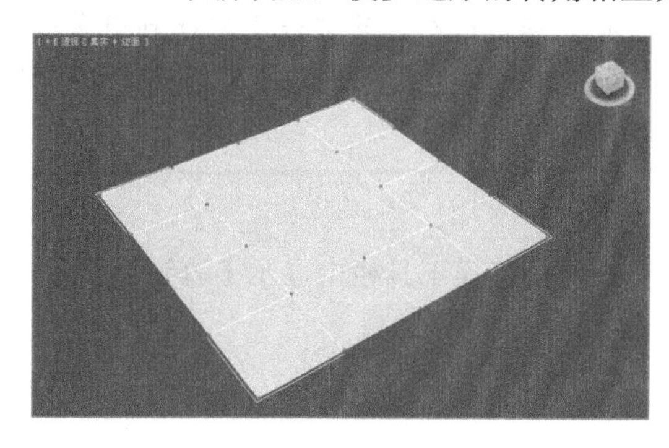

图 5-94　移除顶点

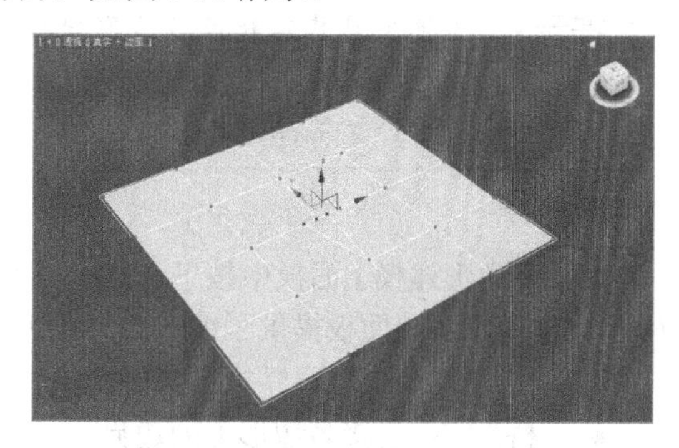

图 5-95　一个顶点断开为 4 个顶点

- 目标焊接：单击该按钮可以选择一个顶点，并将其焊接到相邻目标顶点。
- 权重：设置所选择的顶点的权重。

- 删除孤立顶点：删除不属于任何多边形的所有顶点。
- 移除未使用的贴图顶点：自动删除某些建模操作留下的未使用过的独立贴图顶点。

2. 边

在【多边形建模】面板按下按钮，即可在石墨建模工具栏中显示【边】子面板，如图 5-96 所示。该面板提供了编辑边所使用的工具。

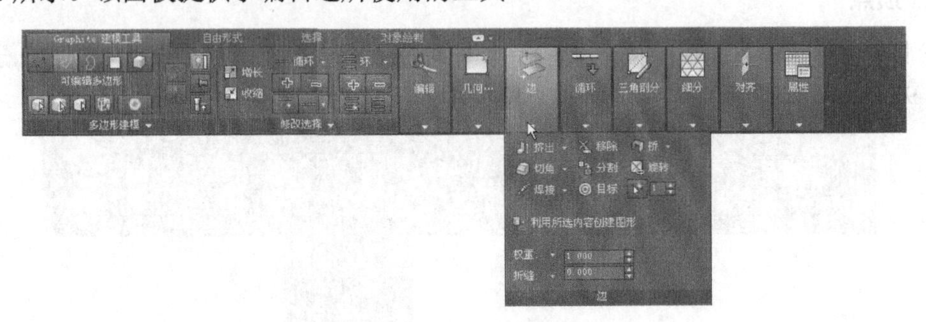

图 5-96 【边】子面板

- 挤出：对边执行挤出操作。
- 切角：对边执行切角操作。
- 焊接：对阈值范围内选中的边进行焊接。
- 桥：连接多边形对象的边。
- 移除边：删除选定的边。
- 分割：沿着选定的边分割网格。
- 目标焊接：将选中的边焊接到目标边上。
- 旋转：旋转多边形中的一个或者多个选定边，从而更改方向。
- 插入顶点：在选定的边上插入顶点。
- 权重：设置选定边的权重。
- 拆缝：对选定的边指定一个拆分量，从而将其拆开。

提示： 石墨工具其实就是多边形建模的优化，通过这个模块可以更好地利用多边形建模的操作。因此，大多数工具的功能其实和上文所介绍的多边形建模相同，这里就不再详细叙述。

3. 边界

在【多边形建模】面板中按下按钮，即可在石墨建模工具栏中显示【边界】子面板，如图 5-97 所示。该面板提供了编辑边界所使用的工具。

- 挤出：对边界执行挤出操作。
- 桥：连接多边形上的边界。
- 切角：对边界执行切角操作。
- 连接：在选定的边界之间创建新边。
- 利用所选内容创建图形：选择一个或者多个边界后，单击该按钮可以创建新图形。

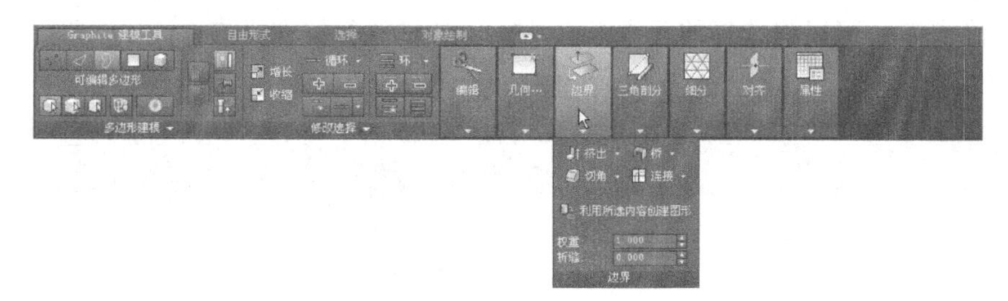

图 5-97　【边界】子面板

关于【权重】和【拆缝】两个选项的功能这里不再赘述，它们的功能可参考边的相关介绍。

4．多边形

在【多边形建模】面板中按下按钮，即可在石墨建模工具栏中显示【多边形】子面板，如图 5-98 所示。该面板提供了编辑多边形所使用的工具。

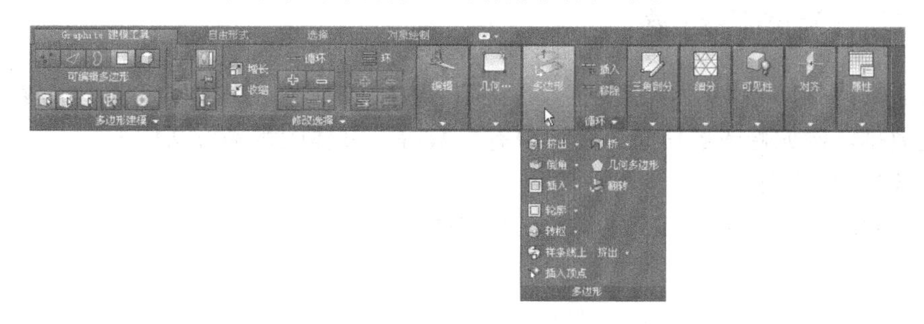

图 5-98　【多边形】子面板

- 挤出：对多边形执行挤出操作。
- 倒角：对多边形执行倒角操作。
- 桥：在选定的两个或者多个多边形之间产生连接。
- 几何多边形：解开多边形并对顶点进行组织，以形成完美的几何形状。
- 翻转：将选定的多边形的法线方向进行翻转。
- 插入：对多边形执行插入操作。
- 轮廓：可以在选定的多边形的外边产生一组连续的多边形。
- 转枢：对多边形进行旋转操作。
- 样条线上挤出：将选定多边形沿绘制的样条线挤出。
- 插入顶点：采用手动的形式在多边形上插入顶点，以细分多边形。

5．元素

在【多边形建模】面板中按下按钮，即可在石墨建模工具栏中显示【元素】子面板，如图 5-99 所示。该面板提供了编辑元素所使用的工具。

- 翻转：将选定的多边形的法线进行反转。

- 插入顶点：以手动的方式在多边形元素上插入顶点，从而将多边形细分。
- 镜像：可以将选择的元素沿 X、Y 和 Z 轴执行镜像操作。

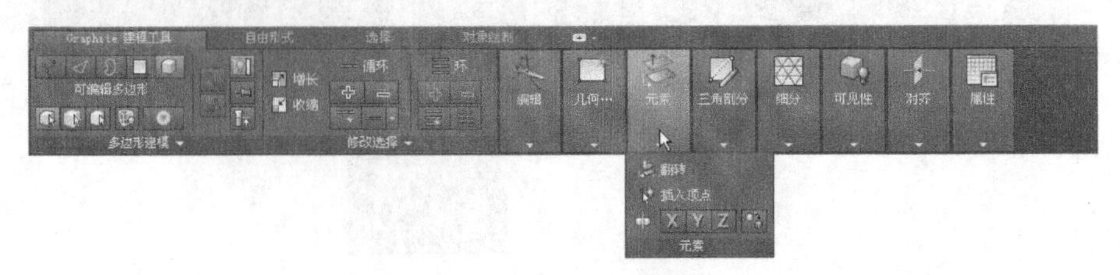

图 5-99 【元素】子面板

5.4 网 格 建 模

网格对象和多边形一样，也是一种高级建模工具。与多边形不同的是，模型的构建原理有些区别，至于生成方式以及操作几乎和多边形一样。下面介绍网格建模的使用方法。

5.4.1 塌陷为网格对象

将对象塌陷是转换网格对象最有效、最直接的方法。使用塌陷命令后，对象将丢失所有的创建数据，例如修改器信息、物体原有参数等。具体的塌陷方法如下。

【例 5-7】塌陷对象

(1) 打开随书光盘中的“05\塌陷.max”文件，这是一个关于餐具的小场景，如图 5-100 所示。

图 5-100 场景文件

(2) 选择花瓶物体，单击鼠标右键，在弹出的快捷菜单中选择【转换为】|【转换为可编辑网格】命令，如图 5-101 所示。

(3) 还可以使用另外的方法塌陷。在场景中选择葡萄，切换到修改面板，在修改器堆栈中的物体名称上单击鼠标右键，在弹出的快捷菜单中选择【塌陷全部】命令，如图 5-102 所示。

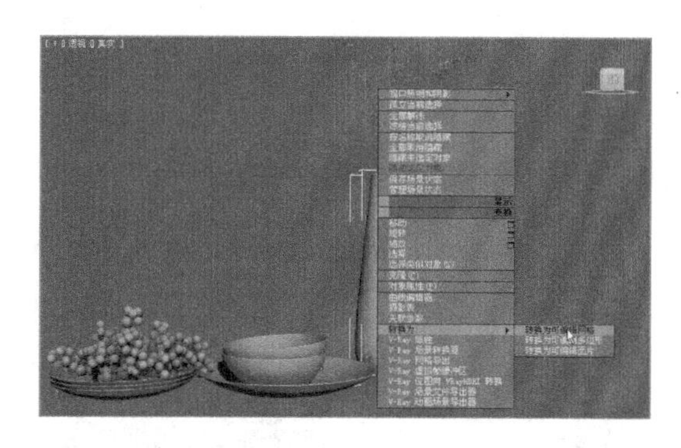

图 5-101　转换操作

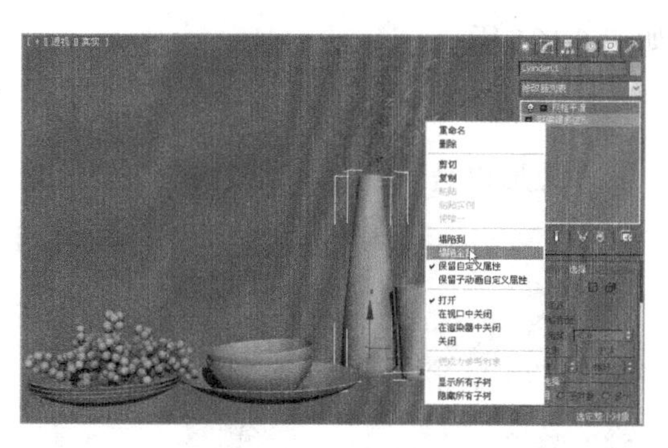

图 5-102　塌陷全部

5.4.2　物体子对象

网格对象包含 5 种子对象，分别是顶点、边、面、多边形和元素。读者可以切换到【修改】命令面板中进行观察，如图 5-103 所示。

图 5-103　5 种子对象

这 5 个子对象，分别对应模型上的 5 种不同元素。关于它们的简介如下。

1. 顶点

顶点是空间中的点，用于定义面的结构。当移动或编辑顶点时，它们形成的面也会受影响。顶点也可以独立存在，这些孤立顶点可以用来构建面，但在渲染时，它们是不可见的，如图 5-104 所示。

2. 边

边是一条可见或不可见的线，组成面的边并连接两个顶点。两个面可以共享一条边，如图 5-105 所示。

图 5-104　顶点

图 5-105　边

3. 面

面是最小的网格对象，可以是由三个顶点组成的三角形，或由四个顶点组成的四边面，如图 5-106 所示。

4. 多边形

多边形也是一种面，通常情况下，是以四边的形式表达的，如图 5-107 所示。

图 5-106　面

图 5-107　多边形

5. 元素

元素是多边形的集合，每一个由多边形构成的整体，可以当做一个元素来看待，如图 5-108 所示。

图 5-108　元素

5.4.3　公共属性简介

当我们选择一个网格对象，并切换到【修改】面板后，就可以对其进行编辑，这就需要用到它的修改参数。网格对象的修改参数分为两种，一种是公有参数，一种是专用参数。本节讲解公有参数。

1. 子对象选择工具

子对象选择工具，用来辅助用户快速选择网格对象的子对象。用户可以根据不同的情况来使用相应的命令。当我们选择了一个子对象层级后，即可激活该工具，如图 5-109 所示。

图 5-109　【选择】卷展栏

下面介绍【选择】卷展栏中的一些参数的功能。

- 按顶点：选中该复选框后，可以确定当单击一个顶点时，与该顶点相关联的子对象是否被选择。该功能仅作用于边、面、多边形和元素四个子对象层级。

提示： 当该复选框处于选中状态时，可以只通过单击顶点或者按区域选择子对象。

- 忽略背面：选中该复选框后，只能选择当前视图中能看到的子对象，而背面看不到的子对象将不再被选择。
- 忽略可见边：选中该复选框后，所有【平面阈值】设定范围内的面将被选择。【平面阈值】微调框的值越大，对边界转折度的要求也就越低，选择的范围就越大。
- 显示法线：选中该复选框后，可以显示出已经选择的面的法线，如图 5-110 所示。

图 5-110　显示法线

提示： 在 3ds Max 中，每个对象的面都拥有一个通过其中心，并垂直于面的法线。它决定了子对象在视图中的显示方向。

- 比例：该选项用于设置法线的长度。选中【显示法线】复选框后，该参数才有效。
- 删除孤立顶点：在启用状态下，删除被选择的子对象时，3ds Max 将消除所有孤立顶点。

提示： 孤立顶点是指没有与之相关的面几何体的顶点。例如，假如【删除孤立顶点】处于禁用状态，并且删除了四个多边形，所有围绕在单独中心点周围的顶点将仍然存在，但是中心点保持原有位置。

- 隐藏/全部取消隐藏：隐藏或者对已经隐藏的物体执行取消隐藏的操作。

2. 软选择

在可编辑样条线、可编辑网格、可编辑多边形，三种构建模型的方法中，都提供了【软选择】参数卷展栏，且其功能和含义完全相同。这里关于该卷展栏就不再详细介绍，读者可以翻阅第 2 章的相关知识点学习。

5.4.4 编辑几何体——公用工具

【编辑几何体】卷展栏实际上是一个集合。它集成了所有与点、边、面、多边形、元素相关的编辑工具。当我们选择了不同的子对象时，【编辑几何体】卷展栏会提供针对该子对象的工具。图 5-111 所示为【编辑几何体】卷展栏。

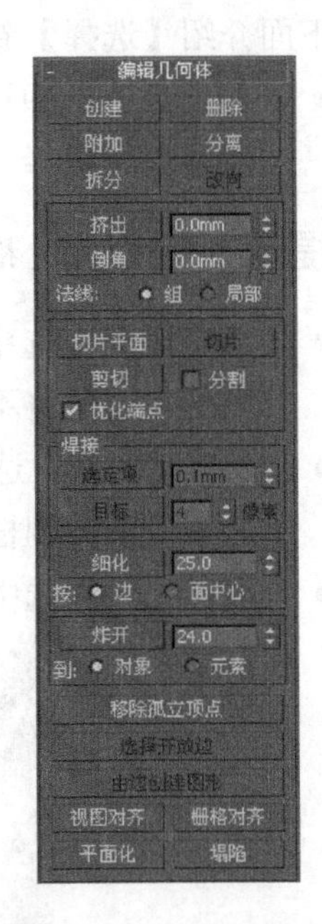

图 5-111　编辑几何体

下面分别介绍在不同子对象中经常使用的一些工具，以及它们的使用方法。

1. 创建

该命令可以在除“边”子对象外的其他子对象上建立新的顶点、面、多边形和元素。

【例 5-8】缝补破面

(1) 打开随书光盘中的“05\缝补破面.max”文件，如图 5-112 所示。

(2) 将视图显示方式设置为“边面”，从而可以方便地显示边面，如图 5-113 所示。

图 5-112　打开文件

图 5-113　显示边面

(3) 切换到修改面板，展开【可编辑网格】选项，选择【多边形】选项，如图 5-114 所示。

(4) 展开【编辑几何体】卷展栏，按下其中的【创建】按钮，如图 5-115 所示。

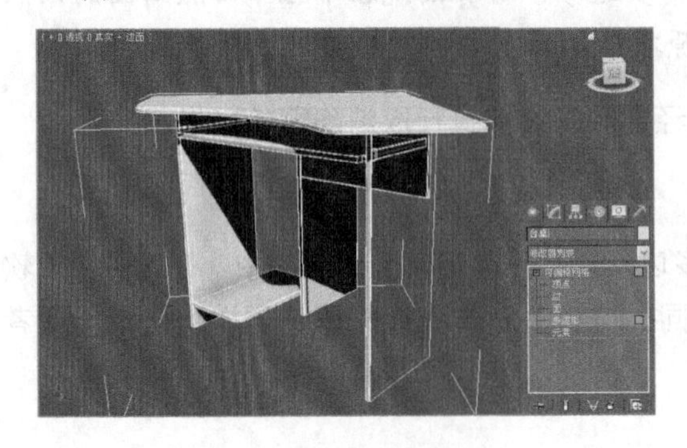

图 5-114　选择子对象

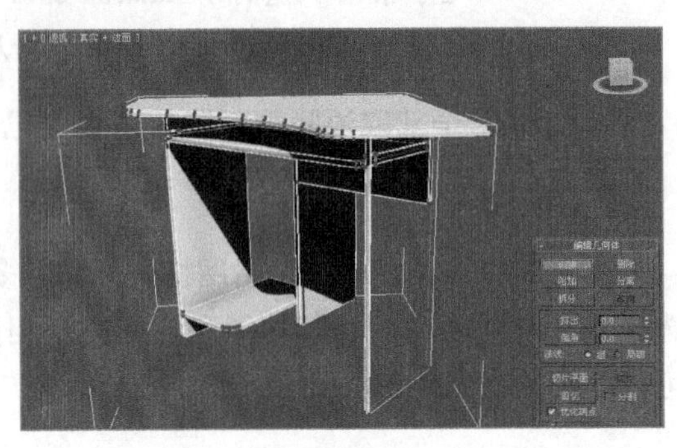

图 5-115　激活创建工具

(5) 在视图中依次拾取四条边线，即可创建出一个平面，如图 5-116 所示。

2. 附加

【附加】命令可以将场景中的另一个对象附加到选定的网格对象，被附加的对象如果不是网格对象，将自动转换为网格对象。

【例 5-9】附加果盘

(1) 打开随书光盘中的“05\附加果盘.max”文件，如图 5-117 所示。现在我们需要将场景中的所有葡萄物体附加为一个网格对象。

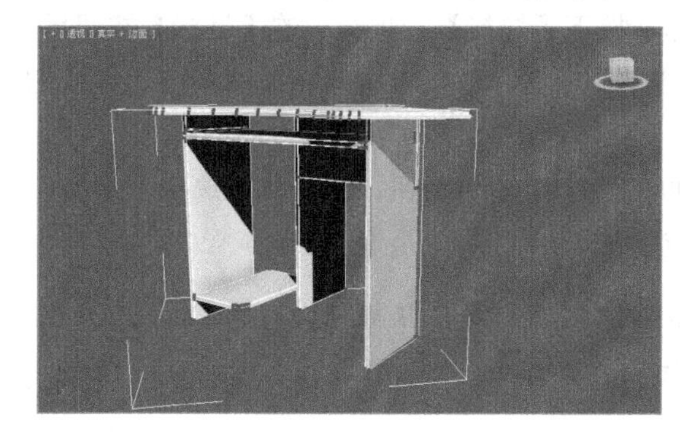

图 5-116　创建面

图 5-117　打开物体

(2) 在场景中选择一串葡萄，展开【编辑几何体】卷展栏，并激活其中的【附加】工具，如图 5-118 所示。

(3) 在视图中单击其他葡萄对象，即可将其附加到一起，如图 5-119 所示。附加操作执行完成后，可以单击鼠标右键结束操作，否则附加操作将持续进行。

注意： 如果被附加的对象自身拥有材质，那么将会弹出图 5-119 所示的对话框确认修改材质 ID。如果被附加对象自身没有材质，那么将直接执行附加操作。

3. 删除

删除选定的子对象以及附加在上面的任何面。

图 5-118　激活附加工具

图 5-119　执行附加

5.4.5 编辑几何体——编辑顶点

当我们进入【顶点】子对象后，【编辑几何体】卷展栏中将显示与顶点相关的编辑工具。关于它们的功能介绍如下。

- 切角：单击该按钮后，系统将根据其右侧的微调框提供的数值，在所选择的顶点位置创建倒角，如图 5-120 所示。
- 断开：将选择的顶点断开为多个顶点。
- 目标焊接：对两个顶点执行焊接操作。按下【焊接】选项组中的【目标】按钮后，选择需要焊接的顶点并将其拖动到目标顶点上，可以将这两个顶点焊接。焊接的范围值由【像素】参数决定。
- 选定项焊接：在【焊接】选项组中单击【选定项】按钮，可以执行选定项焊接。此时，所有包含在指定范围内的顶点将被焊接。

注意： 在使用选定项焊接方式执行焊接操作时，如果焊接操作没有响应，最大的可能是因为【选定项】所指定的数值太小。可以适当提高该数值后，再执行焊接操作。

- 切片平面：单击该按钮，将会在物体上出现一个调控框，如图 5-121 所示，可以任意移动或者旋转该框。设置完成后单击【切片】按钮，会沿该调控框所在平面添加顶点。

图 5-120 生成切角

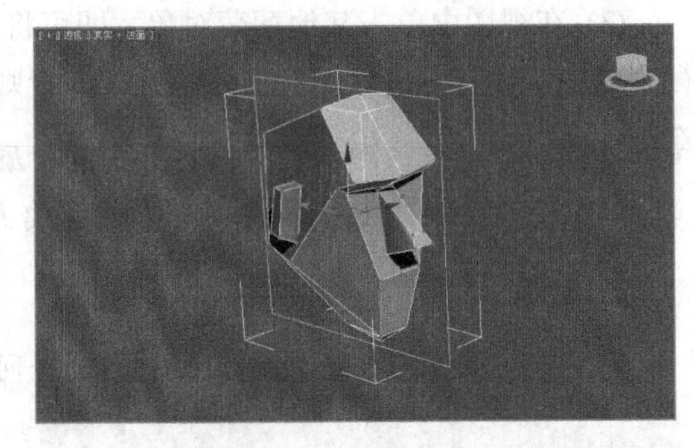

图 5-121 切片平面

- 视图对齐：该工具可以沿当前视图所在的平面，将所选子对象塌陷为一个平面，如图 5-122 所示。
- 平面化：将选择的子对象，沿 X、Y 轴塌陷为一个平面。
- 塌陷：单击该按钮，可以对所选择的顶点执行塌陷操作，塌陷后的顶点将被合并为一个顶点，如图 5-123 所示。

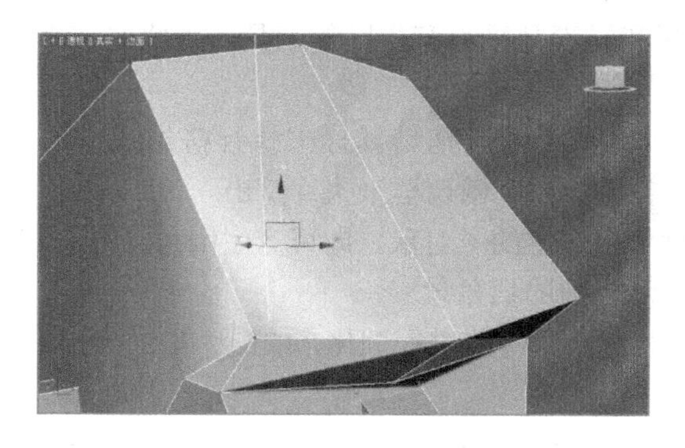

图 5-122　视图对齐效果

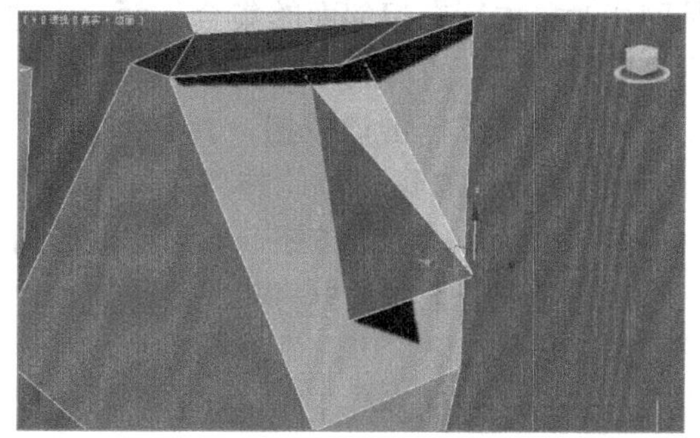

图 5-123　塌陷顶点

5.4.6　编辑几何体——编辑边

进入网格对象的【边】子对象后，在【编辑几何体】卷展栏中将显示与其相关的编辑工具。所谓的边，是指两个顶点之间的连接直线。图 5-124 所示为进入【边】子对象后的【编辑几何体】卷展栏。

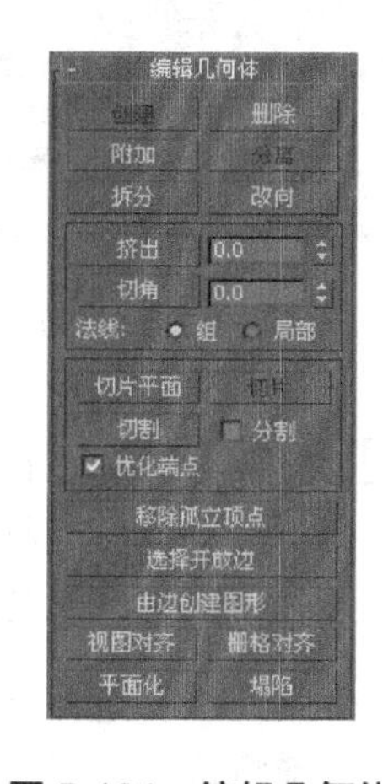

图 5-124　编辑几何体

本节只介绍与边相关的命令，且在上文中已经讲解过的命令，将不再重复讲解。

- 移除孤立顶点：将网格物体上孤立的顶点移除。所谓孤立顶点是指没有边线经过的点。
- 选择开放边：单击该按钮，可以快速查找到网格物体上的开放边，并可以在多个开放边之间切换，如图 5-125 所示。
- 由边创建图形：该工具可以将当前选择的边界分离为样条曲线，如图 5-126 所示。

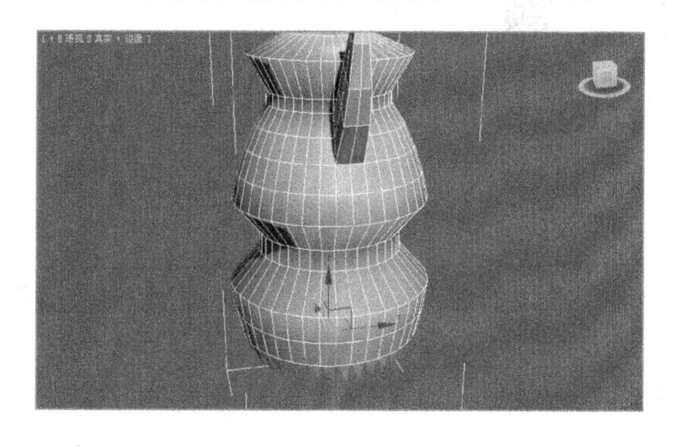

图 5-125　选择开放边

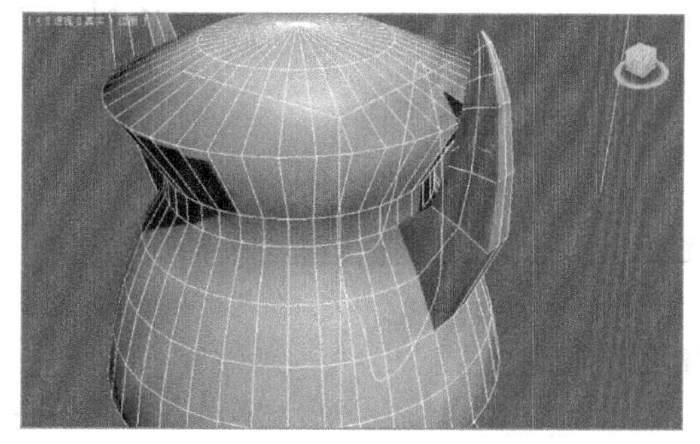

图 5-126　由边创建图形

5.4.7　编辑几何体——面、多边形和元素

在网格对象中，面是最小的网格对象，一个最小的多边形是由两个面组成的，元素则

是网格对象中所有相邻面的集合。面、多边形和元素几乎具有相同的工具，为此本节将集中介绍这些工具的功能。

- 挤出：单击该按钮，然后在选择的子对象上通过拖动鼠标来执行挤出操作，如图 5-127 所示。此外，还可以通过调整【挤出】微调框来执行挤出。
- 倒角：单击该按钮，然后拖动活动对象中选定的子对象，即可产生倒角。拖动时，【倒角】微调框将相应地更新，以指示当前的切角量。
- 细化：根据边、面中心和张力的设置对选定子对象进行细化，如图 5-128 所示。单击【细化】按钮即可执行细化操作。

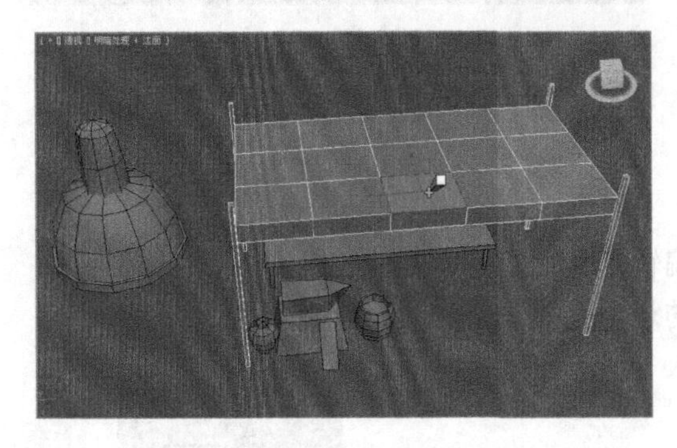

图 5-127　挤出

图 5-128　细化效果

提示： 当【细化】为 0 时，细化的面与原面保持平行状态；当取值大于 0，将会从原平面向外拉动顶点，从而产生凸面效果，取值越大就越明显；当取值为负时，细化出来的顶点将向内收缩。

- 炸开：将选定的子对象从网格物体上脱离出来，并按照【炸开】微调框指定的数量将这些子对象分离。

5.5 习　　题

1. 填空题

1. 在多变形建模中包含了 5 个子层级，分别是__________、边界、边界、多边形和元素等。

2. __________卷展栏中提供了进入各次对象模式的按钮，同时也提供了一些便于选择次对象的工具。

3. __________和删除不同，当我们将场景中的某种元素移除后，如果是删除元素，则模型表面会产生破洞。

4. 多边形建模中的__________工具用来控制被选择边的褶皱程度。当数值较低时，褶皱较小，几乎看不出来，当数值较大时，将会出现明显的褶皱。

5. __________建模工具包含【Graphite 建模工具】、【自由形式】、【选择】和【对象绘制】4 个选项卡。

2. 选择题

1. 石墨建模工具选项卡中几乎提供了所有与__________建模相关联的工具。

A. 修改器建模　　B. 放样建模　　C. 多边形建模　　D. 网格建模

2. 按下按钮后，进入多边形的__________级别，且整个石墨建模工具面板中将提供与编辑该层级相关的工具。

A. 顶点　　B. 边　　C. 边界　　D. 多边形

3. 按下按钮后，进入多边形的__________级别，且整个石墨建模工具面板中将提供与编辑该层级相关的工具。

A. 顶点　　B. 边　　C. 边界　　D. 多边形

4. 网格对象包含 5 种子对象，分别是顶点、边、__________、多边形和元素。

A. 边界　　B. 面　　C. 节点　　D. 法线

5. 在网格对象中，__________是最小的网格对象。

A. 顶点　　B. 边　　C. 面　　D. 多边形

3. 问答题

1. 如何将物体转换为多边形物体。
2. 石墨工具的功能是什么？它可以用在网格建模中吗？为什么？
3. 网格建模和多边形建模有什么区别？

第6章 灯光系统

在3ds max中，照明方案关系到整个场景的灯光、阴影，起着举足轻重的作用。好的照明方案可以将场景效果表现得淋漓尽致，而有缺陷的方案则会让场景大打折扣。除此之外，灯光还可以表现特殊的环境气氛，如雾、体积光以及火焰等。照明方案的设计主要依赖于灯光系统，那么就需要我们对3ds Max的灯光十分了解，且熟悉每种灯光的功能。

本章将向读者介绍3ds Max 2012中常见的几种灯光，包括其功能、参数以及典型灯光的应用方法。

6.1 灯光概述

3ds Max是一个三维软件，其系统和真实世界相同。试想一下，在一个没有灯光的世界中，万物应该是什么样子？即使拥有再精美的模型、真实的材质以及完美的动画效果，一切都是枉然。

在3ds Max中，灯光的作用很重要。它提供了一个完整的整体氛围，展现出了实体的外观，营造空间的氛围，如图6-1所示。

图6-1 灯光表现出来的展示实体

灯光可以为画面着色，从而塑造空间，而且可以表现出很强的逻辑层次和时间感，如图6-2所示。

图 6-2　灯光表现出来的时间感

灯光还可以让人集中注意力，将需要表现的主体突出出来，如图 6-3 所示。

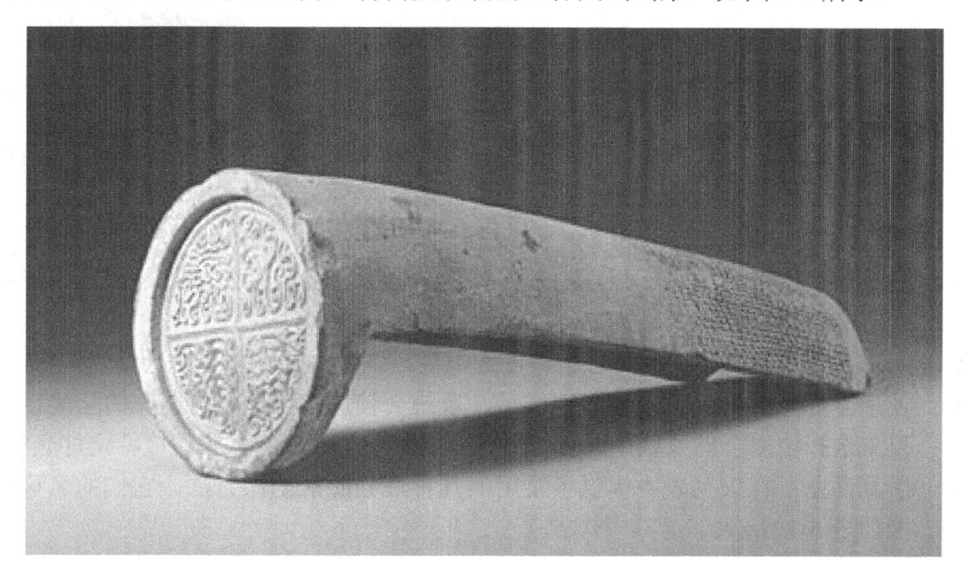

图 6-3　突出主体

3ds Max 中的灯光包括标准灯光类型和光度学灯光类型。本章将分别介绍它们的功能以及常用参数的含义。

6.2　标准灯光类型

标准灯光类型包括 8 种基本类型，分别是目标聚光灯、自由聚光灯、目标平行光、自由平行光、泛光灯、天光、mr 区域泛光灯和 mr 区域聚光灯。在创建面板中单击按钮，然后在下拉列表框中选择【标准】选项，即可打开【标准灯光】对象卷展栏。

6.2.1 目标聚光灯

目标聚光灯是以目标点为基准来聚集光束，目标点可以自由移动去寻找被照射的目标对象。被照射区域以外的对象不会受灯光的影响。目标聚光灯的优点在于，它由投射点和目标点组成，其方向性比较好，对阴影的塑造能力特别强，如图 6-4 所示。

1. 【常规参数】卷展栏

该参数卷展栏是灯光的基本卷展栏，它主要用于控制是否使用灯光，更改灯光类型，以及是否启用阴影等。图 6-5 所示为【常规参数】卷展栏。

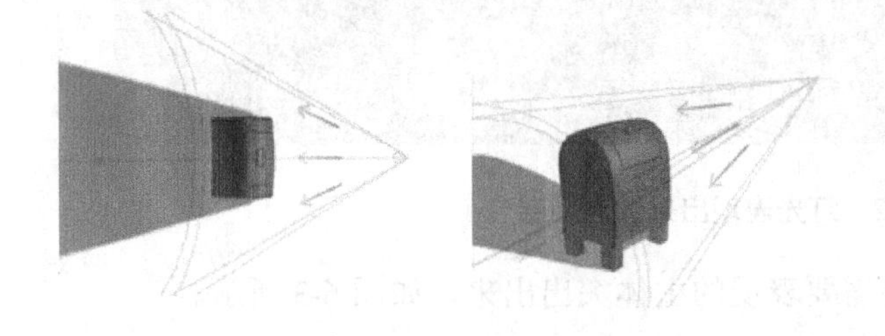

图 6-4 目标聚光灯

图 6-5 【常规参数】卷展栏

- 启用：选中该复选框后，系统使用该灯光着色和渲染以照亮当前场景。当场景中没有光源时，则系统会开启默认光源照明。另外，可以在其右侧的下拉列表框中选择灯光的类型。
- 目标：启用或禁用目标点，当选中该复选框后，会自动生成目标点，用户可以移动或旋转该目标点以寻找被照亮物体。
- 阴影：开启或关闭阴影，选中该复选框后，则灯光照在物体上会出现阴影。
- 使用全局光设置：选中该复选框后，系统会使用该灯光投射阴影的全局设置。如果未选择使用全局设置，则必须选择渲染器使用哪种方法来生成特定灯光的阴影。
- 阴影贴图：在该列表中提供了常用的几种灯光照射阴影方法，它们的名称以及性能如表 6-1 所示。

表 6-1 贴图类型比较表

阴影类型	优 点
阴影贴图	可以产生柔和阴影，是最快捷的阴影渲染类型。如果不存在对象动画，则只处理一次
光线跟踪阴影	支持透明度和不透明度贴图。如果不存在动画对象，则只处理一次
Mental Ray 阴影贴图	使用 mental ray 渲染器可能比光线跟踪阴影更快
区域阴影	支持透明度和不透明度贴图；占用的系统资源比较少，并且支持区域阴影的不同格式
高级光线跟踪	支持透明度和不透明度贴图

- 排除：用于设置灯光是否照射某个对象，或者是否使某个对象产生阴影，被排除的模型不会受到该光照的影响，单击该按钮打开【排除】对话框，可以设置被排除的对象。

2. 【强度/颜色/衰减】卷展栏

该卷展栏可以定义灯光的强度值、颜色和衰减方式等，这是一个重要的参数卷展栏，几乎所有创建的灯光类型，都需要通过该卷展栏来调整灯光的属性，如图 6-6 所示。

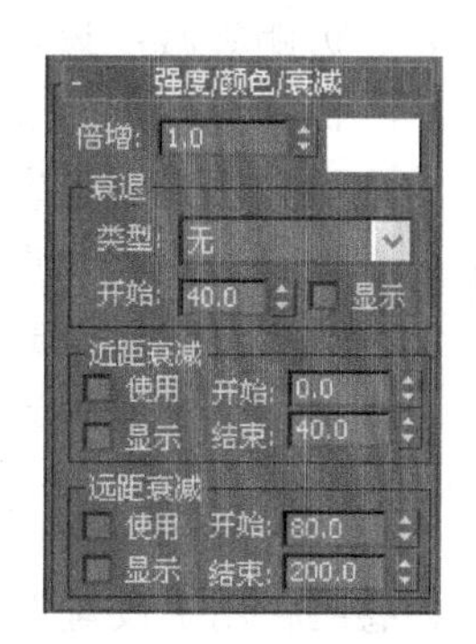

图 6-6　强度/颜色/衰减

- 倍增：控制灯光的强度，它的值越大，灯光的强度也就越高，被照面得到的光线就越多，当该值为负时会产生吸光的效果，图 6-7 所示为两种不同的强度效果对比。

(a) 较弱的倍增值　　(b) 较强的倍增值

图 6-7　强度对比

- 衰退：衰退是指随着距离的增加，光线逐渐减弱的一种方式。在其下拉列表框中有 3 个选项：无、倒数和平方反比，后面两个参数的效果如图 6-8 所示。

(a) 倒数效果　　(b) 平方反比效果

图 6-8　衰退效果对比

- 近距衰减：该选项组用来设置灯光近距衰退效果。选中【显示】复选框可以在视口中显示近距衰退范围；【开始】用于设置灯光开始淡出的距离；【结束】用于设置灯光到达衰退最远处的距离。
- 远距衰减：该选项组用来设置灯光远距衰退效果。选中【显示】复选框可以在视口中显示远距衰退范围；【开始】用于设置灯光开始淡出的距离；【结束】用于设置灯光衰退为 0 的距离。

3. 【聚光灯参数】卷展栏

该卷展栏用于设置聚光灯的相关参数，例如光锥大小、光锥衰减等，如图 6-9 所示。

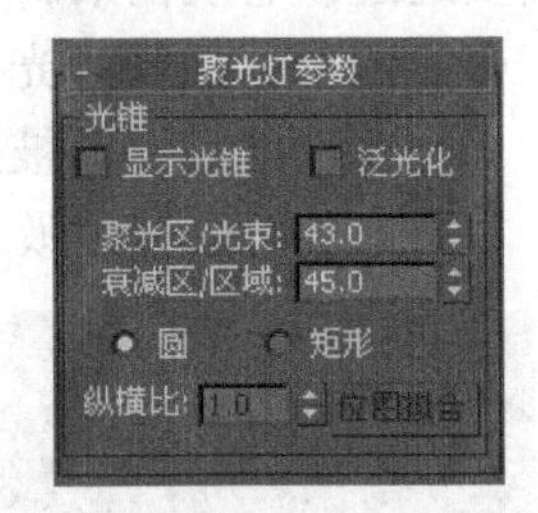

图 6-9 【聚光灯参数】卷展栏

- 显示光锥：该复选框可以控制是否显示聚光灯的光锥。
- 泛光化：选中该复选框后，灯光将会在各个方向散发光线。但是，投影和阴影只发生在其衰减圆锥体内。
- 聚光区/光束：该参数用于调整聚光灯圆锥体的角度，聚光区的值以度为单位进行测量。
- 衰减区/区域：该参数是调整灯光衰减区的角度。图 6-10 所示为调整衰减区域前后的效果对比。

(a) 调整前的效果　　(b) 调整后的效果

图 6-10 调整衰减区的效果

- 圆：如果需要一个标准圆形的灯光，则选中该单选按钮。
- 矩形：如果想要一个矩形的光束(如灯光通过窗户或门口投射)，选中此单选按钮。
- 纵横比：选择矩形光束时才可以使用此参数，主要是设置矩形光束的纵横比。也可以单击【位图拟合】按钮导入一张位图，使用选择的位图长宽比来确定纵横比。

4. 【高级效果】卷展栏

该参数卷展栏可以对灯光进行一些特殊控制，最常用的是【投影贴图】选项。图 6-11 所示为该参数卷展栏。

- 对比度：调整曲面的漫反射区域和环境光区域之间的对比度。增加该值即可增加特殊效果的对比度。
- 柔化漫反射边：增加【柔化漫反射边】的值可以柔化曲面的漫反射部分与环境光部分之间的边缘。这样有助于消除在某些情况下曲面上出现的边缘。
- 漫反射：选中该复选框后，灯光将影响对象曲面的漫反射属性。取消选中该复选框，灯光在漫反射曲面上没有效果。

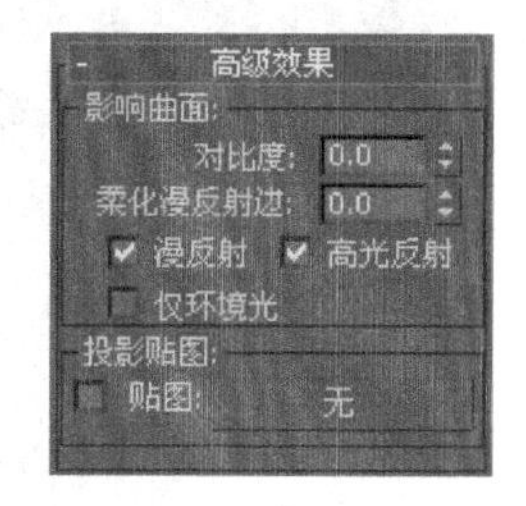

图 6-11　高级效果卷展栏

- 高光反射：选中该复选框后，灯光将影响对象曲面的高光属性。
- 仅环境光：选中该复选框，灯火只影响照明的环境光部分，它有助于对环境光进行更细致的控制。
- 投影贴图：选中【投影贴图】复选框后，单击后面的【无】按钮，可以添加静止的图像，也可以添加动画，并可以反映到场景中，如图 6-12 所示。

图 6-12　投影贴图效果

5. 【阴影参数】卷展栏

该卷展栏主要用于设置阴影的效果，如图 6-13 所示。当选中【常规参数】卷展栏中的【启用】复选框时，灯光将会投射出物体的阴影，此时通过设置【阴影参数】卷展栏中的参数，可以控制阴影效果。

- 颜色：该参数用于控制阴影的颜色，默认的颜色为黑色，读者可以通过单击其右侧的颜色块来自定义阴影的颜色，图 6-14 所示为两种不同的颜色所设置出来的阴影效果。
- 密度：该参数用于控制阴影的浓度。数值越大，阴影越厚重，反之则阴影越稀薄，效果对比如图 6-15 所示。

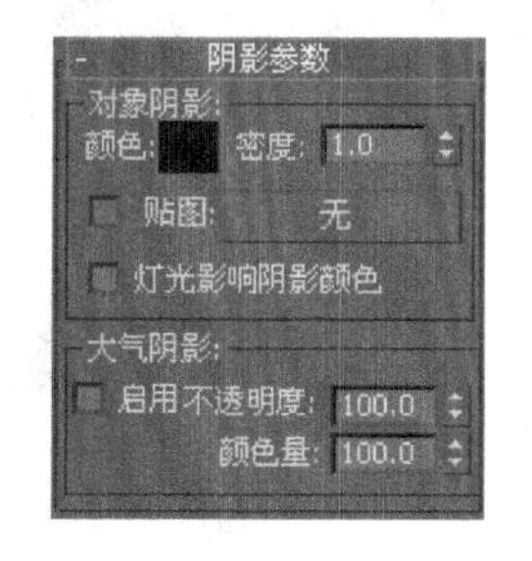

图 6-13　【阴影参数】卷展栏

- 贴图：确定是否使用贴图来表现阴影，并通过其右侧的按钮来选择阴影，图 6-16 所示为添加贴图阴影前后的效果对比。

(a) 蓝色阴影的效果　　(b) 灰色阴影的效果

图 6-14　不同的阴影颜色

(a) 较小的密度值　　(b) 较大的密度值

图 6-15　阴影浓度的对比

(a) 未使用贴图的效果　　(b) 使用贴图的效果

图 6-16　阴影效果对比

- 灯光影响阴影颜色：选中该复选框，则阴影颜色将加入与灯光颜色混合的效果。
- 大气阴影：确认是否使用大气阴影功能。如果选中该选项，则使用大气阴影效果。在该选项组中，【不透明度】用于设置大气阴影的不透明度，【颜色量】用于设置颜色的数量。

6.2.2　自由聚光灯

自由聚光灯的参数设置和目标聚光灯相同，只是自由聚光灯不能对投射点和目标点分别进行调整，如图 6-17 所示。自由聚光灯通常用来模拟一些动画灯光，例如舞台上的射灯、闪光灯等。

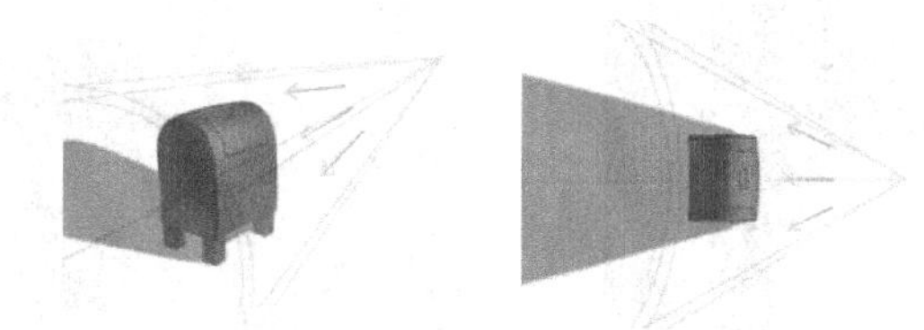

图 6-17　自由聚光灯

【例 6-1】创建自由聚光灯

(1) 打开随书光盘中的“06\自由聚光灯.max”文件，如图 6-18 所示。

(2) 在创建面板中按下按钮，切换到灯光面板。在【光度学】下拉列表中选择【标准】选项，进入标准灯光面板。单击其中的【自由聚光灯】按钮，在顶视图中单击鼠标左键创建灯光，如图 6-19 所示。

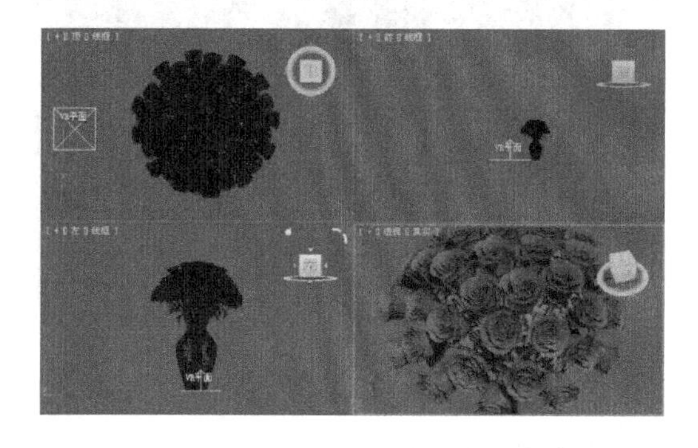

图 6-18　素材文件

图 6-19　创建自由聚光灯

(3) 在前视图中拖动自由聚光灯的投射点，使其位于花瓶的正上方，如图 6-20 所示。

(4) 切换到修改面板中，在【聚光灯参数】卷展栏中，按照图 6-21 所示的参数修改其设置。

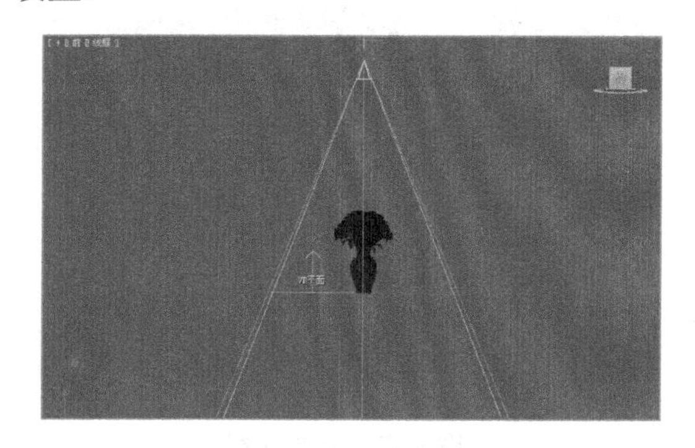

图 6-20　移动灯光位置

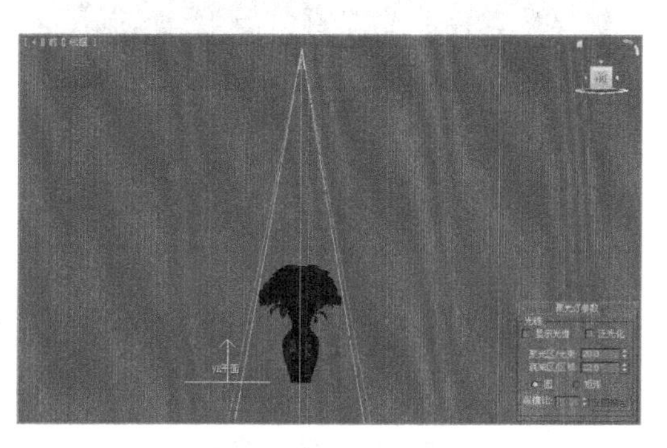

图 6-21　修改聚光灯参数

(5) 切换到透视图，按组合键 Shift+Q 执行渲染，观察此时的效果，如图 6-22 所示。

(6) 将【衰减区/区域】的值设置为 29，如图 6-23 所示。

图 6-22　照明效果

图 6-23　调整衰减参数

(7) 切换到透视图，渲染该视图，观察一下此时的效果，如图 6-24 所示。

(8) 展开【强度/颜色/衰减】卷展栏，将【倍增】设置为 0.5，如图 6-25 所示。

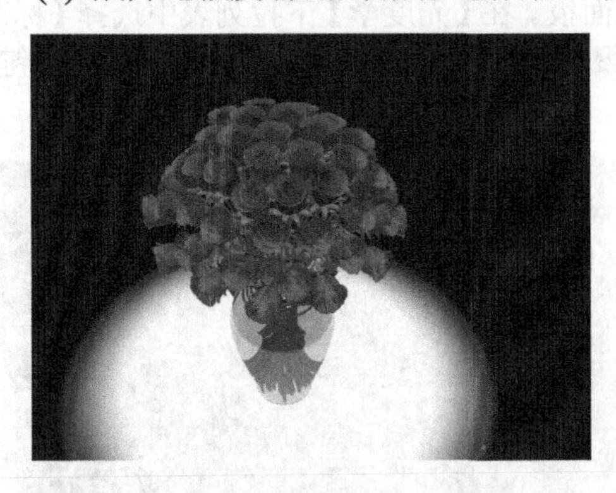

图 6-24　调整后的效果

图 6-25　修改倍增

(9) 设置完毕后，再次渲染透视图，观察此时的效果，如图 6-26 所示。

(10) 此时，场景中的花朵并没有显示出来阴影。可以展开【常规参数】卷展栏，选中【阴影】选项组中的【启用】复选框，如图 6-27 所示。

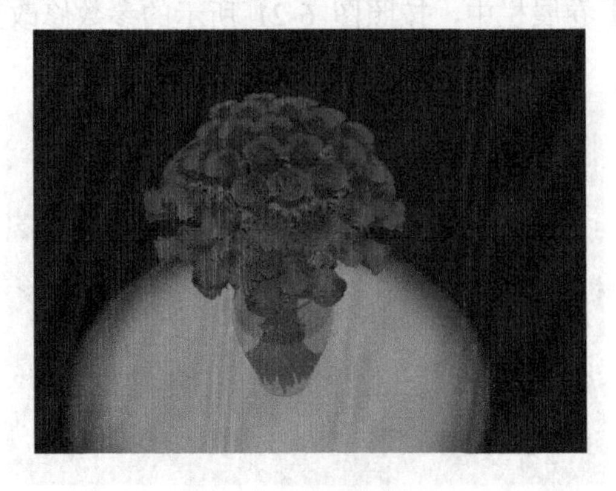

图 6-26　渲染效果

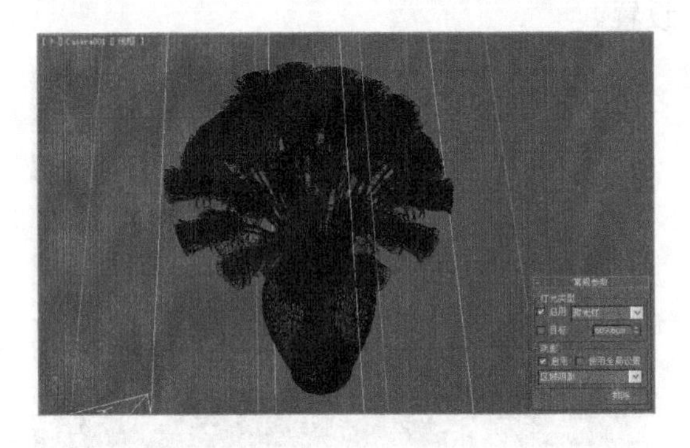

图 6-27　启用阴影

(11) 设置后的效果如图 6-28 所示。

图 6-28　照明效果

6.2.3　目标平行光

平行光就像太阳照射地面一样，在一个方向上发出平行光线，一般用于模拟太阳光的照射效果，如图 6-29 所示。目标平行光有一个目标点，可以被独立移动到任何地方，以寻找需要照射的物体；而自由平行光没有目标点，所以并不能使用目标点来寻找照射物体，只能用旋转或移动工具来调整照射方向和角度。

图 6-29　目标平行光原理

【例 6-2】创建目标平行光

(1) 将上一小节布置的自由聚光灯删除，在标准灯光面板中单击【目标平行光】按钮，在视图中拖动鼠标创建目标平行光，如图 6-30 所示。

(2) 在前视图中选择目标平行光的投射点，将其向上拖动，如图 6-31 所示。

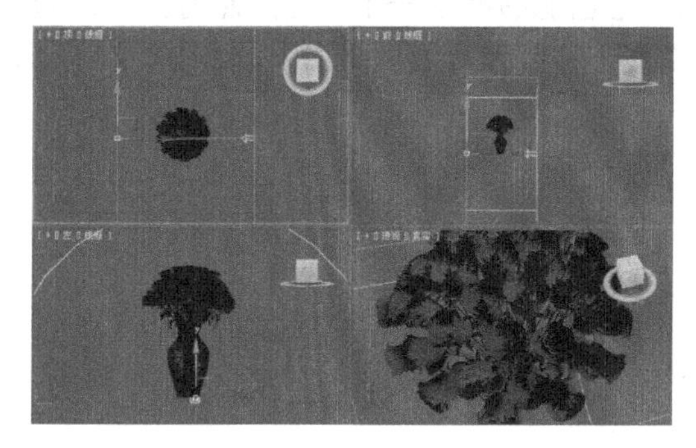

图 6-30　创建目标平行光

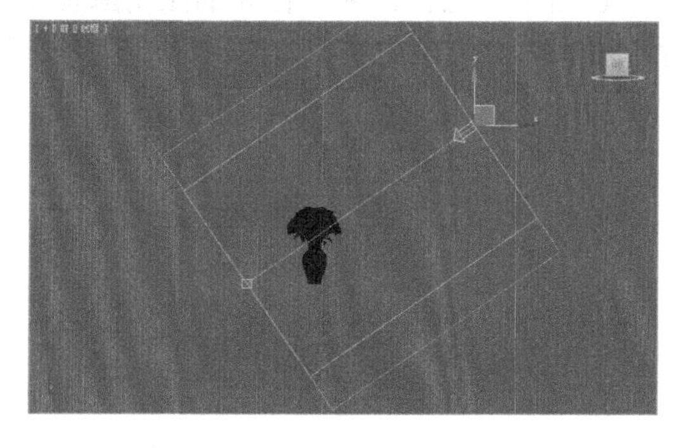

图 6-31　调整投射角度

(3) 展开【平行光参数】卷展栏，按照图 6-32 所示的参数修改其设置。

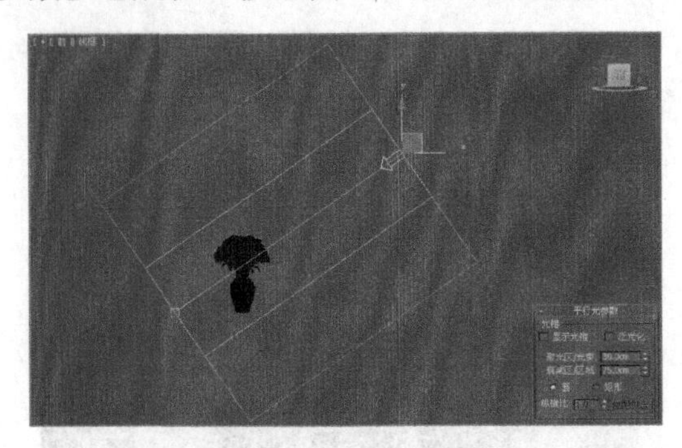

图 6-32　设置平行光参数

(4) 设置完成后，快速渲染透视图观察效果，如图 6-33 所示。

(5) 展开【常规参数】卷展栏，启用阴影功能，效果如图 6-34 所示。

图 6-33　观察效果

图 6-34　照明效果

通过本案例的操作可以发现，目标平行光有着强烈的方向性，通常可以作为整个场景的主光源来使用。但是，要想创建良好的灯光效果，还需要配合其他灯光一起使用。

6.2.4　自由平行光

自由平行光和目标平行光的照明原理相同，它也能够产生一个平行的照射区域，通常用来模拟太阳光的照明，尤其用于一些比较大的场景，或者室内效果图中，如图 6-35 所示。

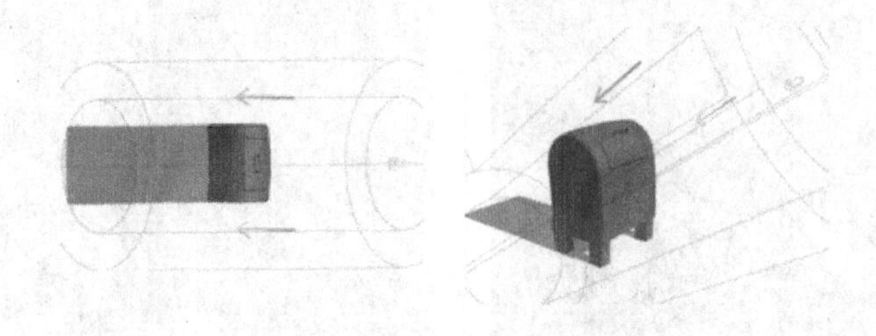

图 6-35　自由平行光照明

自由平行光的创建方法和自由聚光灯的方法相同，这里就不再详细叙述。至于这几种灯光的参数设置和目标聚光灯相同，这里不再赘述。

6.2.5　泛光灯

泛光灯是由一点向四周均匀地发射光线的点光源，它并没有特定的方向，如图 6-36 所示。泛光灯多被用作辅助光源，用来增加画面的亮度和增强画面整体的层次感。

泛光灯是一种比较简单的灯光类型，除了具有与其他标准灯光一样的通用参数卷展栏外，并没有属于自己的特性参数卷展栏，所以这里不再具体介绍。

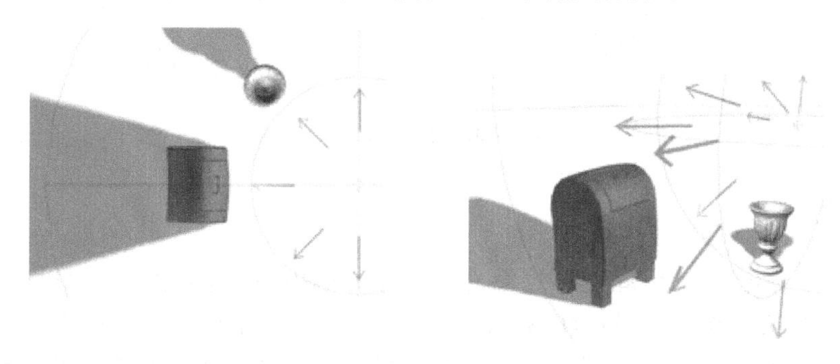

图 6-36　泛光灯

【例 6-3】创建泛光灯

上面利用目标平行光创建出来的效果并不如意，我们可以考虑使用【泛光灯】为其添加辅光。

(1) 切换到灯光面板，单击【泛光灯】按钮，在顶视图中创建泛光灯，位置如图 6-37 所示。

(2) 在前视图中选择泛光灯，将其沿 Y 轴向上移动，如图 6-38 所示。

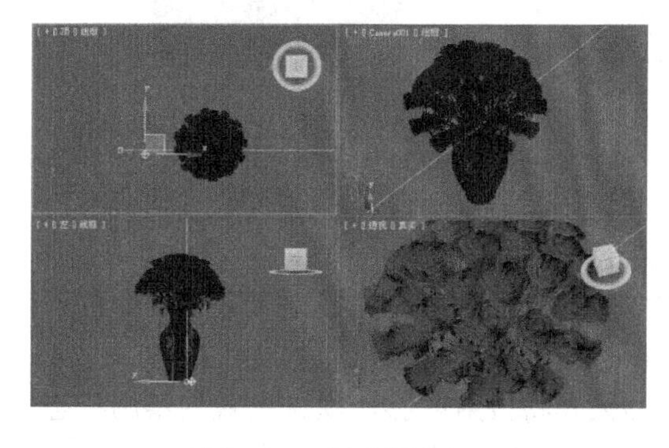

图 6-37　创建泛光灯

图 6-38　调整泛光灯位置

(3) 切换到透视图，通过渲染观察此时的效果，如图 6-39 所示。

通过该案例的操作，花瓶的效果就出来了。我们可以看出，通过利用泛光灯来作为辅光，可以将场景中的整体亮度提高，这也是我们在实际工作中经常使用的手段之一。

图 6-39　渲染效果

6.2.6　天光

天光能创建一种自然的全局光照效果。如果配合光能传递渲染功能，可以创建出非常自然、柔和的真实渲染效果，如图 6-40 所示。所以天光常被用来模拟真实世界中的日光效果。

天光没有和其他标准灯光同样的属性参数，只有控制自身属性的【天光参数】卷展栏，如图 6-41 所示，下面介绍其中的参数含义。

图 6-40　天光渲染效果

图 6-41　【天光参数】卷展栏

- 启用：该选项处于启用状态时，使用灯光着色和渲染以照亮场景。当该复选框处于禁用状态时，执行渲染时不使用该灯光。
- 天空颜色：该选项组用来控制天光的颜色，可以利用拾色器定义天空的颜色。
- 贴图：如果选中【贴图】复选框，可以指定贴图来影响天空的颜色。
- 投影阴影：选中该复选框后，场景中的天光将投射阴影。默认设置为禁用状态。
- 每采样光线数：该微调框用于计算落在场景中指定点上天光的光线数。对于动画，应将该选项设置为较高的值以消除闪烁。图 6-42 所示为【每采样光线数】的不同设置所产生的不同效果。
- 光线偏移：对象可以在场景中指定点上投射阴影的最短距离。将该值设置为 0 可以使该点在自身上投射阴影，如果将该值设置为大的值，则可以防止点附近的对象在该点上投射阴影。

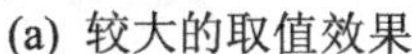
(a) 较大的取值效果

(b) 较小的取值效果

图 6-42　每采样光线数效果对比

6.2.7　mr 区域泛光灯

mr 区域泛光灯是使用 Mental Ray 渲染器时使用的灯光，这个灯光在 3ds Max 自带的默认渲染器中也可以使用，但是远不如在 Mental Ray 渲染中使用的效果好。

在视图中创建 mr 区域泛光灯之后，切换到修改面板即可设置参数，如图 6-43 所示。

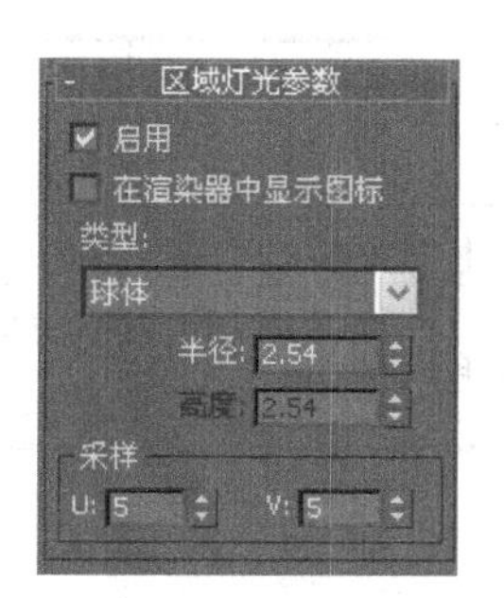

图 6-43　mr 区域泛光灯卷展栏

- 启用：启用和禁用区域灯光是否照亮场景。
- 在渲染器中显示图标：选中该复选框后，Mental Ray 渲染器将渲染灯光位置的黑色形状。取消选中此复选框后，区域灯光不渲染。
- 类型：更改区域灯光的形状。选择【球体】选项，区域灯光为球体形状；选择【圆柱体】选项，区域灯光为圆柱体形状。
- U/V：设置采样数量。U 将沿着半径指定细分数，而 V 将指定角度细分数。对于圆柱形灯光，U 将沿高度指定采样细分数，而 V 将指定角度细分数。

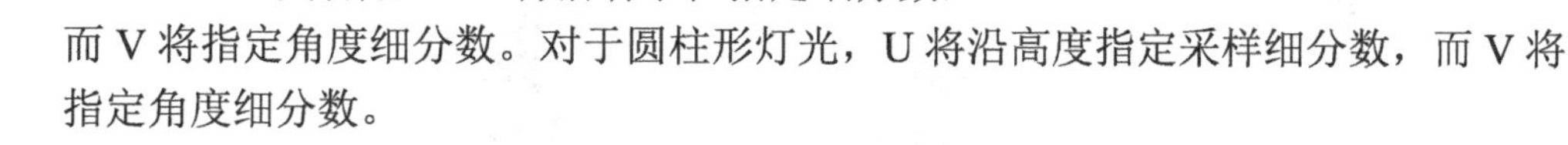

除了这些参数外，mr 区域泛光灯还具有标准灯光所具有的全部属性，关于这些属性的功能这里不再赘述。

6.2.8　mr 区域聚光灯

mr 区域聚光灯和 mr 区域泛光灯一样，都是用 Mental Ray 渲染器时使用的灯光，不同的是 mr 区域聚光灯是从矩形或碟形区域发射光线，而不是从点源发射光线。mr 区域聚光灯的参数设置基本上在前面都介绍过，这里不再赘述。

6.3　阴 影 效 果

当开启场景中灯光的阴影效果后，在灯光的常规参数面板中有 5 种阴影效果可供选择，每种阴影类型都有自己的属性卷展栏来控制自身的参数。选择其中的一种阴影类型，就会展开相对应的参数设置面板，下面介绍各种阴影类型的参数面板。

6.3.1 高级光线跟踪

高级光线跟踪可以产生比较真实的阴影效果，比较适用于使用了透明材质的物体中。在选择高级光线跟踪阴影后，会打开【高级光线跟踪参数】卷展栏，如图 6-44 所示。

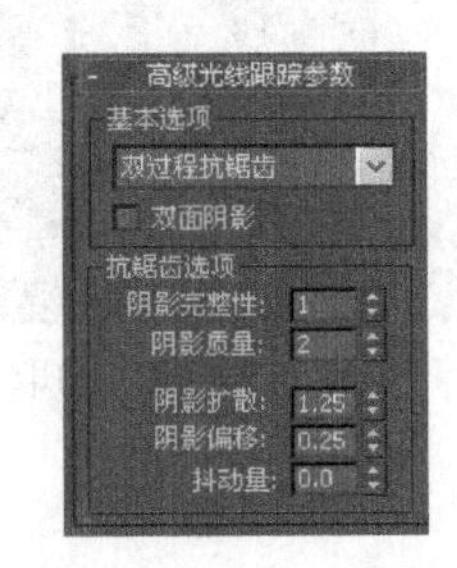

图 6-44 【高级光线跟踪参数】卷展栏

- 基本选项：在下拉列表框中可以选择生成阴影的光线跟踪类型，关于这些选项的功能如表 6-2 所示。
- 双面阴影：选中该复选框后，计算阴影时物体的背面不会被忽略。从内部看到的对象也会出现阴影，这样将花费更多渲染时间。取消选中该复选框后，将忽略背面。双面阴影效果如图 6-45 所示。

表 6-2 基本选项功能

基本选项	功能简介
简单	向曲面发出单一的光线，无抗锯齿效果
单过程抗锯齿	从每一个照亮的曲面中发出的光线数量都相同，抗锯齿效果比【简单】要好
双过程抗锯齿	投射两个光束，第一批光线确定是否向其投射阴影或是否位于阴影的柔化区域中；第二批光线被投射以进一步细化边缘，抗锯齿效果比较接近于真实效果

图 6-45 双面阴影效果

- 阴影完整性：该微调框控制从照亮的曲面中投射的光线数。
- 阴影质量：该微调框用于控制从照亮的曲面中投射的二级光线数量。
- 阴影扩散：该微调框会以像素为单位模糊抗锯齿边缘的半径。不同效果对比如图 6-46 所示。
- 阴影偏移：设置与着色点的最小距离，对象必须在这个距离内投射阴影。这样可以使模糊的阴影避免影响它们不应影响的曲面。
- 抖动量：该微调框控制着阴影边缘的随机性。可以给阴影边缘添加噪波效果，使其产生不规则的颗粒状。数值越大，噪波就越明显。

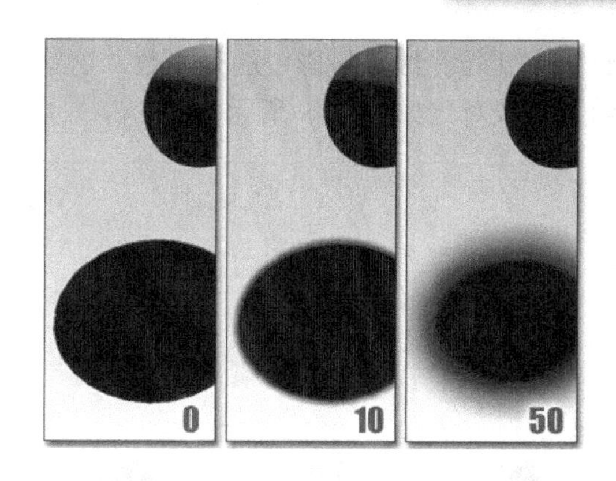

图 6-46　阴影扩散效果

6.3.2　区域阴影

区域阴影使用的内存比较少，渲染也相对较快，可以应用于任何灯光类型来实现区域阴影的效果，如图 6-47 所示。

区域阴影是一种比较灵活的阴影类型，一般用于包含多个灯光的复杂场景，图 6-48 所示为【区域阴影】卷展栏。

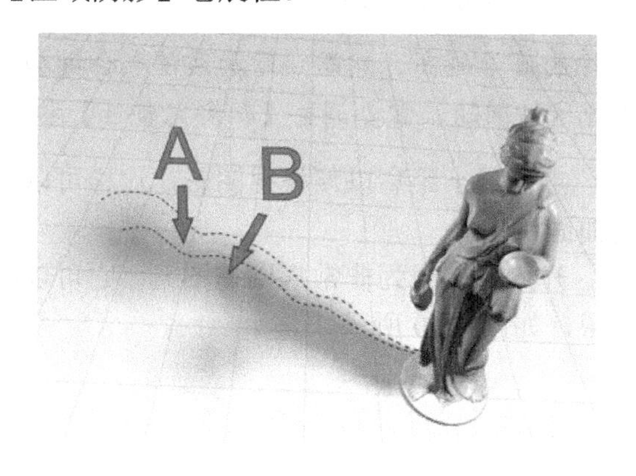

图 6-47　区域阴影效果

图 6-48　【区域阴影】卷展栏

- 基本选项：该下拉列表框用于设置阴影的形状，读者可以通过该下拉列表框选择适合自己的阴影方式。每个选项的功能如表 6-3 所示。

表 6-3　选项功能简介

基本选项	功能简介
简单	从灯光向曲面投射单个光线，不计算抗锯齿或区域灯光
长方形灯光	以长方形阵列中的灯光投射光线
圆形灯光	以圆形阵列中的灯光投射光线
长方体形灯光	从灯光投射光线就好像灯光是一个长方体
球形灯光	从灯光投射光线就好像灯光是一个球体

- 阴影完整性：设置在初始光线束投影中的光线数。这些光线从接收光源照射的曲面进行投影。阴影参数对比如图 6-49 所示。

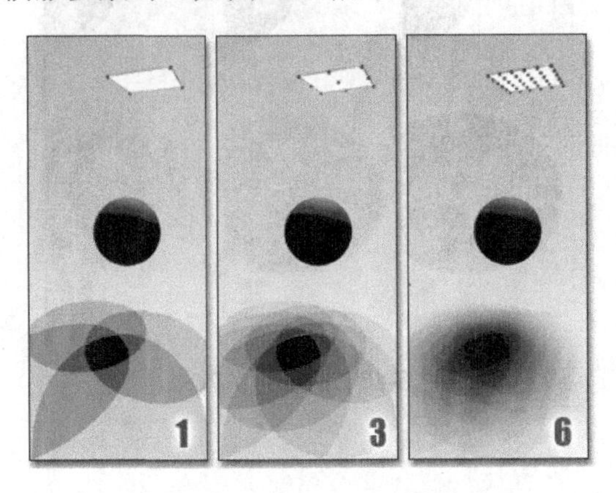

图 6-49　阴影完整性效果对比

- 阴影质量：设置在半影(柔化)区域中投影的光线总数，包括在第一周期中发射的光线。
- 采样扩散：以像素为单位，模糊抗锯齿边缘的半径。

注意：　【采样扩散】的值越大，模糊的质量越高。然而，增加该值也会增加丢失小对象的可能性。为了避免出现这种问题，需要调整【阴影完整性】参数值。

- 阴影偏移：设置对象与正在被着色点的最小距离以便投射阴影，这样可以使模糊的阴影避免影响它们不应影响的曲面。
- 抖动量：向光线位置添加随机性。开始时光线为非常规则的图案，它可以将阴影的模糊部分显示为常规的人工效果，如图 6-50 所示。

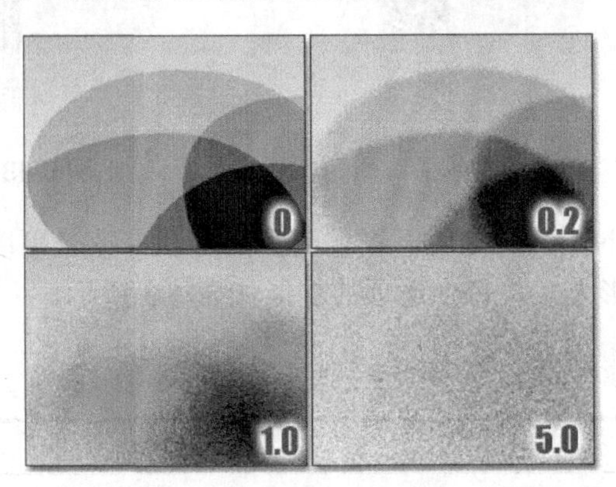

图 6-50　抖动量效果

6.3.3　Mental Ray 阴影贴图

如果选择 Mental Ray 阴影贴图作为阴影类型，则需要利用 Mental Ray 渲染器使用 Mental Ray 阴影贴图算法生成阴影。如果改用默认扫描线渲染器进行渲染，则不会出现阴影效果。

图 6-51 所示为【mental ray 阴影贴图】卷展栏。

- 贴图大小：设置阴影贴图的分辨率。分辨率大小是此值的平方。分辨率越高要求处理的时间越长，但会生成更精确的阴影。
- 采样范围：当该值较大时，产生的阴影边缘比较柔和，此值较小时，则阴影边缘比较锐利。
- 采样：该参数控制着阴影边缘的采样程度，与【采样范围】参数配合使用可以获得边缘柔和的阴影效果。
- 使用偏移：选中该复选框之后，增加该值可以将阴影移离投射阴影的对象。默认设置是 10。
- 启用：选中该复选框后，阴影可以有透明度，默认为禁用。
- 颜色：选中该复选框后，曲面颜色将影响阴影的颜色，默认设置为启用。
- 合并距离：计算要使用的距离值，Mental Ray 渲染器将自动计算要使用的距离值。
- 采样/像素：在阴影贴图中用于生成像素的采样数。该值越高质量越好，且阴影更细致，但以渲染时间为代价。

图 6-51　【mental ray 阴影贴图】卷展栏

6.3.4　阴影贴图

阴影贴图使用贴图作为阴影，通常占用内存资源比较小，而且渲染一次就可以完成。但是它不可以对半透明或透明物体产生阴影效果，图 6-52 所示为【阴影贴图参数】卷展栏。

- 偏移：调整该参数可以将阴影进行偏移，该值较大时，阴影与对象偏移程度较大，致使阴影与对象分离开，如图 6-53 所示。

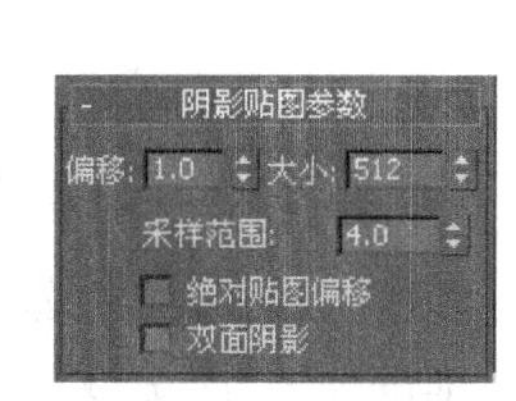

图 6-52　【阴影贴图参数】卷展栏

图 6-53　偏移效果

- 大小：该参数控制着阴影的分辨率，值越大，阴影的分辨率越大，但是会相应增加渲染时间；值越小，阴影分辨率越小，阴影会比较模糊，如图 6-54 所示。

图 6-54　调整大小效果

● 采样范围：该参数会影响阴影边缘的柔化程度。如果该值较小会导致阴影呈现锯齿状，而此值较大时会使阴影的边缘很柔和，如图 6-55 所示。

图 6-55　采样效果对比

● 绝对贴图偏移：选中该复选框后，将采用 3ds Max 标准计算构图偏移。在设置动画时，无法更改该值。在场景范围基础上，必须选择该值。如果场景范围更改，这个内部的标准化将从帧到帧改变。
● 双面阴影：选中该复选框后，计算阴影时背面不会被忽略，如图 6-56 所示。从内部看到的对象不由外部的灯光照亮。取消选中该复选框，则忽略背面，这样可使外部灯光照明室内对象。

图 6-56　双面阴影效果对比

6.3.5　光线跟踪阴影

光线跟踪阴影是使用光线跟踪原理生成的阴影，它是由光源发射出光线在物体表面之间进行反射后投射的阴影，更加符合实际生活中的阴影效果，如图 6-57 所示。

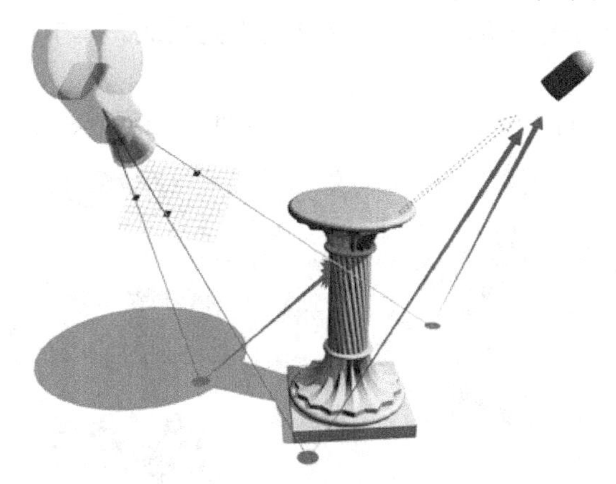

图 6-57　光线跟踪阴影效果

【光线跟踪阴影】也可以生成透明和半透明材质的阴影，但是渲染所用的时间要比【阴影贴图】长很多。图 6-58 所示为【光线跟踪阴影参数】卷展栏。

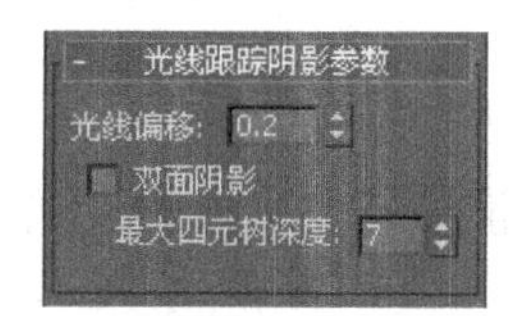

图 6-58　【光线跟踪阴影参数】卷展栏

- 光线偏移：该参数控制阴影的偏移距离。
- 双面阴影：选中该复选框后，计算阴影时背面不会被忽略。从内部看到的对象不由外部的灯光照亮，如图 6-59 所示。
- 最大四元树深度：四元树是一种计算光线跟踪阴影的数据结构，增大四元树的深度值可以缩短光线跟踪时间，但是却会占用大量内存。

图 6-59　启用前后效果对比

提示：泛光灯最多可以生成六个四元树，因此它们生成光线跟踪阴影的速度比聚光灯生成阴影的速度慢。应避免将光线跟踪阴影与泛光灯一起使用，除非场景中有这样的要求。

6.4　实验指导——局部照明

有人问，究竟怎么样布置灯光才是正确的？其实，灯光方案没有一个固定的布置法则，根据不同的场景，不同的设计目的，所采用的方案都不会一样。当掌握了 3ds Max 的灯光性能，有了丰富的布光经验，那么一切都会水到渠成。本节就来介绍一种典型的局部照明方案。

(1) 打开随书光盘中的“06\局部照明.max”文件，如图 6-60 所示。

图 6-60 打开文件

(2) 渲染摄像机视图，观察在默认灯光下的照明效果，如图 6-61 所示。

图 6-61 默认效果

注意： 在默认的灯光环境下，物体的立体层次感没有突显出来，导致整体效果逊色很多。

(3) 切换到灯光面板，按下【目标聚光灯】按钮，在顶视图中创建一盏目标聚光灯，如图 6-62 所示。

(4) 在各个视图中调整目标聚光灯的位置，如图 6-63 所示。

(5) 渲染摄像机视图，观察此时的效果，如图 6-64 所示。

注意： 此时，场景比较暗，需要调整灯光的【倍增】。受光区域比较小，需要调整聚光灯参数。此外，在这里需要注意主光源的位置及其高度。

图 6-62　创建灯光

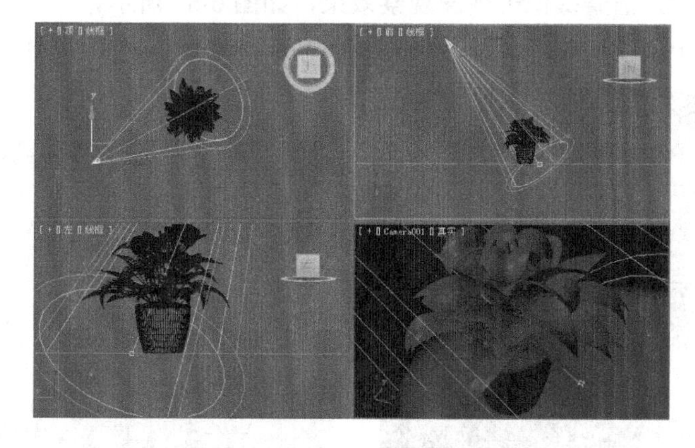

图 6-63　调整位置

图 6-64　主光源场景效果

(6) 切换到修改面板。展开【常规参数】卷展栏，然后启用阴影贴图产生阴影，如图 6-65 所示。

(7) 展开【聚光灯参数】卷展栏，将【聚光区/光束】设置为 30，将【衰减区/区域】设置为 64，如图 6-66 所示。

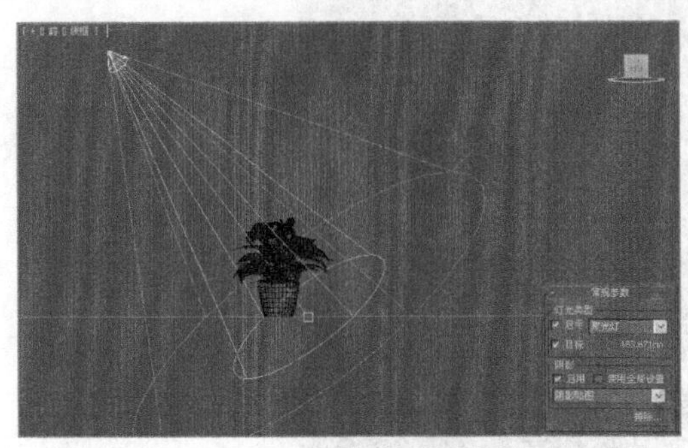

图 6-65　启用阴影

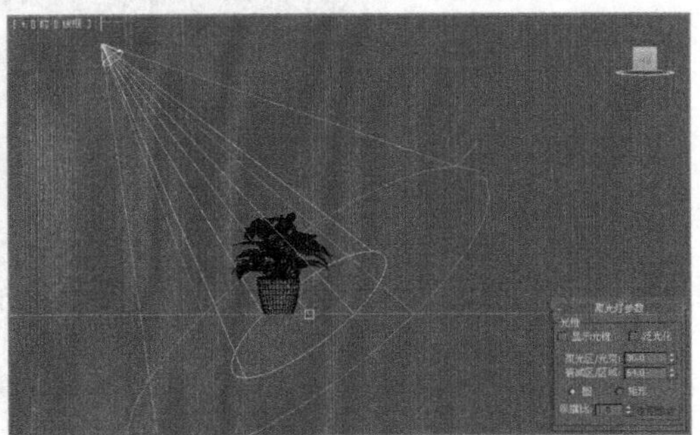

图 6-66　设置聚光灯参数

(8) 设置完成后，渲染摄像机视图观察效果，如图 6-67 所示。

(9) 在顶视图中选择目标聚光灯，将其复制到如图 6-68 所示的位置。

图 6-67　渲染效果

图 6-68　复制灯光

提示： 上一步复制的灯光叫做辅光，用来产生辅助照明以及减淡主光照射出来的浓厚的阴影。在复制灯光时，要将复制方式更改为【复制】，而不是【实例】复制，以便于修改辅光的参数设置。

(10) 选择复制出来的灯光。禁用阴影贴图，将其【倍增】设置为 0.6，如图 6-69 所示。

(11) 修改完成后，快速渲染摄像机视图，观察此时的效果，如图 6-70 所示。

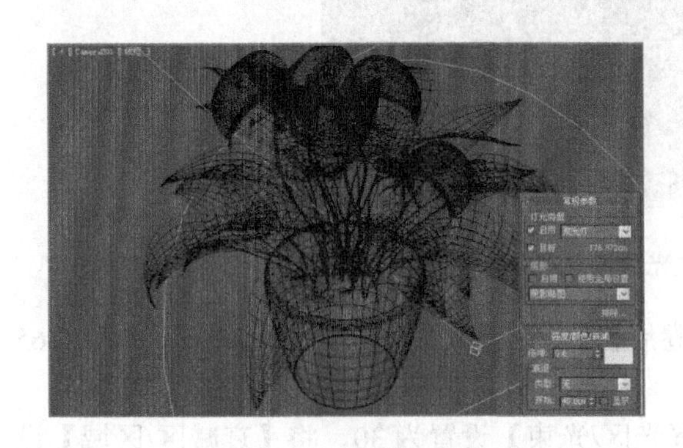

图 6-69　修改辅光参数

图 6-70　渲染效果

(12) 再在顶视图中复制一盏灯光，调整其位置，作为背光使用，如图 6-71 所示。

(13) 切换到修改面板，将其【倍增】设置为 0.2，其他参数保持不变，如图 6-72 所示。

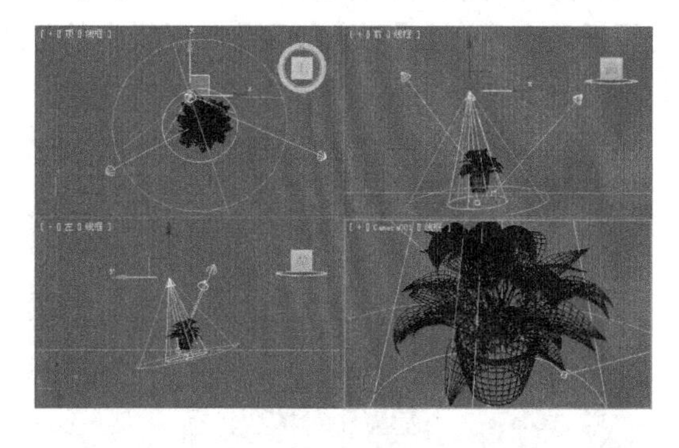

图 6-71　复制背光

图 6-72　修改倍增

(14) 修改完成后，快速渲染摄像机视图，观察此时的效果，如图 6-73 所示。

图 6-73　最终渲染效果

到这里为止，关于局部照明就介绍完了。实际上，这种照明方案就是我们常说的三点照明法。这种方法通常由主光、辅光和背光组成。它们有着不同的参数设置，以及不同的照明位置，但它们的作用却是固定不变的。读者可以根据本节的案例，揣摩其方案的精要所在。

6.5　光度学灯光

光度学灯光使用光度学(光能)值，通过这些值可以更精确地定义灯光，就像在真实世界一样。我们可以创建具有各种分布和颜色特性的灯光，或导入照明制造商提供的特定光度学文件。光度学灯光包括 3 种基本类型，分别是目标灯光、自由灯光和 mr Sky 门户灯光。

6.5.1　目标灯光

目标灯光和上文中所介绍的目标聚光灯、目标平行光的特性相似，都拥有一个可以随意控制的目标点。所不同的是光度学灯光具有自身独有的特点。下面来创建一盏目标灯光。

【例 6-4】创建壁灯

(1) 打开随书光盘中的“06\灯光练习.max”文件，如图 6-74 所示。

(2) 在创建面板上按下按钮，切换到灯光面板。然后单击【对象类型】卷展栏中的【目标灯光】按钮，并在前视图中创建灯光，如图 6-75 所示。

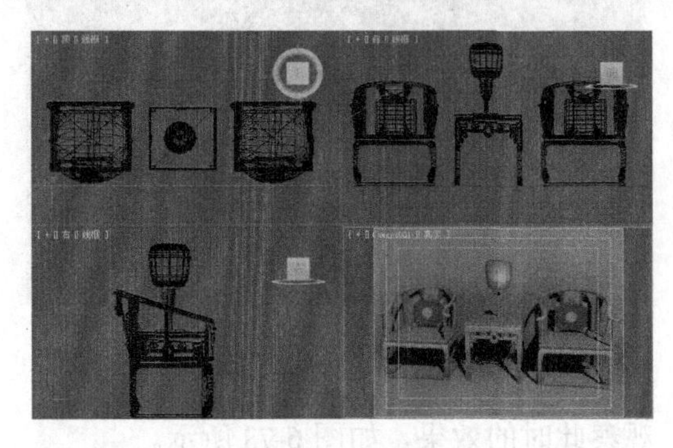

图 6-74 打开文件

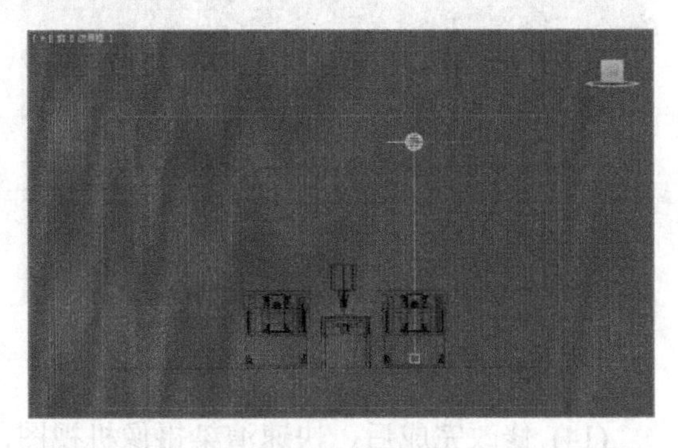

图 6-75 创建灯光

(3) 切换到顶视图，调整灯光的位置，如图 6-76 所示。

(4) 切换到修改面板，展开【常规参数】卷展栏。选中【启用】复选框，将阴影类型设置为【阴影贴图】，将灯光分布设置为【光度学 Web】，如图 6-77 所示。

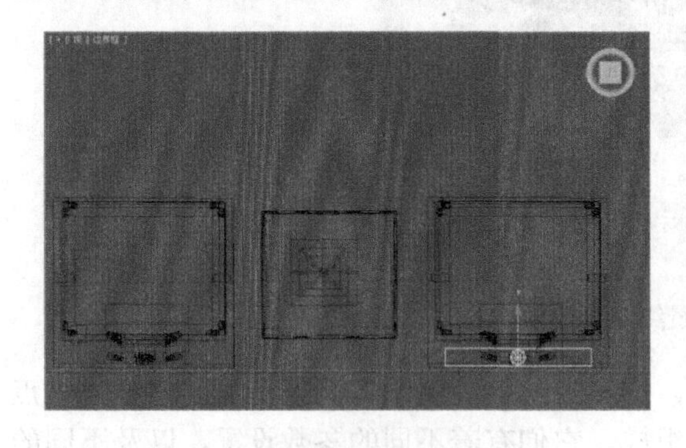

图 6-76 调整灯光位置

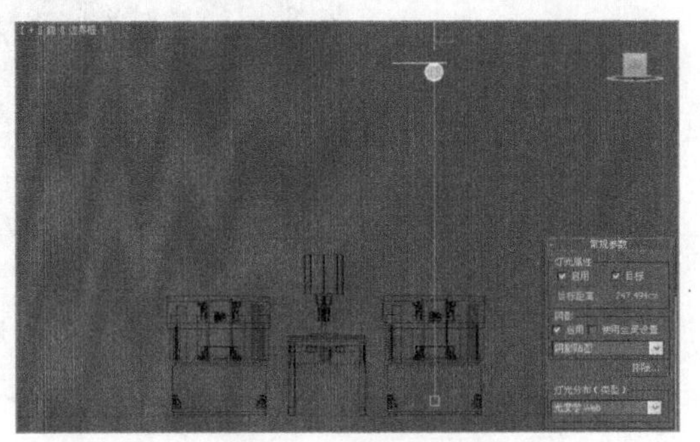

图 6-77 设置常规参数

(5) 展开【分布(光度学 web)】卷展栏，在其通道中加载随书光盘中的“06\5.ies”文件，从而加载光域网文件，如图 6-78 所示。

提示： 光域网是灯光的一种物理性质，用来确定光在空气中的发散方式。这种素材通常是由灯光厂家为不同的灯光指定的。

(6) 展开【强度/颜色/衰减】卷展栏，将过滤颜色设置为 RGB(255、213、139)，将【强度】设置为 5000，如图 6-79 所示。

注意： 上一步中所讲的 RGB，指的是红、绿、蓝。在本书后文中，将统一采用 RGB 来表示，特此声明。

(7) 按快捷键 C 切换到摄像机视图，按组合键 Shift+Q 快速渲染该视图，如图 6-80 所示。

(8) 在前视图中选择目标灯光，将其复制到另外一个椅子背后，效果如图 6-81 所示。

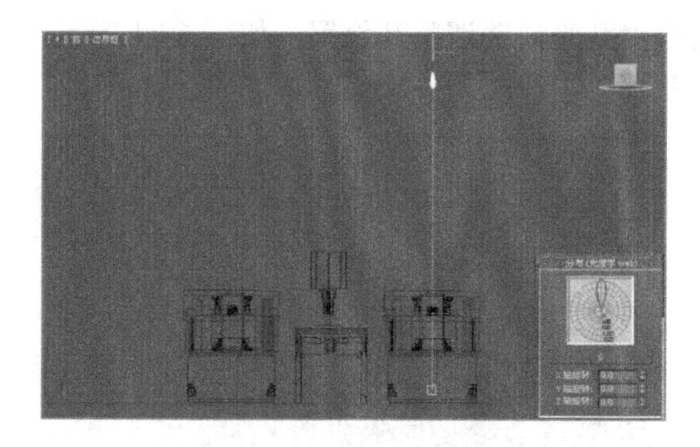

图 6-78　添加光域网

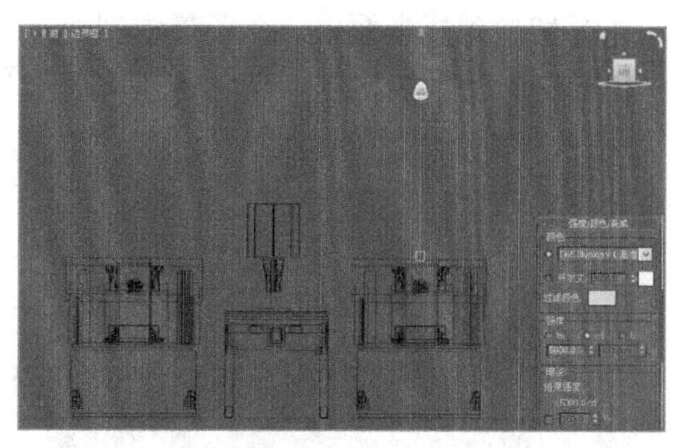

图 6-79　设置参数

图 6-80　观察灯光效果

图 6-81　壁灯效果

6.5.2　自由灯光

自由灯光没有目标对象，包含 4 种灯光分布类型，分别是光度学 Web、聚光灯、统一漫反射和统一球形。关于该灯光的参数设置不再介绍，下面讲解它的使用方法。

【例 6-5】制作局部照明

(1) 打开随书光盘中的“06\自由灯光练习.max”文件，如图 6-82 所示。

(2) 渲染摄像机视图，观察此时的效果，如图 6-83 所示。

图 6-82　场景文件

图 6-83　默认照明效果

(3) 切换到灯光面板，在场景中创建一盏自由灯光，并调整其位置，如图 6-84 所示。

(4) 切换到修改面板。展开【常规参数】卷展栏，按照图 6-85 所示的参数进行修改。

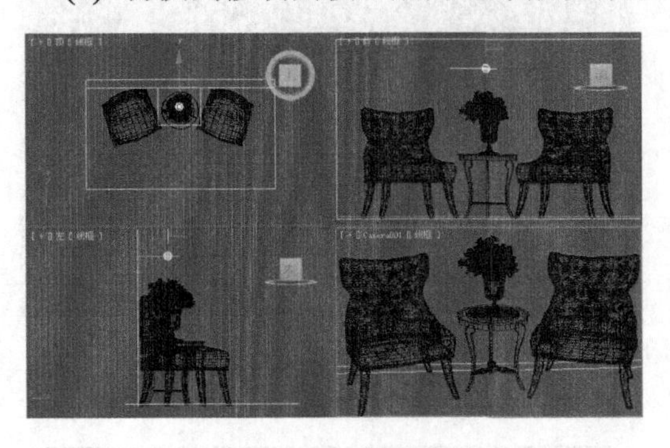

图 6-84　创建自由灯光

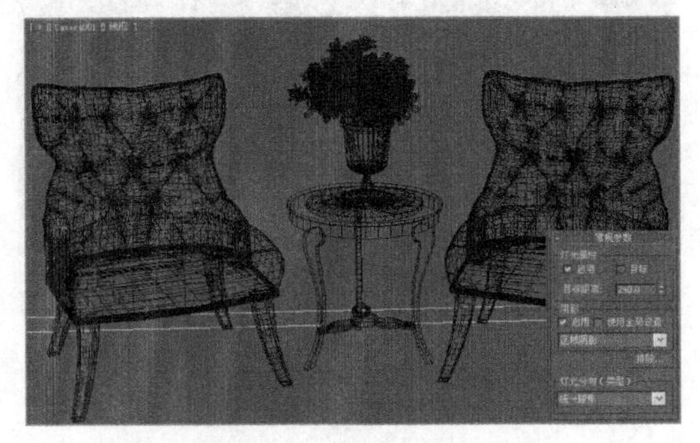

图 6-85　修改常规参数

(5) 展开【强度/颜色/衰减】卷展栏，将【过滤颜色】设置为 RGB(255、204、138)，如图 6-86 所示。

(6) 设置完成后，快速渲染摄像机视图，观察此时的效果，如图 6-87 所示。

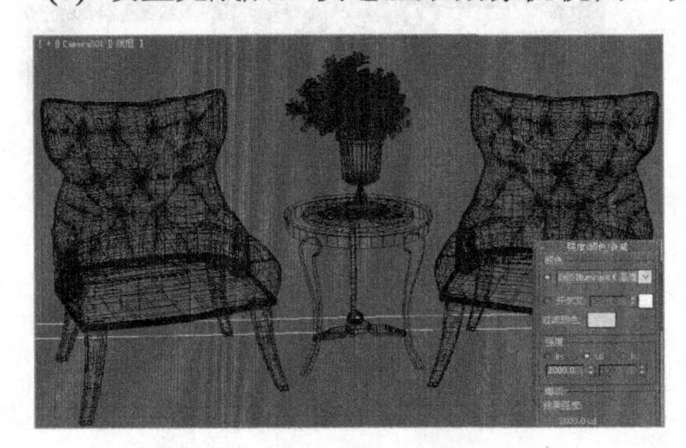

图 6-86　设置过滤颜色

图 6-87　自由灯光效果

6.5.3　mr Sky 门户灯光

mr Sky 门户灯光是一种 Mental Ray 灯光。它和渲染插件 VRay 光源比较接近，所不同的是，mr Sky 门户灯光必须配合天光才能使用。图 6-88 所示为 mr Sky 门户灯光的参数卷展栏。

- 倍增：控制灯光的强弱程度。
- 过滤颜色：控制灯光颜色。
- 阴影：控制灯光产生的阴影效果。
- 阴影采样：控制阴影的采样程度。
- 维度：控制灯光的长度和宽度。

关于 mr Sky 门户灯光就介绍这么多。由于这种灯光的应用频率不高，就不再赘述。有兴趣的读者可以结合天光了解一下它的特性。

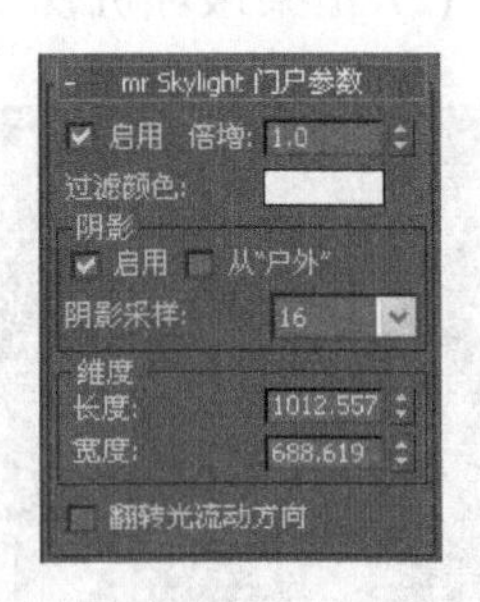

图 6-88　【mr Skylight 门户参数】卷展栏

6.6　实验指导——历史的辉煌

灯光，不仅能够为场景提供照明，还能表达出时间感，最重要的是能够表达出很多感情色彩。本节就利用灯光来展现夕阳的感觉，通过搭配古文化场景，表达一下历史遗址曾经出现的辉煌。

(1) 打开一个静态场景文件。本案例使用一个古迹场景作为案例来讲解，如图 6-89 所示。

(2) 切换到灯光面板，在顶视图中创建一盏天光来布置环境光，如图 6-90 所示。

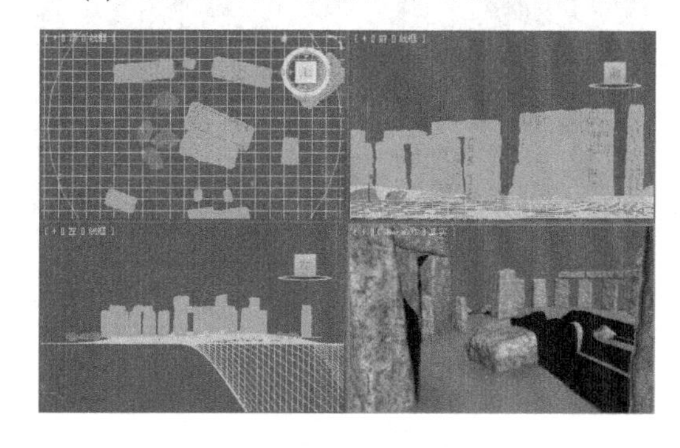

图 6-89　打开文件

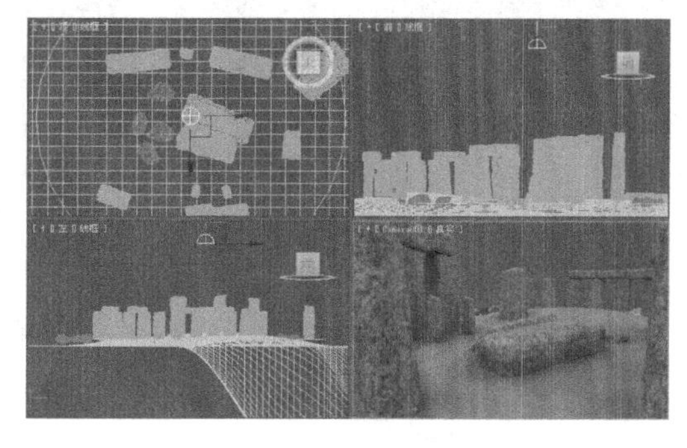

图 6-90　创建天光

(3) 切换到修改面板，将灯光颜色设置为 RGB(176、189、255)，其他参数设置如图 6-91 所示。

注意： 这里只是为了测试灯光对场景的影响，因此将【每采样光线数】设置得较低，在后期输出效果时，还需要将该参数提高一些。提高该参数后，将会使渲染质量提高，同时渲染时间也将加长。

(4) 设置完毕后，快速渲染摄像机视图，观察此时的效果，如图 6-92 所示。

图 6-91　设置灯光参数

图 6-92　渲染效果

技巧： 天光，实际就是天空光。一般情况下是蓝色的，这是由于太阳光在空气中折射、反射等物理现象造成的。通常情况下，早上和傍晚的蓝色比较深一些，大家在布置灯光的时候适当注意一下。

(5) 切换到灯光面板，单击【目标平行光】按钮，在顶视图中创建一束目标平行光，如图 6-93 所示。

(6) 切换到前视图，调整目标平行光的高度，如图 6-94 所示。该目标平行光将用来模拟太阳光的照明效果。

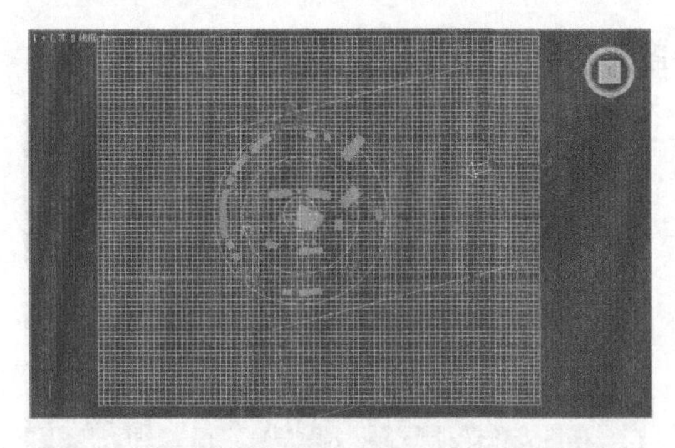

图 6-93　创建目标平行光

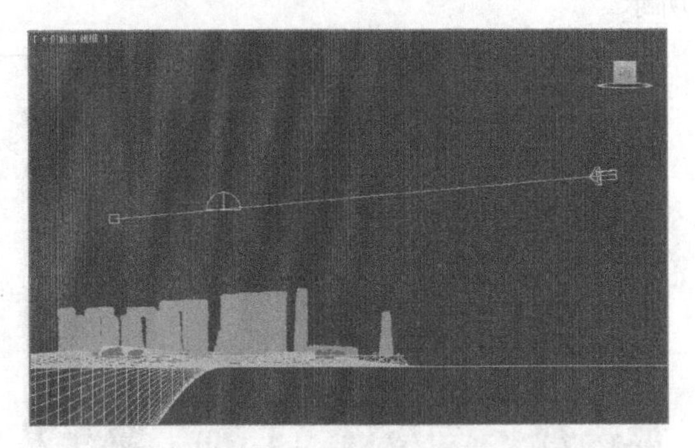

图 6-94　调整平行光

(7) 切换到修改面板，展开【常规参数】卷展栏，启用【阴影贴图】，如图 6-95 所示。

(8) 展开【强度/颜色/衰减】卷展栏，将【倍增】设置为 1.2，将灯光颜色设置为 RGB(254、194、116)，其他参数设置如图 6-96 所示。

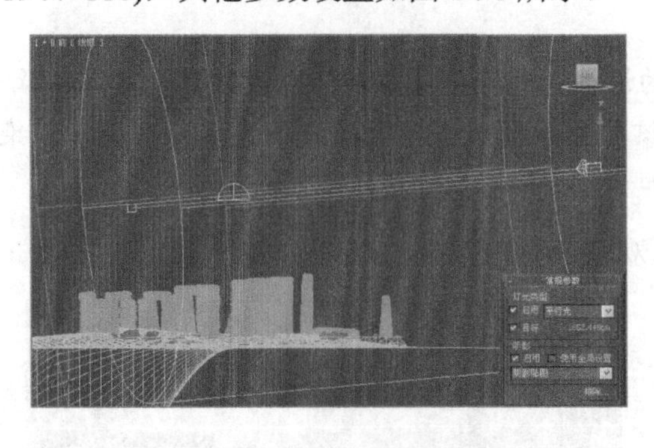

图 6-95　修改常规参数

图 6-96　设置倍增

技巧： 傍晚的光线通常是橘黄色或者橘红色。在布置光线时，通常需要将主光源设置为接近的颜色，来模拟日光效果。

(9) 展开【平行光参数】卷展栏，将【聚光区/光束】设置为 580，将【衰减区/区域】设置为 1100，如图 6-97 所示。

(10) 设置完成后，快速渲染摄像机视图，观察此时的效果，如图 6-98 所示。

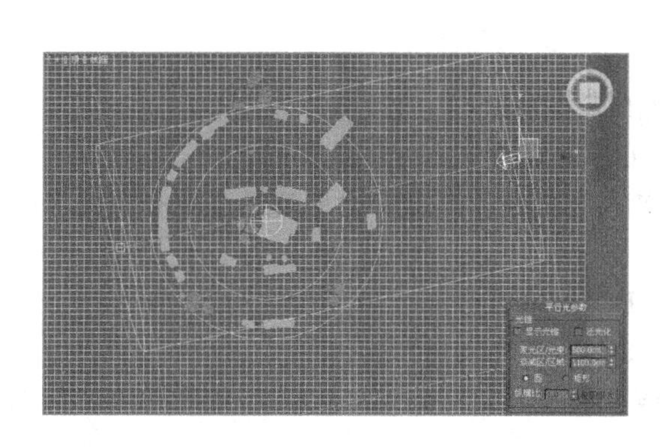

图 6-97　设置平行光参数

图 6-98　照明效果

(11) 最后，将天光的【每采样光线数】设置为 20，渲染摄像机视图输出效果，如图 6-99 所示。

这样，通过一束天光和一束主光源，我们创建出了傍晚的光线效果。在实际制作过程中，大家可以根据时间的需要变动主光源的颜色，例如图 6-100 所示为接近黄昏时的颜色。

图 6-99　输出效果

图 6-100　黄昏效果

6.7　习　　题

一、填空题

1. 3ds Max 中的灯光包括__________类型和光度学灯光类型。
2. 标准灯光类型包括 8 种基本类型，分别是__________、自由聚光灯、目标平行光、自由平行光、泛光灯、天光、mr 区域泛光灯和 mr 区域聚光灯。
3. 泛光灯是由一点向四周均匀发射光线的__________光源，它并没有特定的方向。
4. __________，需要利用 Mental Ray 渲染器使用 Mental Ray 阴影贴图算法生成阴影。
5. 光度学灯光是系统默认的灯光，共有 3 种类型，分别是__________、自由灯光和 mr Sky 门户。

6. ＿＿＿＿＿是灯光的一种物理性质，用来确定光在空气中的发散方式。

二、选择题

1. ＿＿＿＿＿是指随着距离的增加，光线逐渐减弱的一种方式。

A. 倍增　　B. 阴影　　C. 衰退　　D. 偏移

2. ＿＿＿＿＿使用贴图作为阴影，通常占用内存资源比较小，而且渲染一次就可以完成。

A. 高级光线跟踪　　B. 区域阴影

C. 阴影贴图　　D. 光线跟踪阴影

3. 泛光灯最多可以生成＿＿＿＿＿个四元树，因此它们生成光线跟踪阴影的速度比聚光灯生成阴影的速度慢。

A. 4　　B. 5　　C. 6　　D. 7

4. 当开启场景中灯光的阴影效果后，在灯光的【常规参数】面板中有＿＿＿＿＿种阴影效果可供选择，每种阴影类型都有各自的属性卷展栏来控制自身的参数。

A. 4　　B. 5　　C. 6　　D. 7

5. ＿＿＿＿＿使用的内存比较少，渲染也相对较快，可以应用于任何灯光类型来实现区域阴影的效果。

A. 高级光线跟踪　　B. 区域阴影

C. 阴影贴图　　D. 光线跟踪阴影

6. ＿＿＿＿＿能创建一种自然的全局光照效果。如果配合光能传递渲染功能，可以创建出非常自然、柔和的真实渲染效果。

A. 目标聚光灯　　B. 目标平行光

C. 自由平行光　　D. 天光

三、问答题

1. 试述灯光对场景有什么影响。
2. 说说灯光的几种阴影类型的优缺点。
3. 通过本章的学习，说说标准灯光和光度学灯光的区别。

第 7 章　摄像机系统

摄像机的主要功能是用于取景，即在当前的环境中获取一个符合设计意图或者要求的画面，并将其制作成成品。3ds Max 的摄像机也是为了实现定位画面范围的功能。在 3ds Max 中，摄像机的类型分为两种，即目标摄像机和自由摄像机。本节将分别给予介绍。

7.1　创建摄像机

在 3ds Max 中，摄像机也被作为一种几何体集成在创建面板中，如图 7-1 所示。默认情况下，3ds Max 提供了两种摄像机，分别是目标摄像机和自由摄像机。根据不同的场景需要，我们可以选择合适的摄像机。

图 7-1　摄像机类型

目标摄像机的应用范围相对较广，几乎任何场合下都可以利用它来定义画面。自由摄像机则通常用在漫游动画或者一些其他动画效果中。下面以创建目标摄像机为例讲解摄像机的创建方法。

【例 7-1】创建目标摄像机

(1) 打开 3ds Max，在创建面板上按下按钮，切换到摄像机面板。

(2) 单击其中的【目标】按钮，在顶视图中拖动鼠标创建目标摄像机，如图 7-2 所示。

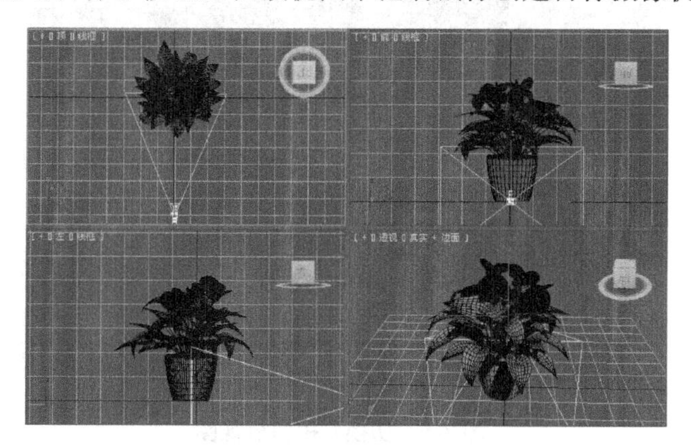

图 7-2　创建目标摄像机

(3) 选择摄像机目标点和投射点中间的连线，在前视图中调整摄像机的高度，如图 7-3 所示。

(4) 选择摄像机的投射点，在各个视图中调整其位置，如图 7-4 所示。

(5) 此时，并不能观察到摄像机所定位的画面，我们可以激活任意视图，按快捷键 C 切换到摄像机视图，如图 7-5 所示。

图 7-3　调整摄像机高度

图 7-4　调整视口角度

图 7-5　切换到摄像机视图

(6) 还可以利用【视图控制】区域中的▷按钮动态调整摄像机位置，调整好的效果如图 7-6 所示。

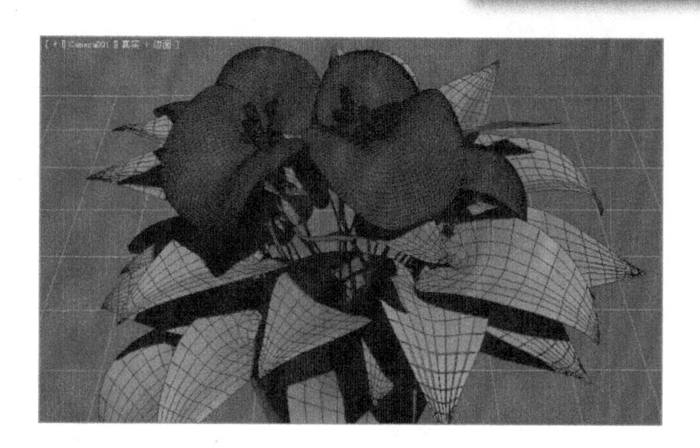

图 7-6　调整好的位置

7.2　摄像机分类

3ds Max 中的摄像机只有两种，即目标和自由。它们除了目标点的区别之外，其他都是相同的。本节将分别讲解这两种摄像机的特性。

7.2.1　目标摄像机

目标摄影机可以用来观察所放置的目标图标周围的区域，如图 7-7 所示。目标摄影机比自由摄影机容易定向，这是它自身的优点所在。使用该摄像机时，只需将目标对象定位在所需位置的中心。

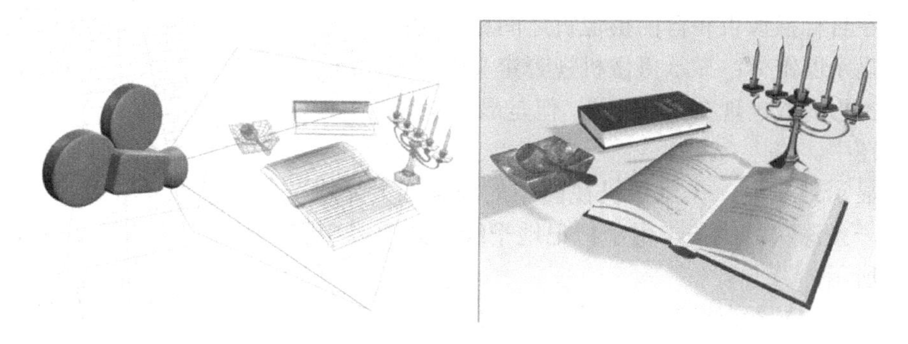

图 7-7　目标相机

此外，还可以利用目标摄影机及其目标的动画来创建有趣的效果。例如，可以将摄像机绑定到路径上，并将目标点连接到虚拟物体上，从而使用虚拟物体的动画来约束摄像机的视口，从视口创建注视动画，其原理如图 7-8 所示。

1. 【参数】卷展栏

创建目标摄像机后，在修改面板中可以通过修改其参数设置来改变默认摄像机的效果。图 7-9 所示为目标摄像机【参数】卷展栏。

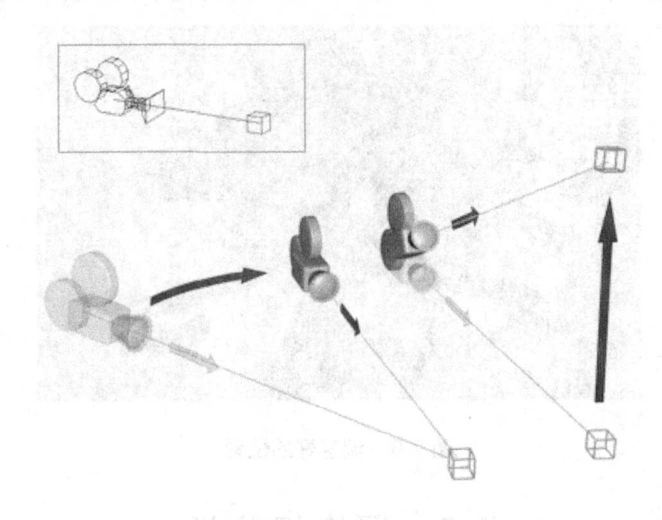

图 7-8　注视原理

- 镜头：以 mm 为单位来设置摄影机的焦距。
- 视野：用于设置摄像机查看区域的宽度视野，包括水平、垂直和对角线三种方式。
- 正交投影：选中该复选框后，摄像机视图将变为用户视图。
- 备用镜头：系统为用户提供的预设镜头。我们可以直接选择其中某一规格的镜头使用。
- 类型：通过其下拉列表切换摄像机的类型，即可在目标摄像机和自由摄像机之间相互切换。
- 显示圆锥体：显示摄像机视野定义的锥形光线。锥形光线出现在其他视图，但是显示在摄像机视图中。
- 显示地平线：在摄像机视图中的地平线上显示一条深灰色线条，用于标记地平线，如图 7-10 所示。
- 显示：显示在摄像机矩形光线内的矩形。
- 近距范围：设置大气效果的近距范围。
- 远距范围：设置大气效果的远距范围。

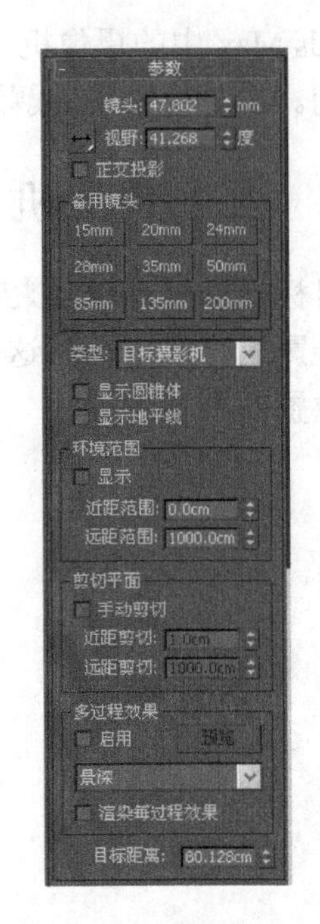

图 7-9　【参数】卷展栏

提示： 环境范围显示为两个平面。与摄像机距离最近的平面为近距范围，与摄影机距离最远的平面为远距范围。

- 手动剪切　选中该复选框可以定义剪切的平面。
- 近距剪切　设置近距的剪切平面。

注意： 对于摄影机来说，与摄影机的距离比近距更近的对象是不可见的，并且不进行渲染。

图 7-10　显示地平线

- 远距剪切：设置远距的剪切平面。
  通常情况下，【近距剪切】值应小于【远距剪切】值。如果剪切平面与一个对象相交，则该平面将穿过该对象，并创建剖面视图，如图 7-11 所示。

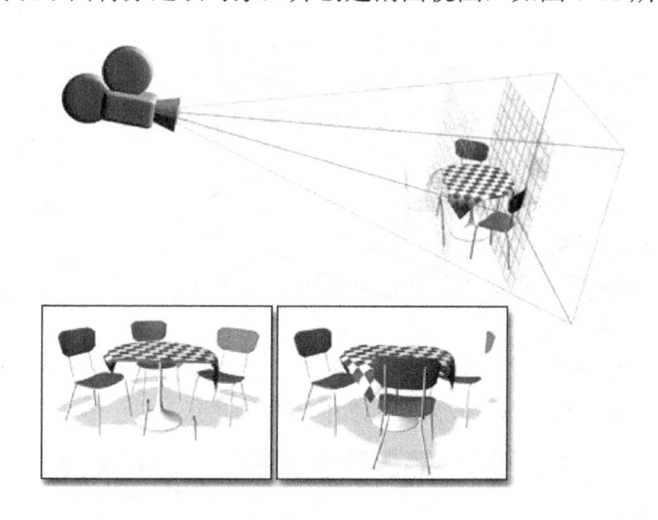

图 7-11　剪切平面效果

- 多过程效果：用来设置摄像机的景深和运动模糊效果，下文将分别给予介绍。
- 目标距离：当使用目标摄像机时，该选项可用来设置摄像机投射点与目标之间的距离。

2. 景深

景深是摄像机的一个非常重要的功能。它是指在摄影机镜头或其他成像器沿着能够取得清晰图像的纵向轴线所确定的物体间的距离范围。在聚焦完成后，在焦点前后的范围内都能形成清晰的像，这一前一后的距离范围，便叫做景深，如图 7-12 所示。

图 7-12　景深效果

当我们在【参数】卷展栏中将【多过程效果】设置为【景深】时，系统会自动显示出【景深参数】卷展栏，如图 7-13 所示。

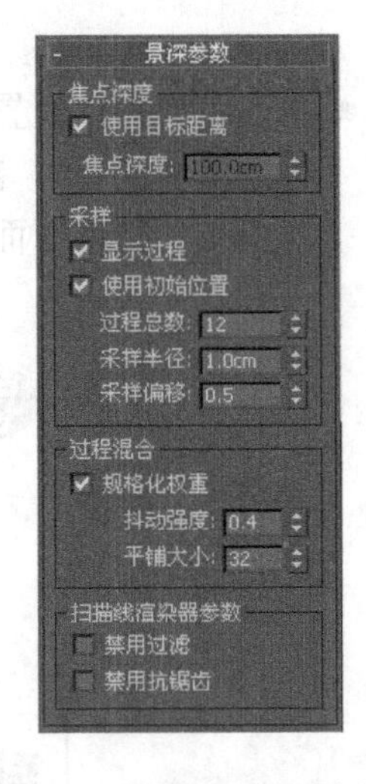

图 7-13　【景深参数】卷展栏

- 使用目标距离：选中该复选框后，系统会将摄像机的目标距离用作每个过程偏移摄像机的点。
- 焦点深度：当取消选中【使用目标距离】复选框时，该选项可以用来设置摄像机的偏移深度。
- 显示过程：选中该复选框后，【渲染帧窗口】对话框将显示多个渲染通道。
- 使用初始位置：选中该复选框后，第 1 个渲染过程将位于摄像机的初始位置。
- 过程总数：设置生成景深效果的过程数。该参数越高，则效果就越真实，但是渲染时间就越长。
- 采样半径：设置场景生成的模糊半径。该数值越大，模糊效果就越明显，效果对比如图 7-14 所示。

(a) 默认渲染效果

(b) 提高抖动值后的效果

图 7-14　不同采样半径产生的模糊效果

- 采样偏移：设置模糊靠近或者远离【采样半径】的权重。增加该值将增加景深模糊的数量，从而可以得到更均匀、细腻的精神效果。
- 规格化权重：选中该复选框可以将权重规格化，以获得平滑的效果。
- 抖动强度：设置应用于渲染通道的抖动程度。如果过分提高该参数值，则会在画面上生成颗粒状效果，尤其是对象边缘将会更加明显，如图 7-15 所示。

(a) 未使用抖动的效果　　(b) 使用抖动的效果

图 7-15　抖动强度效果对比

- 平铺大小：设置图案的大小。其中，0 表示采用最小方式进行平铺；100 表示采用最大方式进行平铺。
- 禁用过滤：选中该复选框后，系统将禁用过滤的整个过程。
- 禁用抗锯齿：选中复选框后，可以禁用抗锯齿效果，在初期测试时，可以选中该复选框。

3. 【运动模糊参数】卷展栏

运动模糊技术的目的在于增强快速移动场景的真实感，这一技术并不是在两帧之间插入更多的位移信息，而是将当前帧同前一帧混合在一起所获得的一种效果，如图 7-16 所示。

图 7-16　运动模糊

当设置【多过程效果】类型为【运动模糊】时，系统会自动显示出【运动模糊参数】卷展栏，如图 7-17 所示。

- 显示过程：选中该复选框后，在【渲染帧窗口】对话框中将显示多个渲染通道。
- 过程总数：设置生成效果的过程数。提高该参数可以获得更加真实的效果，但是会降低渲染速度。
- 持续时间(帧)：该参数用来设置应用运动模糊的帧数。在该参数限制范围外的帧将不再产生运动模糊。
- 偏移：设置模糊的偏移距离。
- 规格化权重：选中该复选框后，可以将权重全部规格化，以获得平滑的效果。
- 抖动强度：设置应用于渲染通道的抖动程度。数值过高会在画面上产生颗粒效果。

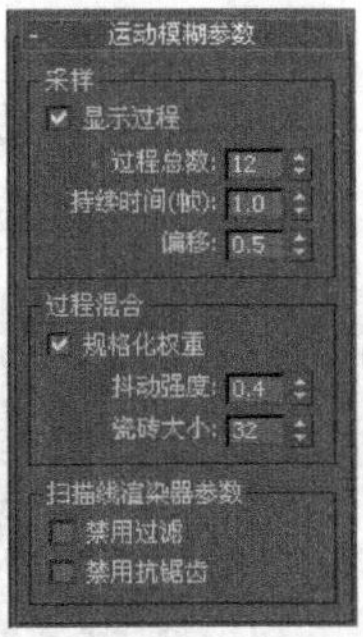

图 7-17　【运动模糊参数】卷展栏

- 瓷砖大小：设置图案的大小。0 表示采用最小的方式进行平铺；100 表示采用最大的方式进行平铺。
- 禁用过滤：选中该复选框后，系统将禁用过滤的整个过程。
- 禁用抗锯齿：选中复选框后，可以禁用抗锯齿效果，在初期测试时，可以选中该复选框。

7.2.2　自由摄像机

自由摄影机只有一个投射点。由于缺少目标点，所以在制作摄像机动画时就方便多了。此外，由于其没有目标点，因此它可以不受限制地进行各种旋转操作，如图 7-18 所示。

图 7-18　自由摄像机图标

关于自由摄像机的参数，不再详细讲解。大家可参考目标摄像机的相关参数简介，它们的参数含义相同。

7.3　实验指导——局部效果

景深，可以很好地突出局部效果，从而将人的眼球吸引过来。本节将利用摄像机的景深功能制作水果的局部效果，详细实现过程如下。

(1) 打开一个场景文件，如图 7-19 所示。

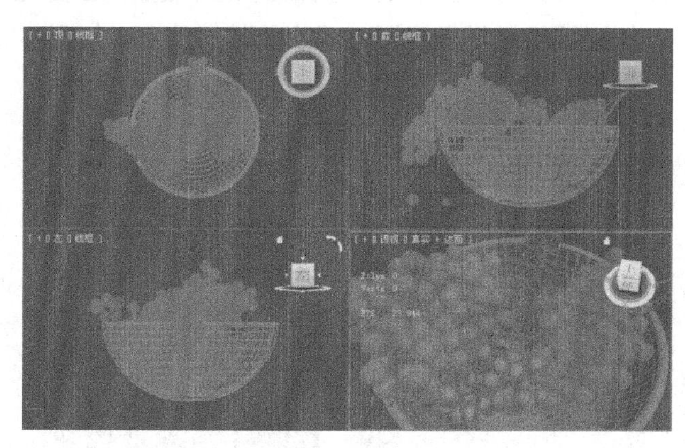

图 7-19　场景文件

(2) 在创建面板中按下按钮，切换到摄像机面板。单击【标准】按钮，在顶视图中拖动鼠标创建目标摄像机，如图 7-20 所示。

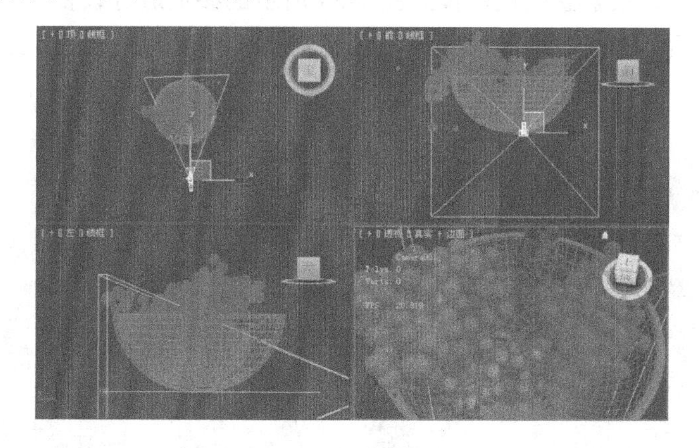

图 7-20　创建目标摄像机

(3) 选择摄像机的投射点，在各视图中调整其角度，如图 7-21 所示。

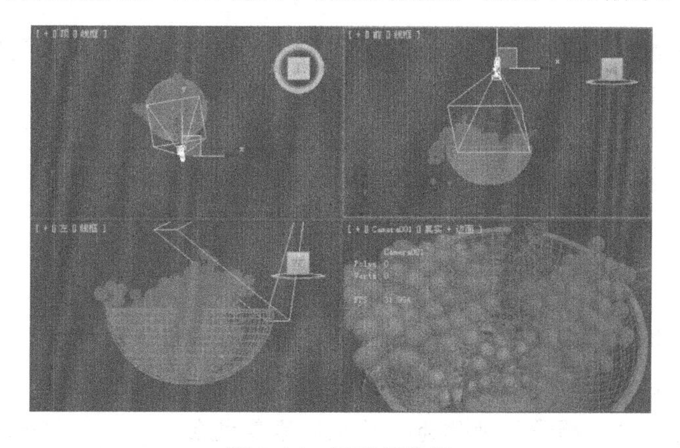

图 7-21　调整摄像机

(4) 切换到修改面板，在【多过程效果】选项组中选中【启用】复选框，如图 7-22 所示。

(5) 设置完毕后，快速渲染摄像机视图，观察此时的效果，如图 7-23 所示。

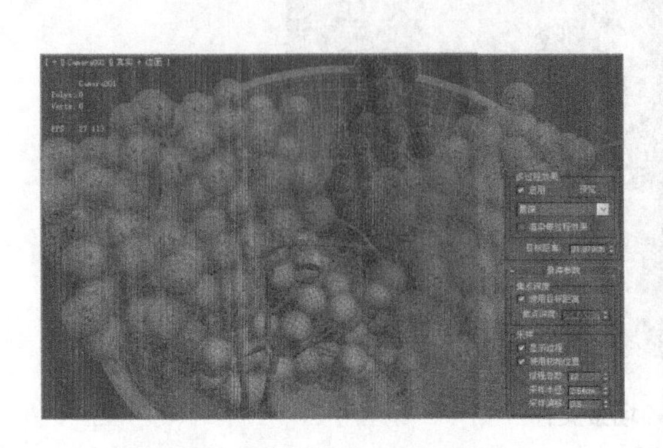

图 7-22　设置处理过程

图 7-23　渲染效果

(6) 展开【景深参数】卷展栏，按照图 7-24 所示的参数进行设置。

(7) 设置完毕后，快速渲染摄像机视图，观察此时的效果，如图 7-25 所示。

图 7-24　设置景深参数

图 7-25　景深效果

本案例带领大家制作了一个景深效果。这种特效的时间过程比较简单，关键是摄像机的摆放以及【采样半径】的设置，大家在实际应用过程中可仔细推敲一下。

7.4　习　　题

一、填空题

1. 目标摄像机和自由摄像机的唯一区别在于，目标摄像机拥有__________。
2. 自由摄像机适合制作__________动画。
3. 在 3ds Max 中，摄像机被作为一种几何体集成在_________面板中。

二、选择题

1. 自由摄影机的初始方向是沿着__________活动构造网格的方向的。
   A. X 轴　　B. Y 轴　　C. Z 轴　　D. 负 Z 轴
2. __________以 mm 为单位来设置摄影机的焦距。
   A. 镜头　　B. 视野　　C. 正交投影　　D. 备用镜头
3. __________用于设置大气效果的远距范围。
   A. 近距范围　　B. 远距范围　　C. 近距剪切　　D. 远距剪切
4. __________用于设置场景生成的模糊半径。该数值越大，模糊效果就越明显。
   A. 焦点深度　　B. 显示过程　　C. 过程总数　　D. 采样半径

三、问答题

1. 说说 3ds Max 中的摄像机的功能，包含哪几种类型？
2. 说说怎么创建一架目标摄像机？怎么调整其取景角度？

第 8 章　材质与贴图技术

任何物体都有自己的表面特征，如石头、木头、纸张、布料、水或玻璃云，怎样成功地表现它们不同的质感、颜色、属性是三维建模领域的一个难点。

在 3ds Max 中，可以使用材质编辑器来制作材质，以模拟真实世界中的各种效果。材质与贴图对效果的影响举足轻重，一个有足够吸引力的物体，它的材质必定美妙绝伦。所以理解材质的概念，掌握各种材质的特性及参数的含义，对于创建出好的作品至关重要。本章主要向用户介绍常用的材质通道、贴图通道以及材质编辑器的使用方法。

8.1　材质编辑器

材质编辑器是 3ds Max 中一个专门用于编辑材质的容器。利用它可以模拟出物体表面所呈现的物理特性及其纹理。在 3ds Max 2012 中，材质编辑器的功能得到了很大的改进，即由原来的材质编辑器拓展为精简材质编辑器和 Slate 材质编辑器两种，从而对于材质的编辑提供了更多的方便。本节将详细介绍这两种编辑的操作。

8.1.1　打开材质编辑器

材质编辑器是默认的材质编辑容器。通常都需要通过该容器将材质调试后赋予模型表面。打开材质编辑器的方法有三种，下面分别给予介绍。

【例 8-1】打开材质编辑器

(1) 在主菜单栏中依次选择【渲染】|【材质编辑器】命令，如图 8-1 所示。

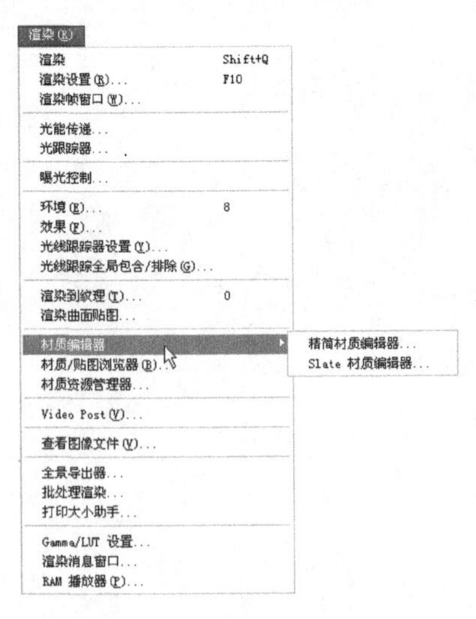

图 8-1　渲染菜单

(2) 在主工具栏中单击【材质编辑器】按钮。

(3) 按下键盘上的 M 快捷键，将其打开。

材质编辑器主要由菜单栏、材质示例窗、材质编辑工具栏(包括垂直工具栏和水平工具栏)、材质参数卷展栏，如图 8-2 所示。

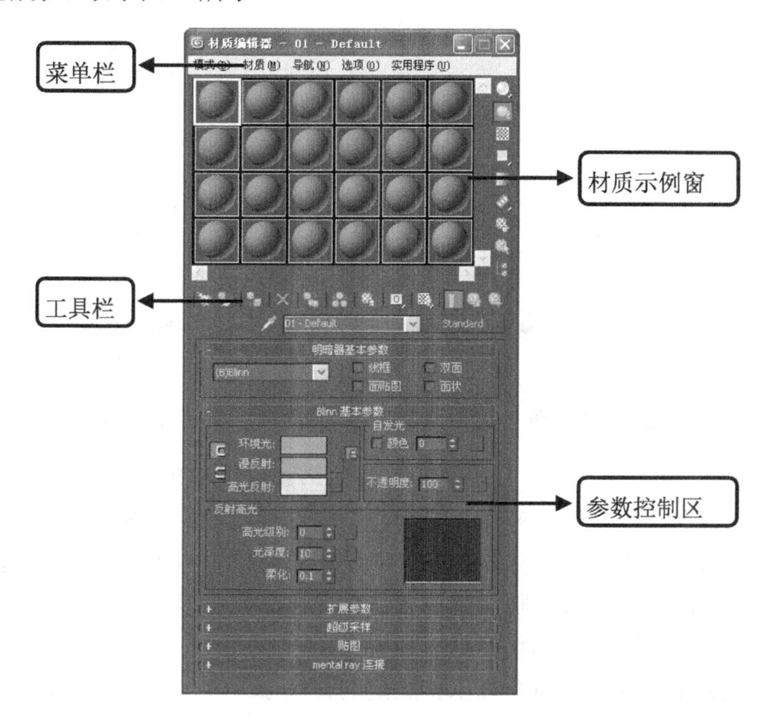

图 8-2　材质编辑器

关于材质编辑器窗口各个组成部分的功能及其详细参数的意义将在下面章节中给予详细介绍。

8.1.2　菜单栏

菜单栏提供了一些用于编辑材质的工具，例如预览材质的工具、设置材质球的工具等。

1. 模式菜单

模式菜单提供了两个命令，即精简材质编辑器和 Slate 材质编辑器，如图 8-3 所示。分别选择这两个命令，可以在精简材质编辑器和 Slate 材质编辑器之间进行切换。

2. 材质菜单

材质菜单提供了一些编辑或预览材质的快捷工具，如图 8-4 所示。

- 获取材质：选择该命令后可以打开【材质/贴图浏览器】窗口，在该窗口中可以选择材质或贴图。
- 从对象选取：选择该命令后，可以从场景对象中选择材质。
- 按材质选择：选择该命令后，可以通过【材质编辑器】对话框中的活动材质来选择场景中的对象。

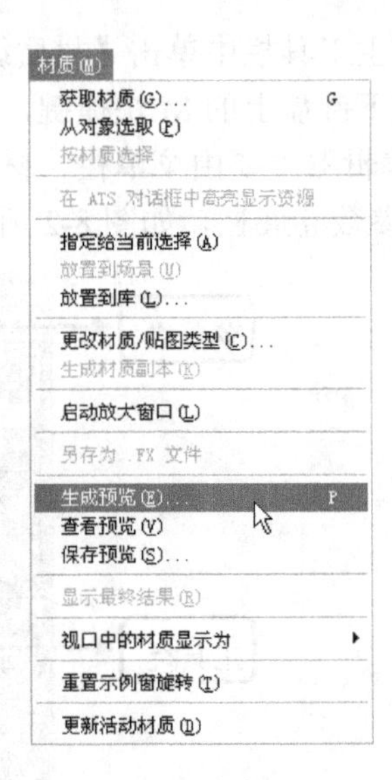

图 8-3　模式菜单

图 8-4　材质菜单

- 在 ATS 对话框中高亮显示资源：假如当前材质使用的是已跟踪资源的贴图，那么选择该命令后可以打开【资源跟踪】对话框，同时资源会高亮度显示。
- 指定给当前选择：选择该命令后可以将当前材质应用于场景中已经被选择的对象。
- 放置到场景：将材质制作完毕后，选择该命令可以对场景中对应的材质进行更新，从而使其按照当前制作的材质效果显示。
- 放置到库：选择该命令可以将选定的材质添加到材质库。
- 更改材质/贴图类型：选择该命令可以更改材质或者贴图的类型。
- 生成材质副本：选择该命令后可以将激活的材质进行复制，生成一个副本。
- 启动放大窗口：选择该命令时，可以将当前激活的材质球以一个单独窗口的方式显示，并可以将该窗口放大，如图 8-5 所示。

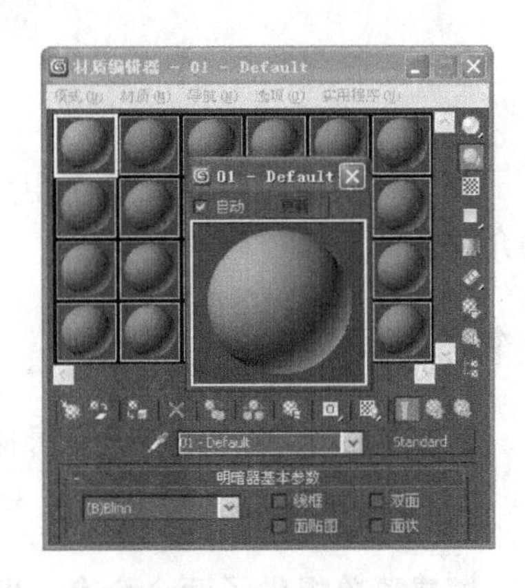

图 8-5　放大窗口

- 另存为 FX 文件：选择该命令后可以将激活的材质另存为 FX 类型文件。
- 生成/查看/保存预览：使用动画贴图为场景添加运动，从而生成、查看或者保存预览效果。
- 显示最终结果：查看所在级别的材质，即当前层的材质效果。
- 视口中的材质显示为：该命令用于设置材质在视图中的显示方式，分别为标准显示、有贴图的标准显示、硬件显示和有贴图的硬件显示 4 种。
- 重置示例窗旋转：该命令可以使活动的示例窗恢复到默认的方向。当我们在编辑器中对材质球执行旋转后，可以利用该命令进行重置。
- 更新活动材质：更新示例窗中的活动材质。

3．导航菜单

导航菜单用来执行材质层关系的导向，利用该菜单可以向材质的父层、同级别子材质进行跳转，如图 8-6 所示。

- 转到父对象(P)：在当前材质层中向上跳转一个级别，其快捷键为向上键。
- 前进到同级(F)：在当前材质层中向相同级别的下一个贴图或者材质跳转，其快捷键为向右键。
- 后退到同级(B)：该命令可以跳转到当前材质层的相同级别的上一个贴图或者材质层，正好与上一命令功能相反。

4．选项菜单

选项菜单提供了一些用于设置示例窗中示例球的工具，例如材质球灯光等。图 8-7 所示的是选项菜单。

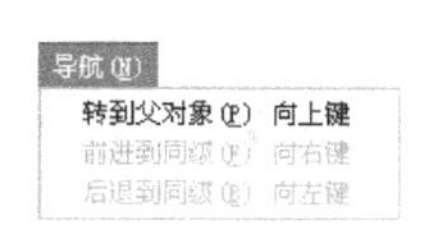

图 8-6　导航菜单

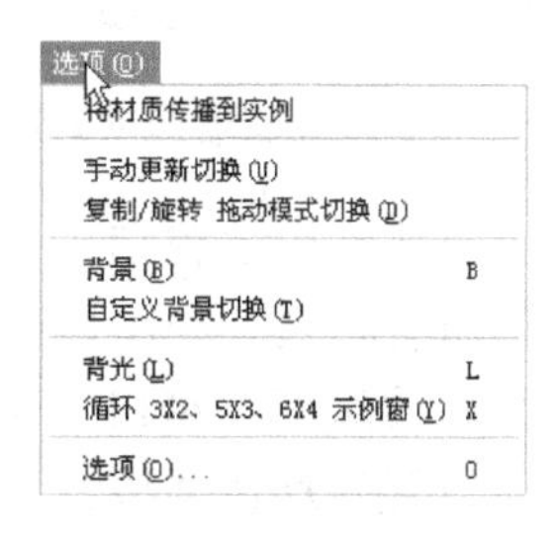

图 8-7　选项菜单

- 将材质传播到实例：该命令将制定的任何材质传播到场景中对象的所有实例。
- 手动更新切换：该命令允许用户以手动的方式更新和切换材质球。
- 复制/旋转拖动模式切换：该命令可以在复制模式和旋转模式之间进行切换。
- 背景：该命令可以将由多个方格组成的背景添加到活动示例窗中。
- 自定义背景切换：如果已经指定了自定义背景，那么该命令可以用来切换自定义背景的显示效果。
- 背光：该命令可以将背光添加到活动示例窗中。
- 循环 3×2、5×3、6×4 示例窗：该命令可以用来切换材质球的显示方式。
- 选项：该选项可以打开【材质编辑器选项】对话框，从而设置材质编辑器的参数，如图 8-8 所示。

5．实用程序菜单

实用程序菜单提供了一些用来方便操作材质编辑器的工具，如图 8-9 所示。

- 渲染贴图：该命令可以对贴图进行渲染。
- 按材质选择对象：该命令可以基于【材质编辑器】对话框中的活动材质来选择对象。
- 清理多维材质：该命令可以对【多维/子对象】材质进行分析，然后在场景中显示所有包含未分配任何材质 ID 的材质。
- 实例化重复的贴图：该命令可以在整个场景中查找具有重复位图贴图的材质，并提供将它们实例化的选项。

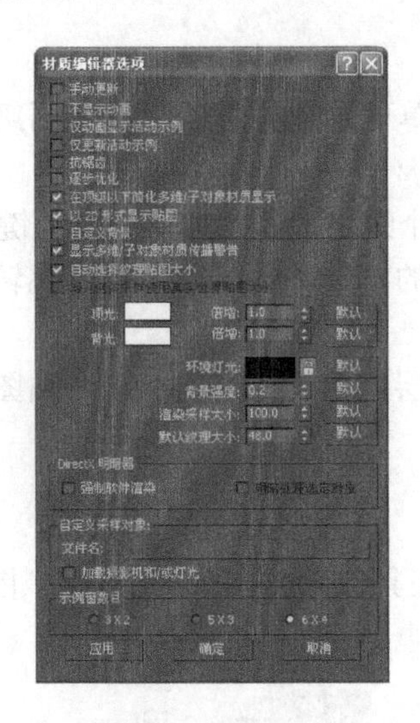

图 8-8 【材质编辑器选项】对话框

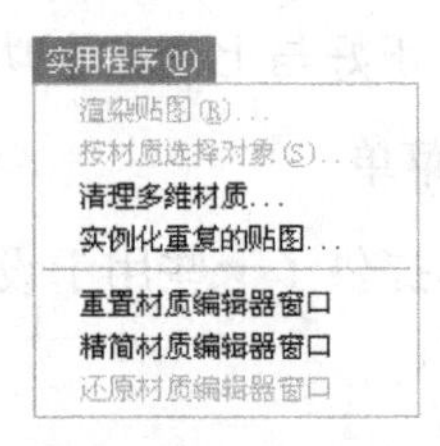

图 8-9 实用程序

- 重置材质编辑器窗口：该命令用默认的材质类型替换【材质编辑器选项】对话框中的所有材质。利用该命令可以将材质示例窗中的材质清除。
- 精简材质编辑器窗口：该命令可以将【材质编辑器选项】对话框中所有未使用的材质设置为默认类型。
- 还原材质编辑器窗口：利用缓冲区的内容还原编辑器的当前状态。

6. 材质示例窗

材质示例窗是材质编辑器的重要组成部分，它主要用来显示材质的当前效果。利用它可以很直观地观察出材质的基本属性，例如物理特性、纹理等，如图 8-10 所示。

1) 设置材质球显示数量

材质示例窗中的材质分为 6、15 和 24 三种显示方式，读者可以通过右键菜单中的 3×2 示例窗、5×3 示例窗和 6×4 示例窗命令进行切换。

2) 旋转材质球

在材质示例窗中，可以通过拖拽示例窗右侧的滚动条显示不在同一窗口中的材质球。还可以使用鼠标中键来旋转材质球，从而可以动态观察材质其他位置的效果，如图 8-11 所示。

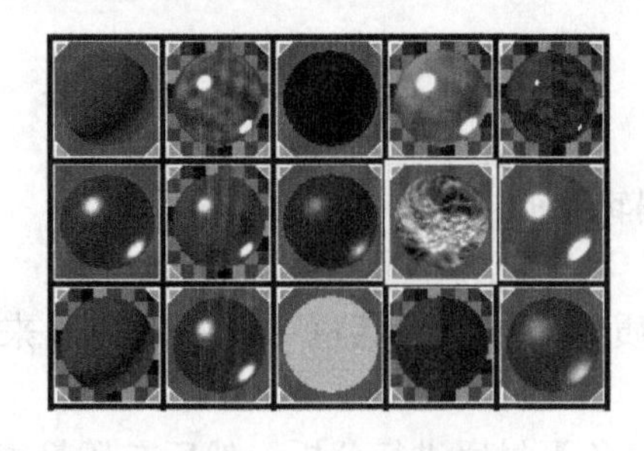

图 8-10 材质示例窗

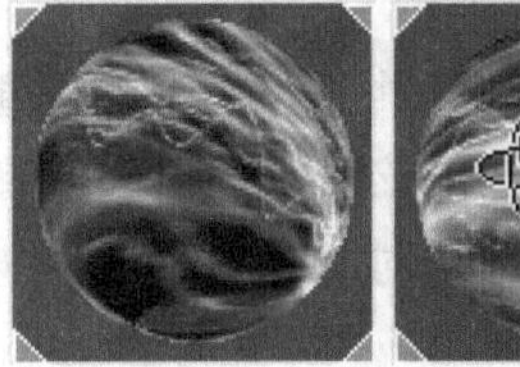

图 8-11 拖动材质球

3) 拖拽材质球

在材质示例窗中，可以使用鼠标左键将一个材质球拖拽到另外一个材质球上，从而将当前材质覆盖原来的材质。

【例 8-2】覆盖材质球

(1) 打开随书光盘中的“08\覆盖材质.max”文件，按 M 键打开材质编辑器，观察此时示例窗中的材质球，如图 8-12 所示。

(2) 单击第一个材质球，使其处于激活状态，如图 8-13 所示。

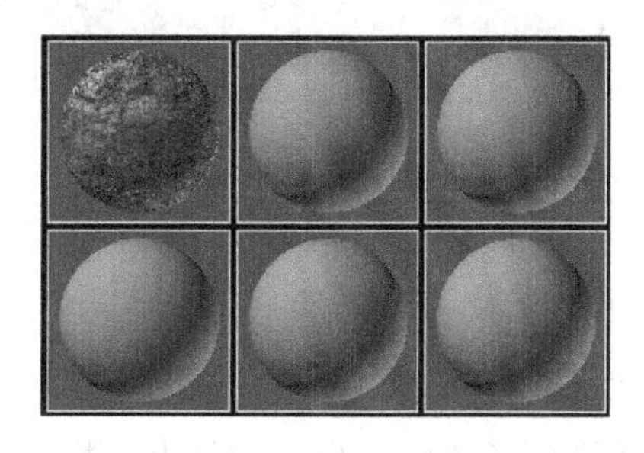

图 8-12　打开材质编辑器

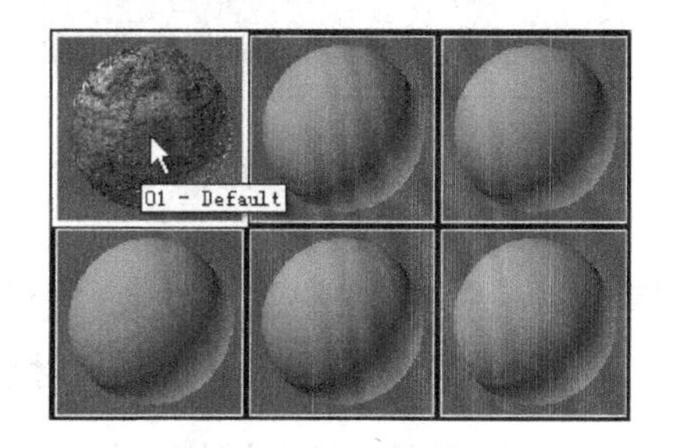

图 8-13　激活材质球

注意： 注意观察激活状态的材质球与未激活状态的区别。激活状态的材质球将会在边框上以高亮度的方式显示。

(3) 将鼠标指针移动到第一个材质球上，按住鼠标左键不放，将其拖动到第二个材质球上，如图 8-14 所示。

(4) 松开鼠标左键，即可将第一个材质球上的材质覆盖到第二个材质球上，如图 8-15 所示。

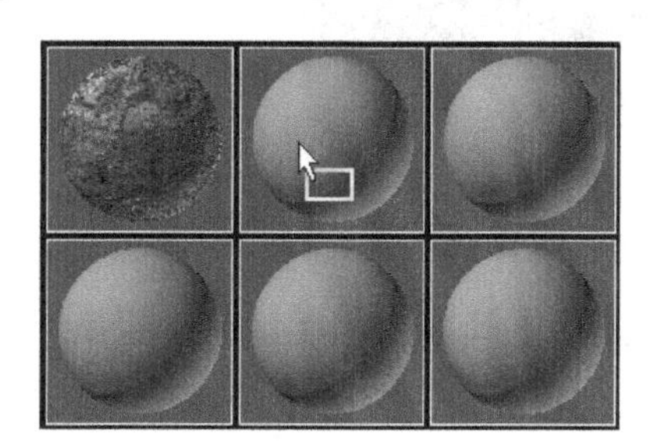

图 8-14　拖动

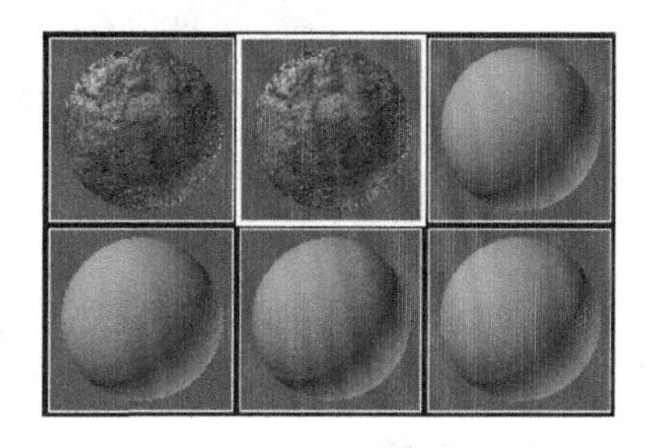

图 8-15　完成覆盖

4) 为场景模型赋予材质

赋予材质，实际上就是将制作好的材质赋予场景中的指定模型，这一操作有多种方法可以完成。

【例 8-3】赋予材质

(1) 打开随书光盘中的“08\赋予材质.max”文件，按 M 键打开材质编辑器，选择示例窗中的第一个材质球，如图 8-16 所示。

(2) 在场景中选择平面物体。单击材质编辑器水平工具栏上的按钮，即可将当前材质赋予几何体，此时的材质示例窗如图 8-17 所示。

图 8-16　选择材质球

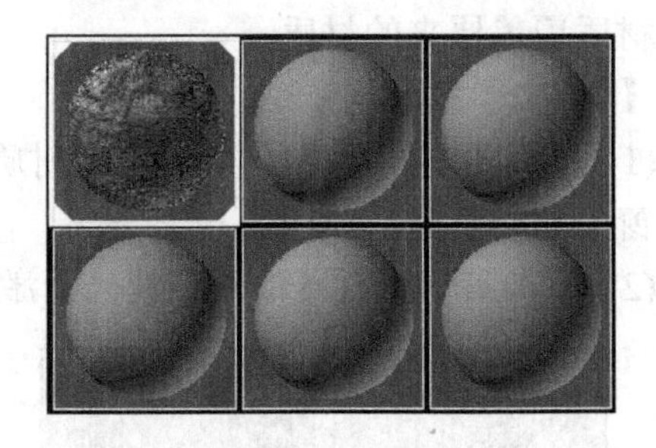

图 8-17　赋予材质

提示： 当前材质如果已经被赋予模型，那么在材质球边框的四周将会出现实心的三角，而没有赋予物体的材质球则会以正方形边框显示。

(3) 还可以利用鼠标左键拖动的方式直接将材质拖到场景中的指定物体上。指定好材质的模型效果如图 8-18 所示。

图 8-18　指定材质后的效果

8.1.3　工具栏

在材质编辑器中，菜单栏下面的各种命令在工具栏中基本上都能找到，而使用工具栏进行编辑控制更为直观方便，所以在这里只介绍工具栏中各个按钮的含义。

1. 垂直工具栏

垂直工具栏位于材质示例窗的右侧，主要用于控制材质示例球的显示效果。表 8-1 中列出了它们的具体功能。

表 8-1　垂直工具简介

按　钮	名　称	功　能
	采样类型	决定样本的显示方式，默认为球形。另外，还有圆柱方式和立体方式
	背光	给视图中的样本增加一个背景光效果。在默认状态下为打开状态
	背景	给样本加一个方格背景
	采样 UV 平铺	确定样本中贴图的重复次数。该按钮为一次，此外还有 4 次、9 次和 16 次
	视频颜色检查	检查 NTSC 和 PAL 制式以外的视频信号和颜色

续表

按　钮	名　称	功　能
	生成预览	用来给动画材质生成预览文件。按住该按钮还可以看到【播放】和【存储预览文件】按钮
	选项	用来调整示例窗显示参数
	通过材质选择对象	在将选定材质赋予某个物体后，单击该按钮会打开选择物体对话框。
	材质/贴图导航器	打开材质/贴图导航器，以选择材质/贴图层级

2．水平工具栏

水平工具栏位于材质示例窗的下方，用于完成一些材质的储存和材质层级切换功能，在实际应用中十分重要。关于这些工具的简介如表 8-2 所示。

表 8-2　水平工具简介

按　钮	名　称	功　能
	获取材质	单击该按钮可打开材质/贴图对话框，在该对话框中双击可获取材质或贴图
	将材质放入场景	使当前样本材质成为同步材质
	将材质指定给选定对象	将编辑好的材质赋予场景中被选中的物体
	重置材质/贴图的默认设置	恢复当前材质的默认设置
	生成材质副本	给当前材质制作副本
	放入库	将经过编辑的材质放回材质库
	材质 ID 通道	为材质指定一个 G 缓冲通道，从而将视频后期效果或渲染效果指定给材质，并在输出的 RLA 与 RPF 文件中保存通道号信息
	在视口中显示贴图	在当前视图中显示贴图效果
	显示最终结果	显示当前层材质的最后效果
	转到父对象	进入操作过程的上一层
	转到下一个同级顶	在当前层中，进入下一个贴图或材质

8.1.4　材质参数卷展栏

不同的材质类型有不同的材质参数，通过在材质卷展栏中设置颜色、光泽度和贴图等参数，可以得到千变万化的材质效果。关于这些参数卷展栏，这里就不再一一介绍，8.3 节将详细介绍材质的公共参数。

8.1.5　Slate 材质编辑器

Slate 材质编辑器又被称为平板材质编辑器，它是 3ds Max 中新增的一种材质编辑器模式，如图 8-19 所示。和上面所讲解的材质编辑器的功能是相同的，所不同的是材质制作方式有所变化而已。

图 8-19 Slate 材质编辑器

1．材质/贴图浏览器

和精简模式下的【材质/贴图浏览器】功能相同，在平板模式下，首先需要在该区域中选择材质的类型。例如，双击【标准】选项，即可创建一个标准材质。

2．视图

当我们在【材质/贴图浏览器】中双击某个材质类型后，将在视图中显示材质的节点，如图 8-20 所示。

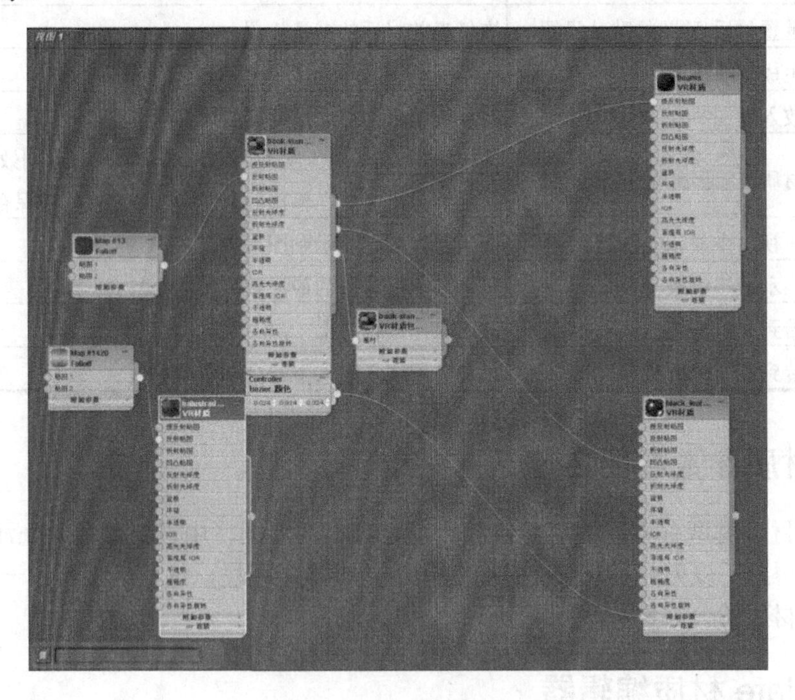

图 8-20 显示材质节点

在该视图中，如果需要在某个通道中添加贴图时，只需要双击其左侧的圆点，即可打开【材质/贴图浏览器】窗口，选择一个贴图类型后，即可在其中添加节点。

3．导航器

该区域用于帮助用户选择要在视图中显示的材质区域。可以按住鼠标左键在导航器中拖动红色的方块，框选将被显示在【视图】区域中的材质区域，如图 8-21 所示。

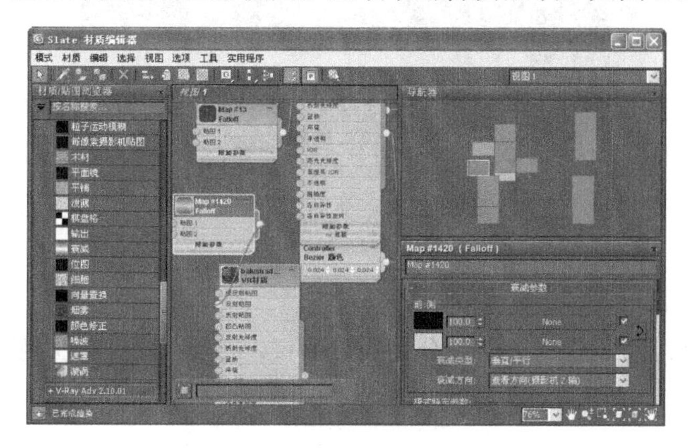

图 8-21　导航器的功能

4．材质参数编辑器

当我们在【视图】区域中双击某个选项时，则与之相关的参数设置将会在【材质参数编辑器】区域中显示出来，以方便调整。图 8-22 所示的是关于 Blinn 基本参数的调整参数。

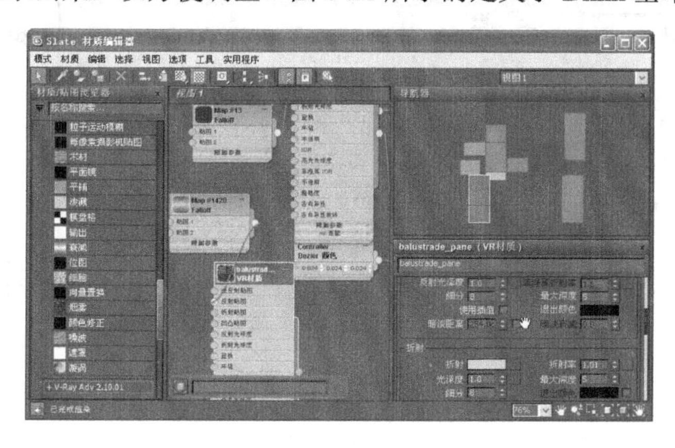

图 8-22　材质参数编辑器功能

关于 Slate 材质编辑器的工具以及菜单命令就不再详细介绍，其功能和上文介绍的精简材质编辑器相同。

8.2　材质资源管理器

材质资源管理器，是 3ds Max 2010 中的一个新增功能，它主要用来浏览和管理场景中的材质。在 3ds Max 2012 中，材质资源管理器的变化并不是太大。要打开材质资源管理器，执行【渲染】|【材质资源管理器】命令即可，如图 8-23 所示。

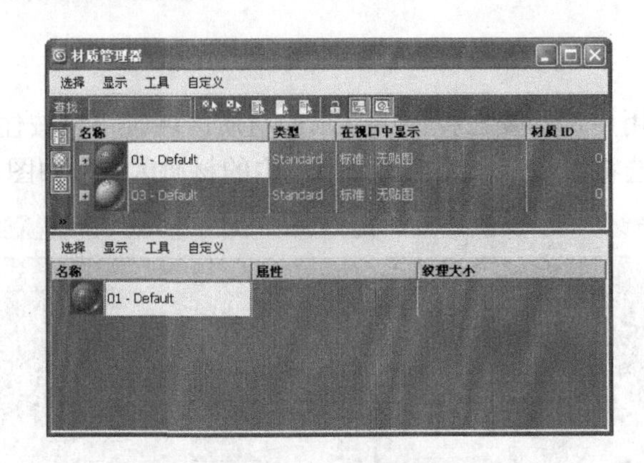

图 8-23　材质管理器

材质管理器分为两部分，上半部分为场景面板，下半部分则是材质面板，下面分别介绍这两部分的功能。

8.2.1　场景面板

场景面板由四部分组成，分别是菜单栏、工具栏、显示过滤按钮以及列所组成，如图 8-24 所示。

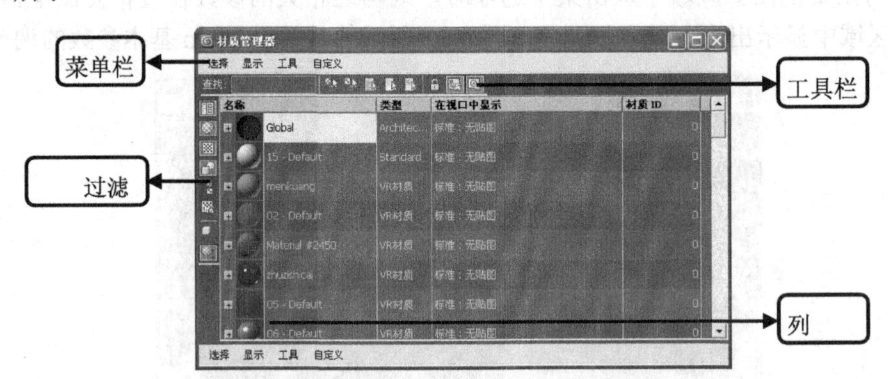

图 8-24　场景面板

1．菜单栏

菜单栏提供了材质管理器使用的相关菜单，包括选择、显示、工具和自定义 4 个菜单。其中，选择菜单提供了选择子元素的工具，可以方便我们在场景面板中选择元素。

2．工具栏

工具栏中提供了一些对材质进行基本操作的工具，关于它们的介绍如表 8-3 所示。

表 8-3　工具简介

按　钮	名　称	功　能
查找	查找	通过输入文本来查找对象
	选择所有材质	选择场景中的所有材质

续表

按　钮	名　称	功　能
	选择所有贴图	选择场景中的所有贴图
	全选	选择场景中的所有材质和贴图
	全部不选	取消选择场景中的所有材质和贴图
	反选	选择当前没被选择的对象，而已经被选择的对象将取消选择
	锁定单元编辑	禁止在【资源管理器】中编辑单元
	同步到材质资源管理器	将材质面板中的所有材质操作与场景面板保持同步
	同步到材质级别	将材质面板中的所有子材质与场景面板保持同步

3. 过滤按钮

过滤按钮是一个竖型工具条，主要提供了一些用来控制材质和贴图显示方式的工具，详细功能如表 8-4 所示。

表 8-4　过滤按钮简介

按　钮	名　称	功　能
	显示缩略图	按下该按钮后，可以在场景面板中显示出每个材质和贴图的缩略图
	显示材质	在场景面板中显示每个对象的材质
	显示贴图	显示每个材质层次下包含的所有贴图
	显示对象	显示出该材质所应用的对象
	显示子材质/贴图	显示每个材质层次下面用于材质通道的子材质和贴图
	显示未使用的贴图通道	显示出每个材质层次下面没使用的贴图通道
	按对象排序	让层次以对象或材质的方式进行排序

4. 列

【列】主要用来显示场景材质的名称、类型、在视图中的显示方式，以及材质的 ID。

8.2.2　材质面板

材质面板包括菜单栏和列两大部分，此面板中各命令的含义和场景面板相同，这里就不再详细介绍，图 8-25 所示为材质面板。

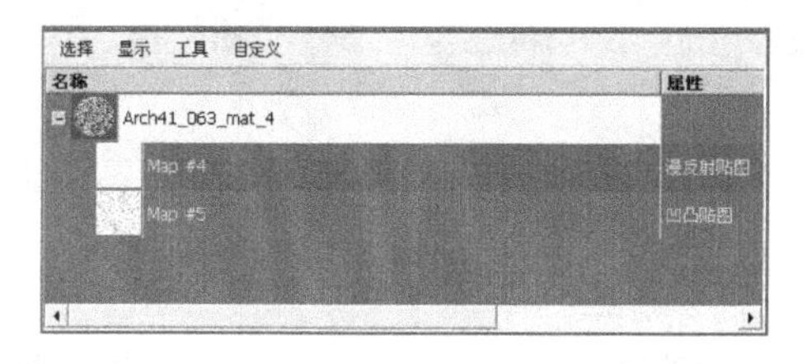

图 8-25　材质面板

8.3 公共参数简介

所谓的公共参数，就是当我们第一次打开材质编辑器时，参数控制区域所提供的参数(实际上就是标准材质参数)。由于这部分参数比较多，因此在这里将按照卷展栏进行分类讲解。

8.3.1 【明暗器基本参数】卷展栏

【明暗器基本参数】卷展栏由明暗器类型和贴图方式两部分组成，如图 8-26 所示。在该卷展栏中，下拉列表中提供的是明暗器类型，而其右侧的 4 个复选框则是贴图方式。本节首先介绍明暗器的类型。

1. 明暗器类型简介

1) Blinn

Blinn 明暗器是 3ds Max 中最常用的明暗器，其以光滑的方式来渲染物体表面，可以表现出很多种物体的属性，例如金属、玻璃、泥土等，效果如图 8-27 所示。

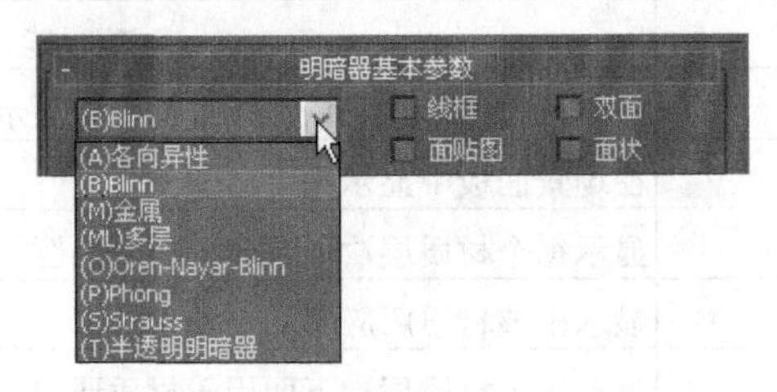

图 8-26　明暗器基本参数卷展栏

2) 各向异性

【各向异性】明暗器可以表现非正圆形的具有方向性的高光区域，如图 8-28 所示，适合制作像头发、丝绸以及特殊金属等材质。

图 8-27　Blinn 明暗器效果

图 8-28　各向异性效果

在这种明暗器类型中，【各向异性】参数可以设置高光的形状，默认值是 0，随着数值的增大，高光区域会变长、变窄，如图 8-29 所示。

3) 金属

【金属】明暗器在表现金属材质时具有显著的效果，它可以生成金属所具有的强烈反光效果，如图 8-30 所示。

图 8-29　各向异性参数的影响

图 8-30　金属明暗器效果

技巧： 在制作金属材质时，一般都需要添加【光线跟踪】贴图或假反射贴图，否则会有塑料的感觉。

4) 多层

【多层】明暗器具有和【各向异性】明暗器相同的性质，可以理解成具有两个各向异性选项。它使用的是分层高光，每一层都可以单独设置，比各向异性的高光更为复杂，这样的高光适用于高度磨光的曲面以及特殊效果，比如制作十字交叉形状的高光、使高光的颜色有不同的变化等，效果如图 8-31 所示。

5) Oren-Nayar-Blinn

Oren-Nayar-Blinn 明暗器漫反射区域的分布广泛，其中包涵【高级漫反射】控件、【漫反射级别】和【粗糙度】，使用它可以生成无光泽效果。这种明暗器非常适合制作黏土和陶土材质，如图 8-32 所示。

图 8-31　多层效果

图 8-32　Oren-Nayar-Blinn 效果

提示： 当降低【高光级别】、【光泽度】并增大【柔化】的值时，可以加强其“陶土”的特性，当提高【高光级别】、【光泽度】并减小【柔化】值时，可以使其更加靠近 Blinn 明暗器的性质，但与 Blinn 有所不同的是其反光更柔和。

6) Phong

Phong 明暗器一般适合制作接收光线强而厚度薄的物体材质，对于高光部分的强调比 Blinn 明暗器更为突出，它多用于光滑的塑料、玻璃等人工质感的物体上，其效果如图 8-33 所示。

7) Strauss

Strauss 明暗器没有【环境色】选项，其所表现的金属质感更具有沉重的感觉，它可以使用【金属度】来控制折射，所以更适合表现像金属一样带有沉重感觉的非金属质感，如矿石或礁石等，如图 8-34 所示。同时也适合表现涂料效果。

8) 半透明明暗器

半透明明暗器不仅可以表现半透明材质效果，同时还能使对象的背面也产生透视性的影响。它是 3ds Max 中比较常用的明暗器类型，表现出来的效果也比较真实，但渲染的速度比较慢。

图 8-33　Phong 效果

图 8-34　Strauss 效果

2．贴图方式

贴图方式，实际上就是设置如何将贴图附着到模型的表面。通常有以下四种方式。

1) 线框

将对象表现为线框形状，并对对象所具有的边进行渲染，线框的粗细可以在【扩展参数】卷展栏中进行设置。

2) 双面

在默认情况下，3ds Max 只显示和渲染模型正面的面(法线朝向的面)。若选中该复选框，模型背面的面也将被显示和渲染出来。

3) 面贴图

如果我们对模型进行了贴图，选中该复选框，则模型的每个多边形面上将分别被贴图，而不是整体贴图。

4) 面状

在选中该复选框后，默认状态下将不对可编辑多边形进行光滑处理。

8.3.2　【Blinn 基本参数】卷展栏

【Blinn 基本参数】卷展栏主要用来设置材质的物理特性，例如材质表面的质感、颜色、是否透明等。图 8-35 所示为【Blinn 基本参数】卷展栏。

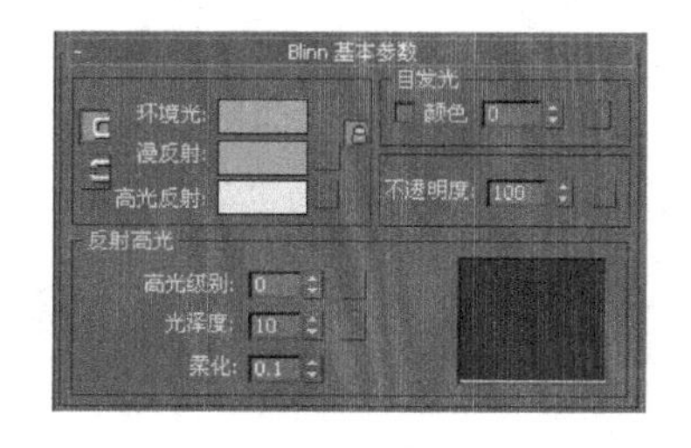

图 8-35　【Blinn 基本参数】卷展栏

1. 基本色设置

1) 环境光

【环境光】用于设置整个物体暗部所呈现的颜色，主要影响物体的阴影部分。

2) 漫反射

【漫反射】是物体表面最基本的颜色，决定物体的整体色调。我们通常所说的物体颜色，就是指物体的漫反射颜色。图 8-36 所示为不同的漫反射颜色所产生的不同效果。

【高光反射】用于设置直接影响物体的高光点以及其周围的色彩变化，如图 8-37 所示。一般情况下，高光色彩为对象自身色彩与光源色彩的混合。

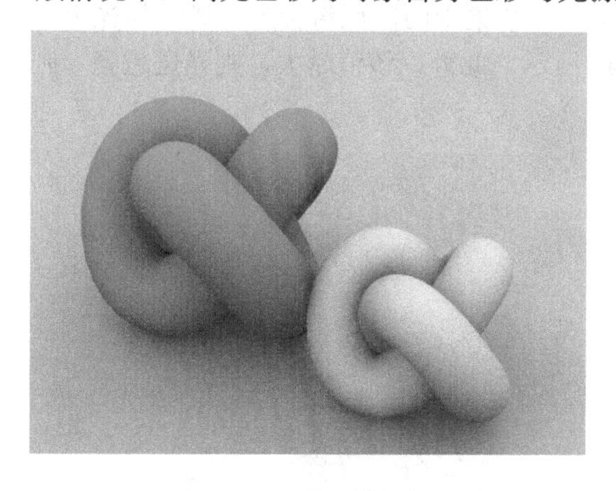

图 8-36　漫反射颜色

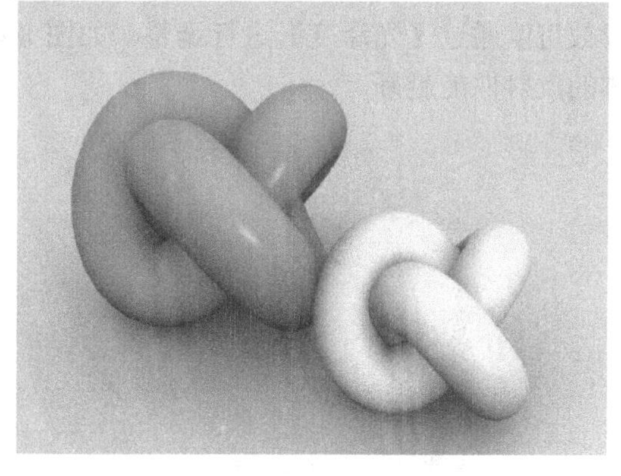

图 8-37　高光反射

3) 自发光

【自发光】仅仅是一种材质表现方式，它不能真正地发射光线，即不能对周围的物体产生照明。该选项区域仅有一个参数设置，读者可以通过两种方式设置自发光的属性，一种是指定自发光颜色，另一种是修改自发光的数值，图 8-38 所示为自发光效果。

4) 不透明度

顾名思义，【不透明度】用于设置物体的透明程度，如图 8-39 所示。其默认数值为 100，此时的材质完全不透明。

2. 反射高光

反射高光区域包含 3 个参数，分别是高光级别、光泽度和柔化。当场景中的物体受到光线的影响后，会根据不同的受光面积、强度和外形产生不同的效果。下面分别介绍它们的功能。

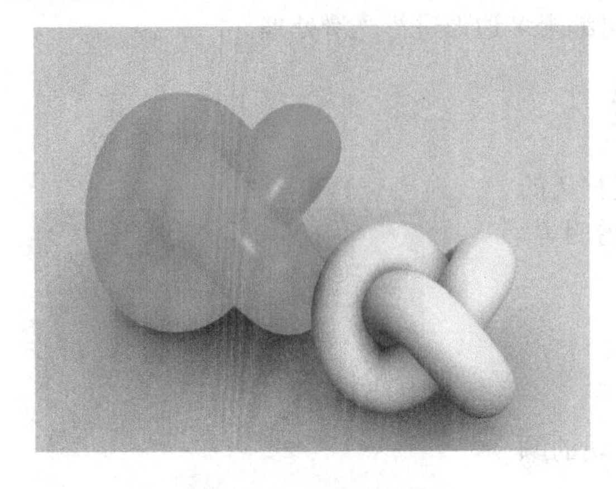

图 8-38 自发光效果

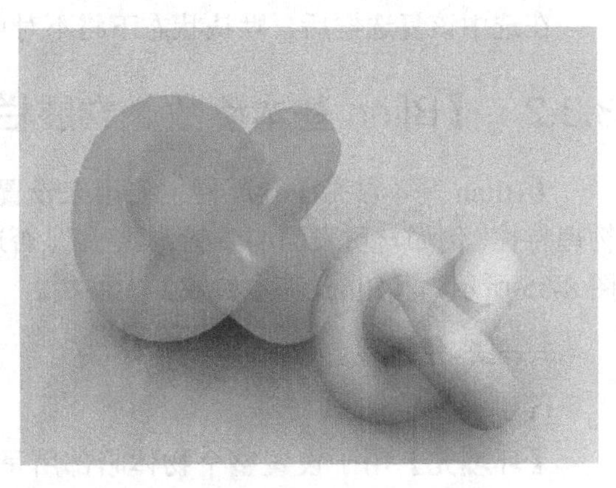

图 8-39 不透明度效果对比

1) 高光级别

高光级别用于设置物体表面的光滑程度，该数值越大，物体表面越光滑，则光线投射到材质表面则会产生光线聚集，如图 8-40 所示。

2) 光泽度

表面光滑的物体的反光面通常会相对集中，这个集中的区域将会产生耀眼的光斑。该参数可以通过【光泽度】进行调整，如图 8-41 所示。此外，该值越大，则光斑越亮，则物体的反射性能越好。

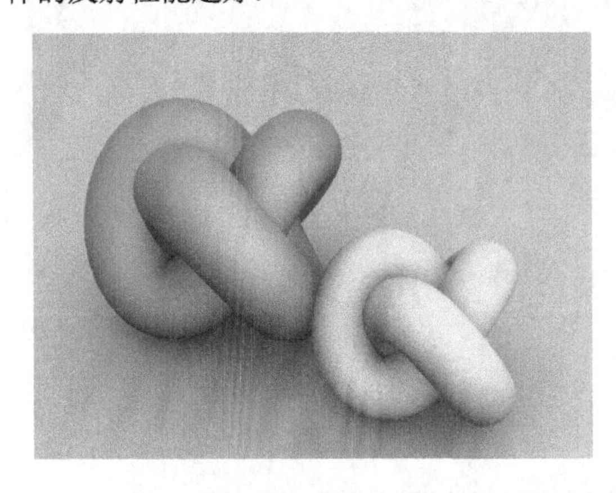

图 8-40 高光级别

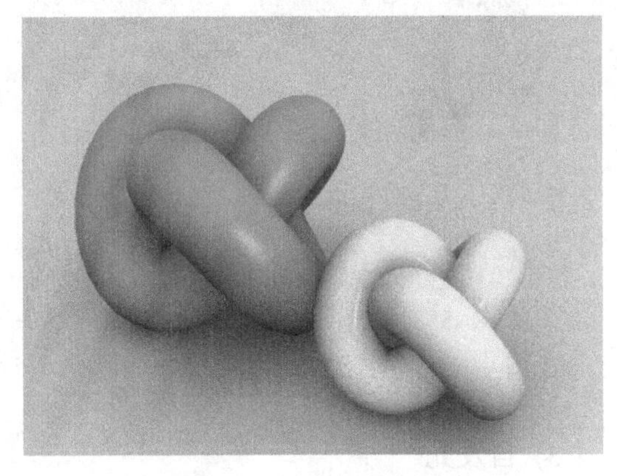

图 8-41 光泽度表现

3) 柔化

如果【高光级别】值太高，而【光泽度】值较低，那么在环境色、漫反射和高光之间的过渡就会变得很生硬，此时就可以利用【柔化】来使过渡变得平滑一些。

8.3.3 【扩展参数】卷展栏

【扩展参数】卷展栏也会随着明暗器类型的不同，而发生相应的改变。该卷展栏中的参数主要用于加强或者减弱当前材质的效果，尤其是半透明效果等。图 8-42 所示为【扩展参数】卷展栏。本节将介绍【扩展参数】卷展栏中的参数含义及其功能。

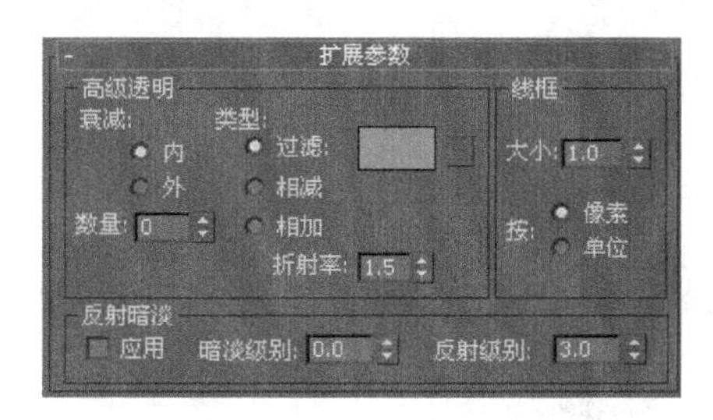

图 8-42　【扩展参数】卷展栏

1. 高级透明

【高级透明】选项组用于控制透明材质的不透明衰减设置。下面介绍关于高级透明的一些主要参数设置。

1) 内

【内】表示由边缘向中心将半透明显示，常用于制作玻璃等容器，如图 8-43 所示。

2) 外

【外】表示由中心向边缘增加透明度，如图 8-44 所示，常用于制作云雾和烟雾等效果。

图 8-43　内透明

图 8-44　外透明

3) 数量

【数量】用于指定衰减程度的大小，数值越大则衰减越快。

4) 过滤

【过滤】可以通过指定颜色的方式产生透明效果，该选项只对透明材质有效。

5) 相减

【相减】可以根据背景色作递减的色彩处理，如图 8-45 所示。

6) 相加

【相加】可以根据背景色作递增的色彩处理，设置发光体的效果很好，如图 8-46 所示。

7) 折射率

折射率用于设置折射贴图和光线跟踪材质的折射度。

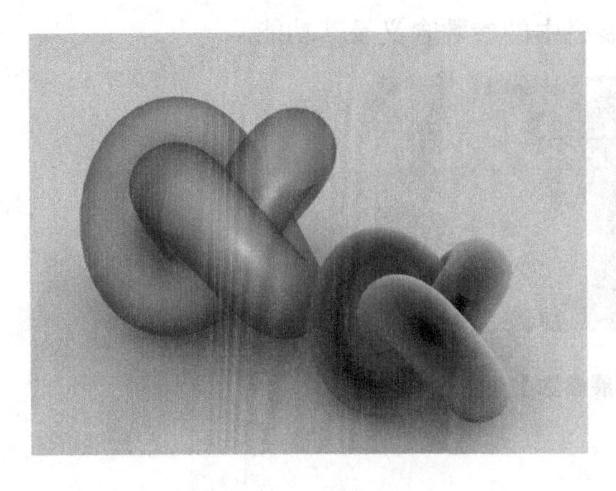

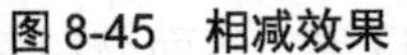

图 8-45　相减效果　　图 8-46　高级透明效果

2. 线框

【线框】选项组中的参数用于设置线框的属性。

1) 大小

【大小】用于调整线框的显示粗细，不同的参数设置创建的效果对比如图 8-47 所示。

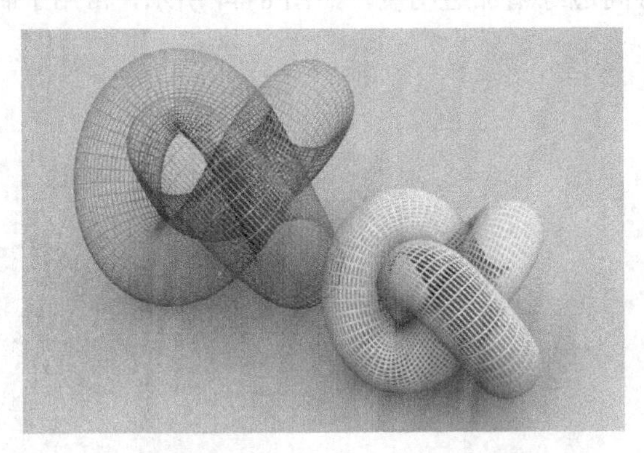

图 8-47　大小效果对比

2) 像素

【像素】可以按照一般的像素单位进行显示。

3) 单位

【单位】可以在渲染的同时，产生远近的距离感。

提示： 如果要在渲染当中使用线框，则需要在【明暗器基本参数】卷展栏中选中【线框】渲染方式，并且线框的粗细是无法通过视图进行观察的，只有通过渲染效果才能观察到其粗细。

3. 反射暗淡

如果选中【反射暗淡】复选框，则可以使阴影的贴图变得模糊、暗淡。

- 暗淡级别

  【暗淡级别】用于调整反射部分的阴影度，也可以调整对象暗部的反射率。

- 反射级别

  【反射级别】用于调整亮部的反射值，如果已经使用了暗部反射值，那么该数值越高，则反射效果就越好。

关于材质的公共参数就介绍这么多，除此以外材质的参数还包括贴图卷展栏，关于该部分知识将在后续章节中详细讲解。

8.4　常用材质简介

为了模拟各种各样的材质效果，3ds Max 为我们提供了多种材质类型，以满足我们的创作要求。本节将介绍一些常用的材质类型，以及如何在实际工作过程中使用它们实现效果。

8.4.1　标准材质

标准材质类型为表面建模提供了非常直观的方式。在现实世界中，表面的外观取决于它如何反射光线。在 3ds Max 中，标准材质模拟表面的反射属性。如果不使用贴图，标准材质会为对象提供单一的颜色，如图 8-48 所示。它是平时使用最为频繁的材质类型，如果我们掌握了标准材质各种参数的含义和设置方法，再去学习其他的材质类型就轻而易举了。上一节讲解的公共参数其实就是标准材质的参数，这里就不再详细介绍。

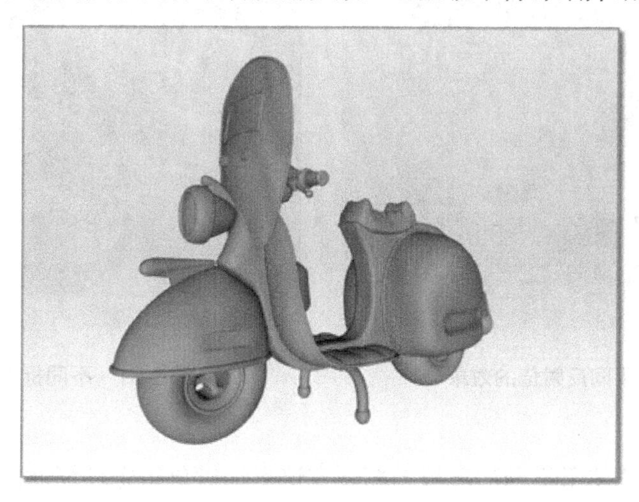

图 8-48　单一效果

8.4.2　光线跟踪材质

光线跟踪材质是高级表面着色材质，比较适合用来创建玻璃、水、金属、塑料等带有反射性质的物质。光线跟踪材质具有 Phong、Blinn 和金属等明暗器。不过，它使用这些着色方式时与标准材质存在很大的不同。

1. 【光线跟踪基本参数】卷展栏

图 8-49 所示为【光线跟踪基本参数】卷展栏。下面介绍基本参数的功能。

1) 环境光

其含义与标准材质中的【环境光】相同，取消选中该复选框表示不用颜色而是用数值进行调整。

2) 漫反射

与标准材质中的【漫反射】含义相同。

3) 反射

可以调整对象对周围环境的反射值，调整反射值的方法有 3 种，一种是通过色彩来调整，色彩越亮反射越强；一种是通过数值来调整，数值越高反射越强；最后一种是通过 IOR 值控制反射强度。图 8-50 所示为不同的反射值所创建的不同效果。

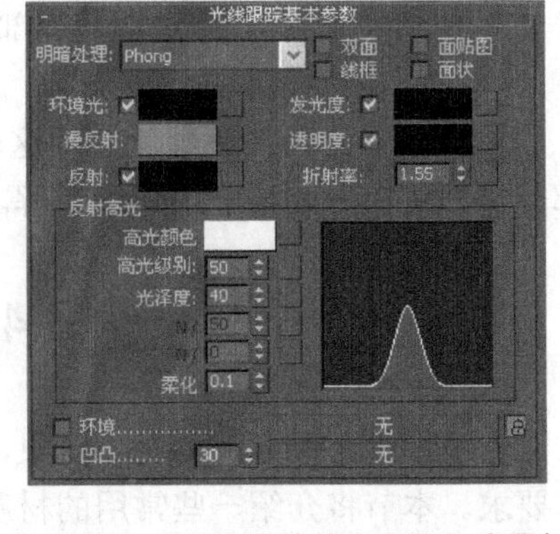

图 8-49 【光线跟踪基本参数】卷展栏

4) 发光度

该参数可以利用自身的颜色来发光。

5) 透明度

调整物体的透明度，和【反射】的控制方式相同，具有颜色和数值两种控制模式。

6) 折射率

折射率用于决定物体折射率的大小，图 8-51 所示为不同折射率的效果。

图 8-50 不同反射值的效果

图 8-51 不同折射率的效果

7) 环境

可以为每个对象使用不同的环境贴图。在这里为对象指定环境贴图以后，在【环境与效果】对话框中的背景颜色和环境贴图就会被忽略。

8) 凹凸

在该通道指定贴图后，会使物体表面产生起伏变化的效果。

2. 【扩展参数】卷展栏

图 8-52 所示为【扩展参数】卷展栏，其中有光线跟踪材质的特效控制参数，升级了透明效果，以及高级反射率等，功能很强大，需要多多实践才能有效地发挥作用。下面对其他参数进行介绍。

1) 特殊效果

该选项组的参数一般用于表现特殊效果，功能类似于自发光。

(1) 附加光：在指定的光线跟踪材质上面增加对象表面照明的效果。

(2) 半透明：这里的半透明颜色是无方向性漫反射。

(3) 荧光：创建一种在黑色灯光海报上的黑色灯光相似效果。黑光中的光主要是紫外线，位于可见光谱之外。在黑光下，荧光图画会产生光斑或光晕。

(4) 荧光偏移：可以调整荧光性的强度。

2) 高级透明

该选项组包含用于控制透明的一些详细参数。

(1) 透明环境：决定在运用光线跟踪的对象中是否按折射率来使用图片贴图。

(2) 密度：通过指定对象的密度来调整颜色或是烟雾的浓度。此控件用于透明材质，如果材质不透明将没有效果。

(3) 颜色：根据对象的密度来调整透过多少颜色。

(4) 雾：用带有自发光的烟雾来填充对象的内部功能。密度雾也是一种基于厚度的效果。

(5) 开始：决定效果的开始点。

(6) 结束：决定效果的结束点。

(7) 数量：决定效果的强弱。

3. 【光线跟踪器控制】卷展栏

【光线跟踪器控制】卷展栏用于影响光线跟踪器自身的操作，它能提高渲染性能。关于该卷展栏的参数设置比较繁多，下面来介绍其中各选项的含义。图 8-53 所示为【光线跟踪器控制】卷展栏。

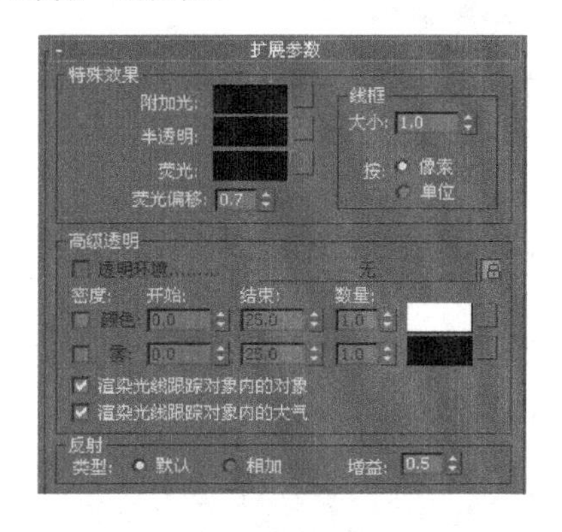

图 8-52　扩展参数卷展栏

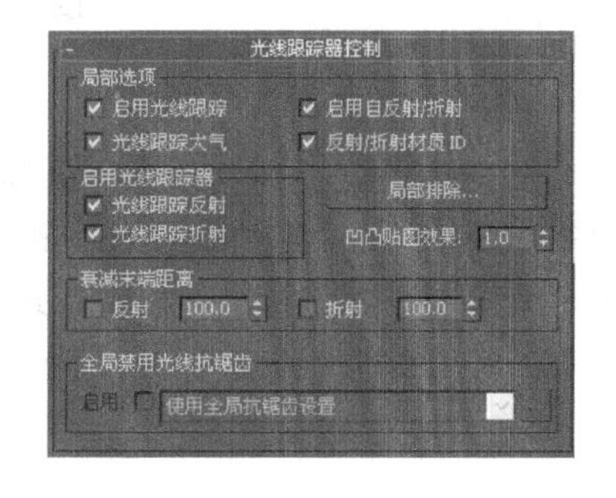

图 8-53　【光线跟踪器控制】卷展栏

1) 局部选项

(1) 启用光线跟踪：开启或关闭光线跟踪器。默认设置为启用。

(2) 启用自反射/折射：决定是否对环境中的大气产生效果。大气效果包括火、雾、体积光等。

(3) 光线跟踪大气：决定是否在材质上反射自己本身。

(4) 反射/折射材质 ID：决定是否反射 Video Post 特效编辑器或者大气特效中的效果。

2) 启用光线跟踪器

(1) 光线跟踪反射：选中该复选框后才能计算材质的反射率。

(2) 局部排除：可以控制场景中的物体是否参与反射。

(3) 凹凸贴图效果：在运用反射和折射的部分增加利用凹凸贴图表现的浮雕效果。

3) 衰减末端距离

用于设置衰减末端的反射与折射数值，该选项区域中的数值不能用于设置动画。

4) 局部排除

使用此选项区域中的控件可以覆盖光线跟踪贴图和材质的全局抗锯齿设置。如果全局禁用抗锯齿，则这些控件不可用。

8.4.3 卡通材质

卡通材质是指 3ds Max 提供的 Ink Paint，可以产生带有“墨水”边界的平面效果，可以创建二维平面绘制效果，如图 8-54 所示。该材质主要由【基本材质扩展】、【绘制控制】、【墨水控制】三个卷展栏组成。

图 8-54　卡通材质效果

1. 【基本材质扩展】卷展栏

图 8-55 所示为【基本材质扩展】卷展栏，其中的双面、面贴图、面状三个选项与标准材质中的作用相同，下面介绍其他各选项的含义。

- 未绘制时雾化背景：启用该选项以后，绘制区域中的背景将受摄像机与对象之间的雾的影响。图 8-56 所示为启用该选项的渲染效果。

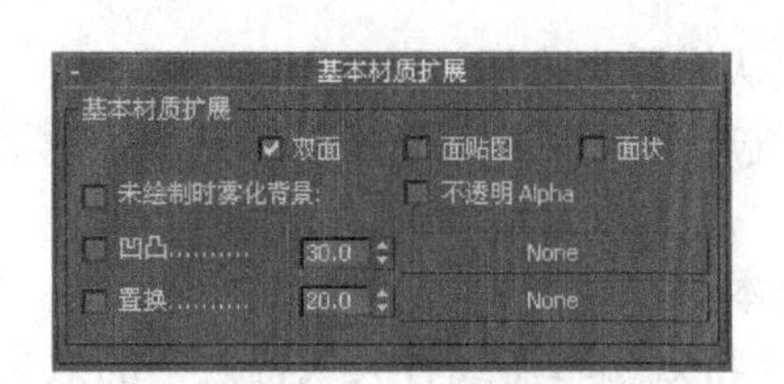

图 8-55　【基本材质扩展】卷展栏

图 8-56　雾化效果

- 不透明 Alpha：启用该选项以后，即使禁用了绘制或墨水，仍然可以渲染出完整的

Alpha 通道，如果不启用，则对象只会在场景中渲染出边缘的 Alpha 通道。

2. 【绘制控制】卷展栏

【绘制控制】卷展栏主要用于控制物体表面的颜色和属性，如图 8-57 所示，其中包括 3 个组件。

- 亮区：控制对象的整体颜色，默认设置为淡蓝色。图 8-58 所示为修改亮区颜色后的效果。取消选中该复选框后，对象在场景中将透明显示，但墨水除外，默认设置为选中。

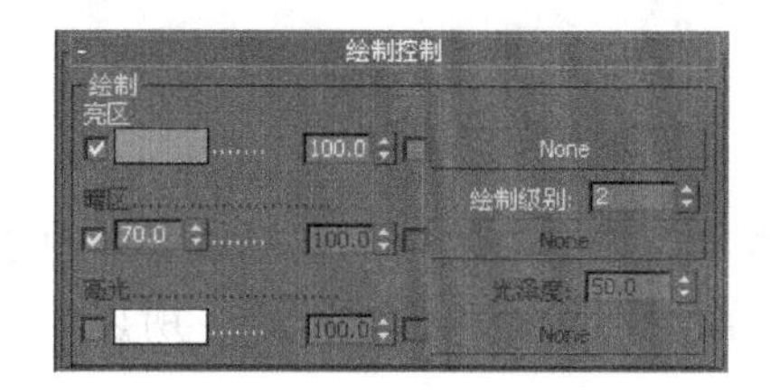

图 8-57　绘制控制卷展栏

图 8-58　修改卡通颜色

- 绘制级别：指定对象的过渡层级，最高为 256 个层。不同的绘制级别所产生的效果如图 8-59 所示。
- 暗区：该选项用来控制阴影部分，启用状态下，用来调整阴影部分的明暗效果，不同的参数效果对比如图 8-60 所示。

图 8-59　不同的绘制级别

图 8-60　暗区效果对比

- 高光：用来控制高光部分，选中该复选框后则产生高光，并可以设置高光颜色，取消选中该复选框，无论光线强弱都不产生高光。
- 光泽度：用来调整高光区域的大小，与标准材质中的作用相同。

3. 【墨水控制】卷展栏

【墨水控制】卷展栏主要是控制物体的勾线、轮廓的粗细、颜色以及勾线的位置。

图 8-61 所示为【墨水控制】卷展栏。

- 墨水：选中该复选框后物体就具有勾线效果，取消选中则没有描边，但能表现出一种细腻的卡通效果，如图 8-62 所示为两种效果的对比。

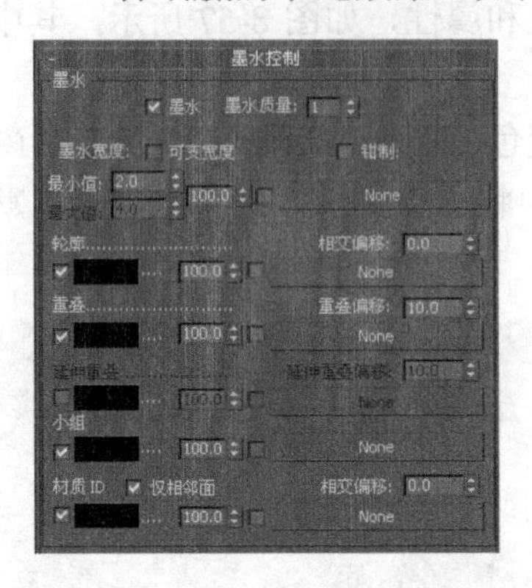

图 8-61 【墨水控制】卷展栏

图 8-62 效果对比

- 墨水质量：该数值越大物体的勾线就越精确，当然渲染的时间也就越长。对于大多数模型而言，增加此值产生的变化很小，而对渲染速度影响很大，所以一般情况下不建议使用。
- 墨水宽度：以像素为单位控制墨水宽度。
- 可变宽度：选中该复选框后，物体的勾线将呈现不规则的效果，效果对比如图 8-63 所示。
- 钳制：选中该复选框后，会强制墨水线保持在【最小值】和【最大值】之间，不受照明的影响。
- 轮廓：只对对象的外轮廓进行勾线，效果如图 8-64 所示。

图 8-63 调整可变参数的效果

图 8-64 轮廓效果

- 相交偏移：使用此选项来调整两物体相交时可能出现的缺陷。
- 重叠：当对象的某部分自身重叠时所使用的墨水。默认设置为选中。
- 重叠偏移：使用该选项来调整跟踪重叠部分的墨水中可能出现的缺陷。
- 延伸重叠：与重叠相似，但将墨水应用到较远的曲面而不是较近的曲面。默认设置为禁用状态。

- 延伸重叠偏移：使用此选项来调整跟踪延伸重叠部分的墨水中可能出现的缺陷。

关于卡通材质就介绍这么多，在介绍的过程中有些参数没有讲解到，读者可参考公用参数的相关功能说明。

8.4.4 混合材质

混合材质可以在物体表面上将两种不同的材质进行混合。该材质具有可设置动画的【混合量】参数，可以用来绘制材质变形功能曲线，以控制随时间混合两个材质的方式。它的最大特点是可以控制在同一个对象上的具体位置实现两种截然不同的效果，如图 8-65 所示。

图 8-65 混合效果

1. 混合材质类型

- 材质 1/材质 2：设置两个用以混合的材质。默认的都是标准材质，也可以更换为其他材质类型来进行多个材质的混合。
- 交互式：决定材质 1 和材质 2 中那一个在视图窗中显示。
- 遮罩：设置用做遮罩的贴图，也就是材质 1 和材质 2 的混合透明通道。即使在这里使用了彩色图片也被识别为黑白图片。
- 混合量：通过这一数值可以把材质 1 和材质 2 完全混合在一起。混合数值代表两个材质的混合比例，0 代表材质 1 完全可见，100 代表材质 2 完全可见。只有在没有指定遮罩贴图时这一选项才可用。

2. 混合曲线

该区域只有在指定了遮罩贴图的情况下才能被使用。调整混合曲线会影响进行混合的两种颜色之间相互变换的渐变或尖锐程度。

- 上限：调整上一层级的合成部位。
- 下限：调整下一层级的合成部位。

8.4.5 多维/子对象材质

使用多维/子对象材质可以为几何体的子对象级别分配不同的材质，即可以实现在物体不同的面上创建不同的材质，如图 8-66 所示。

图 8-66 多维/子对象

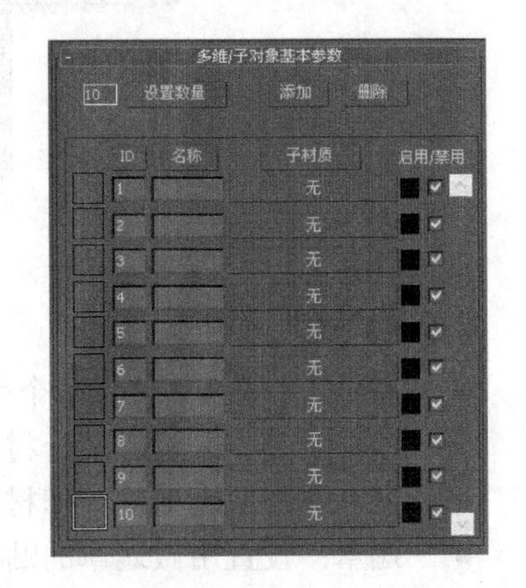

图 8-67 【多维/子对象基本参数】卷展栏

要使用多维/子对象材质，首先需要对多边形的面设置不同的 ID 号，然后根据多边形的 ID 号分别指定子对象材质。图 8-67 所示为【多维/子对象基本参数】卷展栏。

- 设置数量：可以指定用户使用的子材质个数，单击该按钮可以弹出【设置材质数量】对话框，然后设置子材质的个数。
- 添加：单击该按钮可以添加一个新的子材质到列表中，默认情况下，添加新子材质的 ID 数要大于使用中子材质 ID 的最大值。
- 删除：单击该按钮可以删除列表中当前选中的子材质。
- ID：显示子材质的 ID 序号，这里的 ID 号与物体的面的 ID 号是对应的，单击该按钮可以将列表按照 ID 号从小到大进行排序。
- 名称：可以对每个子材质进行命名。单击该按钮可以将列表按“名称”列中的名称进行排序。
- 子材质：给相应的 ID 指定材质，也可以使用标准材质以外的其他材质类型。
- 颜色：在这里即使不指定材质，也可以修改对象的漫反射颜色。
- 启用/禁用：启用或禁用子材质。禁用子材质后，在场景中的对象上和示例窗中会显示黑色。默认设置为启用。

8.4.6 双面材质

使用【双面】材质可以向对象的前面和后面指两个不同的材质。它的使用方法也比较简单，图 8-68 所示为【双面基本参数】卷展栏。

- 半透明：设置一个材质通过其他材质显示的数量，范围是从 0～100 的百分比。设置为 100 时，可以在内部面上显示外部材质，并在外部面上显示内部材质。
- 正面材质：指定对象外部的材质。
- 背面材质：指定对象内部的材质。图 8-69 所示为利用双面材质制作的画卷。

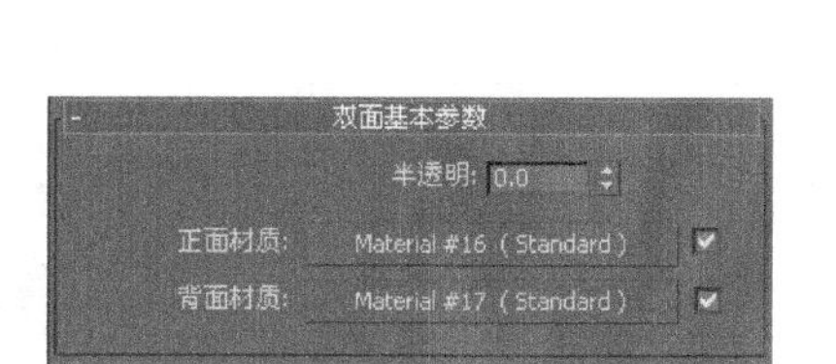

图 8-68　【双面基本参数】卷展栏

图 8-69　双面材质效果

8.4.7　合成材质

合成材质，可以以基础材质为基准，通过扩展 9 种材质来生成新的材质。它可以按照在卷展栏中列出的顺序，从上到下叠加材质。使用增加的不透明度、相减不透明度来组合材质，或使用【数量】值来混合材质。它不仅能够将多种材质合成到一起，还可以合成动画。图 8-70 所示的是【合成基本参数】卷展栏。

1．基础材质

在此可以指定基础材质。默认情况下，基础材质就是标准材质。其他材质是按照从上到下的顺序，通过叠加在此材质上合成的。

2．Mat 1(材质 1)～Mat 9(材质 9)

这 9 组包含用于合成材质的控件。默认情况没有指定材质。选中复选框后，将在合成中使用材质。取消选中则不使用材质，默认设置为选中。

图 8-70　【合成基本参数】卷展栏

1) A、S、M 按钮

这些按钮控制材质的合成方式，决定以什么方式合成指定的材质。默认设置为 A。下面是三个按钮的含义。

A：按下该按钮后，该材质使用增加的不透明度。材质中的颜色基于其不透明度进行混合。

S：按下该按钮后，该材质使用相减不透明度。材质中的颜色基于其不透明度进行相减。

M：按下该按钮后，该材质基于数量混合材质。颜色和不透明度将按照使用无遮罩混合材质时的样式进行混合。

2) 数量微调框

控制混合的数量，默认设置为100。

对于相加A和相减S合成，数量范围从0～200。当数量为0时，不进行合成，下面的材质将不可见。如果数量为100，将完成合成。如果数量大于100，则合成将“超载”，也就是材质的透明部分将变得更不透明，直至下面的材质不再可见。

对于混合M合成，数量范围从0～100。当数量为0时，不进行合成，下面的材质将不可见。当数量为100时，将完成合成，并且只有下面的材质可见。

8.4.8 虫漆材质

虫漆材质是指通过叠加将两种材质混合形成的。叠加材质中的颜色称为“虫漆”材质，被添加到基础材质的颜色中。虫漆颜色混合参数控制颜色混合的量。图8-71所示为【虫漆基本参数】卷展栏。

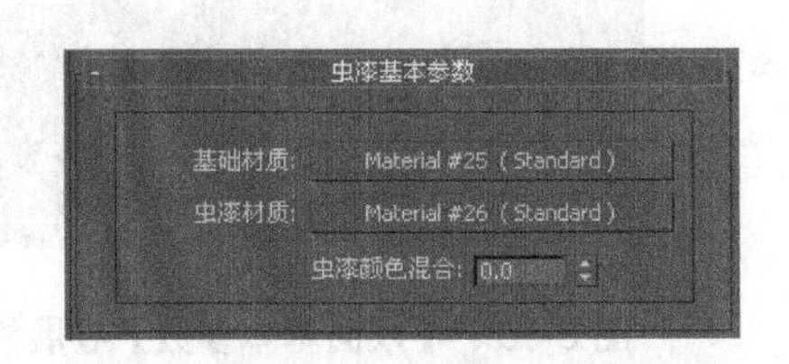

图 8-71 【虫漆基本参数】卷展栏

- 基础材质：转到基础子材质的层级。默认情况下，基础材质是带有Blinn明暗器的标准材质。
- 虫漆材质：转到虫漆材质层级，和基础材质一样在默认情况下是带有Blinn明暗器的标准材质。
- 虫漆颜色混合：控制两种材质颜色混合的量，当值为0时，虫漆材质没有效果，只显示基础材质。增加该值将增加混合到基础材质中的虫漆材质的量。该数值没有上限，值越大，最终的材质效果就越明亮。在图8-72中，从左到右依次是基础材质、虫漆材质、虫漆颜色混合为50的混合效果。

图 8-72 虫漆材质效果

8.4.9 顶/底材质

顶/底材质可以在对象的顶部和底部指定不同的材质，并且可以将两种材质混合在一起。对象的顶面是法线向上的面，底面是法线向下的面，可以选择以世界坐标或对象的本地坐标作为材质方向的基准。图8-73所示为【顶/底基本参数】卷展栏。

- 顶材质/底材质：单击以显示顶或底子材质的参数。默认情况下，子材质为标准材质。每个按钮右侧的复选框可用于关闭材质，使它在场景和示例窗中不可见。

- 交换：单击该按钮可以交换顶材质和底材质的位置。
- 坐标：此选项组可用于选择对象如何确定顶和底的边界。

  世界：按照场景的世界坐标让各个面朝上或朝下。旋转对象时，顶面和底面之间的边界仍保留不变。

  局部：按照场景的局部坐标让各个面朝上或朝下。旋转对象时，材质随着对象旋转。
- 混合：混合顶材质和底材质之间的边缘。取值范围为 0～100 的百分比。默认值为 0。
- 位置：确定两种材质在对象上划分的位置。图 8-74 所示为用顶/底材质做的胶囊。

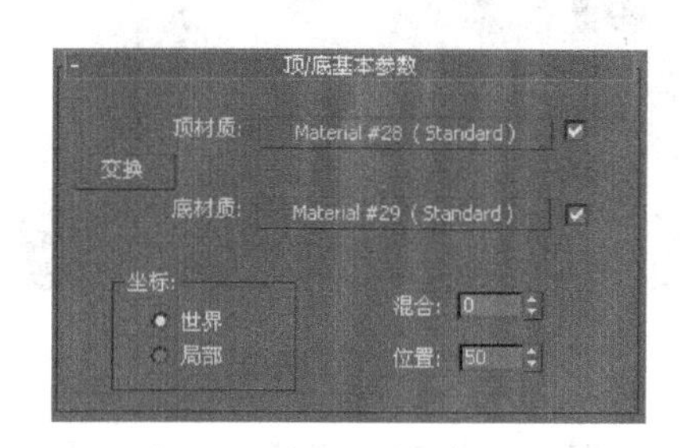

图 8-73　【顶/底基本参数】卷展栏

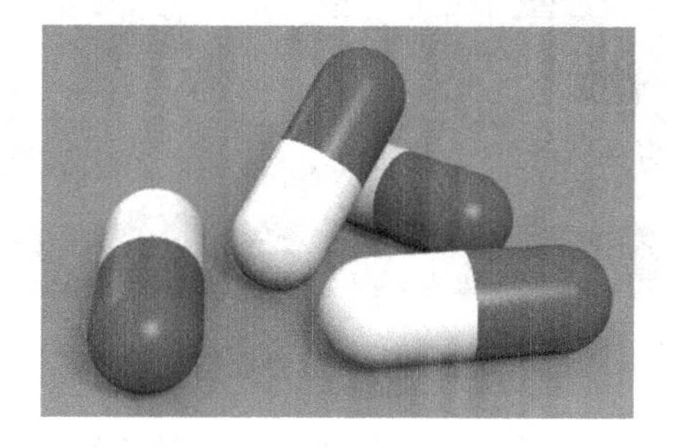

图 8-74　顶/底材质效果

8.5　实验指导——玻璃材质

本实例介绍的是一个水果静物场景，在该场景中，将利用【光线跟踪】材质作为基本材质展开制作。通过本节的学习，要求读者掌握光线跟踪材质中的漫反射颜色与透明度颜色的区别。

(1) 打开随书光盘中的“08\光线跟踪材质.max”文件，这是一个已经制作好场景和灯光的练习文件，如图 8-75 所示。

(2) 打开材质编辑器，将一个空白的材质球赋予球体，单击水平工具栏上的 Standard 按钮，在打开的对话框中双击【光线跟踪】选项，进入材质设置面板，如图 8-76 所示。

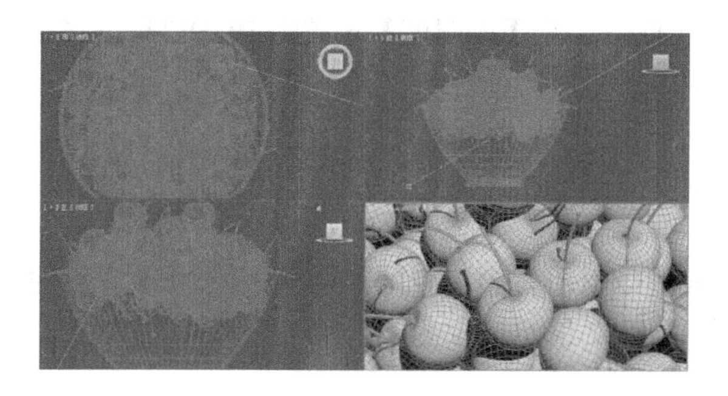

图 8-75　练习文件

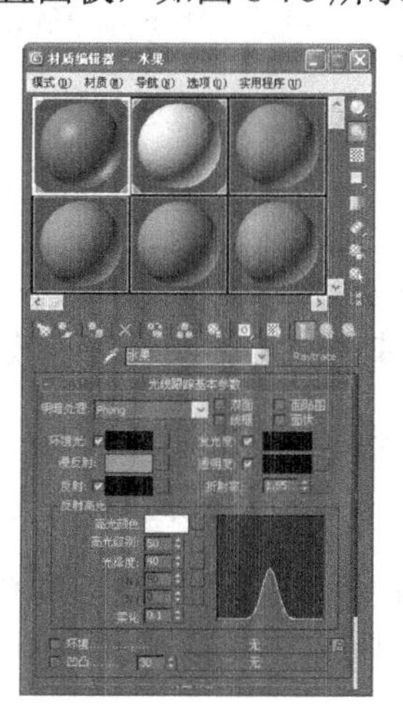

图 8-76　添加光线跟踪

(3) 保持默认的材质参数不变，快速渲染摄像机视图，观察一下此时的受光情况，如图 8-77 所示。

(4) 在【光线跟踪基本参数】卷展栏中，将【高光级别】设置为 120，将【光泽度】设置为 60。渲染摄像机视图，观察此时的效果，如图 8-78 所示。

图 8-77　观察受光情况

图 8-78　设置高光

(5) 单击【透明度】右侧的颜色块，在打开的拾色器中，将颜色设置为白色，如图 8-79 所示。

(6) 展开【贴图】卷展栏，单击【反射】右侧的 None 按钮，在打开的对话框中，双击【衰减】贴图，保持其默认参数不变，再次渲染摄像机视图，观察效果，如图 8-80 所示。

图 8-79　玻璃球效果

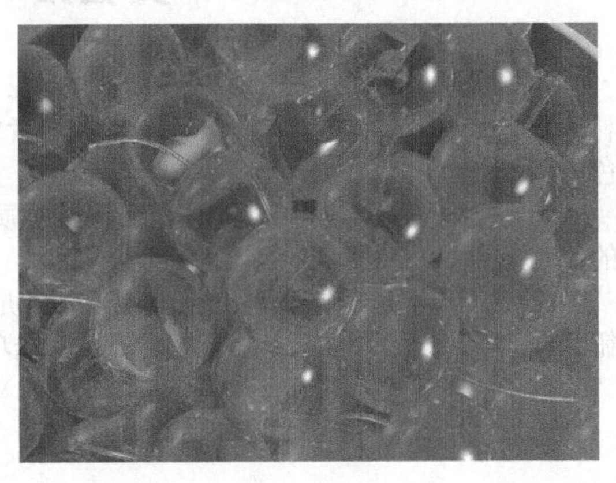

图 8-80　观察渲染效果

(7) 返回到【光线跟踪基本参数】卷展栏中，将【透明度】设置为 RGB(33、116、0)，快速渲染摄像机视图，观察效果，如图 8-81 所示。

提示： 如果此时物体的反射面太亮，可以在材质编辑器中展开【贴图】卷展栏，将【反射】的强度稍微降低一些。

(8) 在材质编辑器中，选择制作好的玻璃球材质，复制几个副本，并逐一修改它们的【透明度】颜色，从而产生多种颜色效果，如图 8-82 所示。

图 8-81　观察效果

图 8-82　最终的渲染效果

这样，效果就产生了。在实际应用过程中，读者可以将其应用到其他玻璃材质上，不过在应用时，应当考虑材质的光泽度以及反光度。

8.6　实验指导——腐蚀材质

腐蚀，是一种典型的破旧效果，通常应用在游戏场景、文物复古、写实场景中。腐蚀效果的实现是一个十分有趣的过程，本节将利用混合材质来实现一个水龙头的腐蚀效果，即腐蚀金属的效果。

(1) 打开随书光盘中的“08\腐蚀效果.max”文件，这是一个制作好模型的场景文件，如图 8-83 所示。

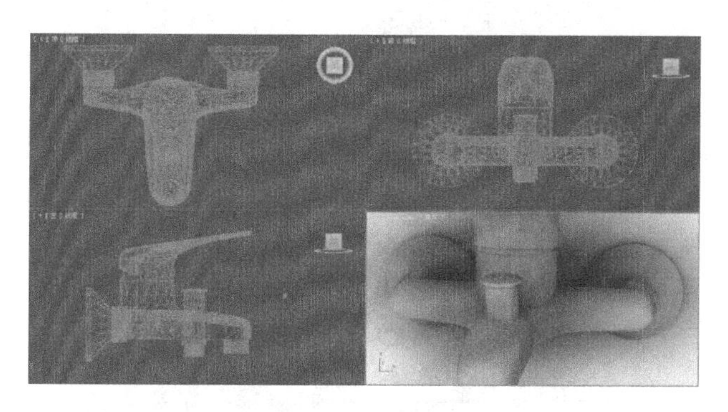

图 8-83　场景文件

(2) 打开材质编辑器赋予桌面物体一个空白材质。单击 Standard 按钮，在打开的对话框中，双击【混合】材质选项，并将材质命名为“腐蚀”，如图 8-84 所示。

(3) 在【混合基本参数】卷展栏中单击【材质 1】右侧的按钮，在打开的面板中，将【高光级别】和【光泽度】的值分别设置为 62、68，如图 8-85 所示。

(4) 展开【贴图】卷展栏，单击【漫反射颜色】后面的【无】按钮，在打开的对话框中，双击【位图】选项，并将配套光盘中的“金属 1.jpg”导入，如图 8-86 所示。

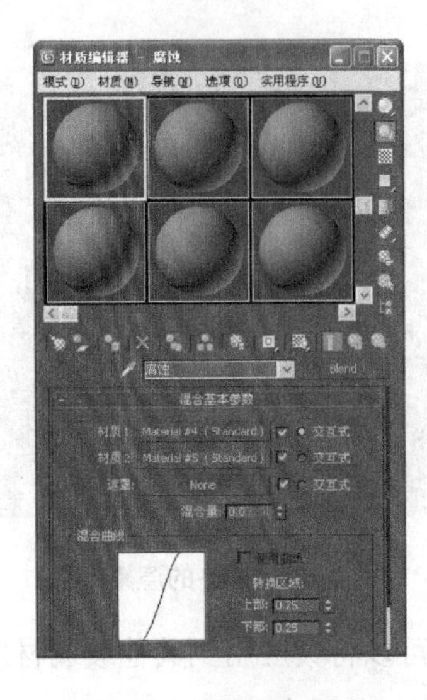

图 8-84　选择材质

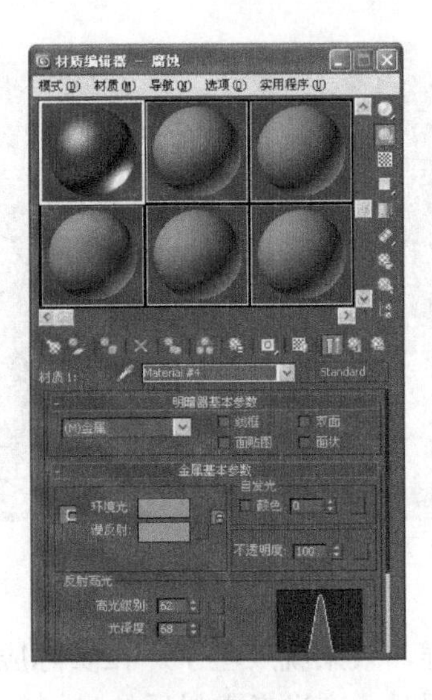

图 8-85　设置材质 1

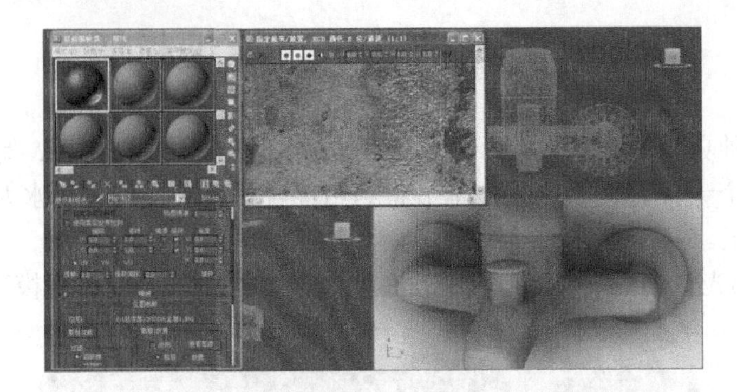

图 8-86　添加贴图

(5) 快速渲染摄像机视图，观察此时的效果，如图 8-87 所示。

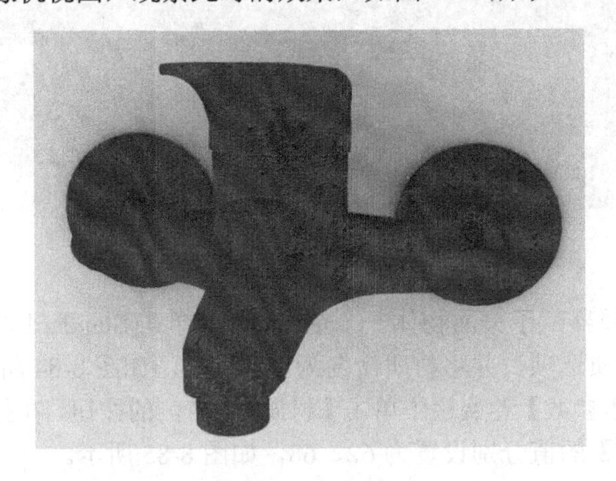

图 8-87　渲染效果

(6) 在【贴图】卷展栏下，将【漫反射颜色】的贴图拖动复制到【凹凸】贴图选项上，然后将凹凸值设为-20，如图 8-88 所示。

(7) 单击【转到父对象】按钮，在【混合基本参数】卷展栏中，将 1 号材质复制到 2 号材质中，如图 8-89 所示。

(8) 进入【材质 2】通道，在【漫反射颜色】通道单击鼠标右键，选择【清除】命令，将该通道中的贴图清除，如图 8-90 所示。

(9) 单击【漫反射颜色】右侧的 None 按钮，在打开的对话框中双击【位图】选项，将随书光盘中的“金属 2.jpg”文件导入，如图 8-91 所示。

(10) 单击【转到父对象】按钮两次，在【混合基本参数】下，单击【遮罩】后面的 None 按钮。在打开的对话框中，双击【位图】选项，将随书光盘本章目录中的“遮罩.jpg”文件导入，如图 8-92 所示。

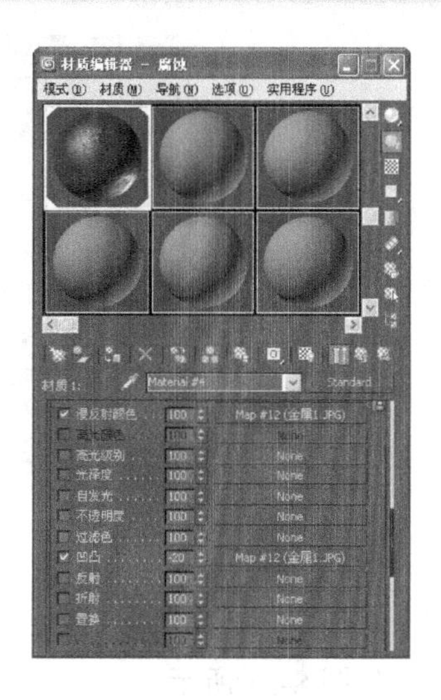

图 8-88　复制通道

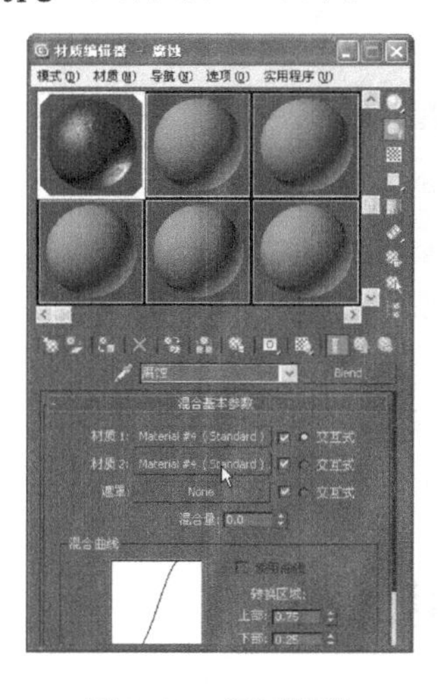

图 8-89　复制通道

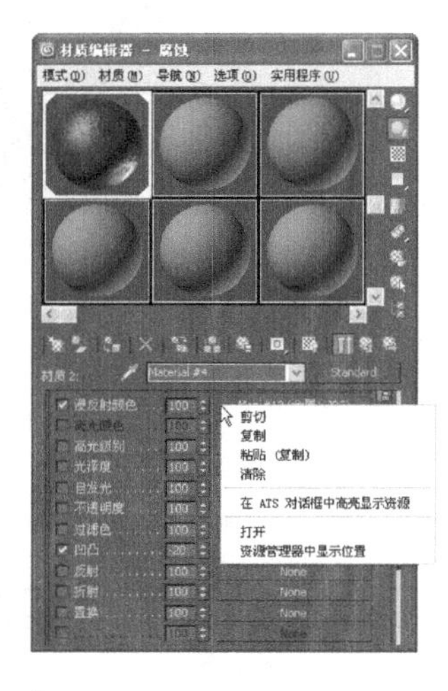

图 8-90　清除贴图

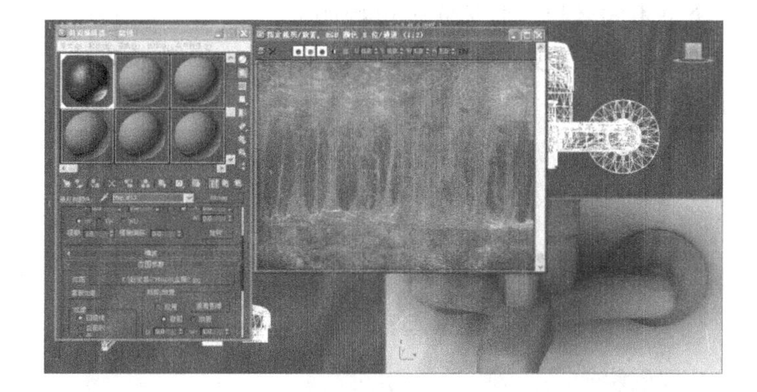

图 8-91　导入贴图

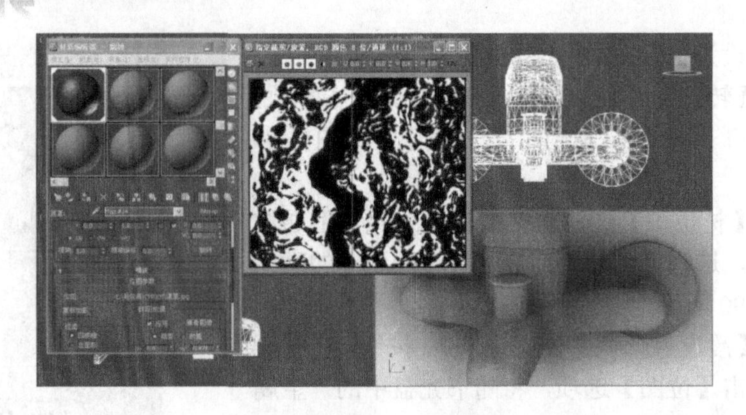

图 8-92　添加遮罩贴图

(11) 到此，关于金属的腐蚀材质就制作完成了。快速渲染摄像机视图，观察此时的效果，如图 8-93 所示。

图 8-93　腐蚀效果

8.7　实验指导——书本效果

多维/子对象材质的特点是可以在一个物体的不同面上分配不同的材质效果。本节将利用这一特性制作一个书本的效果，具体实现过程如下。

(1) 新建一个场景文件，在视图中创建一个 787×1092×80 的长方体。转换为多边形，在其各个边上都创建一个适中的切角，如图 8-94 所示。

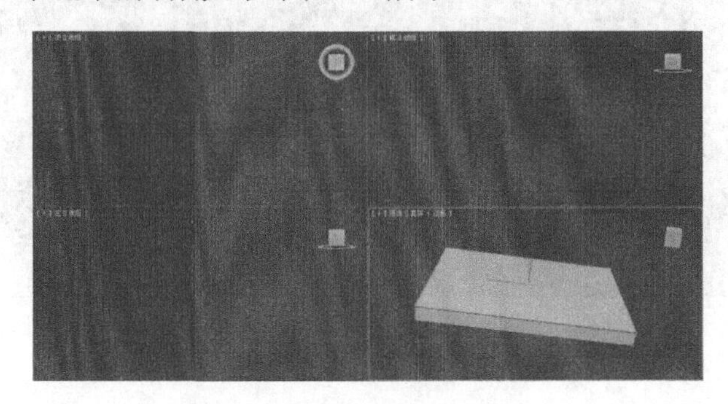

图 8-94　创建物体

(2) 切换到多边形编辑状态，选择如图 8-95 所示的面，展开【多边形：材质 ID】卷展栏，将其 ID 设置为 1。

(3) 选择背面，将其 ID 设置为 2，如图 8-96 所示。

图 8-95　设置面 ID

图 8-96　设置背面 ID

(4) 选择如图 8-97 所示的侧面，将其 ID 设置为 3。

(5) 选择其他多边形，将它们的 ID 设置 4，并退出多边形编辑状态。

(6) 打开材质编辑器，将一个空白材质球赋予物体。单击 Standard 按钮，在打开的对话框中选择【多维/子对象】选项，如图 8-98 所示。

图 8-97　设置侧面 ID

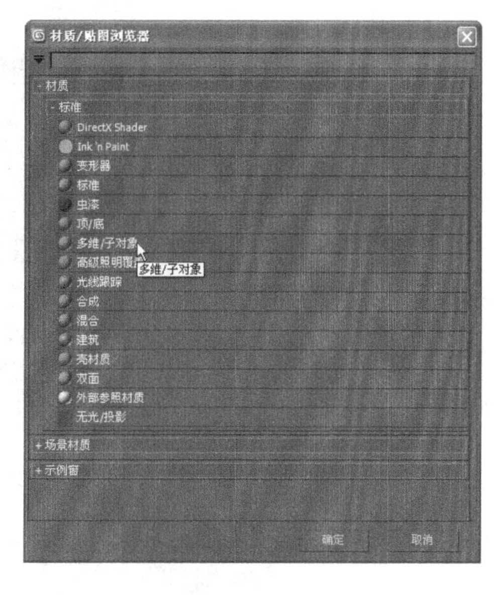

图 8-98　选择材质类型

(7) 单击【设置数量】按钮，在打开的对话框中将子材质数量设置为 4，如图 8-99 所示。

(8) 单击 1 号材质 ID 右侧的【无】按钮，在打开的对话框中双击【标准】选项，从而使用标准材质作为 1 号材质，如图 8-100 所示。

(9) 在【Blinn 基本参数】卷展栏中，将【高光级别】设置为 20，将【光泽度】设置为 10，如图 8-101 所示。

(10) 展开【贴图】卷展栏，单击【漫反射颜色】右侧的 None 按钮，在打开的对话框中选择【位图】选项，并在接着打开的对话框中选择 map.jpg，如图 8-102 所示。

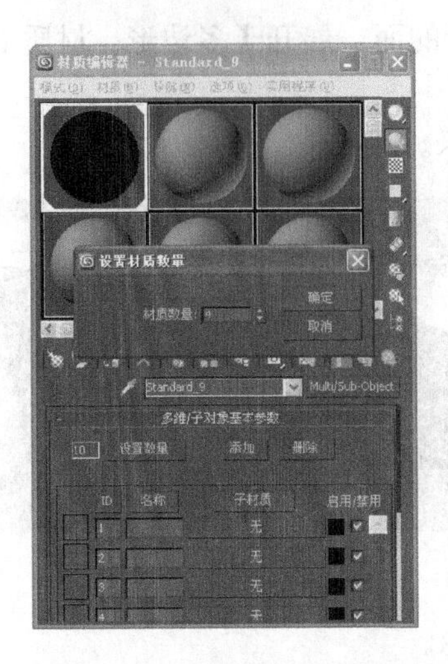

图 8-99 设置材质数量

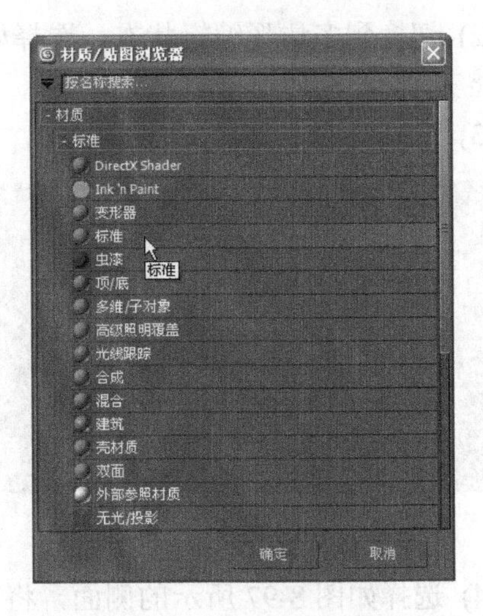

图 8-100 选择材质类型

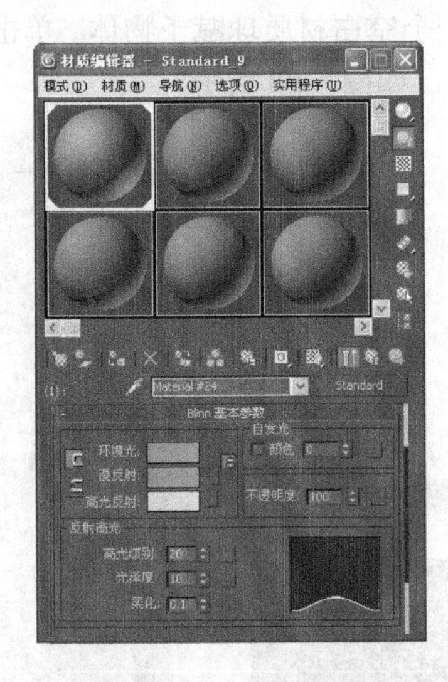

图 8-101 设置光泽度

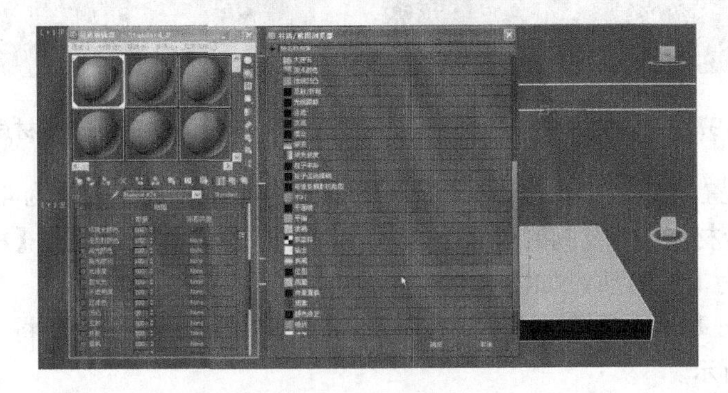

图 8-102 添加贴图

(11) 展开【位图参数】卷展栏，单击【查看图像】按钮，打开图像对话框，并选择如图 8-103 所示的区域。

图 8-103　选择区域

(12) 再选中【启用】按钮，从而激活裁剪功能。这样，可以将选定的区域显示在 1 号多边形面上，如图 8-104 所示。

图 8-104　渲染效果

(13) 单击两次水平工具栏上的按钮，返回到【多维/子对象基本参数】卷展栏，将 1 号材质复制到 2、3 号材质通道中，如图 8-105 所示。

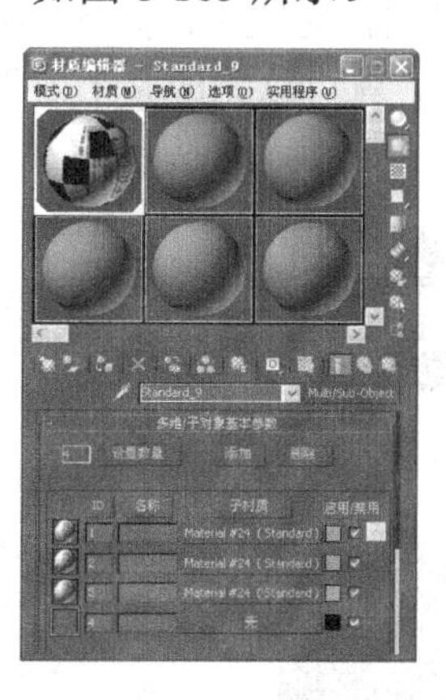

图 8-105　复制材质

(14) 进入 2 号子材质，保持其参数不变，只将【漫反射颜色】通道中的位图设置为如图 8-106 所示的区域。

图 8-106　设置 2 号贴图

(15) 使用相同的方法，进入 3 号子材质，将【漫反射颜色】通道中的位图设置为如图 8-107 所示的区域。

图 8-107　指定贴图区域

这样，关于书本的封面效果就制作完成了，如图 8-108 所示。

最后，再制作书页侧面的效果，就可以完成整个效果的制作，如图 8-109 所示。书本侧面的效果需要用到【噪波】贴图，关于其实现方法将在下一个实验指导中讲解。

图 8-108　封面效果

图 8-109　书本效果

8.8　认 识 贴 图

在 3ds Max 中要想很好地表现现实生活中的物体，必须结合使用材质和贴图。材质可以表现物体的高光强度、反射方式、透明度、折射率等内在的物理属性，而贴图是体现物体表面纹理、图案、花纹及色泽等物体表面属性的一种方式，例如，布料上的各种图案、木桌上的纹理、玻璃上的花纹等都可以利用贴图模拟出来。

8.8.1　贴图通道简介

在编辑材质的过程中，贴图参与表现效果都是通过贴图通道实现的。在 3ds Max 中一个贴图通道控制一个属性，我们根据需要选择贴图通道进行贴图。要想很好地表现材质，必须掌握这些贴图通道的特性和用法。

在材质编辑器的贴图卷展栏下几乎涵盖了所有贴图通道。贴图通道是 3ds Max 中表现物体材质相当重要和强大的一部分，通过添加各种贴图，可以创建出千变万化的材质效果。另外，不同明暗器的贴图通道也有所不同，在这里，我们以 Blinn 明暗器下的贴图通道为例，逐项介绍它们的特性。图 8-110 所示为【贴图】卷展栏。

贴图

	数量	贴图类型
环境光颜色	100	None
漫反射颜色	100	None
高光颜色	100	None
高光级别	100	None
光泽度	100	None
自发光	100	None
不透明度	100	None
过滤色	100	None
凹凸	30	None
反射	100	None
折射	100	None
置换	100	None

图 8-110　【贴图】卷展栏

1．环境光颜色通道

【环境光颜色】用来模拟周围环境对当前物体的色彩影响。通常，可以在【环境光颜色】通道选择位图文件或程序贴图。默认情况下，环境光颜色通道的贴图按钮是被锁定的，需要指定贴图时，单击此通道右侧的按钮可以解除锁定。

2．漫反射颜色通道

设置漫反射颜色的贴图与在对象的曲面上绘制图像类似，是我们经常使用的贴图之一。比如，要制作一面砖墙，则可以选择带有砖块图像的贴图作为墙面的漫反射贴图。如图 8-111 所示，右边的苹果在漫反射通道使用贴图以后表面的纹理更为丰富。

图 8-111　漫反射贴图

提示： 默认情况下环境光颜色和漫反射颜色是锁定在一起的，指定一个漫反射贴图同时也将相同的贴图应用于环境光颜色。一般情况下，不需要对漫反射组件和环境光组件使用不同的贴图。如果要对每个组件使用不同的贴图，可以禁用此锁定。

3．高光颜色通道

在【高光颜色】通道中指定位图文件或程序贴图，会将贴图的图像展现在对象的反射高光区域中，如图 8-112 所示。

4．高光级别通道

高光级别贴图通道可以根据导入图像的灰度值形成高光区域，高光颜色和高光级别贴图的区别就在于：高光颜色贴图会改变高光的颜色，而高光级别贴图会改变高光的强度。图 8-113 所示为高光级别通道使用贴图的效果。

图 8-112　受贴图影响的高光效果

图 8-113　由贴图形成的高光区域

5．光泽度通道

光泽度通道能够对物体的受光区域进行过滤，使用图片的亮度信息在物体表面产生均匀的光泽效果，如图 8-114 所示。

6．自发光通道

当在自发光通道使用贴图后，能够根据贴图的图像模拟出物体表面带有花纹变化的自发光效果，如图 8-115 所示。

图 8-114　光泽度贴图效果

图 8-115　由贴图产生的自发光

7．不透明度通道

不透明度通道根据指定的位图文件或程序贴图控制物体的透明变化，一般使用黑白图像，黑色部分为透明，白色部分为不透明，如图 8-116 所示。

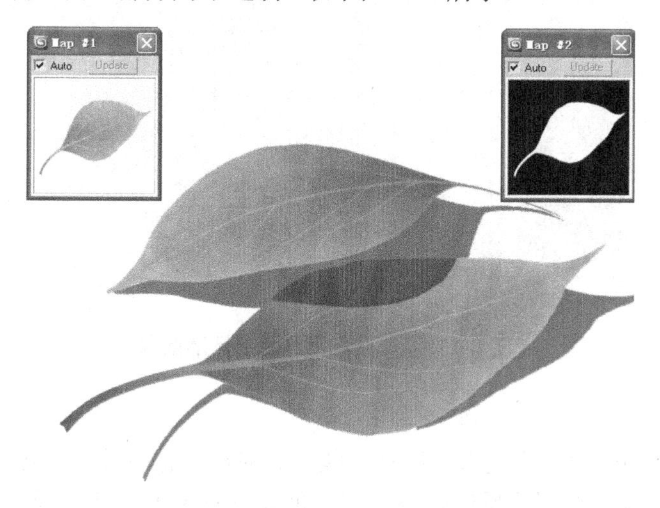

图 8-116　不透明贴图效果

8．过滤颜色通道

此贴图基于贴图像素的强度应用透明颜色效果。如果要表现彩色透明或半透明物体产生的艳丽影子效果，可以尝试使用该贴图通道，如图 8-117 所示。

图 8-117　彩色的影子

9．凹凸通道

凹凸贴图通道是材质中非常重要的一个属性，应用非常频繁，它可以使物体表面产生起伏变化的效果。当为模型添加一个凹凸贴图时，图片中的白色部分和不同的灰度会产生凸起的效果，而纯黑色部分不发生变化，当使用的是彩色图片的时候，凹凸通道还是使用它的灰度信息，如图 8-118 所示。

图 8-118　凹凸贴图产生的浮雕效果

10．反射通道

如果一个物体的表面非常光滑，以至于能够映衬出其他物体的具体形象，这就是反射。在此通道指定贴图就能够创建反射效果，可以创建三种反射：基本反射、自动反射和平面镜反射。

- 基本反射：基本反射贴图能创建出如合金、玻璃或金属的效果，方法是在此通道上使用位图，使得对象的表面看起来好像反射一样，如图 8-119 所示。

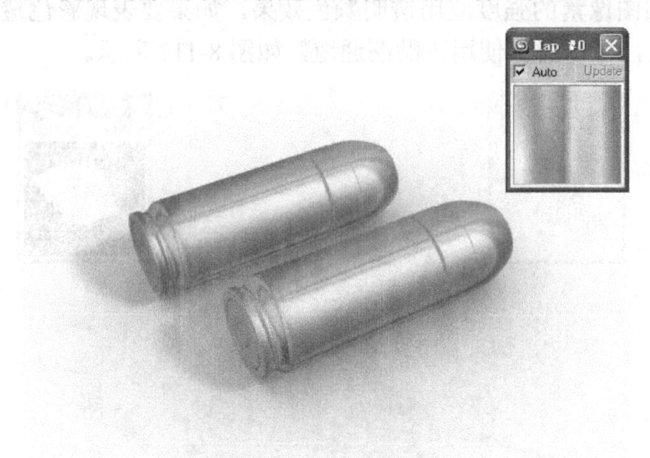

图 8-119　金属效果

- 自动反射：自动反射贴图根本不使用贴图，它从对象的中心向外看，把看到的东西映射到表面上，如图 8-120 所示。
- 平面镜反射：平面镜反射是在反射通道使用平面镜贴图，产生的效果就像镜子一样，为地面使用平面镜贴图后产生的镜面反射效果如图 8-121 所示。

11．折射通道

在该通道使用贴图就能实现折射效果，一般用来表现玻璃、水、钻石等。图 8-122 所示为玻璃效果。

图 8-120　金属效果

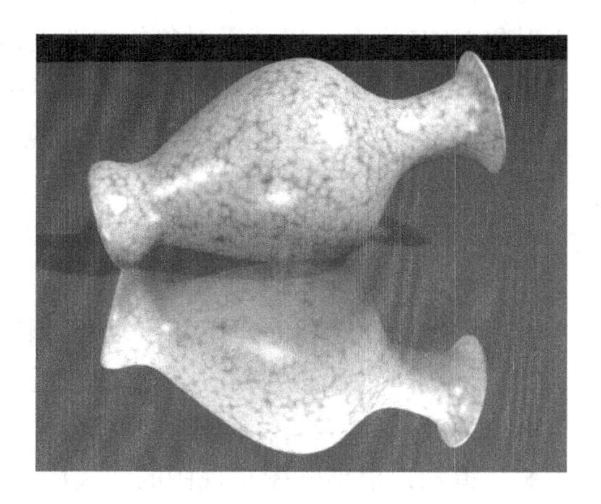

图 8-121　反射效果

12．置换通道

置换贴图通道可以表现真实的凹凸效果。凹凸贴图通道的原理是依附于物体的表面，而物体的结构并没有改变，置换贴图通道则是直接改变物体的结构，成为真正意义上的凹凸，如图 8-123 所示。

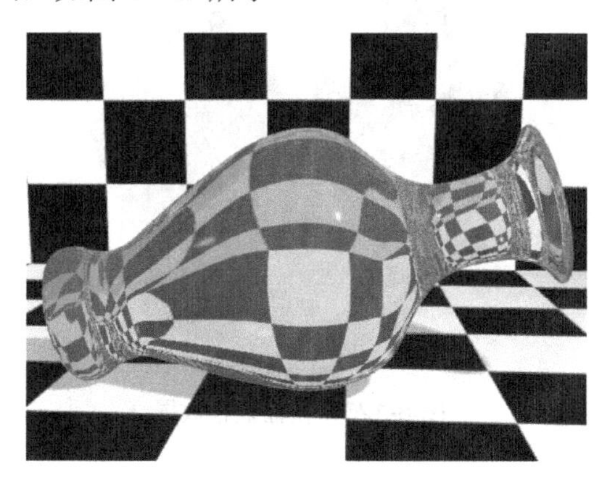

图 8-122　玻璃效果

图 8-123　置换效果

8.8.2　贴图坐标参数

几乎所有的贴图都包含【坐标】卷展栏。它主要用来调换平铺、镜像等参数。图 8-124 所示为【坐标】卷展栏，各选项的含义如下。

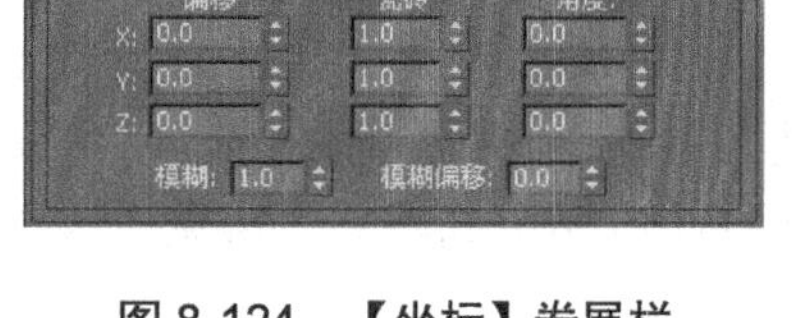

图 8-124　【坐标】卷展栏

- 纹理：将指定的贴图作为纹理贴图对表面进行应用，在其下拉列表中有 4 种坐标类型。

显式贴图通道：在为模型设置 UVW 贴图坐标时，在同一个对象中可以设置几种贴图。可选择从 1～99 的任意通道。

顶点颜色通道：使用指定的顶点颜色作为通道。

对象 XYZ 平面：以基于对象的本地坐标为标准赋予平面贴图。

世界 XYZ 平面：以基于场景的世界坐标为标准赋予平面贴图(不考虑对象边界框)。

- 偏移：该选项可以移动贴图在对象上的位置。移动的位置根据 UV、VW、WU 的方向进行指定。
- 平铺：该选项决定贴图沿每根轴重复的次数。在图 8-125 中，左边 UV 平铺值为 3，右边 UV 平铺值为 6。
- 镜像：该选项的作用是重复并翻转贴图。如果想要制作对称的贴图，只需要制作一边，然后使用 Mirror 就可以达到效果。
- 角度：以 U、V 或 W 轴为基准对贴图进行旋转(以度为单位)。
- 模糊：根据贴图与视图的距离影响其清晰度和模糊度。贴图距离越远，模糊就越大。模糊主要是用于消除锯齿。
- 模糊偏移：影响贴图的锐度或模糊度，而与贴图离视图的距离无关，效果对比如图 8-126 所示。

图 8-125　平铺效果

图 8-126　模糊偏移效果

8.9　常用贴图及其应用

8.9.1　二维贴图

二维贴图是二维图像，它们通常贴图到几何对象的表面，或用作环境贴图来为场景创建背景。在实际使用过程中，最为简单的二维贴图是位图，而其他种类的二维贴图则由贴图程序自动生成。关于常见二维贴图的简介如下。

1．位图

位图贴图使用一个或多个位图图像作为贴图文件，如静态的.bmp、.jpg 图像文件等，或者是动态的.avi 等由静态图像序列所组成的动画文件。几乎所有 3ds Max 2012 支持的文件贴图或动画文件格式都可以作为材质的位图贴图。

2．棋盘格贴图

棋盘格贴图可以产生两种颜色交替的棋盘贴图效果，默认为黑白相间的棋盘，它是一种程序贴图。常用于室内建筑设计中，例如厨房、卫生间地面等，如图 8-127 所示。

3．渐变贴图

渐变贴图是从一种颜色到另一种颜色进行着色。这种贴图通常用来作为其他贴图的 Alpha 通道或者过滤器等。在实际操作过程中，用户只需为渐变指定两种或三种颜色，则软件将自动插补中间值，从而形成平滑的渐变颜色，如图 8-128 所示。

图 8-127　使用棋盘格效果

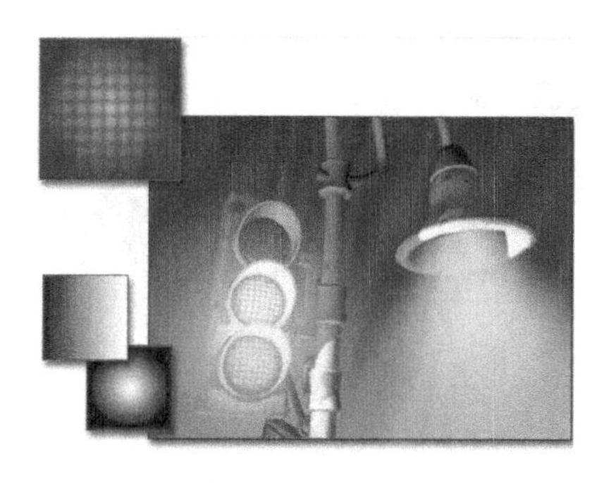

图 8-128　渐变颜色

关于【渐变】贴图的创建方法比较简单，在这里介绍其面板上各主要参数的含义。图 8-129 所示为【渐变参数】卷展栏。

- 颜色＃1～3：设置渐变在中间色调上进行插值的三个颜色。
- 贴图区域：贴图采用混合渐变颜色相同的方式来混合到渐变中。贴图区域可以在每个窗口中添加嵌套程序渐变以生成 5 色、7 色、9 色渐变，或更多色的渐变。
- 颜色 2 的位置：控制中间颜色的中心点。渐变范围为 0～1。当为 0 时，颜色 2 替换颜色 3。当为 1 时，颜色 2 替换颜色 1。
- 数量：当该值为非 0 时，应用噪波效果。它使用三维噪波函数，并基于 U、V 和相位来影响颜色插值参数。
- 规则：生成普通噪波。
- 分形：使用分形算法来生成噪波。
- 湍流：生成应用绝对值函数来制作故障线条的分形噪波。要查看湍流效果，噪波量必须大于 0。
- 大小：缩放噪波功能。此值越小，噪波碎片也就越小。
- 相位：控制噪波功能动画的速度。

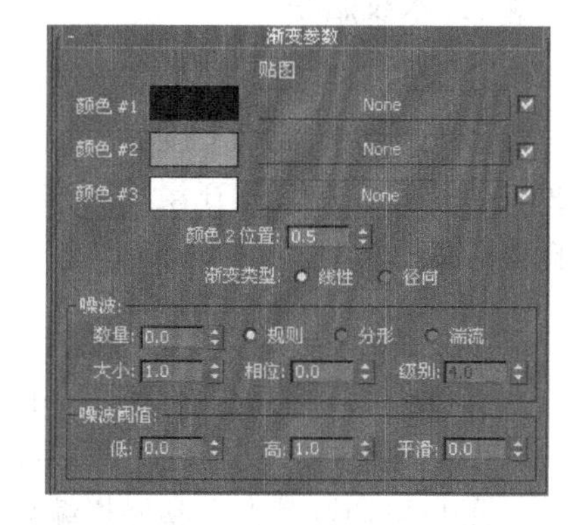

图 8-129　【渐变参数】卷展栏

- 噪波阈值：该选项主要用于调整噪波的值。如果噪波值高于低阈值而低于高阈值，动态范围会拉伸到填满 0～1。这样，在阈值转换时会补偿较小的不连续，因此，会减少可能产生的锯齿。

4．平铺贴图

使用平铺程序贴图，可以创建砖、彩色瓷砖或材质贴图，如图 8-130 所示。通常，有很多定义的建筑砖块图案可以使用，但也可以设计一些自定义的图案。

5．旋涡贴图

旋涡是一种 2D 程序的贴图，如图 8-131 所示。它生成的图案类似于两种口味冰淇淋的外观。如同其他双色贴图一样，任何一种颜色都可用其他贴图替换，所以举例来说，大理石与木材也可以生成旋涡贴图。

图 8-130 平铺贴图效果

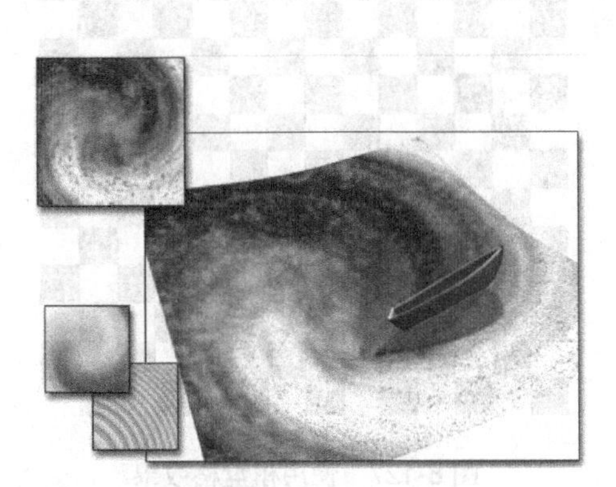

图 8-131 旋涡效果

8.9.2 三维贴图简介

三维贴图是贴图程序在空间的三个方向上都会产生贴图，例如【细胞】贴图可以在整个实体内部产生细胞斑点的贴图效果，假如用户切除模型上的某一部分，则切面部分仍然会显示相应的斑点效果。本节介绍一些三维贴图的功能与特性。

1．木纹贴图

【木纹】贴图可以在整个物体内部创建波浪状的木纹效果，读者可以控制木纹的方向、厚度以及颗粒的复杂程度等。通过控制它的这些属性，可以逼真地模拟出木纹的纹理。此外，木纹贴图主要用在漫反射贴图通道中，并使用两种制定的颜色混合出木纹的纹理，如图 8-132 所示。

2．凹痕贴图

【凹痕】贴图主要用于制作凹凸贴图，其默认参数就是对这个用途的优化。在使用它制作凹凸贴图时，凹痕在对象表面提供了三维的凹痕效果，如图 8-133 所示。

用户可通过其参数卷展栏编辑参数控制大小、深度和凹痕效果的复杂程度，如图 8-134 所示。另外凹痕也可以与其他贴图一同使用。

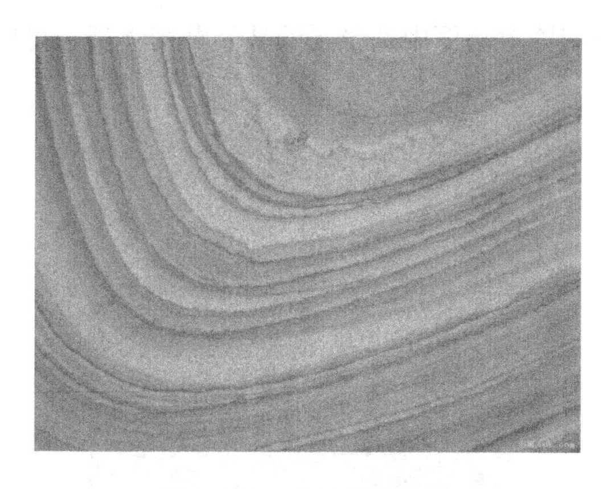

图 8-132　木纹贴图效果

图 8-133　凹痕效果

3．衰减贴图

【衰减】贴图基于几何体曲面上法线的角度衰减来生成从白到黑的贴图，如图 8-135 所示。它会根据用户指定角度衰减的方向产生渐变，根据用户的定义，贴图会在法线从当前视图指向外部的面上生成白色，而在法线与当前视图相平行的面上生成黑色。

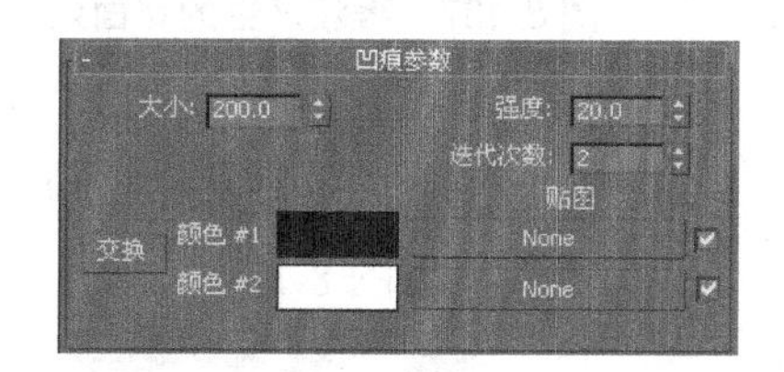

图 8-134　【凹痕参数】卷展栏

该贴图与标准材质扩展参数卷展栏的衰减设置相比，衰减贴图提供了更多的不透明度衰减效果。用户可以将衰减贴图指定为不透明度贴图。

4．烟雾贴图

烟雾是一种生成无序、基于分形的湍流图案的三维贴图。它的主要作用是用作动画的不透明贴图，以模拟一束光线中的烟雾效果或其他云状流动贴图效果，如图 8-136 所示。

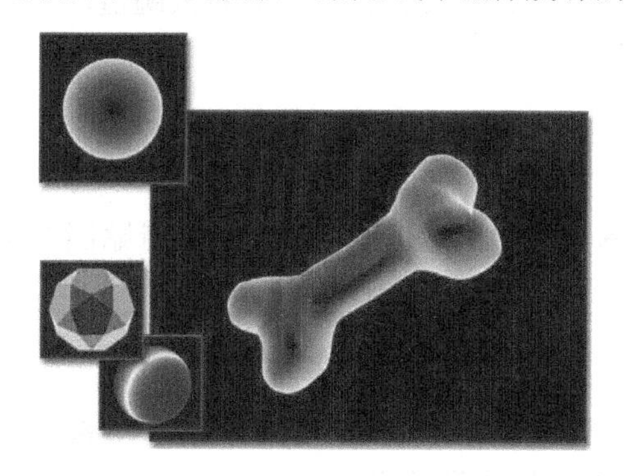

图 8-135　衰减贴图效果

图 8-136　烟雾效果

5．噪波贴图

【噪波】贴图通过两种颜色的随机组合，会产生一种噪波效果。它常与凹凸贴图通道配合使用，用于无序效果的制作，如图 8-137 所示。

单击【漫反射】右侧的按钮，在材质/贴图浏览对话框中选择【噪波】贴图类型，可以打开【噪波参数】卷展栏，如图 8-138 所示。

图 8-137　噪波产生的路面效果

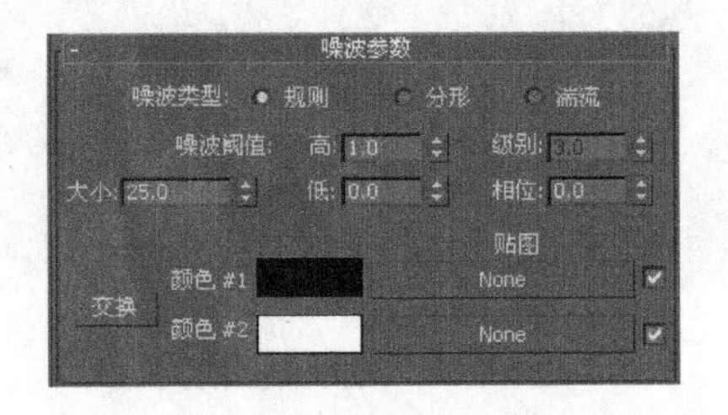

图 8-138　【噪波参数】卷展栏

【噪波参数】卷展栏中各参数的含义如下。

- 噪波类型：噪波贴图可以分为三种基本类型，分别是【规则】、【分形】和【湍流】，如图 8-139 所示。

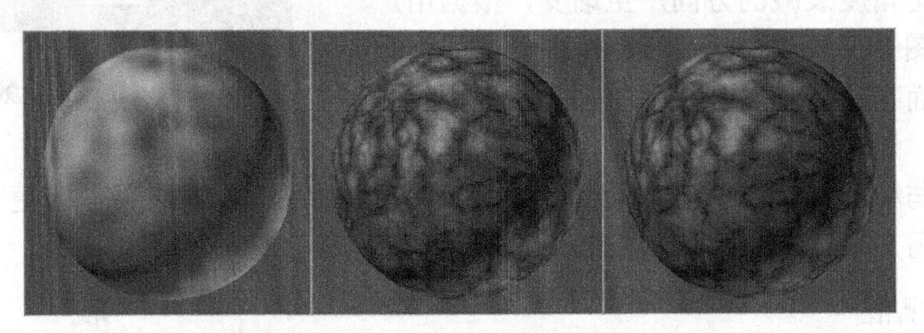

图 8-139　三种噪波类型

- 噪波阈值：噪波阈值用于控制噪波的形状，其中【低】为噪波最低阈值，【高】为噪波最高阈值，取值范围为 0～1 之间。

8.9.3　反射与折射

反射与折射贴图也是 3ds Max 中重要的贴图类型，通过使用这些通道或者贴图类型可以制作出真实的材质质感。本节将介绍反射与折射贴图的使用方法。

1．平面镜贴图

平面镜可以反射出物体周围环境中的物体，类似于日常使用的镜子。它一般被用于物体的反射通道中，图 8-140 所示为平面镜贴图所创建的典型效果。

2．光线追踪贴图

使用光线追踪贴图可以提供全部光线跟踪反射和折射效果，使生成的反射和折射比反射/折射贴图更精确、更真实，如图 8-141 所示。

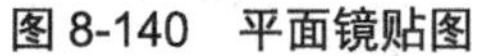
图 8-140　平面镜贴图

图 8-141　光线跟踪材质

除了这些以外，用户还可以使用光线跟踪材质，该材质使用相同的光线跟踪器生成更精确的光线跟踪反射和折射。光线跟踪贴图和光线跟踪材质之间的区别如下。

- 使用光线跟踪贴图与使用其他贴图的操作一样，这意味着可以将光线跟踪反射或折射添加到各种材质中。
- 可以将光线跟踪贴图指定给材质组件，反射或折射除外。
- 光线跟踪贴图比光线跟踪材质拥有更多衰减控件。
- 一般情况下，光线跟踪贴图比光线跟踪材质渲染得更快。

3. 反射折射贴图

反射/折射贴图生成反射或折射表面。要创建反射，用户只需将该贴图类型添加到材质的反射通道中即可。要创建折射，则将其添加到折射通道中。利用反射/折射贴图创建的效果如图 8-142 所示。

图 8-142　反射与折射

8.9.4　其他贴图简介

在 3ds Max 2012 中，除了上述的一些贴图外，还有一些贴图的使用频率也非常高，例如复合贴图等。通过使用这些贴图可以制作出一些难于实现的效果，本节将介绍这些贴图的基本功能和使用方法。

1. 复合贴图

与复合材质类似，复合贴图主要用于将其他颜色或贴图复合在一起，形成更为复杂的贴图效果。这里主要介绍混合、遮罩以及合成贴图。

- 混合贴图：使用混合贴图可以将两种颜色或材质融合并贴在物体表面的一侧。用户还可以调整【混合数量】参数来设置动画效果。图 8-143 所示为【混合参数】卷展栏。

- 遮罩贴图：使用遮罩贴图可以在表面上通过一幅图像看到另外的图像效果，遮罩用来控制复合贴图图像的显示位置。
- 合成贴图：合成贴图由其他贴图组成，这些贴图使用 Alpha 通道彼此覆盖。对于这类贴图，应使用包含 Alpha 通道的叠加图像。合成贴图的效果如图 8-144 所示。

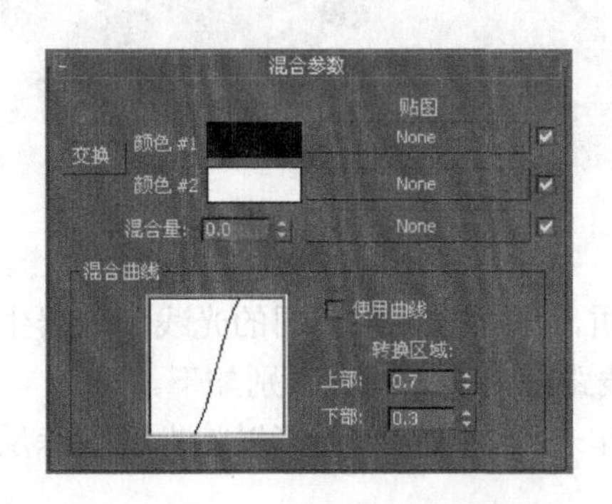

图 8-143 【混合参数】卷展栏

图 8-144 合成效果

2. 法线凹凸贴图

法线凹凸贴图使用纹理烘焙法线贴图。用户可以将其指定给材质的凹凸组件、位移组件或两者。使用位移贴图可以更正看上去平滑失真的边缘；不过，这样会增加几何体的面。图 8-145 所示为法线凹凸参数的卷展栏。

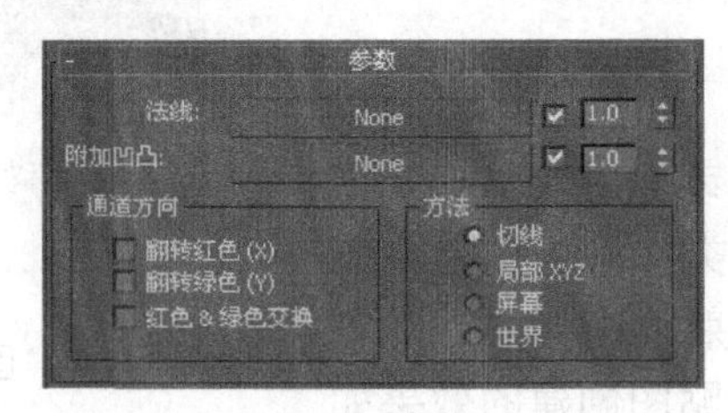

图 8-145 法线参数

- 法线：用于指定法线贴图。
- 附加凹凸：该选项包含其他用于修改凹凸或位移效果的贴图。选中或取消选中其右侧的复选框可启用或禁用贴图，使用微调框可提高或降低贴图效果。
- 通道方向：默认情况下，法线贴图的红色通道表示左与右，而绿色则表示上与下(蓝色表示垂直距离)。该选项组中的空间用途说明如下。

翻转红色 X：翻转红色通道，以反转左和右。

翻转绿色 Y：翻转绿色通道，以反转上和下。

红色&绿色交换：交换红色和绿色通道，以使法线贴图旋转 90 度。

- 方法选项组：通过该选项组中的参数可以设置在法线凹凸贴图上所使用的坐标系统。该选项组中有四个选项，分别是切线、局部 XYZ、屏幕和世界。使用时，用户只需选中某个单选按钮，即可启用相应的功能。

8.10　实验指导——书页效果

在上文中利用多维/子对象制作了一个书本的实现过程，但是没有讲解关于书页效果的实现。本节将接着制作一个书页缝隙的效果。该效果将利用贴图当中的【噪波】来实现。

(1) 打开上文中制作的书本效果，快速渲染摄像机视图，观察此时的效果，如图 8-146 所示。

图 8-146　渲染效果

提示：此时，图书的边缘是黑色的，而真实的图书应该有一些书缝的效果。下面我们将制作这部分材质。

(2) 在材质编辑器中选择书本材质，并进入 4 号材质通道，在打开的对话框中双击【标准】选项，从而选择标准材质，如图 8-147 所示。

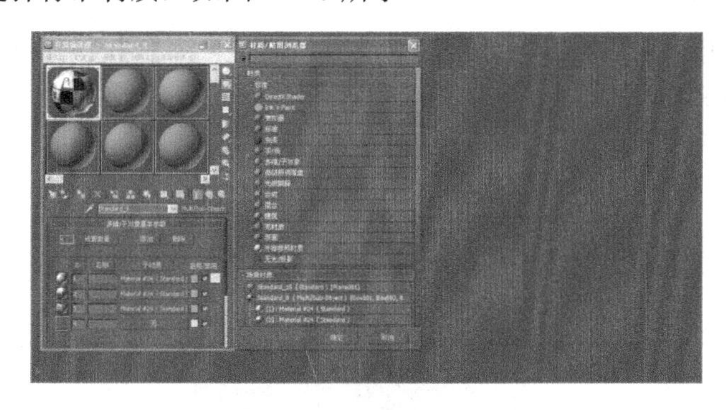

图 8-147　选择标准材质

(3) 在弹出的面板中展开【贴图】卷展栏，单击【漫反射颜色】通道右侧的 None 按钮，在打开的对话框中双击【噪波】贴图，如图 8-148 所示。

(4) 在【噪波参数】卷展栏中，将【噪波类型】设置为【分形】，将【大小】设置为 3，如图 8-149 所示。

(5) 展开【坐标】卷展栏，将 X 方向角度设置为 90，其他参数设置如图 8-150 所示。

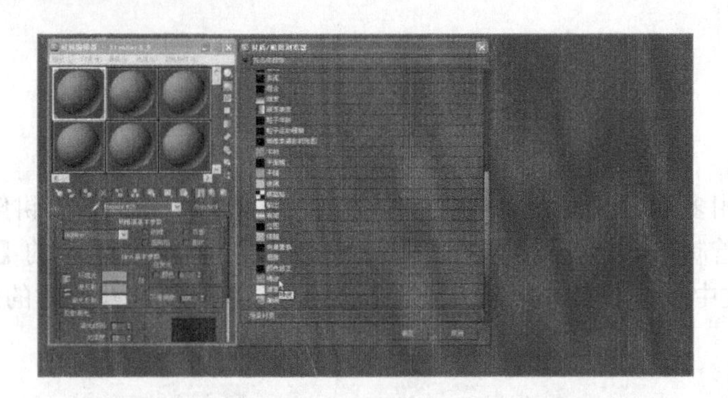

图 8-148　添加噪波贴图

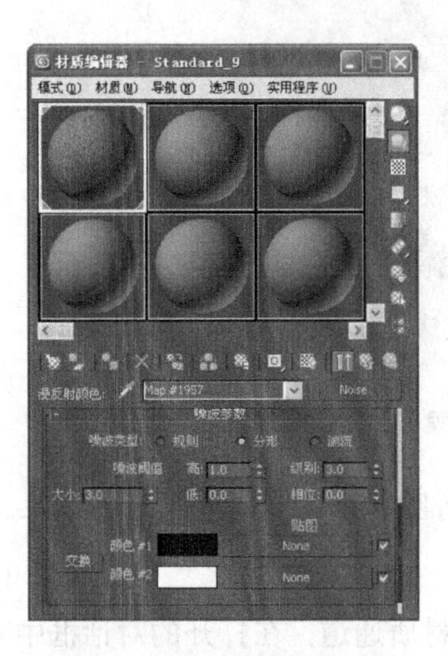

图 8-149　设置噪波参数

图 8-150　设置坐标

(6) 单击按钮返回到上一层。展开【贴图】卷展栏，将【漫反射颜色】通道复制到【凹凸】通道中，如图 8-151 所示。

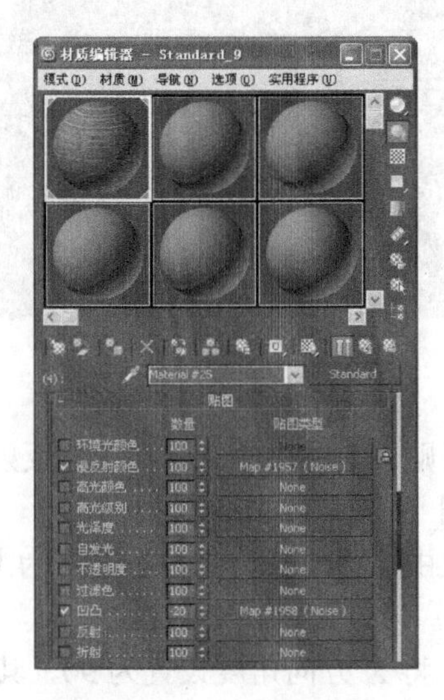

图 8-151　复制通道

到此，书页效果就实现了。关闭材质编辑器，快速渲染摄像机视图，得到的效果如图 8-152 所示。

图 8-152　书缝效果

8.11　习　　题

一、填空题

1. ＿＿＿＿＿＿是 3ds Max 中一个专门用于编辑材质的容器。利用它可以模拟出物体表面所呈现的物理特性及其纹理。

2. 在主菜单栏中依次选择【渲染】|＿＿＿＿＿＿命令，即可打开材质编辑器。

3. ＿＿＿＿＿＿明暗器是在 3ds Max 中最常用的明暗器，其以光滑的方式来渲染物体表面，可以表现出多种物体的属性，例如金属、玻璃、泥土等。

4. 在编辑材质的过程中，贴图参与表现效果都是通过＿＿＿＿＿＿进行。

5. 材质可以表现物体的高光强度、反射方式、透明度、折射率等内在的物理属性，而＿＿＿＿＿＿是体现物体表面纹理、图案、花纹及色泽等物体表面属性的一种方式。

二、选择题

1. 【各向异性】明暗器可以表现非正圆形的、具有方向性的高光区域。

A. Blinn　　B. 各向异性　　C. 金属　　D. 多层

2. 在制作材质的过程中，如果选中＿＿＿＿＿＿复选框，则模型的每个多边形面上将分别被贴图，而不是整体贴图。

A. 线框　　B. 双面　　C. 面贴图　　D. 面状

3. Strauss 明暗器表现的金属质感更具有沉重的感觉，适合表现像金属一样带有沉重感觉的非金属质感，如矿石或礁石等。

A. 半透明　　B. Strauss　　C. Phong　　D. Oren-Nayar-Blinn

4. ＿＿＿＿＿＿材质是高级表面着色材质，比较适合用来创建玻璃、水、金属、塑料等带有反射性质的物质。

A. 光线跟踪　　B. 卡通　　C. 混合　　D. 多维/子对象

5. ＿＿＿＿＿材质可以在对象的顶部和底部指定不同的材质，并且可以将两种材质混合在一起。

A. 双面 B. 合成 C. 虫漆 D. 顶/底

6. ＿＿＿＿＿贴图使用一个或多个位图图像作为贴图文件，如静态的.bmp、.jpg 图像文件等，或者是动态的.avi 等由静态图像序列所组成的动画文件。

A. 位图 B. 棋盘格 C. 渐变 D. 平铺

7. ＿＿＿＿＿贴图基于几何体曲面上法线的角度衰减来生成从白到黑的贴图，它会根据用户指定角度衰减的方向产生渐变。

A. 木纹 B. 衰减 C. 噪波 D. 烟雾

8. ＿＿＿＿＿贴图可以反射出物体周围环境中的物体，类似于日常生活中使用的镜子。

A. 遮罩 B. 凹痕 C. 合成 D. 平面镜

三、问答题

1. 说说材质编辑器的职能及其分类。
2. 说说明暗器的功能，及其子类型的特点。
3. 通读全章，说说材质与贴图的区别，以及它们之间的联系。

第9章 动画基础

动画是 3ds Max 中一个重要的功能，利用它几乎可以创建出所有能够想象到的动画效果。很多成功的动画作品中都有 3ds Max 的身影。3ds Max 动画囊括了很多方面，诸如基础动画、层级动画、控制器动画、角色动画、粒子动画，甚至动力学动画等。从本章开始，将介绍一些常用动画的实现方法。

9.1 动画简介

很早以前，人们发现将一组相关联的图片连续切换，画面就会“动”起来，即产生了动画效果，如图 9-1 所示。

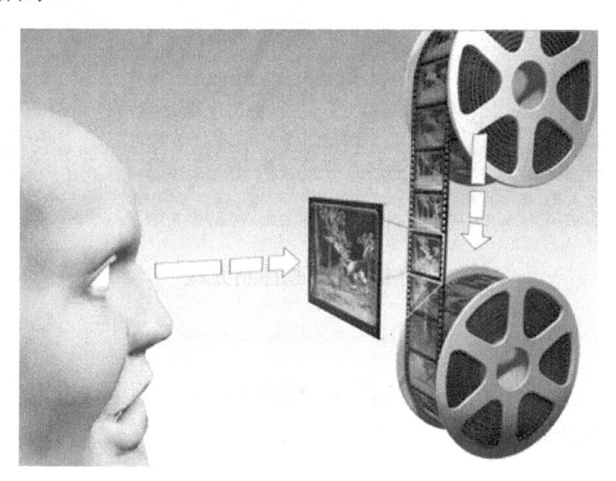

图 9-1　动画产生

在单位时间里，播放的画面越多，则动画效果就会越流畅。一般情况下，我们所看到的电影每秒播放 24 个画面，即 24 帧。而在 3ds Max 中默认的播放速度为每秒播放 30 帧(即 30 个画面)。

在动画制作过程中，画面被称为“帧”。单位时间内的帧数越多，动画过程就越流畅；反之，动画画面则会产生抖动和闪烁。

9.2 动画制作工具简介

在 3ds Max 中，为了能够将动画的制作过程简单化，我们需要使用很多与动画相关的工具。通过使用这些工具，将大大提高我们的工作效率，降低劳动强度。为此，在学习动画之前，首先讲解常见的动画辅助工具。

9.2.1 动画控制面板

在 3ds Max 2012 中，动画控制面板是一种泛指，它指的是所有与动画相关的辅助面板，包括播放控制、时间配置、时间轨等多个区域。它们的主要功能是辅助设计师进行创作，其分布格局如图 9-2 所示。下面详细介绍这些区域的主要功能。

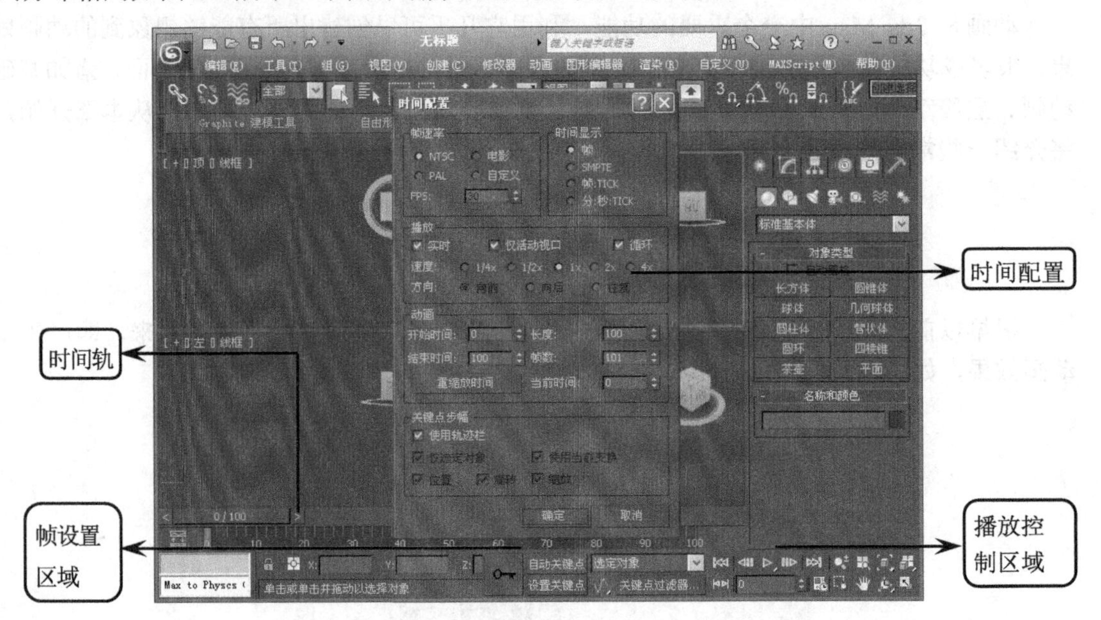

图 9-2 动画控制面板

1. 帧设置区域

帧设置区域主要用于制作动画，包括关键帧的设置、动画过滤等功能，如图 9-3 所示。下面详细介绍这些工具的功能。

1) 自动关键点

【自动关键点】用于打开或者关闭自动设置关键帧模式。当打开时，该按钮变为红色，当前激活的视图边框也将变为红色，此时对场景的所有更改都将被记录为动画。

2) 设置关键点

【设置关键点】用于打开关键帧设置模式，按下按钮也可以达到同样的效果。在关键帧设置模式下，允许同时对所选对象的多个独立轨迹进行调整。

技巧： 也可以直接按快捷键 K 来创建关键帧，但是在创建关键帧前，需要先将时间滑块拖动到当前位置。

3) 打开过滤器对话框

单击关键点过滤器...按钮，可以在打开的对话框中设置关键帧的过滤类型，如图 9-4 所示。

4) 动画曲线

按住按钮不放，可以在打开的菜单中选择不同的动画曲线，从而使动画产生不同的动画效果。关于动画曲线的功能将在下文中详细介绍。

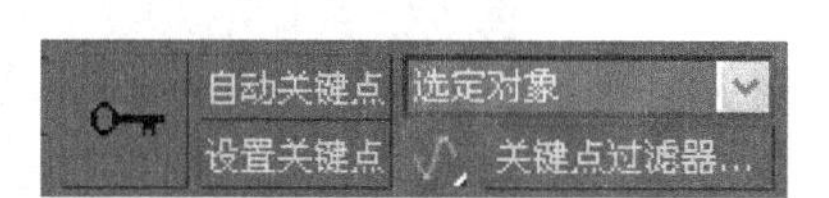

图 9-3　帧设置区域

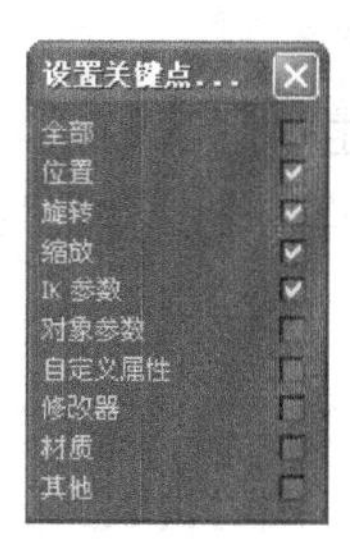

图 9-4　过滤器对话框

2. 播放控制区域

播放控制区域如图 9-5 所示，通过单击这些工具实现动画的快退、快进、播放等。关于它们的功能如表 9-1 所示。

表 9-1　播放控制工具

工具名称	图　标	含　义	功　能
转至开头		返回开头	时间滑块移动到活动动画段的开始
上一帧		前一帧	时间滑块移动到前一帧
播放动画		播放/停止	单击一次将播放动画，再次单击则停止播放
下一帧		下一帧	移动时间滑块到下一帧
转至结尾		结束帧	设置了关键帧后，可以在关键帧之间进行移动
关键帧切换		关键帧模式	单击该按钮可以在动画中的关键帧之间直接跳转

3. 时间轨

时间轨主要用来设置动画，例如定义动画发生变化的帧、帧的范围等，都需要通过时间轨进行设置。另外，在时间轨上定义了关键帧后，将会产生一个标记，这样极大地方便了动画的后期编辑，如图 9-6 所示。

图 9-5　播放控制区域

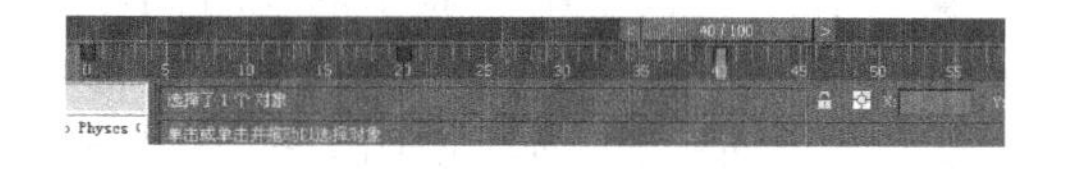

图 9-6　时间轨上的关键帧

1) 时间滑块

利用它可以进行左右滑动，以显示动画中的时间。默认情况下，滑块上用帧显示时间，表示为“当前帧数/动画长度帧数”。

2) 时间配置

显示当前位置。输入一个数值后，按 Enter 键可以将时间滑块移动到相应的帧。

4. 时间配置

单击该按钮，打开如图 9-7 所示的【时间配置】对话框。利用该对话框可以设置动画的相应时间配置，该对话框各选项组中选项的含义如下。

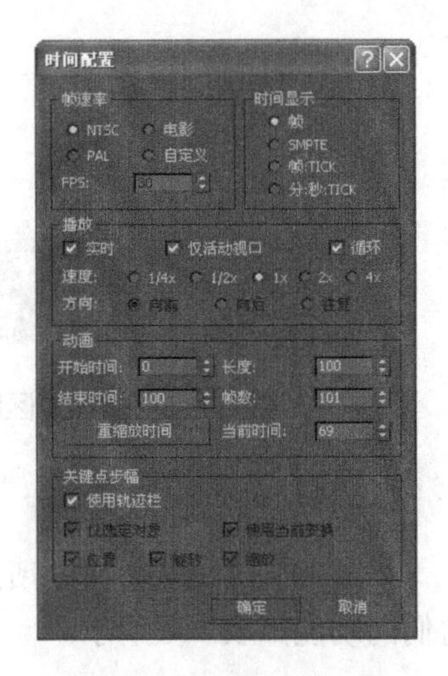

图 9-7　时间配置对话框

1) 帧速率

动画的帧速率用 FPS(帧/秒)表示。在这个选项组中有四个单选按钮，分别标记为 NTSC、电影、PAL 和自定义。

提示： NTSC、电影和 PAL 是三种常用的动画制式。其中，NTSC 采用 30FPS 制式，即每秒钟播放 30 帧；电影制式采用 24FPS；PAL 则采用 25FPS，通常应用在亚洲地区。

2) 时间显示

通过该选项组可以设置时间显示格式。包括四种时间显示格式，分别是帧、SMPTE、帧:TICK 和分:秒:TICK。

3) 播放

利用该选项组可以设置动画播放的速度。

- 实时：选中该复选框，表示在视图中播放动画时跳过帧，以便与当前的 FPS 设置保持一致。
- 仅活动视口：选中该复选框，表示播放动画时只在当前活动视口中进行。
- 循环：选中该复选框则可以使动画循环播放。

提示： 在【插放】选项组中，有 5 种播放速度，其中 1×是正常速度，1/2×是半速度，其他的与这两种类似。如果选中【向前】单选按钮，播放动画时向前播放；选中【向后】单选按钮，播放动画时反转播放；选中【往复】单选按钮，播放动画时往复播放。

4) 动画

- 开始/结束时间：【开始时间】和【结束时间】用于设置时间滑块中显示的活动时间段，它们的数值可以是 0 帧前后的任何时间段。
- 长度：长度用于显示活动时间段的帧数。
- 帧数：该选项用于控制渲染的帧数。始终是长度值加 1。
- 当前时间：该选项用于指定时间滑块的当前帧。
- 重缩放时间：单击该按钮，可以在打开的对话框中重新设置所有轨迹中关键点的位置。

5) 关键点步幅

- 使用轨迹栏：使关键点模式能够遵循轨迹栏中的所有关键点，包括除变换动画之外的任何参数动画。
- 仅选定对象：用于控制在使用关键点模式时选定对象的变换。
- 使用当前变换：用于控制在关键点模式中使用当前变换。
- 位置/旋转/缩放：这三个复选框用于控制关键点所产生的变换，可以分别通过位置、旋转和缩放来控制关键点的步幅。

时间控制面板在动画制作过程中，起着十分重要的作用。任何一段动画的制作，都需要通过该对话框设置动画的制式、长度，以及预览等方式，所以需要读者熟练掌握。

9.2.2　运动面板

运动面板提供了对所选对象的运动进行调整的工具，读者可以调整影响所有位置、旋转和缩放的变形控制器，以及关键帧时间、松弛参数等，也可以替代轨迹视图为对象添加动画控制器。运动面板包括两个部分，一是参数部分，二是轨迹部分，如图 9-8 所示。

图 9-8　运动面板

1. 参数部分

打开运动面板时，系统将自动打开参数部分的相关设置，可以用来调整变形控制器和关键帧的信息，在轨迹视图中也可以实现相同的功能。下面向读者介绍一下参数面板中一些常用参数的功能。

1) 指定控制器

通过该卷展栏，可以将动画控制器指定到场景中的对象，从而使其按照设定的动作进行运动。

【例 9-1】 指定动画控制器。

(1) 打开随书光盘中的“09\指定动画控制器.max”文件，如图 9-9 所示。

(2) 选择汽车模型，切换到运动面板，观察此时的指定控制器卷展栏，如图 9-10 所示。

图 9-9　打开文件

图 9-10　切换到运动面板

(3) 在指定控制器卷展栏中选择【位置:位置 XYZ】选项，并单击按钮，以便指定动画控制器，如图 9-11 所示。

(4) 在打开的对话框中选择一个动画控制器，例如路径约束，如图 9-12 所示。

图 9-11　选择控制器绑定位置

图 9-12　选择动画控制器

到此，关于动画控制器的指定操作就完成了，接下来还需要设定控制器的参数，使其进行运动，关于这部分知识请参考动画控制器相关知识。

2) 【PRS 参数】卷展栏

该卷展栏提供了一些创建和删除关键帧的工具，如图 9-13 所示。PRS 代表 3 个基本的变形控制器，分别是位置、旋转和缩放。

- 创建关键点：该选项组用于创建关键点，位置/旋转/缩放用于设置当前的帧类型。
- 删除关键点：该选项组用于删除当前帧的关键帧。

提示： 位置/旋转/缩放决定了出现在 PRS 参数卷展栏下方的【关键点信息】卷展栏中的内容，分别是位置、旋转和缩放的关键帧信息。

3) 关键点信息(基本)

该卷展栏用来改变动画值、时间和所选关键帧的中间插值方式，如图 9-14 所示。

图 9-13　PRS 参数

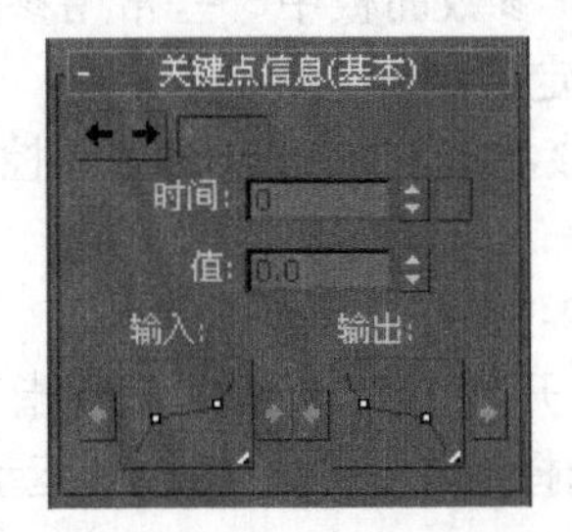

图 9-14　关键点信息(基本)

- 帧数：帧数用于逐个显示当前场景中的关键帧，读者可以使用←和→按钮来逐个选择。
- 时间：时间用于显示当前关键帧所处在的时间位置。
- 值：该选项可以使读者手动调整当前关键帧的值。

4) 关键点信息(高级)

通过该卷展栏可以以 3 种不同的方式控制速度，如图 9-15 所示。

- 输入/输出：输入/输出用来控制关键帧的绝对速度。
- 规格化时间：该选项用来计算平均速度。
- 自由控制柄：选中该复选框后，可以自动更新曲线手柄的长度。

2. 轨迹

【轨迹】卷展栏主要用于控制显示对象随时间变化而移动的路径，如图 9-16 所示。

- 删除关键点：单击该按钮可以从轨迹线上删除所选择的关键帧。
- 添加关键点：单击该按钮则可以向轨迹线上增加关键帧。
- 开始/结束时间：开始/结束时间用来定义转化的间隔。
- 转化为/自：单击【转化为】按钮将位置轨迹关键帧转换为样条对象；单击【转化自】按钮将样条对象转换为轨迹关键帧。

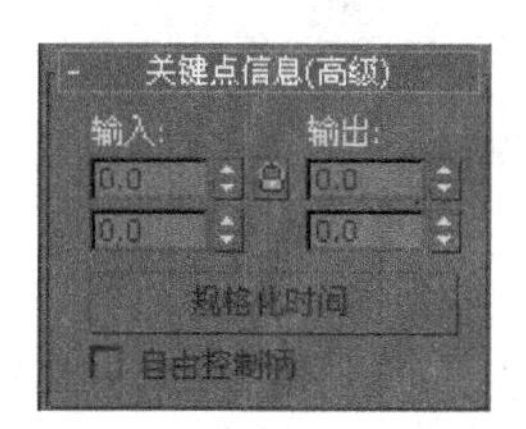

图 9-15　关键点信息(高级)

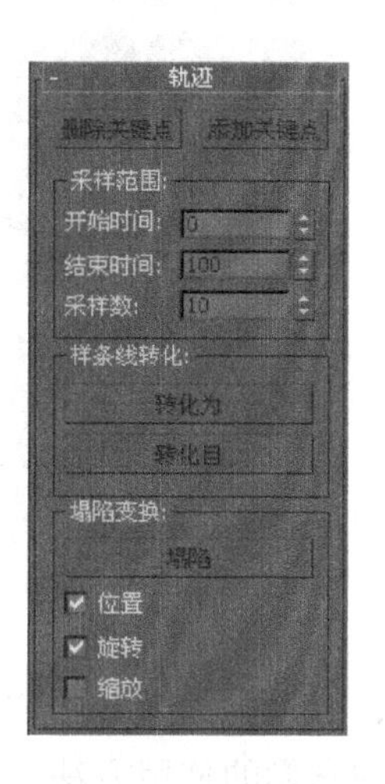

图 9-16　【轨迹】卷展栏

技巧： 通过单击【转换为/自】按钮可以为一个对象创建一个样条轨迹线，然后将该轨迹线转换为该对象的位置轨迹关键帧。

- 塌陷：该选项组可以基于当前所选对象的转换来生成关键帧，可以把这个应用于该对象的变形控制器，但主要的目的是塌陷参数化转换结果。

9.2.3　轨迹视图

轨迹视图提供了精确修改动画的能力。轨迹视图有两种不同的模式：曲线编辑器和摄影表。在曲线编辑器模式下，可以以功能曲线的形式显示动画，生动地描述了物体的运动、变形效果等，如图 9-17 所示。

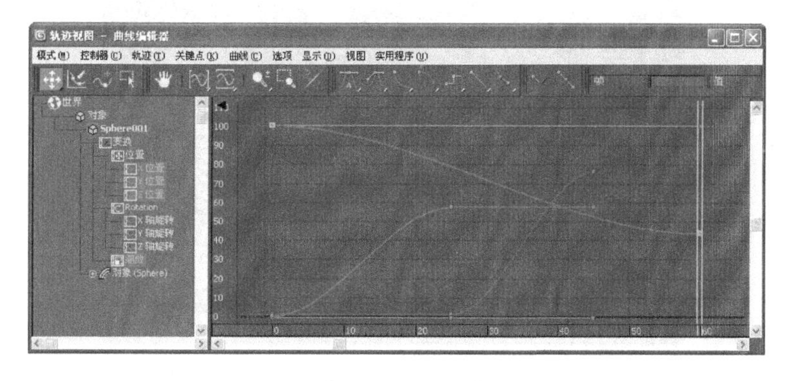

图 9-17　曲线编辑器

摄影表可以将动画的所有关键帧和范围显示在一张数据表格上，从而很方便地编辑关键帧和子关键帧，如图 9-18 所示。

提示： 轨迹视图的布局可以命名后保存在轨迹视图缓冲区中，再次使用时可以方便地调出，并且其布局将与.max 文件一起保存。

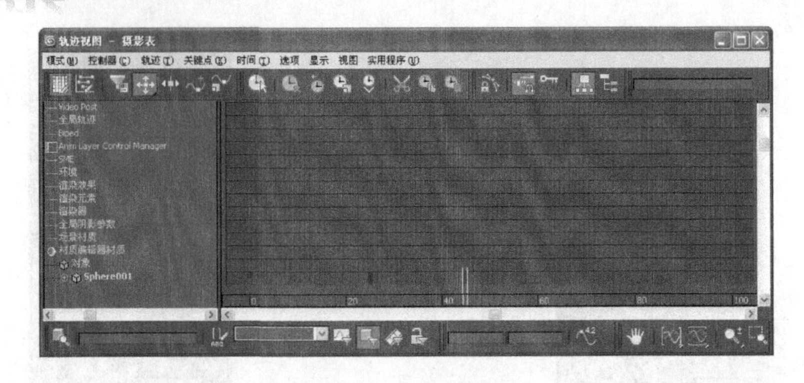

图 9-18　摄影表

实际上，曲线编辑器和摄影表的功能是相同的，都是为了编辑动画，本节以曲线编辑器为例，介绍它们的使用方法。

1．关键点工具栏

曲线编辑器的关键点控制工具栏包含一些工具，用于移动和缩放关键点、绘制曲线和插入关键点，如图 9-19 所示。

图 9-19　工具栏

1) 移动关键点

启用该工具后，可以在编辑区域任意移动选定的关键点，如果在移动的过程中按下 Shift 键，则可以复制关键帧。

2) 绘制曲线

单击该按钮，鼠标将变为铅笔的形状。读者可以通过在编辑区域拖动鼠标，创建一条曲线轨迹，如图 9-20 所示。

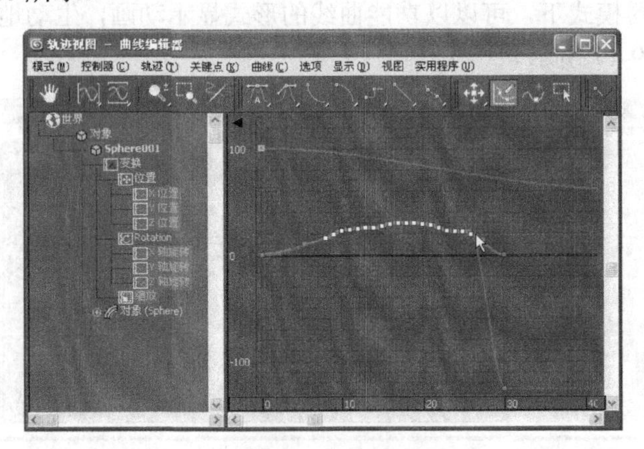

图 9-20　绘制曲线

3) 添加关键帧

单击该按钮，可以增加一个关键帧。按下该按钮后，可以在需要添加关键帧的位置单击鼠标左键，添加一个关键帧。

4) 区域工具

使用该工具可以在矩形区域移动和缩放关键点。

2. 导航工具栏

导航工具栏具有用于导航关键点窗口或曲线窗口的控件，如图 9-21 所示。

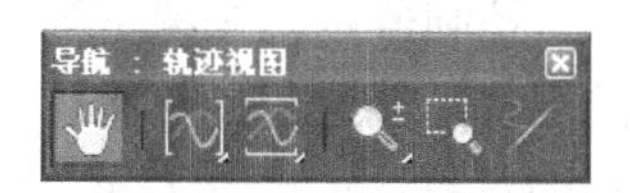

图 9-21　导航工具栏

1) 平移

使用该工具可以单击并拖动关键点窗口，将其向左移、向右移、向上移或向下移。

2) 水平方向最大化显示

该工具是一个弹出按钮，该弹出按钮包含【水平方向最大化显示】按钮和【水平方向最大化显示关键点】按钮，用于调整关键点窗口显示区域。

3) 最大化显示值

在垂直方向上调整关键点窗口的显示区域。

4) 缩放

该工具可以在水平、垂直，或同时在两个方向缩放关键点区域。

5) 缩放区域

缩放区域用于拖动关键点窗口中的一个区域以缩放该区域使其充满窗口。

6) 孤立曲线

按下该按钮，可以将选择的动画曲线孤立。

3. 关键点切线工具

利用关键点切线工具栏可以为关键点指定切线。切线控制着关键点附近运动的平滑度和速度，如图 9-22 所示。

图 9-22　关键点切线工具

1) 将切线设置为自动

按关键点附近的功能曲线的形状进行计算，将高亮显示的关键点设置为自动切线。

2) 将切线设置为样条线

将高亮显示的关键点设置为样条线切线，它具有关键点控制柄，可以通过在曲线窗口中拖动进行编辑。

3) 将切线设置为快速

单击该按钮，将关键点切线设置为快速运动方式。

4) 将切线设置为慢速

单击该按钮，将关键点切线设置为慢速运动方式。

5) 将切线设置为阶梯式

将关键点切线设置为步长。使用阶跃来冻结从一个关键点到另一个关键点的移动。

6) 将切线设置为线性

将关键点切线设置为线性。

7) 将切线设置为平滑

将关键点切线设置为平滑。用它来处理不能继续进行的移动。

4．控制器窗口

控制器是一个树型列表，用于显示场景中的物体和对象的名称，甚至包括材质，以及控制器轨迹命令，控制当前编辑的对象，如图 9-23 所示。

该列表中的每一个选项都可以展开，也可以重新整理。读者还可以使用手动浏览模式塌陷或者展开轨迹选项，按住 Alt+鼠标右键单击后也可以从打开的菜单中选择塌陷或者展开轨迹的命令。

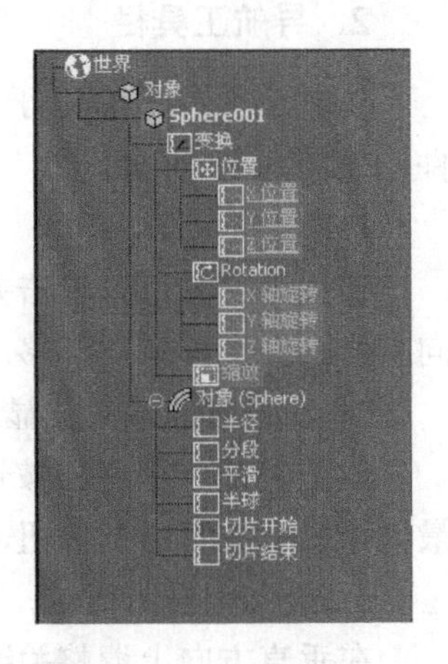

图 9-23　控制器窗口

5．编辑区域

编辑区域显示轨迹或者曲线的关键帧，这些关键帧在范围条上显示为曲线或者条形图表，如图 9-24 所示。在这里可以方便地创建、删除和添加关键帧。

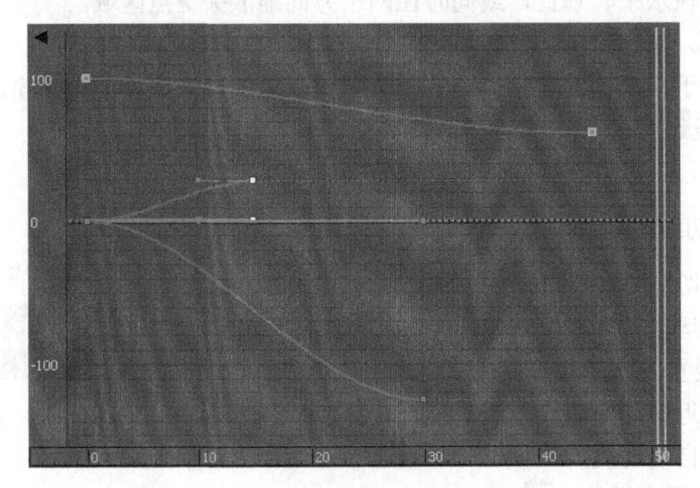

图 9-24　编辑区域

9.3　创建关键帧动画

关键帧的概念来源于传统的卡通片制作。关键帧技术是计算机动画中最基本并且运用最广泛的方法。在 3ds Max 中，关键帧动画是生成一切动画的基础，因此需要我们熟练掌握。

9.3.1　关键帧模式

在 3ds Max 中，我们可以使用两种模式来创建关键帧，一种是自动关键点模式，另一种是设置关键点模式，本节详细介绍它们的使用方法。

1．使用自动关键点创建动画

相对于这两种动画的实现方法而言，利用【自动关键点】创建动画的方法比较简单，我们仅仅需要通过选择某个参数，拖动时间滑块，再调整参数就可以实现。

【例 9-2】设置关键帧

(1) 打开随书光盘中的“09\设置关键帧.max”文件，如图 9-25 所示。

(2) 将时间滑块拖动到第 0 帧处，保持汽车所有设置都不变，然后单击【自动关键点】按钮，如图 9-26 所示。

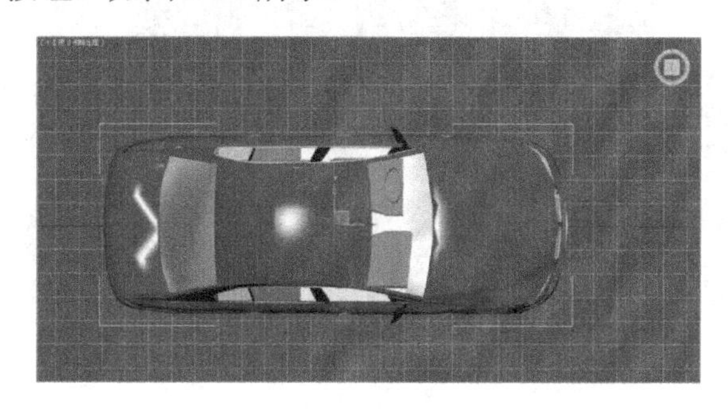

图 9-25　打开文件

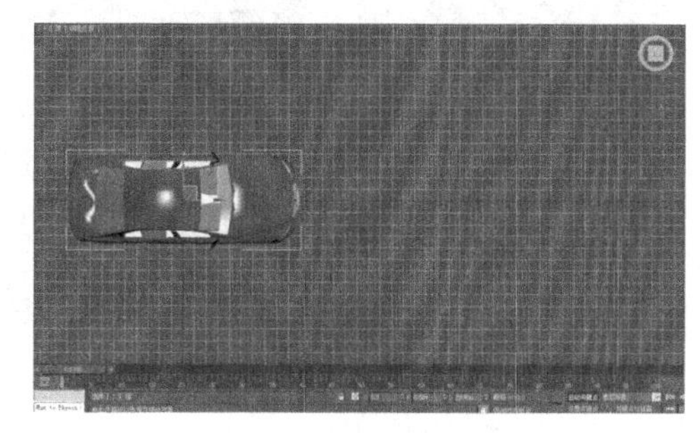

图 9-26　按下自动关键点按钮

(3) 将时间滑块拖动到第 30 帧处，然后利用工具沿 X 轴方向移动汽车，如图 9-27 所示。

(4) 将时间滑块拖动到第 60 帧处，然后利用等比缩放工具缩小整个模型，如图 9-28 所示。

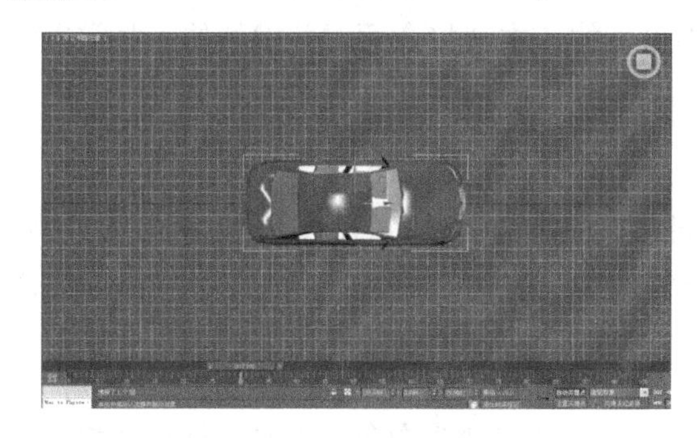

图 9-27　调整位移

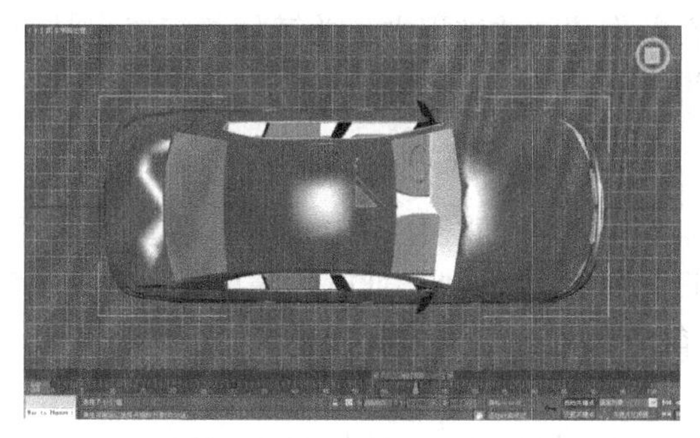

图 9-28　设置关键帧

(5) 设置完毕后，再次单击【自动关键点】按钮，退出动画制作模式，然后拖动时间滑块观察此时的效果。

这样，一个动画效果就产生了。当我们按下【自动关键点】按钮后，如果更改物体的参数则可以自动生成一个关键帧，通过在不同的时间设置关键帧，即可使场景的物体产生一系列动作。

2. 使用设置关键帧创建动画

设置关键帧动画系统是给专业角色动画制作人员设计的，他们想要设定动作姿势，然后特意把那些姿势委托给关键帧，此时使用自动关键帧就无法实现了。

【例 9-3】设置关键帧动画

(1) 将时间滑块拖动到某个时间帧上，例如第 30 帧处，并调整物体的变形，如图 9-29 所示。

(2) 单击【设置关键帧】按钮，并单击其右侧的按钮，即可创建一个关键帧，如图 9-30 所示。

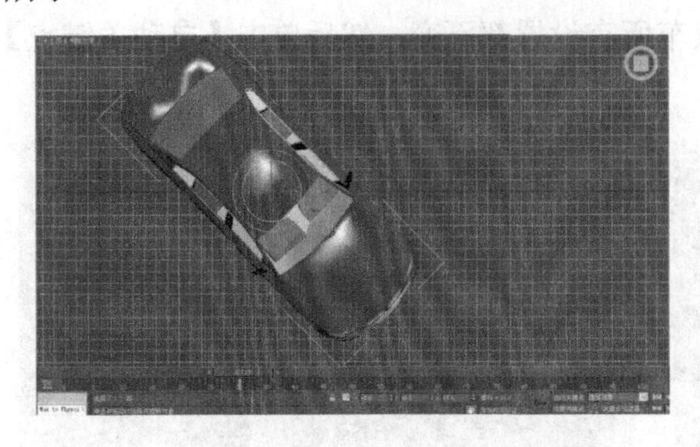

图 9-29　修改位移

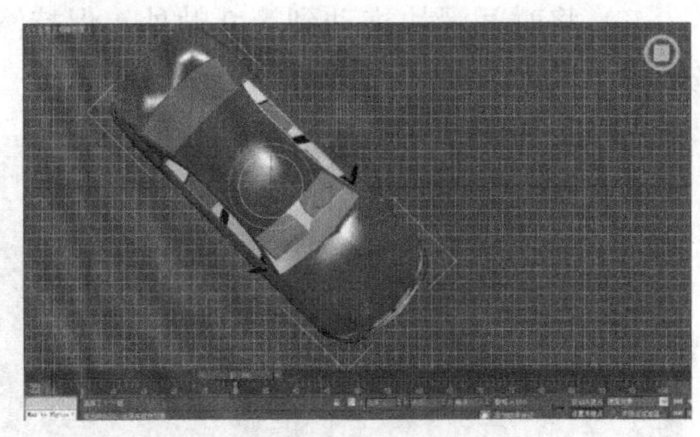

图 9-30　设置关键点

如果还需要再设置关键帧，则可以直接将时间滑块拖动到相应的时间上，调整模型的参数后，单击按钮创建一个关键帧。

9.3.2　关键帧操作

在制作了关键帧动画后，系统允许对关键帧进行编辑，从而能够灵活设置动画形式。在制作动画的过程中，关键帧的编辑也是必不可少的，本节将介绍对关键帧的一些常用编辑操作。

1．移动关键帧

例如现在我们在第 15 帧处创建了一个关键帧，但是由于时间的设置错误需要将关键帧设置到第 20 帧处，此时不需要再重新设置关键帧，直接可以将第 15 帧处的关键帧移动到第 20 帧处。

【例 9-4】 移动关键帧

(1) 在时间轨上选择第 15 帧的关键帧，此时时间轨将变为白色，并且鼠标指针将变为双箭头形状，如图 9-31 所示。

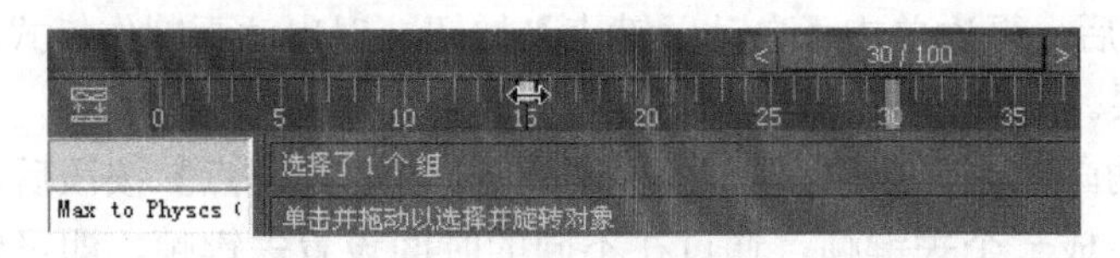

图 9-31　选择关键帧

(2) 按住鼠标左键不放，将关键帧向右侧拖动。可以看到，关键帧已经随着鼠标的拖动向右侧移动，并且还可以通过其下面的区域观察此时关键帧的位置，如图 9-32 所示。

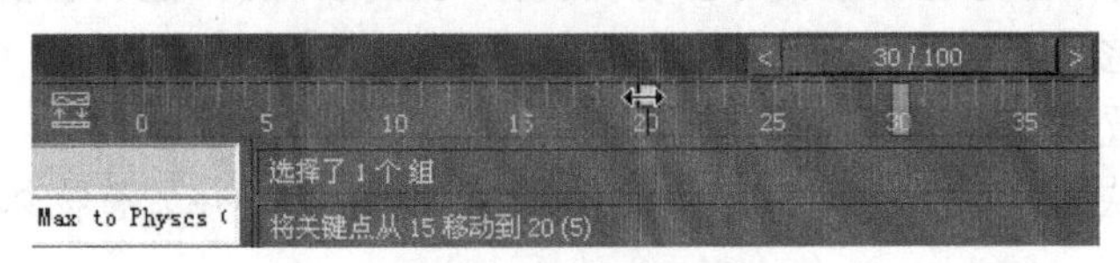

图 9-32　调整关键帧位置

(3) 最后，将时间帧调整到第 20 帧处，松开鼠标左键即可完成关键帧的拖动操作。

2. 复制与粘贴关键帧

物体在执行有限次数的反复运动时，如果利用自动关键点方式再重新设置关键帧，显然是不可取的，此时可以通过利用复制、粘贴的方式编辑关键帧。

【例 9-5】复制与粘贴

选择第 20 帧处的关键帧，按住 Shift 键向右拖动鼠标。确认当前时间位于第 25 帧时，松开 Shift 键即可粘贴一个关键帧，如图 9-33 所示。

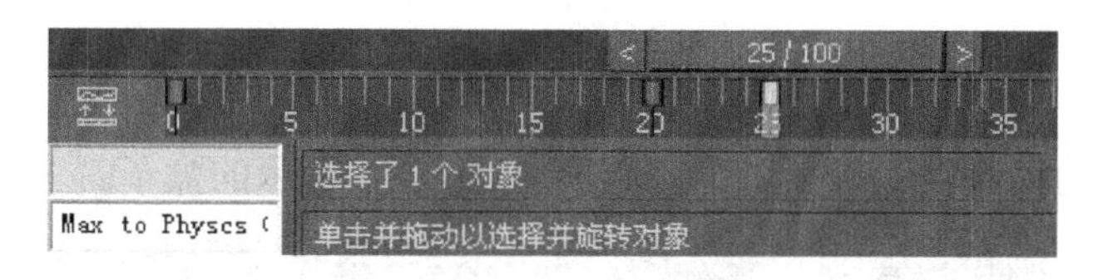

图 9-33　复制关键帧

技巧： 除了这种方法外，读者也可以直接在轨迹视图窗口中对关键帧进行复制和粘贴操作。

9.4　实验指导——移动的盒子

在上文中，我们了解了动画的常用制作工具，以及关键帧动画的两种制作方法。本节将利用一个盒子的移动动画来帮助读者学习如何利用上述工具制作关键帧动画。

(1) 打开随书光盘中的“09\移动的盒子.max”文件，这是一个已经制作好模型的静态场景效果，如图 9-34 所示。

图 9-34　场景效果

(2) 将底层的 4 个盒子移动到摄像机视口的外面，即不要出现在摄像机视口当中，如图 9-35 所示。

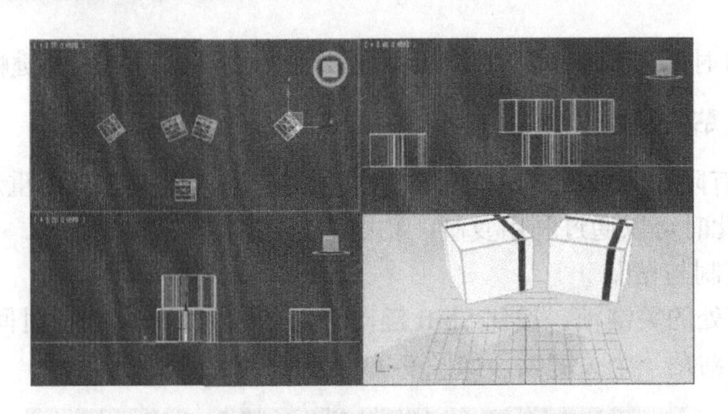

图 9-35　调整底层盒子位置

(3) 按下【自动关键点】按钮，然后选择如图 9-36 所示的盒子。

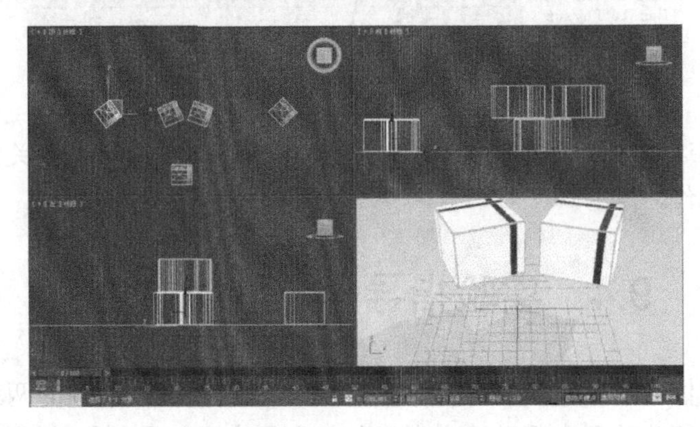

图 9-36　激活动画

(4) 将时间滑块拖动到第 30 帧，将盒子移动到如图 9-37 所示的位置，完成该盒子的动画效果。

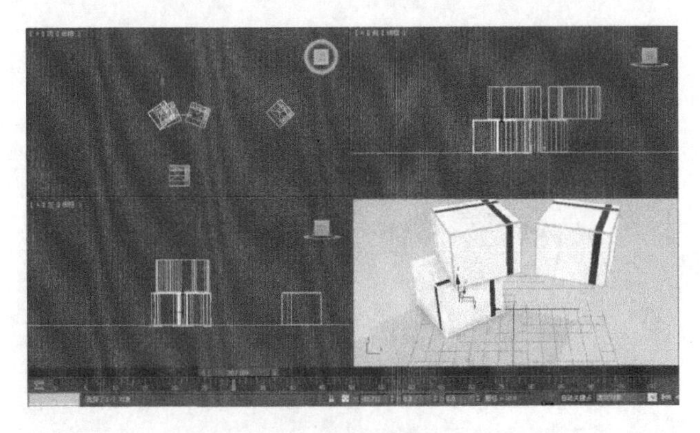

图 9-37　制作关键帧动画

(5) 执行【图形编辑器】|【轨迹视图-曲线编辑器】命令，打开曲线编辑器，并选择如图 9-38 所示的选项。

(6) 选择曲线的两个端点，单击图 9-39 所示的按钮，将其运动方式设置为快速。

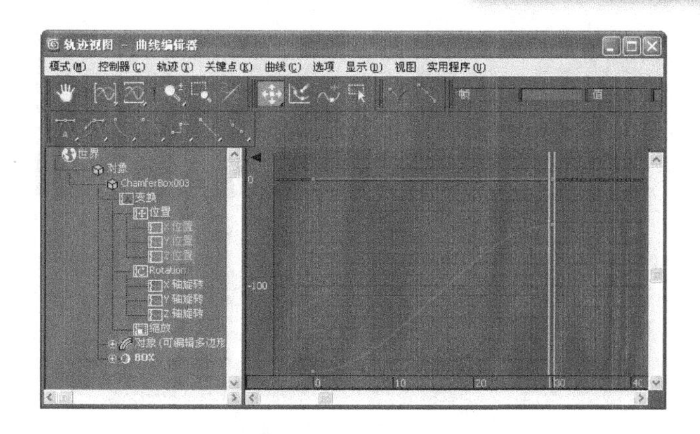

图 9-38 选择曲线

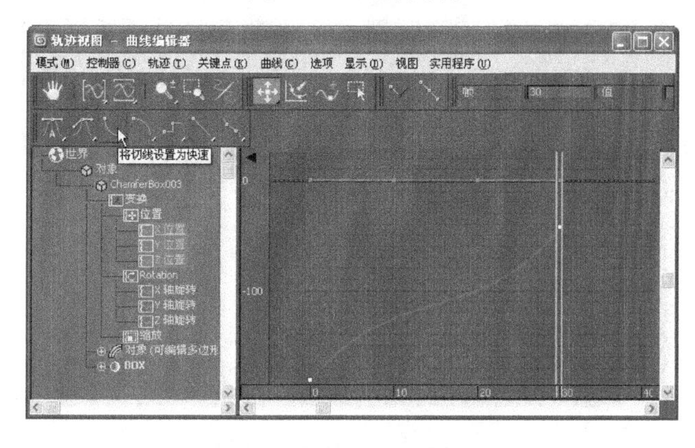

图 9-39 设置曲线运动状态

(7) 设置完毕后关闭曲线编辑器，完成动画设置。然后，再利用相同的方法制作其他三个盒子的动画，如图 9-40 所示。操作完成后，再次单击【自动关键点】按钮完成制作。

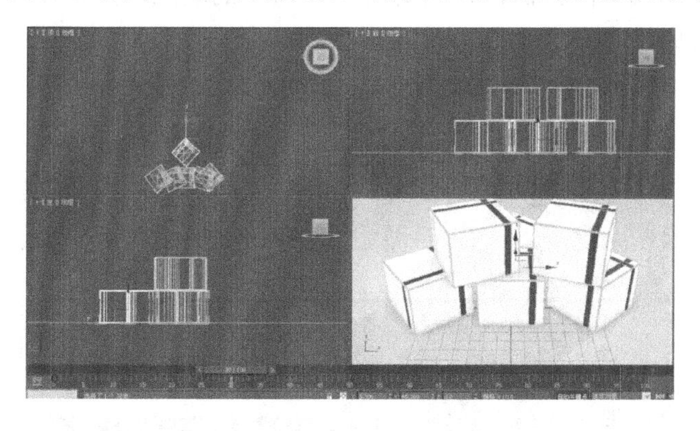

图 9-40 制作盒子动画

(8) 选择如图 9-41 所示的盒子，将时间滑块移动到 45 帧并按下【设置关键点】按钮和按钮。

(9) 将时间滑块拖动到第 0 帧处，将盒子移动到摄像机视口外面，并适当旋转它的角度，如图 9-42 所示。

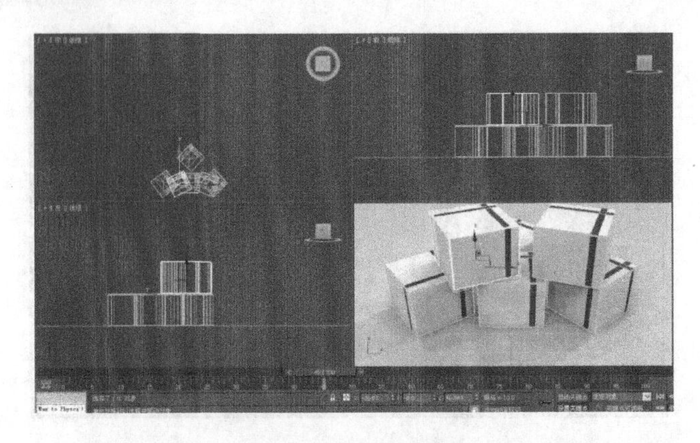

图 9-41 设置关键点

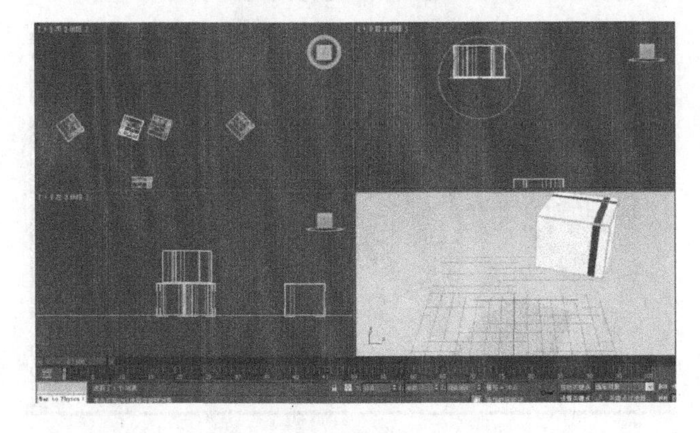

图 9-42 设置动画

技巧： 在位移的过程中适当添加旋转，可以产生出旋转运动的效果。

(10) 最后，使用相同的方法，设置另外一个盒子的动画，并可以在曲线编辑器中调整其运动方式，如图 9-43 所示。

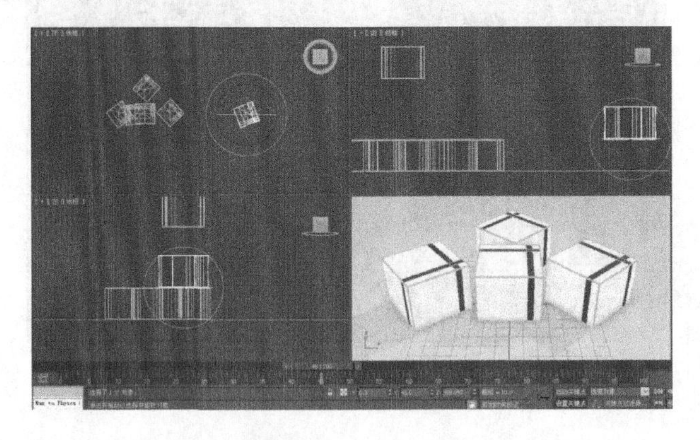

图 9-43 盒子动画

这样，关于整个动画效果就制作完成了，读者可以在熟练操作之后添加一些其他的动画元素，或者动画运动方式。图 9-44 所示为制作出来的动画序列。

图 9-44　动画效果

9.5　使用动画控制器

3ds Max 内建了若干动画控制器，使用这些控制器，可以轻松地为运动对象设置诸如沿路径的运动、注视、声波震动等动作。通常，在自动关键帧模式下，只需要简单修改几个参数就可以轻松实现动画，本节将介绍常见的几种动画控制器的功能。

9.5.1　添加动画控制器

动画控制器实际上就是控制物体运动轨迹规律的组件，它决定动画如何在每一帧动画中进行运动，决定一个动画参数在每一帧的值。本节将介绍如何在一个物体上添加动画控制器。

1. 利用轨迹视图添加

【例 9-6】添加控制器

(1) 打开轨迹视图之后，在左侧的列表中选择一个需要添加动画控制的选项，然后单击鼠标右键，在弹出的快捷菜单中选择【指定控制器】命令，如图 9-45 所示。

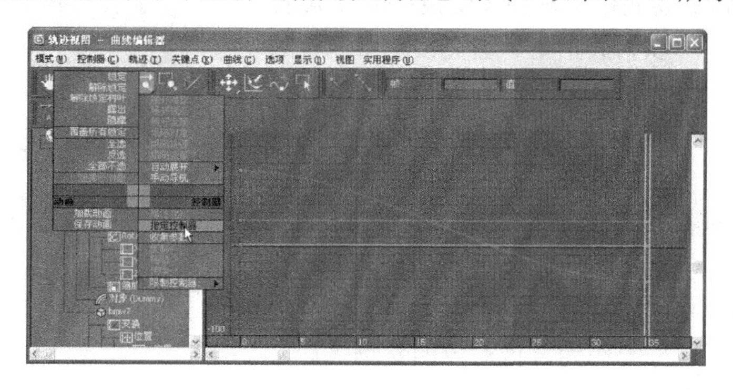

图 9-45　指定控制器

技巧： 也可以在选择了一个需要添加动画控制器的选项后，依次选择【控制器】|【指定】命令，或者直接按快捷键 C。

(2) 执行命令后，将会打开如图 9-46 所示的对话框。

(3) 选择一个控制器后，单击【确定】按钮，即可添加一个控制器。控制器一旦添加完成，就可以通过运动面板对其进行参数设置。

2. 利用运动面板添加

我们也可以直接通过运动面板添加动画控制器。在运动面板中展开【指定控制器】卷展栏，在如图 9-47 所示的列表框中选择一个选项，或者一个子选项。

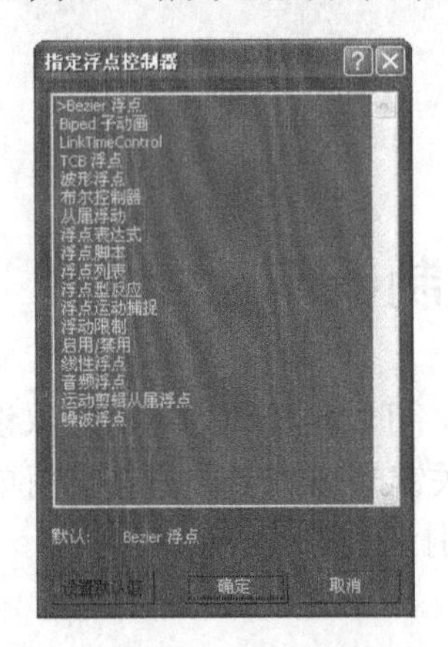

图 9-46　【指定浮点控制器】对话框

图 9-47　选择控制器

然后，单击该列表上面的按钮，即可打开指定控制器对话框。在选择了一个控制器后，单击【确定】按钮完成添加。

9.5.2　变换控制器

变换控制器是一种公用属性控制器，它可以作用在物体的任意变换控制当中。要添加变换控制器，需要在【指定控制器】卷展栏中选择【变换：位置/旋转/缩放】选项后，才可以为其指定。这类控制器包含的子类型如图 9-48 所示。

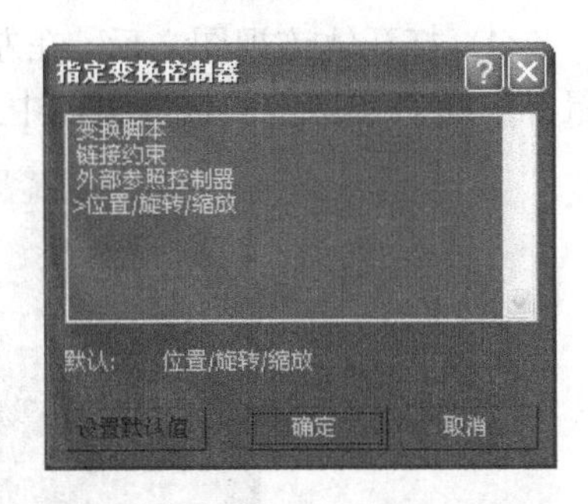

图 9-48　【指定变换控制器】对话框

1) 变换脚本

该控制器在一个脚本化矩阵值中包含位置/旋转/缩放控制器含有的所有信息。

2) 链接约束

该控制器用于制作层次链中一个物体向另一个物体链接转移的动画。分配作为链接对象的父物体后，即可对开始的时间进行控制。

3) 外部参照控制器

该控制器能够从其他场景文件中参照任何类型的控制变换。

4) 位置/旋转/缩放

它可以将变换控制分为位置、旋转、缩放 3 个控制项目，分别指定不同的控制器。

提示： 外部参照控制器遵循外部参照对象和外部参照材质中的相同理念和准则；它可以提高生产环境中的协作能力，从而可以使用其他人所创建的动画数据。

9.5.3　位置控制器

位置控制器主要用于控制物体的位置变化。在指定控制器卷展栏中选择【位置：位置 XYZ】选项，单击按钮，即可打开【指定位置控制器】对话框，如图 9-49 所示。本节介绍常见的位置控制器的功能。

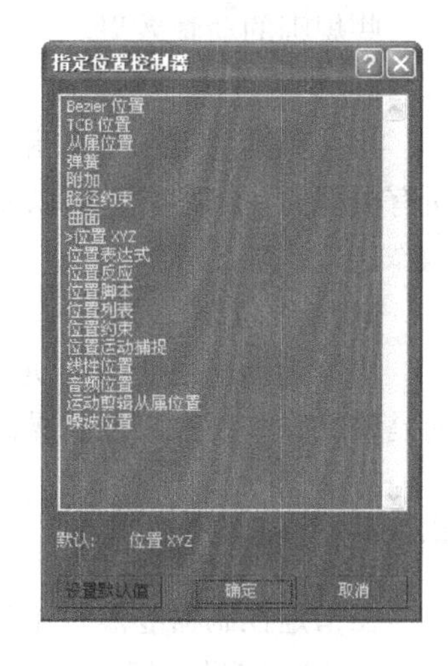

图 9-49　位置控制器

1) Bezier 位置

该控制器可以在两个关键点之间使用一个可调的样条曲线来控制动作插值。它允许以函数曲线方式控制曲线的形态，从而影响运动效果。

2) TCB 位置

该控制器能够产生曲线型动画，它与 Bezier 控制器非常相似。但是，TCB 控制器不能使用曲线类型或可调整的切线控制柄。

3) 附加

该控制器将一个物体的位置结合到另一个物体的表面。目标物体必须是一个网格物体，或者能够变换为网格物体的 NURBS 物体、面片物体。

4) 路径约束

该控制器可以使物体沿着一条曲线进行运动，是一个用途非常广泛的动画控制器，通常在需要物体沿路径轨迹运动且不发生变形时使用。

5) 位置表达式

该控制器通过数学表达式来实现动作的控制。它可以控制物体的基本创建参数，可以控制对象的位置、变换、缩放等。

6) 位置列表

该控制器是一个组合其他控制器的合成控制器，能将其他种类的控制器组合在一起，按从上到下的排列顺序进行计算，产生组合的控制效果。

提示： 位置列表控制器仅仅是一个容器，它可以将添加的其他控制器包含进去。默认情况下，运动物体的每个参数仅能够添加一个动画控制器，而通过使用位置列表控制器，可以打破这种限制。

- 运动捕捉：该控制器允许使用外接设置控制和记录物体的运动，目前可用的外接设备包括鼠标、键盘、游戏杆和 MIDI，将来还可能加入捕捉人体运动的设备。
- 位置 XYZ：该控制器可以将位置控制项目分离为 X/Y/Z 三个独立的控制项目，可以单独为每一个控制项目分配控制器。
- 曲面：该控制器可以使一个物体沿着另一个物体表面运动，但它对目标物体要求较多。目标物体要求必须是：球体、圆锥体、圆锥体、圆环、方形面片、NURBS 物体等。

7) 线性位置

该控制器可以在两个关键点之间平衡地进行动画插值计算得到标准的直线动画。常用于一些规则的动画效果。

8) 音频位置

该控制器通过一个声音的频率和振幅来控制动画物体的运动节奏，基本上可以作用于所有类型的控制参数，可以使用 WAV、AVI 等文件的声音，也可以由外部直接用声音同步动作。

9) 噪波位置

该控制器产生一个随机值，可在功能曲线上看到波峰及波谷。它没有关键点的设置，而是使用一些参数来控制噪波曲线，从而影响动作。

9.5.4 旋转控制器

在指定控制器卷展栏中选择 Rotation:Euler XYZ 选项，单击按钮，打开【指定旋转控制器】对话框，如图 9-50 所示。旋转控制器中有很多的控制器功能和位置控制器相同，只是作用的领域不同，在这里就不再一一讲解。

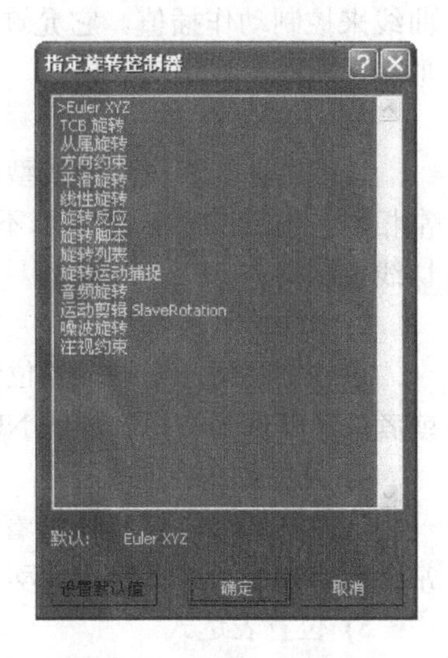

图 9-50 旋转控制器列表

1) Euler XYZ

Euler XYZ 控制器是一个复杂的控制器，它可以合并单独的、单值浮点控制器来为 X、Y、Z 轴指定旋转角度。

2) 平滑旋转

该控制器可以完成平滑自然的旋转动作，与线性旋转相同，它没有可调的函数曲线，只能在轨迹栏中改变时间范围，或者在视图中旋转物体来改变旋转值。

3) 旋转列表

该控制器不是一个具体的控制器，而是含有一个或多个控制器的组合，能将其他种类的控制器组合在一起，按从上到下的排列顺序进行计算，产生组合的控制效果。

4) 旋转运动捕捉

旋转运动捕捉修改器类似于位置捕捉修改器，不过它只能使用外部设备来创建物体的旋转动画。

9.5.5 缩放控制器

缩放控制器主要应用在对象的缩放控制中，其添加方法和上述三种控制器方法相同，图 9-51 所示为【指定缩放控制器】对话框。本节介绍常用的缩放控制器。

1) Bezier 缩放

Bezier 缩放控制器允许通过函数曲线方式控制物体缩放曲线的形态，从而影响运动效果。在【指定缩放控制器】对话框中，Bezier 缩放为默认设置。

2) 缩放 XYZ

该控制器将缩放控制项目分离为 X、Y、Z 三个独立的控制项目，可以单独为每一个控制项目分配控制器。

3) TCB 缩放

该控制器通过张力、连续性、偏移三个参数来调节物体的缩放动画。该控制器提供类似 Bezier 控制器的曲线，但没有曲线类型和曲线控制手柄。

4) 缩放表达式

该控制器通过数学表达式来实现动作的控制。可以控制物体的基本创建参数(如高度、分段等)，可以控制对象的缩放运动。

5) 缩放列表

缩放列表控制器不是一个具体的控制器，而是含有一个或多个控制器的组合。能将其他种类的控制器组合在一起，按从上到下的排列顺序进行计算，产生组合的控制效果。

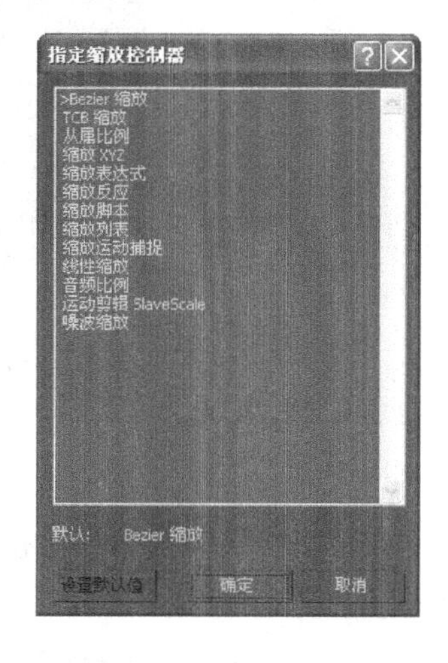

图 9-51　缩放控制器

9.6　使用动画约束

动画约束是动画实现过程中的辅助工具，通过一个对象控制与之绑定的另一个对象的位置、旋转和大小。动画约束的建立需要一个对象和至少一个目标对象，目标对象对被约束对象加特殊的限制。本节将介绍有关动画约束的知识。

9.6.1　动画约束简介

在 3ds Max 中，动画约束分为 7 种基本形式，分别是附着、曲面、路径约束、位置约束、链接约束、注视约束和定向约束。本节将介绍创建动画约束的基本方法。图 9-52 所示为动画菜单中的 7 种约束。

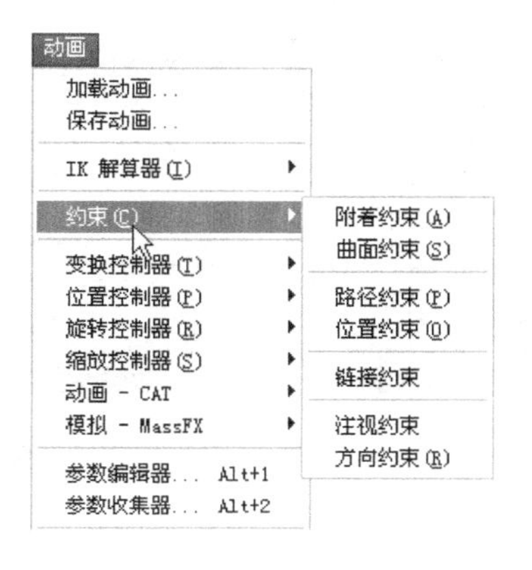

图 9-52　7 种动画约束

【例 9-7】添加动画约束

(1) 打开随书光盘中的“09\添加动画约束.max”文件，如图 9-53 所示。

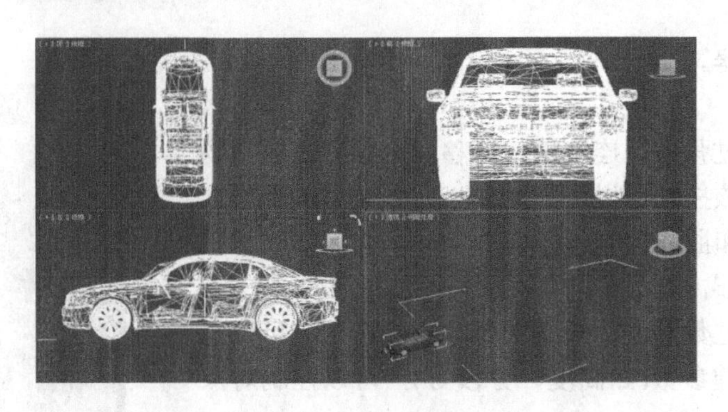

图 9-53　打开文件

(2) 在场景中选择汽车模型，依次执行【动画】|【约束】|【动画约束】命令，在子菜单中选择一种约束，如图 9-54 所示。

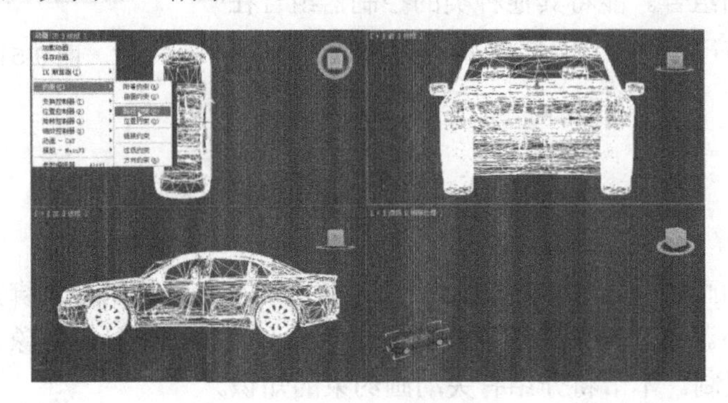

图 9-54　选择命令

(3) 在视图中将有一条虚线通过源物体链接到鼠标指针上，如图 9-55 所示。

(4) 设置完毕后，播放动画就可以观察此时的动画效果，如图 9-56 所示。

这样我们就完成了依次约束操作。当在两个物体之间建立了约束后，并不代表这次操作就结束了，还需要修改其参数，使其能够按照作者的意愿完成动画。

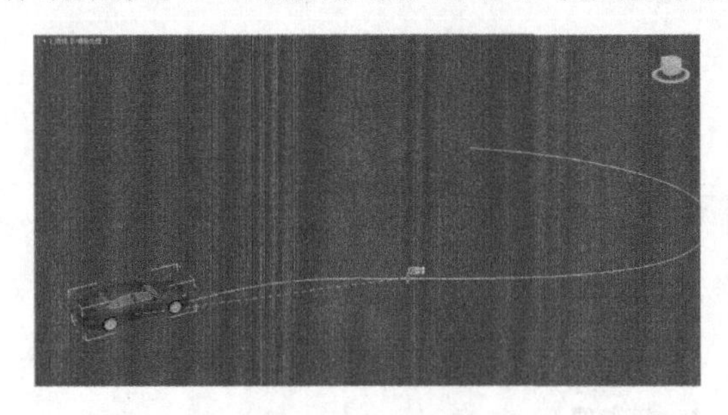

图 9-55　连接到路径

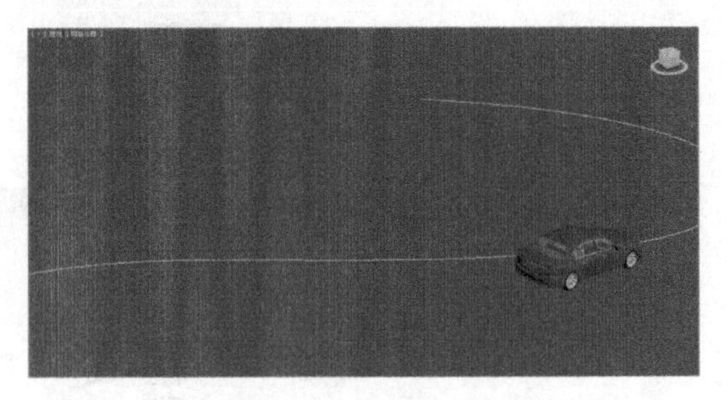

图 9-56　沿曲线运动

9.6.2　附着约束

附着约束是将一个对象的位置附着到另一个对象的面上，如图 9-57 所示。通过随着时间设置不同的附着关键点，可以在另一对象的不规则曲面上设置对象位置的动画。

当我们利用上述方法将附着约束添加到物体后，将打开如图 9-58 所示的参数面板，可以通过调整其参数来修改附着运动。下面介绍各参数的功能。

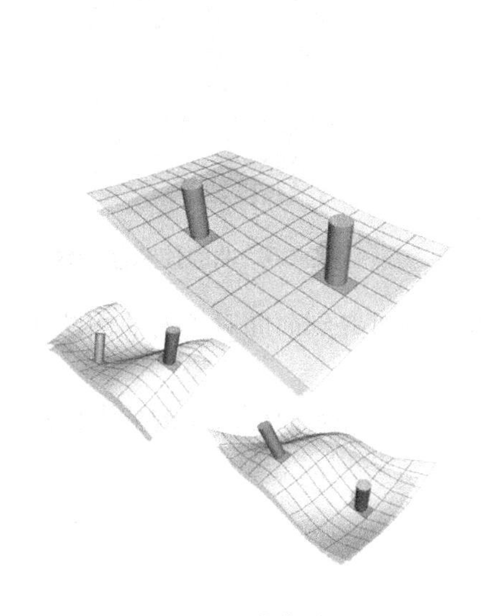

图 9-57　附着约束

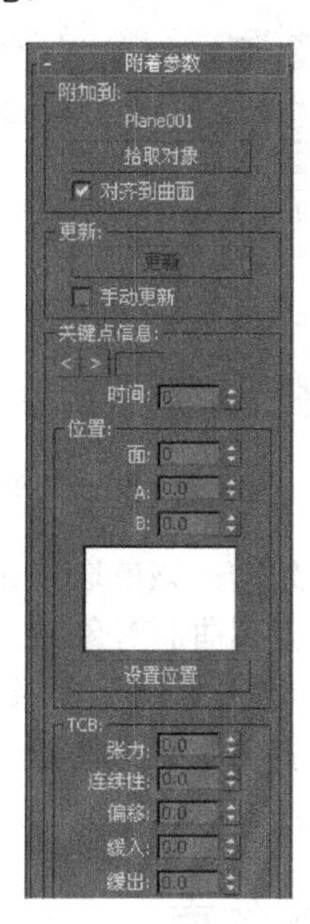

图 9-58　附着参数

- 拾取对象：单击该按钮并选择目标物体可以将需要附加的对象附加到目标对象上。
- 对齐到曲面：如果选中该复选框，则可以将物体附加到目标对象的法线方向。
- 更新：单击该按钮可以立即更新显示。
- 手动更新：选中该复选框，则可以手动更新场景，否则场景将自动更新。
- 前/后一帧：可以在各个关键帧之间切换。
- TCB 选项组：TCB 选项组主要用于设置动画的细节部分，可以用于调整动画的张力、连续性以及偏移等设置。

9.6.3　曲面约束

曲面约束可以让一个对象定位在另一个对象上，但能够使用曲面约束的对象是有限制的，允许的对象有：球体、圆锥体、圆柱体、圆环、四边形面片、放样对象 NURBS。图 9-59 所示为曲面约束效果。

曲面约束的方法和附着约束相同，这里不再介绍其创建方法。图 9-60 所示为曲面约束的参数卷展栏，下面介绍它的参数功能。

- 拾取曲面：选择需要用作曲面的对象。当已经选择了一个曲面作为对象后，还可以通过单击该按钮来更改曲面对象。
- U 向位置：U 向位置调整控制对象在曲面对象 U 坐标轴上的位置。
- V 向位置：V 向位置调整控制对象在曲面对象 V 坐标轴上的位置。
- 不对齐：选中该单选按钮后，不管控制对象在曲面对象上的什么位置，它都不会重定向。

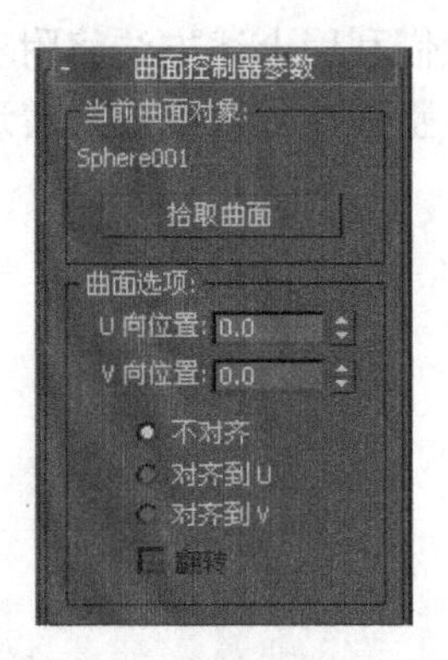

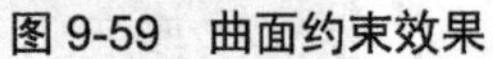
图 9-59　曲面约束效果

图 9-60　曲面控制器参数

- 对齐到 U：该单选按钮将控制对象的局部 Z 轴对齐到曲面对象的曲面法线，将 X 轴对齐到曲面对象的 U 轴。
- 对齐到 V：该单选按钮将控制对象的局部 Z 轴对齐到曲面对象的曲面法线，将 X 轴对齐到曲面对象的 V 轴。
- 翻转：该复选框控制对象局部 Z 轴的对齐方式。

9.6.4　位置约束

位置约束可以设置源对象的位置随另一个目标对象的位置或者几个目标对象的权平均位置而变化，甚至还可以将值的变化设置为动画，如图 9-61 所示。

关于位置约束的创建方法这里不再介绍，下面主要介绍位置约束的参数设置，图 9-62 所示为位置约束的参数面板。

- 添加路径目标：单击该按钮可以添加一个位置约束的对象。
- 删除路径目标：单击该按钮可以删除一个位置约束的对象。
- 目标：目标列表用于显示当前的目标对象。
- 权重：可以修改目标物体对作用对象的影响程度。
- 保持初始偏移：选中该复选框来保存受约束对象与目标对象的原始距离。

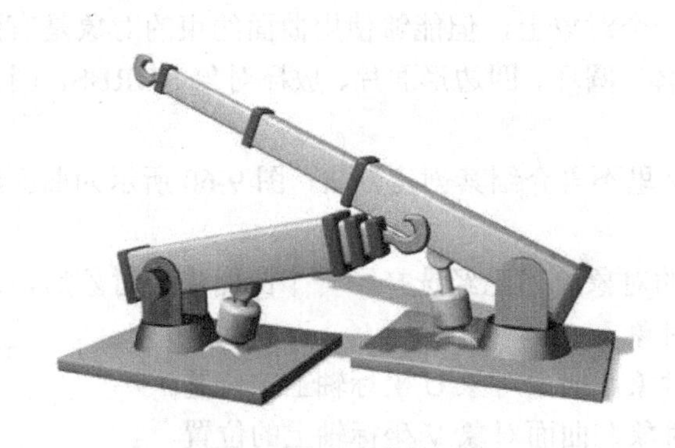

图 9-61　位置约束效果

图 9-62　参数卷展栏

9.6.5　路径约束

路径约束用来约束对象沿着指定的目标样条曲线路径运动，或在离指定的多个样条线平均距离上运动，如图 9-63 所示。

图 9-64 所示为路径约束的参数控制面板，本节将介绍这些参数的功能以及使用方法。

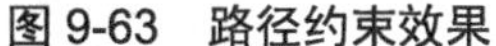

图 9-63　路径约束效果

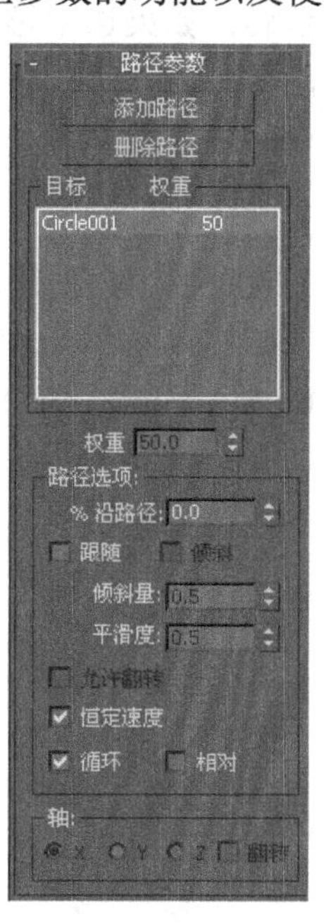

图 9-64　【路径参数】卷展栏

- 添加路径：单击该按钮可以在视图中选取其他样条线作为约束路径。
- 删除路径：单击该按钮，可以把目标列表中选定的作为约束路径的样条线去掉，使它不再对被约束对象产生影响，但不是从场景中删除。
- %沿路径：该选项用来定义被约束对象当前处在约束路径长度的百分比，常用于设定被约束对象沿路径运动的动画。
- 跟随：该选项可以使对象的某个局部坐标系与运动的轨迹线相切。与轨迹线相切的默认轴是 X，但是可以指定任何一个轴与对象运动的轨迹线相切。
- 倾斜/倾斜量：倾斜可以使对象局部坐标系的 Z 轴朝向曲线的中心。只有选中【跟随】复选框后才能使用该选项。
- 倾斜量：该数值越大，倾斜的越厉害。倾斜角度也受路径曲线度的影响。曲线越弯曲，倾斜角度越大。
- 平滑度：该参数沿着转弯处的路径均分倾斜角度。该数值越大，被约束对象在转弯处倾斜变换的就越缓慢、平滑；值比较小时，被约束对象在转弯处倾斜变换比较快速、突然。
- 允许反转：如果选中该复选框，则允许被约束对象在路径的特殊段执行翻转运动。
- 恒定速度：选中该复选框后，可以使被约束对象在样条线的所有线段上的运动速度相同。

- 循环：选中该复选框时，被约束对象的运动将被循环播放。
- 相对：选中该复选框，则被约束对象开始将保持在原位置，沿与目标路径相同的轨迹运动。
- 轴：该选项用于设置被约束对象与路径的对齐方式。
- 翻转：如果选中该复选框，则被约束对象将沿着自身和路径轨迹对齐的那个轴翻转。

9.6.6 链接约束

链接约束可以用来创建对象与目标对象之间彼此链接的动画，它可以使对象继承目标对象的位置、旋转度以及比例，经常来用它制作机械传递物体的动画，如图 9-65 所示。

图 9-66 所示为链接约束卷展栏。下面将介绍常用参数的功能。

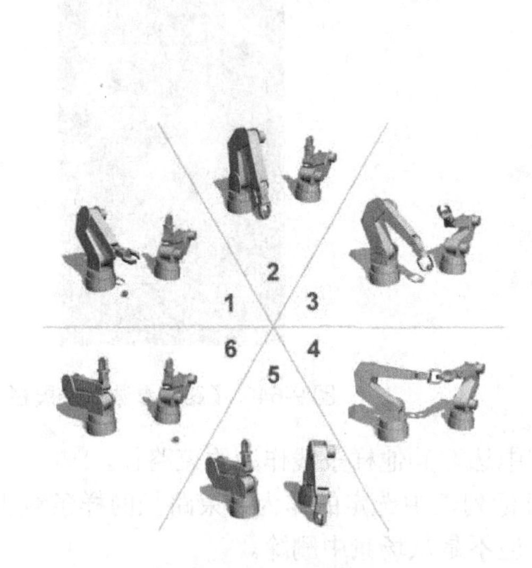

图 9-65　链接约束效果

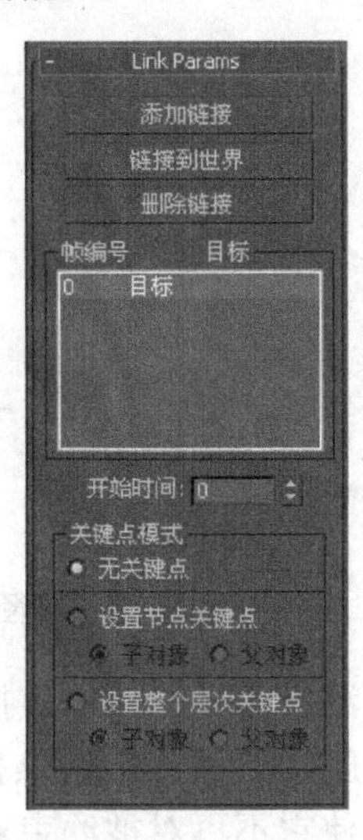

图 9-66　链接约束卷展栏

- 添加链接：单击该按钮可以添加一个新的链接目标。
- 删除链接：单击该按钮将移除一个链接目标，一旦链接目标被移除将不再对约束对象产生影响。
- 链接到世界：单击该按钮可以将对象链接到世界。
- 开始时间：该选项用于指定或编辑目标的帧值。在列表窗口中选中一个目标对象可以查看此对象成为父对象的帧位置，当链接变换开始时可以调整值来改变链接作用时间。
- 无关键点：选中该复选框后，约束对象或目标中不会写入关键点。
- 设置节点关键点：选中该复选框后，将关键帧写入指定的选项。

提示： 【设置节点关键点】具有两个子选项，即子对象和父对象。其中，子对象仅在约束对象上设置一个关键帧；父对象则在约束对象和其所有目标设置关键帧。

- 设置整个层次关键点：该选项和【设置节点关键点】功能类似，所不同的是该选项用来在指定层次上设置关键帧。

9.6.7 注视约束

注视约束会控制对象的方向使它一直注视另一个对象。同时它会锁定对象的旋转度使对象的一个轴点朝向目标对象。注视轴点朝向目标，而上部节点定义了轴点的朝向。如果这两个方向一致，结果可能会产生翻转的行为。这与指定一个目标摄影机直接向上相似。图 9-67 所示为多个“卫星信号接收器”共同注视一个“卫星”的效果。

一旦指定注视约束，就可以在【注视约束】卷展栏中修改其设置，如图 9-68 所示。

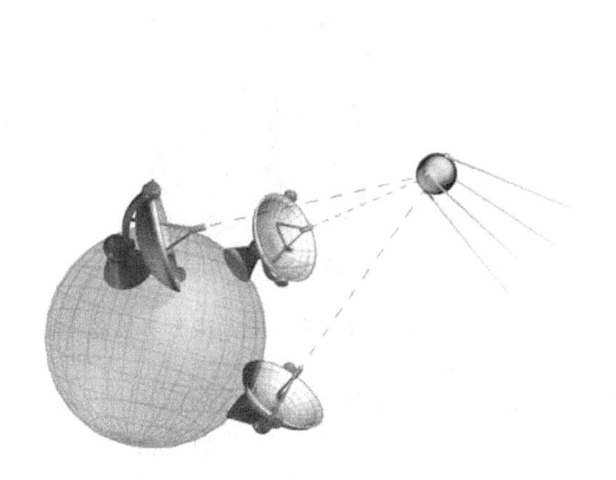

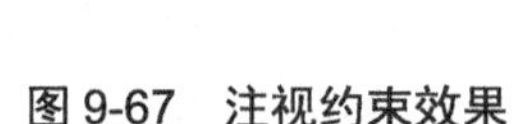

图 9-67　注视约束效果

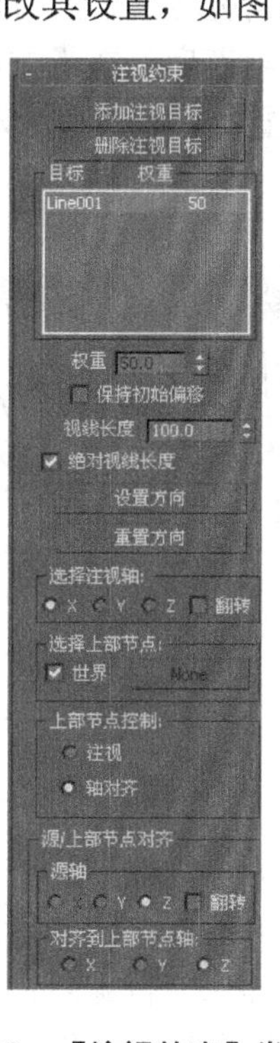

图 9-68　【注视约束】卷展栏

- 添加注视目标：单击该按钮可以添加一个影响约束对象的新目标。
- 删除注视目标：单击该按钮可以将影响约束对象的目标对象删除。
- 保持初始偏移：选中该复选框，则可以使用源对象的原始角度作为它与目标对象之间的偏移量。
- 绝对视线长度：利用该参数可以定义源对象与目标对象枢轴之间投影线的长度。
- 设置方向：按下该按钮允许对约束对象的偏移方向进行手动定义。
- 重置方向：按下该按钮可以将用户自定义的方向设置复原。
- 选择注视轴：通过该选项组可以定义注视目标的轴向。读者只需要在该选项组选择一个轴向即可对其进行定义。
- 上部节点控制：通过该选项组的参数设置，允许上部节点控制器和轴之间建立快速翻转。

- 源/上部节点对齐：该选项组用于选择与上部节点轴对齐的约束对象的轴，源轴反映了约束对象的局部轴。
- 对齐到上部节点轴：选择与选中的原轴对齐的上部节点轴。注意所选中的源轴可能会也可能不会与上部节点轴完全对齐。

9.6.8 方向约束

方向约束会使某个对象的方向沿着另一个对象的方向或若干对象的平均方向进行旋转，方向受约束的对象可以是任何可旋转对象，其效果如图 9-69 所示。受约束的对象将从目标对象继承其旋转。一旦约束完成，便不能手动旋转该对象。

指定方向约束后，在【方向约束】卷展栏中可以添加或删除目标、指定权重、指定目标权重值和设置目标权重值的动画，以及调整其他相关参数，如图 9-70 所示。

图 9-69 方向约束效果

图 9-70 【方向约束】卷展栏

- 添加方向目标：单击该按钮可以在视图中选择一个对象作为方向约束的目标。
- 删除方向目标：单击该按钮可以选择一个已经被设置约束目标的对象删除。
- 将世界作为目标添加：单击该按钮后，可以将受约束对象与世界坐标轴对齐。可以设置世界对象相对于任何其他目标对象对受约束对象的影响程度。
- 局部-->局部：该单选按钮可以将局部节点变换用于方向约束。
- 世界-->世界：该单选按钮可以将注视对象应用到父变换或世界变换中，而不是采用局部节点变换。

到此为止，关于动画约束的相关知识就介绍完了。这些知识仅仅靠死记硬背是没有任何意义的，需要读者在实际操作中体会其功能。

9.7 实验指导——翱翔蓝天

通过本章的学习，我们已经了解了几种常用的动画制作方式，比如关键帧动画、动画控制器以及动画约束动画等。本节将把上述知识点综合起来，实现一架直升机腾空的动画效果。

(1) 打开随书光盘中的“09\翱翔蓝天.max”文件，如图 9-71 所示。

图 9-71　打开场景

(2) 在视图中选择螺旋桨，单击工具栏上的按钮，在视图中按住鼠标左键拖动鼠标到机身上，然后松开鼠标，从而将螺旋桨链接到机身，如图 9-72 所示。

技巧： 通过这样的链接，可以使螺旋桨作为机身的子物体，当我们移动机身时，螺旋桨将会相对移动。

(3) 选择螺旋桨，将时间帧拖动到第 30 帧处，按下【自动关键点】按钮，并将螺旋桨旋转 165 度，如图 9-73 所示。

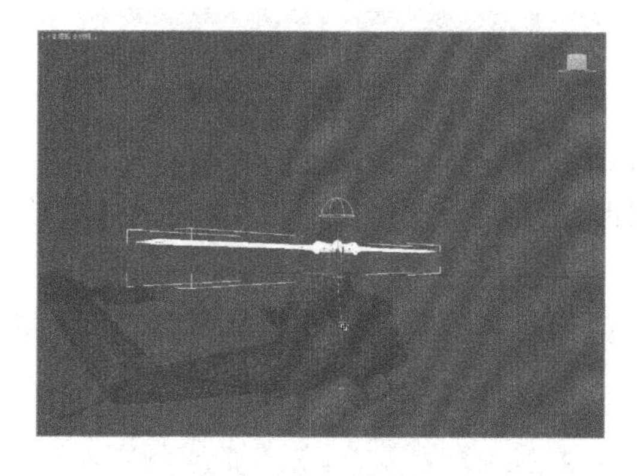

图 9-72　链接螺旋桨

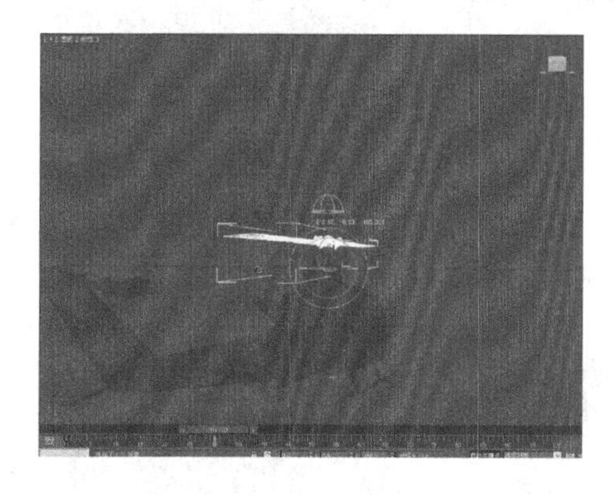

图 9-73　制作螺旋桨动画

(4) 打开曲线编辑器，执行【控制器】|【超出范围类型】命令，在如图 9-74 所示的对话框中选择【线性】。设置完毕后单击【确定】按钮。

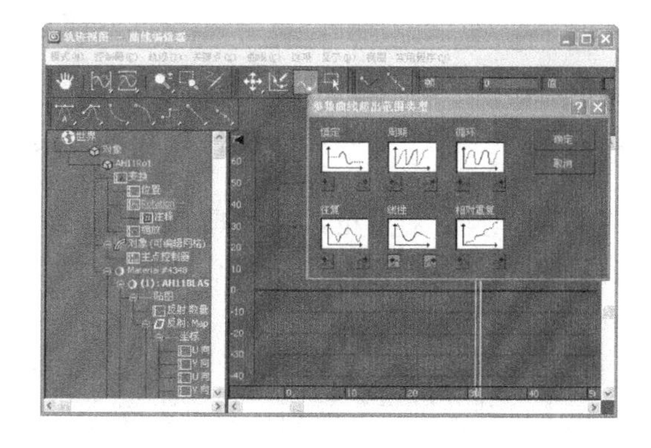

图 9-74　设置超出范围类型

提示：通过这样的设置，可以使螺旋桨旋转的动画扩展至整个动画时间内，使其不停地旋转。

(5) 选择机身，将时间滑块拖动到第 60 帧处，按下【自动关键点】按钮，在前视图中沿 Y 轴调整机身的位置，从而制作一个直升机升起的动画，如图 9-75 所示。

(6) 弹起【自动关键点】按钮。选择第 0 帧处的动画关键帧，使用鼠标指针将其拖动到第 30 帧处，如图 9-76 所示。

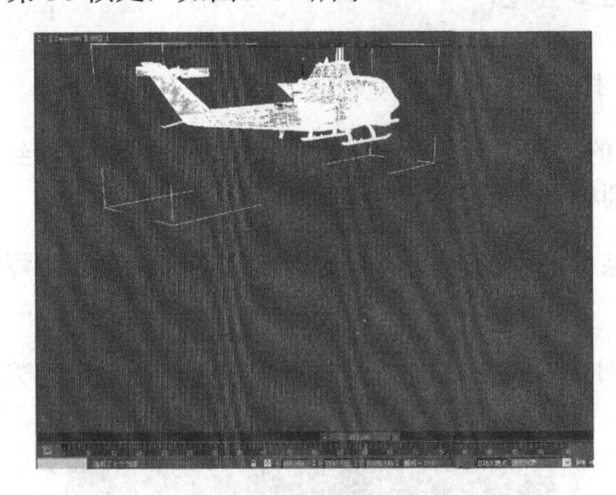

图 9-75　调整机身动画

图 9-76　调整关键帧

(7) 利用线工具在视图中绘制一条曲线，形状可自定义，效果如图 9-77 所示。

(8) 选择机身，执行【动画】|【约束】|【路径约束】命令，在视图中将鼠标指针放到曲线上并单击鼠标左键，如图 9-78 所示。

图 9-77　绘制形状

图 9-78　产生约束

(9) 单击按钮打开【时间配置】对话框，将动画长度调整为 300，如图 9-79 所示。

(10) 展开【路径参数】卷展栏，按下自动关键点，将时间滑块拖动到 30 帧，将【%沿路径】设置为 0，如图 9-80 所示。

(11) 将时间滑块拖动到第 300 帧，将【%沿路径】设置为 100，如图 9-81 所示。

(12) 设置完成后，弹起【自动关键点】按钮，即可完成动画。图 9-82 所示为最终的动画输出效果。

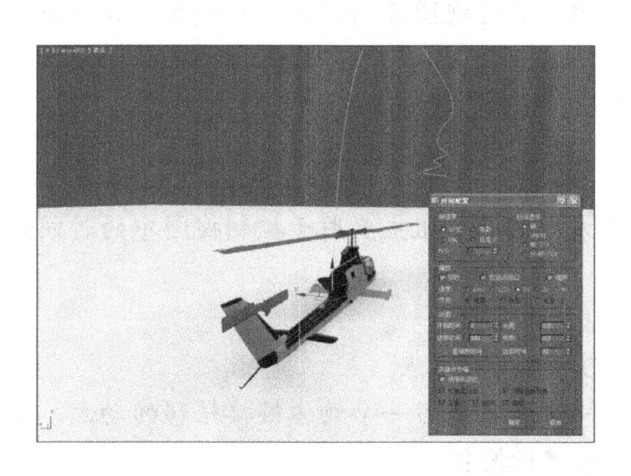

图 9-79　设置动画长度

图 9-80　设置动画

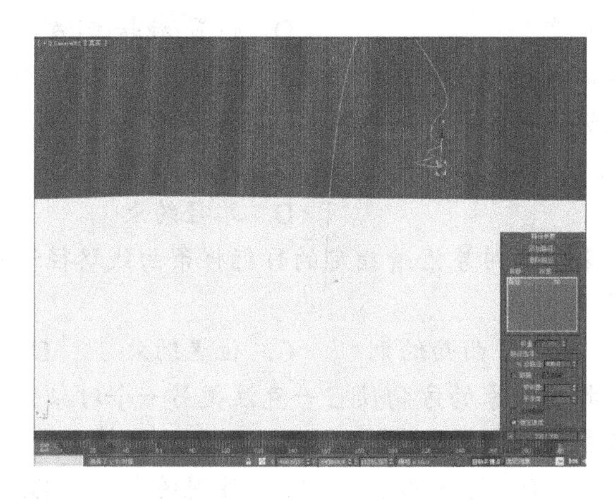

图 9-81　设置动画

图 9-82　动画序列

9.8　思考与练习

一、填空题

1. ＿＿＿＿＿＿面板是一种泛指，它指的是所有与动画相关的辅助面板，包括时间控制、时间配置、时间轨等多个区域。

2. ＿＿＿＿＿＿决定动画参数如何在每一帧动画中进行运动，决定一个动画参数在每一帧的值，通常在轨迹视图中或运动面板中指定。

3. __________提供了精确修改动画的能力。轨迹视图有两种不同的模式，分别是曲线编辑器和摄影表。

4. 要使用动画约束，可以在选择源物体后，依次执行动画|__________命令。

二、选择题

1. __________区域位于整个界面的右下方，该选项组主要用于控制视图中的时间显示、动画预览等。

A. 时间配置　　B. 帧设置

C. 设置关键帧　　D. 自动关键点

2. __________控制器用于制作层次链中一个物体向另一个物体链接转移的动画。分配作为链接对象的父物体后，即可对开始的时间进行控制。

A. 变换脚本　　B. 链接约束

C. 外部参照控制器　　D. 位置/旋转/缩放

3. __________控制器将一个物体的位置结合到另一个物体的表面。目标物体必须是一个网格物体，或者能够变换为网格物体的 NURBS 物体、面片物体。

A. Bezier 位置　　B. TCB 位置

C. 附加　　D. 路径约束

4. __________用来约束对象沿着指定的目标样条曲线路径运动，或在离指定的多个样条线平均距离上运动。

A. 附着约束　　B. 曲面约束　　C. 位置约束　　D. 路径约束

5. __________会控制对象的方向使它一直注视另一个对象。同时它会锁定对象的旋转度使对象的一个轴点朝向目标对象。

A. 路径约束　　B. 连接约束　　C. 注视约束　　D. 方向约束

三、问答题

1. 说说三种动画工具各自的功能。
2. 说说自动关键点和设置关键点的区别，以及它们的实现方法。
3. 说说动画控制器和动画约束的区别，以及如何实现。

第 10 章　粒子与空间扭曲系统

粒子系统能够产生粒子对象，可以真实生动地模拟雪、雨、灰尘、碎片等效果。空间扭曲功能可以辅助三维形体产生特殊的变形效果，例如涟漪、波浪、风吹、爆炸等。如果将粒子系统和空间扭曲结合使用，则会产生更加丰富的动画效果。本章将讲解 3ds Max 2012 中的粒子系统和空间扭曲物体。

10.1　基础粒子系统

基础粒子系统是 3ds Max 早期版本中提供的两种粒子，即雪粒子和喷射粒子。这两种粒子物体的功能相对较少，仅能用来简单地模拟一些效果，例如下雪和下雨等。本节将讲解这两种粒子系统的特点。

10.1.1　喷射粒子

喷射粒子系统是比较简单的粒子类型，可以模拟水滴下落效果，如下雨、喷泉等水滴效果，如图 10-1 所示。

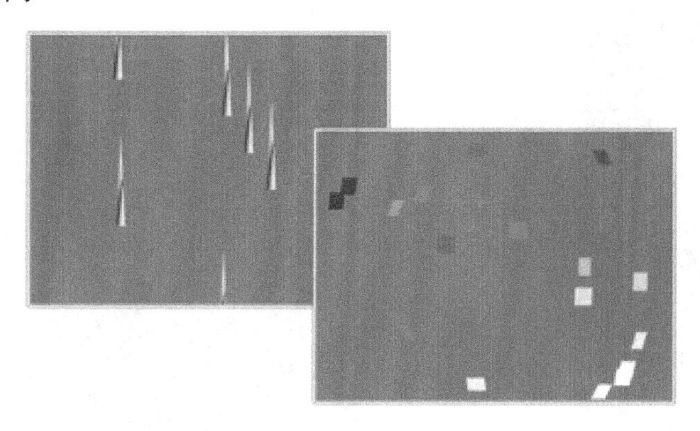

图 10-1　喷射效果

【例 10-1】创建喷射粒子

(1) 在创建面板中展开【标准几何体】下拉列表，选择其中的【粒子系统】选项，如图 10-2 所示。

(2) 单击【喷射】按钮，并在视图中拖动鼠标，即可创建一个喷射粒子发射器，如图 10-3 所示。

创建完成后，在动画控制区单击播放按钮就可以看到系统默认的粒子发射动画，在【参数】卷展栏中可以修改参数，如图 10-4 所示。

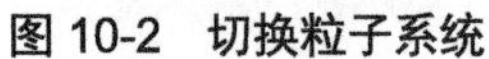
图 10-2　切换粒子系统

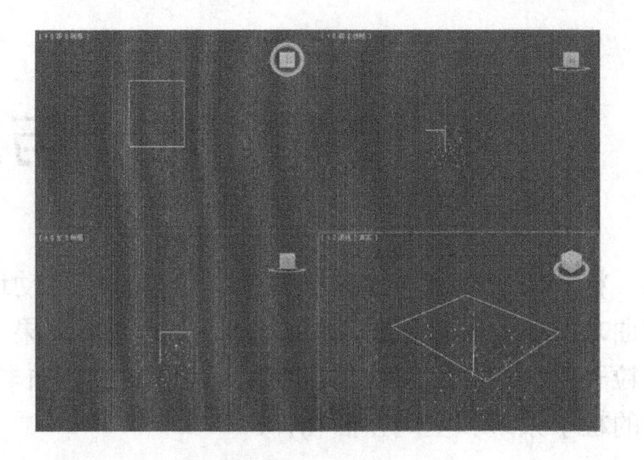
图 10-3　喷射粒子

- 视口计数：该选项用来设置粒子在视图中的显示数量。
- 渲染计数：该选项用来设置最终渲染时粒子的数量。
- 水滴大小：该选项用来设置粒子的大小，随着数值的增大，粒子也变大。
- 速度：该选项用来设置发射器发射粒子的初始速度，粒子以此速度做匀速运动。
- 变化：该选项可以影响粒子的初始速度和方向，使粒子产生混乱的随机效果。
- 水滴/圆点/十字叉：这三个单选按钮用于设置粒子在视图中的显示方式，如图 10-5 所示。

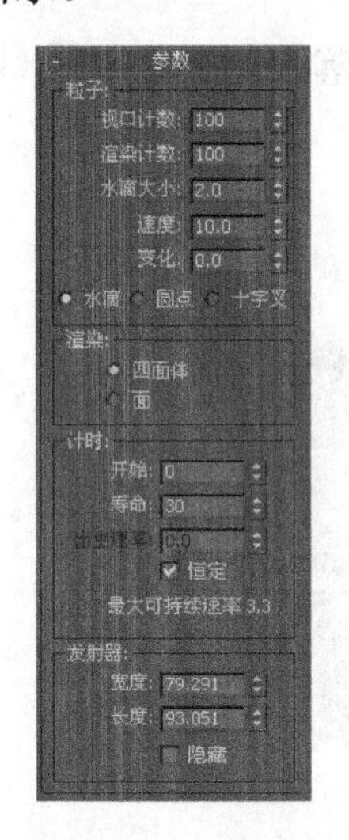

图 10-4　喷射参数

图 10-5　粒子的显示方式

- 四面体：选中该单选按钮可以将粒子渲染为四面体。
- 面：选中该单选按钮可以将粒子渲染为面。
- 开始：该选项用来设置开始产生粒子的时间帧。
- 寿命：该选项定义粒子存活的时间，以帧为单位进行计算。
- 出生速率：该选项是指发射器每一帧发射粒子的数量。
- 宽度/长度：用于指定发射器的长度和宽度。如果选中【隐藏】复选框，将在视图中隐藏发射器。

10.1.2　雪粒子

雪粒子是一个比较简单的粒子系统，可以模拟降雪的效果，图 10-6 所示为雪粒子的【参数】卷展栏，下面主要介绍该粒子的参数功能。

- 雪花大小：该参数设置生成粒子的大小。
- 翻滚：设置雪花粒子的随机旋转量，粒子围绕自身的坐标轴进行旋转。
- 翻滚速率：设置粒子发射后的旋转速率。该值越大，粒子的旋转速度也就越快。
- 六角形/三角形/面：用于设置粒子的显示方式，分别是六角形、三角形和面，效果如图 10-7 所示。

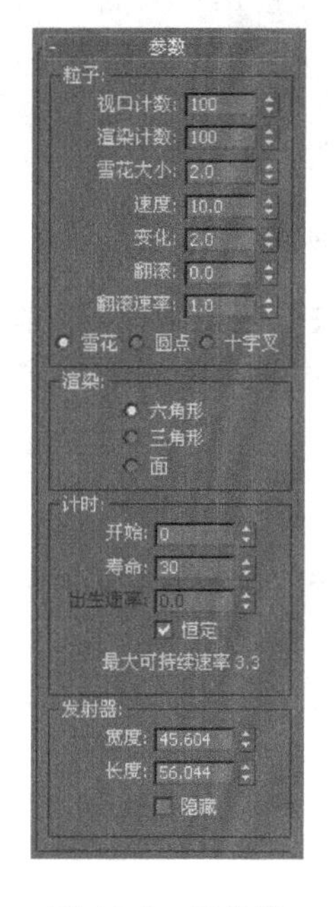

图 10-6　雪参数

图 10-7　雪的显示方式

本节只介绍了有关雪粒子独有的参数，没有介绍相关参数，可参考上一节中喷射参数的说明。

10.2　高级粒子系统

高级粒子系统中包含有很多粒子，例如暴风雪、超级喷射、粒子阵列、粒子云等。这些粒子可以实现更加高级的功能，其灵活度也有很大的提升，本节将重点介绍这几种粒子系统的功能。

10.2.1　超级喷射

超级喷射可以发射受系统控制的粒子。该粒子系统与喷射粒子系统类似，只是增加了一些新的功能，例如粒子的碰撞、繁殖等控制。

【例 10-2】创建超级喷绘

(1) 在【创建】面板中选择【标准几何体】下拉列表框中的【粒子系统】选项，在【对象类型】卷展栏中单击【超级喷射】按钮，如图 10-8 所示。

(2) 在任一视口中拖动鼠标，即可创建超级喷射发射器图标，如图 10-9 所示。

图 10-8 创建超级喷射

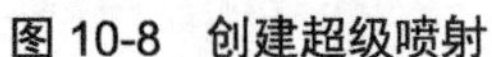

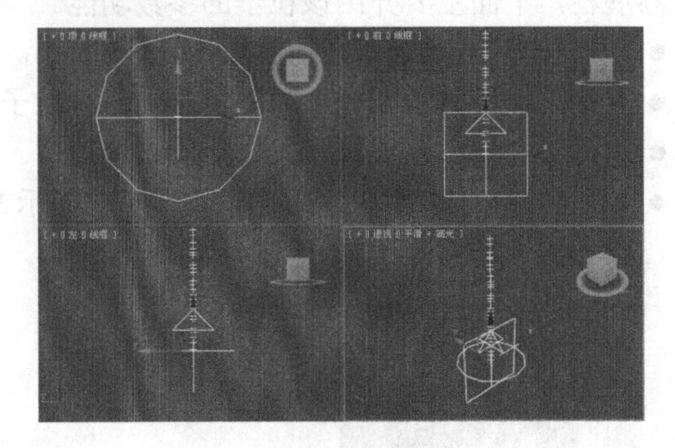

图 10-9 创建超级喷射

图标显示为带箭头的相交平面和圆。喷射的初始方向取决于创建图标的视图。通常，在正交视口中创建该图标时，粒子在与视图垂直的方向喷射，在透视视口中创建该图标时，粒子向上喷射。

1. 【基本参数】卷展栏

【基本参数】卷展栏主要设置超级喷射粒子的一些基本参数，如发射方向、粒子数量等，如图 10-10 所示。

- 轴偏离与扩散：【轴偏离】用来设置粒子喷射方向与发射平面的夹角；【扩散】设置粒子在 X 轴方向上的扩散范围。
- 平面偏离和扩散：【平面偏离】用来设置发射粒子沿 Z 轴的旋转角度；【扩散】设置粒子在 XY 平面上的扩散度。
- 图标大小：该选项用于设置发射器在视图中的显示大小。
- 圆点/十字叉/网格/边界框：分别用于设置粒子在视图中的四种显示方式，效果对比如图 10-11 所示。

图 10-10 基本参数

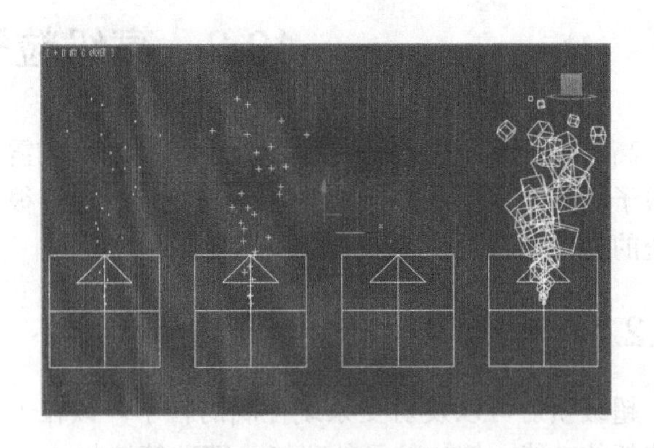

图 10-11 视口显示

2. 【粒子生成】卷展栏

该卷展栏中的参数主要用于控制粒子产生的时间和速度、粒子的移动方式等，如图 10-12 所示。

- 使用速率：选中该单选按钮后，可以通过下面的微调框设置每一帧产生的粒子数量。
- 使用总数：该选项用于设置系统使用寿命内产生的总粒子数，通过下面的微调框来设置数量。
- 速度/变化：【速度】用来设置发射器喷射粒子的速度；调整【变化】值将影响粒子的运动，使粒子产生不规则的运动效果，如图 10-13 所示。
- 发射开始：该选项用于设置发射器开始产生粒子的帧。
- 发射停止：该选项用于设置发射器产生粒子的结束帧。
- 显示时限：该选项用于设置所有粒子消失的时间帧。
- 寿命/变化：【寿命】用于设置每个粒子在视图中存在的时间。【变化】用于设置粒子的显示时间和寿命的杂乱程度。

图 10-12　【粒子生成】卷展栏

- 大小/变化：【大小】用于控制粒子的大小；【变化】可以使粒子产生大小不同的随机效果，如图 10-14 所示。

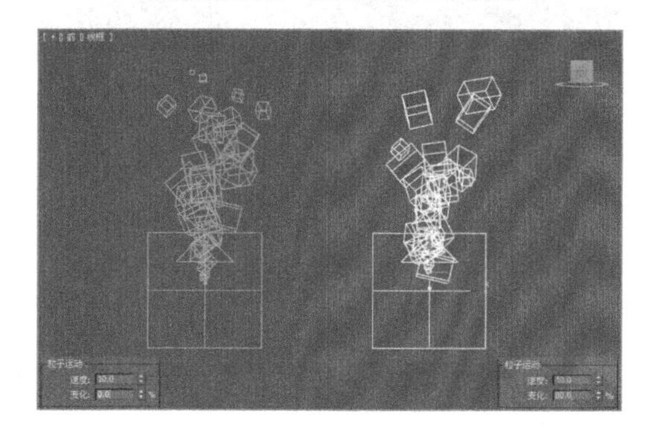

图 10-13　调整速度的变化值

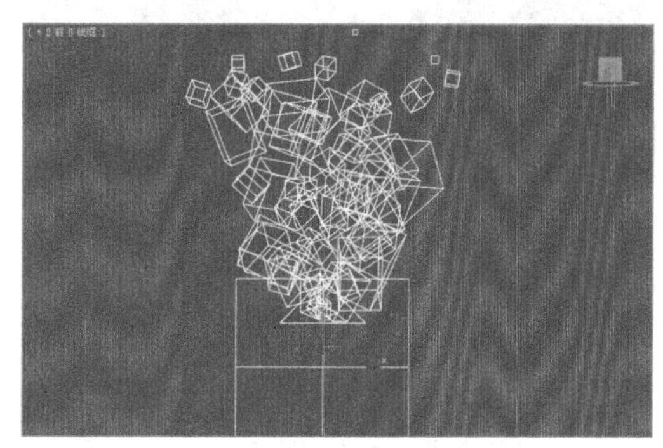

图 10-14　大小的变化效果

- 增长耗时：该选项用来设置粒子从最小增长到最大值所经历的帧数。
- 衰减耗时：该选项用来控制粒子在消亡之前缩小到本身大小的 1/10 时所经历的帧数。

3. 【粒子类型】卷展栏

该卷展栏主要用于设置粒子类型，每一种粒子类型都具有其自身所独有的参数，如图 10-15 所示。

- 标准粒子：选中该选项后，可以选择其中一种粒子类型，如图 10-16 所示。

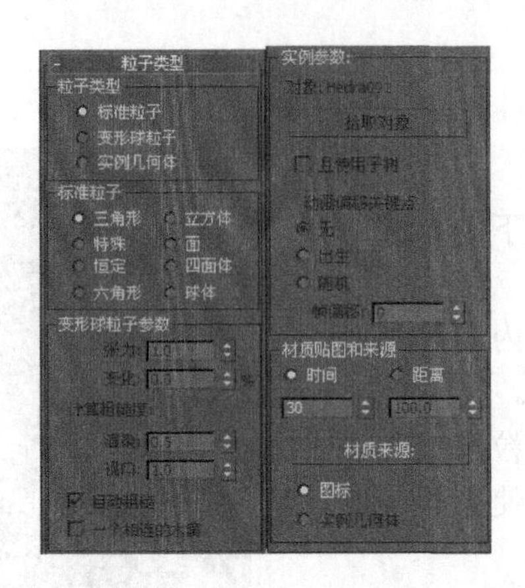

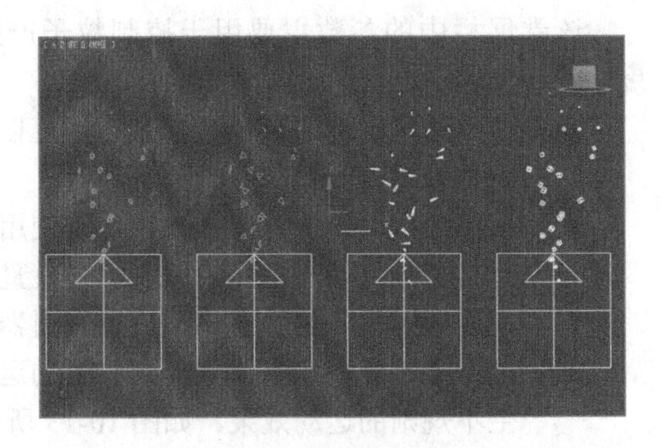

图 10-15 【粒子类型】卷展栏　　图 10-16 标准粒子类型

- 变形球粒子：它是一种特殊的粒子类型，可以使粒子像水滴一样黏连在一起，如图 10-17 所示。
- 实例几何体：该类型生成的粒子可以是对象、对象链接层次或物体组。图 10-18 所示为使用茶壶作为粒子对象的效果。

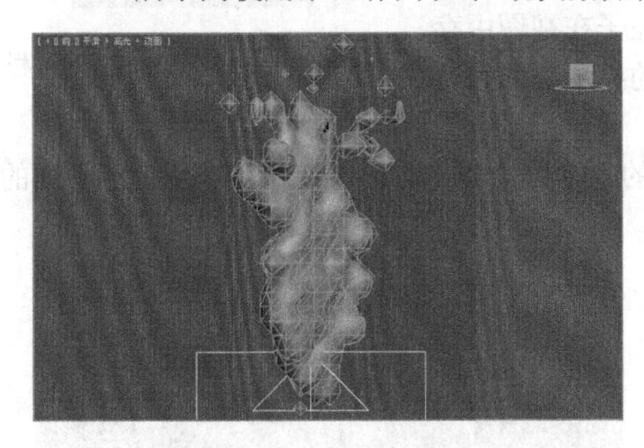

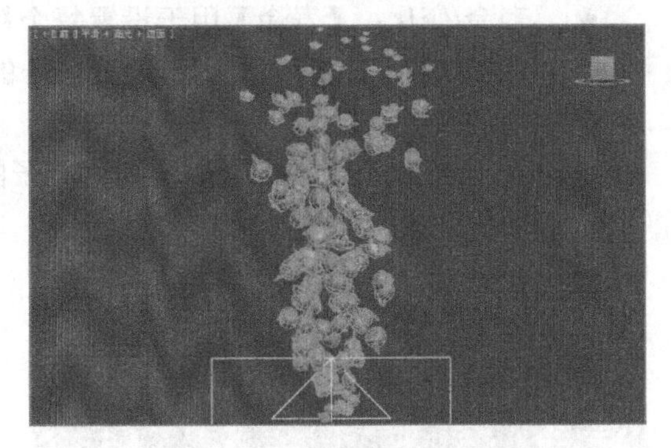

图 10-17 变形球粒子效果　　图 10-18 实例几何体粒子

- 张力：用于设置粒子自身的张力大小。值越大，粒子与粒子之间越难融合，效果对比如图 10-19 所示。
- 自动粗糙：选中该复选框后，系统将自动计算变形粒子的粗糙度，选中前后效果对比如图 10-20 所示。

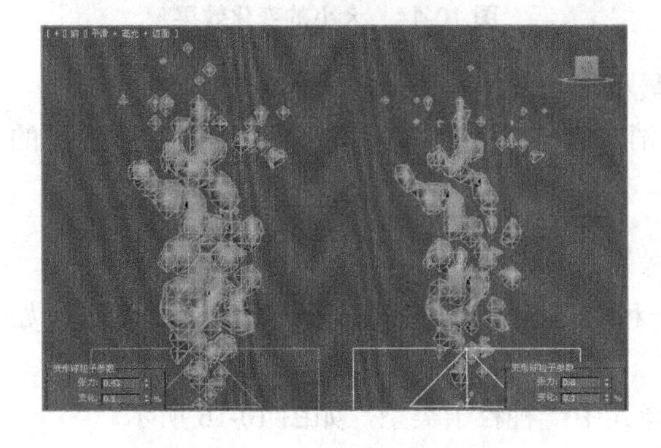

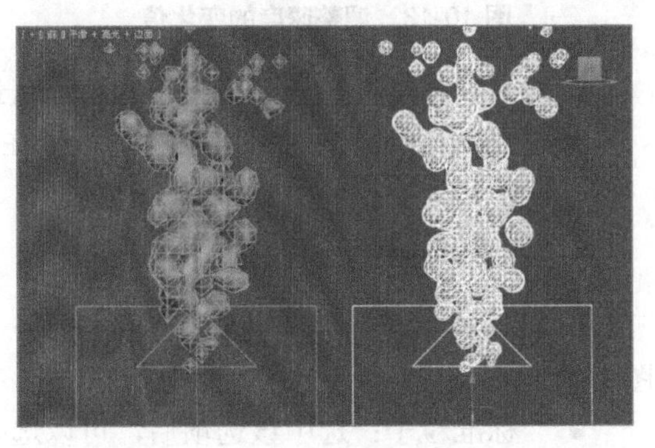

图 10-19 不同的张力效果对比　　图 10-20 选中【自动粗糙】复选框前后效果对比

- 一个相连的水滴：选中该复选框后，系统仅计算相邻或相近粒子的融合效果，可以加快粒子的计算速度。
- 拾取对象：选中【实例几何体】粒子类型后，可以单击该按钮，然后在视图中单击物体，将物体作为发射粒子。
- 且使用子树：选中该复选框后，连接到几何体的子层级也将作为发射粒子。
- 动画偏移关键点：用于指定粒子的动画计时。【无】表示所有动画粒子的计时均相同；【出生】表示按照出生的时间执行原物体的动画；【随机】则按照随机值执行原物体的动画。
- 时间：选中该单选按钮后，可以指定粒子从出生到完成材质显示所需要的帧数。
- 距离：选中该单选按钮后，可以设置粒子从出生到完成材质显示所通过的距离。
- 材质来源：单击该按钮，粒子的材质将从原对象获取，与原对象的材质一样。

4. 【旋转和碰撞】卷展栏

图 10-21 所示为【旋转和碰撞】卷展栏，主要用来设置粒子的运动模糊、旋转与碰撞等效果，可以真实地模拟粒子的不规则运动。

- 自旋时间：设置粒子旋转一次所需要的时间。
- 相位：设置粒子初始的旋转度。
- 运动方向/运动模糊：选中该单选按钮后，可以应用粒子的运动模糊效果。通过设置其中的【拉伸】值可以控制粒子沿运动轴拉伸的百分比，如图 10-22 所示。
- 用户定义：选中该单选按钮后，用户可以自定义粒子沿 X、Y 和 Z 轴旋转的轴向，图 10-23 所示为设置在 Y 轴上的旋转效果。
- 粒子碰撞：该选项组可以设置粒子之间的碰撞，并且控制碰撞发生的形式。【启用】表示激活参数；【计算每帧间隔】用于设置计算碰撞的间隔帧；【反弹】用于控制粒子之间碰撞后速度的恢复程度。

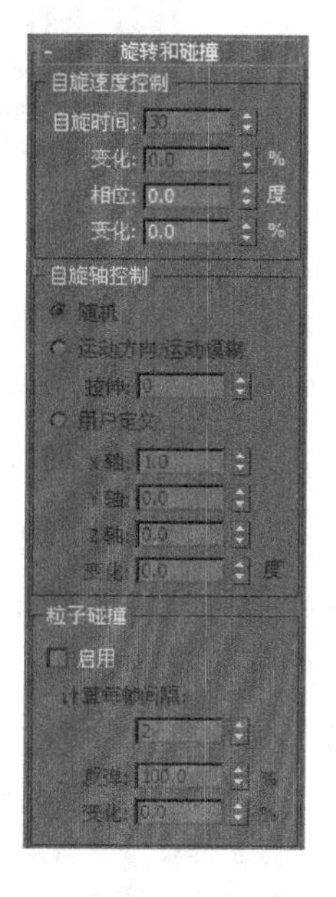

图 10-21　【旋转和碰撞】卷展栏

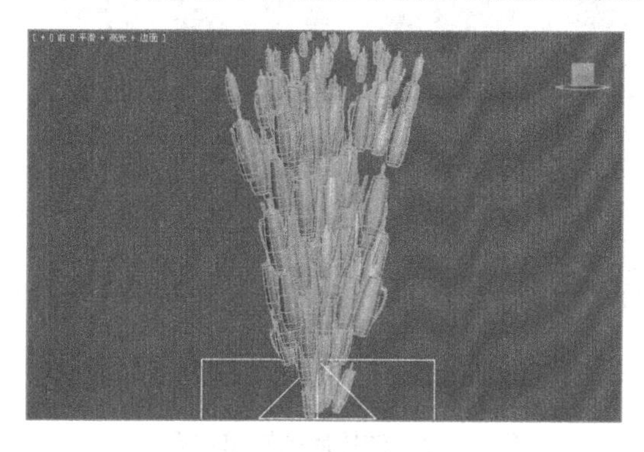

图 10-22　拉伸效果

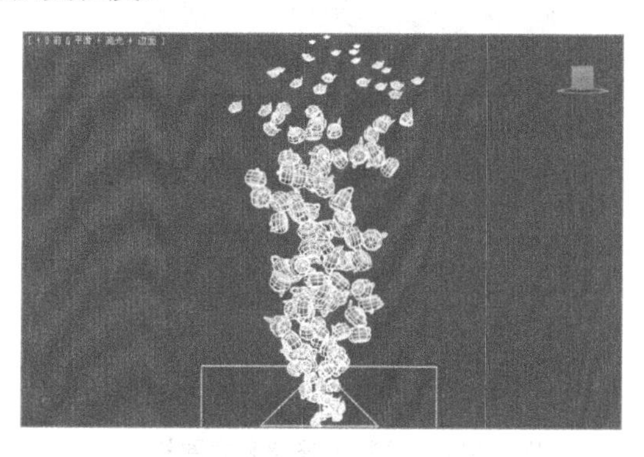

图 10-23　自定义旋转轴向

5. 【对象运动继承】卷展栏

该卷展栏中的参数可以设置发射器在运动时如何影响粒子的运动，如图 10-24 所示。

- 影响：用来设置发射器在运动过程中所影响发射粒子的百分量。
- 倍增：用于修改粒子被影响的程度，原来未受影响的粒子将不受该数值改变的影响。

6. 【气泡运动】卷展栏

【气泡运动】卷展栏可以设置粒子在运动过程中的摇摆，通常用来模拟水泡在水中摇摆上升的效果，图 10-25 所示为该卷展栏中的设置参数。

图 10-24 【对象运动继承】卷展栏

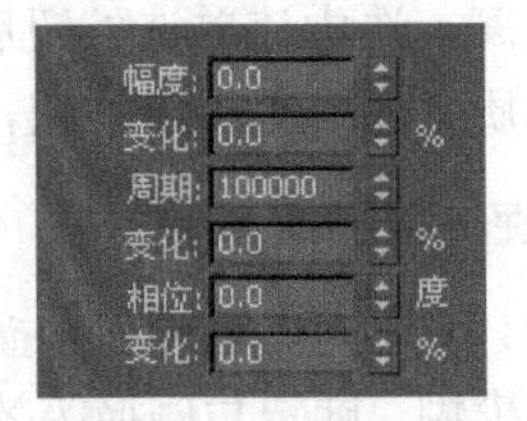

图 10-25 【气泡运动】卷展栏

- 幅度：用来设置发射的粒子在运动过程中偏移其运动位置的距离。
- 周期：用来设置粒子震动一个周期所需要的时间。

7. 【粒子繁殖】卷展栏

通过【粒子繁殖】卷展栏可以设置粒子在死亡时或粒子与粒子导向器发生碰撞时如何繁殖粒子。图 10-26 所示为该卷展栏。

- 碰撞后消亡：选中该单选按钮后，粒子在碰撞到绑定的导向器时消失。
- 碰撞后繁殖：选中该单选按钮后，可以使粒子与绑定的导向器碰撞后产生繁殖效果，如图 10-27 所示。

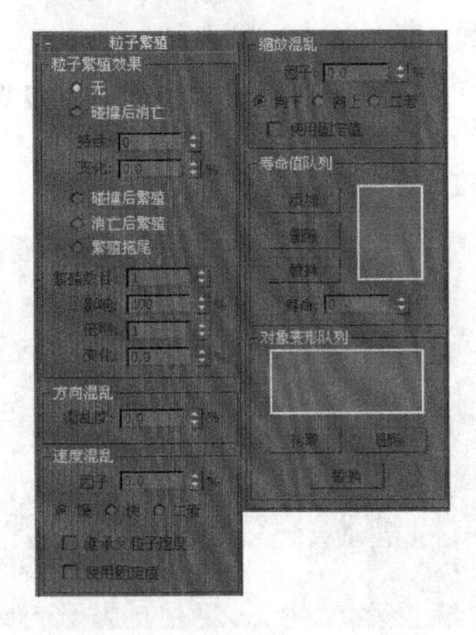

图 10-26 【粒子繁殖】卷展栏

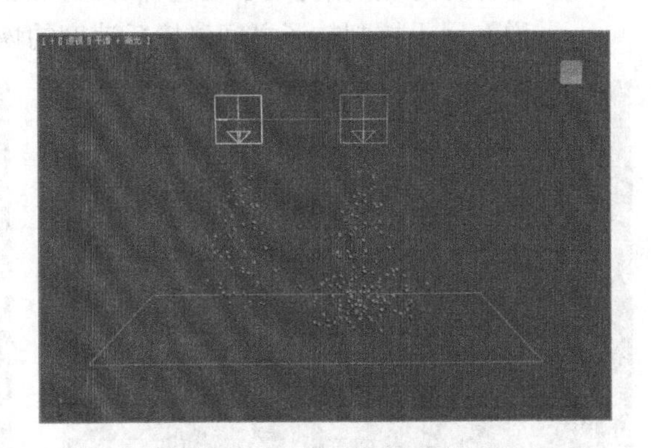

图 10-27 碰撞后的繁殖效果

- 消亡后繁殖：选中该单选按钮后，粒子在消亡后将产生繁殖效果，如图 10-28 所示。

- 繁殖拖尾：选中该单选按钮后，将在现有粒子寿命的每一帧繁殖粒子，繁殖的粒子的基本方向与父粒子的速度方向相反，如图 10-29 所示。

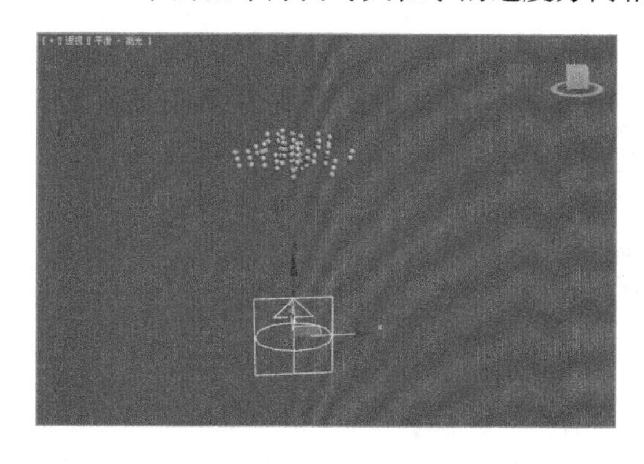

图 10-28 消亡后繁殖

图 10-29 繁殖拖尾效果

- 繁殖数目：该参数设置粒子碰撞或消亡繁殖时除原粒子以外的繁殖数目。
- 影响：指定繁殖的粒子的百分比。如果减小此值会减少产生繁殖粒子的粒子数。
- 倍增：调整该参数可以增加每个繁殖事件繁殖的粒子数。
- 方向混乱：该选项组是指定繁殖粒子的方向变化，是基于父粒子进行变化的，其变化的量由【混乱度】值来决定。
- 速度混乱：设置该选项组中的参数可以随机改变繁殖的粒子与父粒子的相对速度。
- 缩放混乱：该选项组用于设置粒子在缩放时的混乱程度。

8. 【加载/保存预设】卷展栏

在该卷展栏中可以存储预设值，以便在其他相关的粒子系统中使用，如图 10-30 所示。

如果要保存设置好的粒子预设值，可以在【预设名】文本框中先定义预设粒子的名称，然后单击【保存】按钮进行保存，之后会在【保存预设】列表框中显示。此外，在【保存预设】列表框中，3ds Max 附带了 7 种预设，在该列表框中选择一个预设，单击【加载】按钮可以加载粒子系统模板。

图 10-30 【加载/保存预设】卷展栏

10.2.2 暴风雪

暴风雪粒子是雪粒子的高级版本，可以用来模拟自然的暴风雪效果，也可以创建出更加逼真的雪花、气泡、树叶等摇摆翻滚的效果，如图 10-31 所示。

暴风雪粒子的大多数参数设置与超级喷射相同。所不同的是暴风雪粒子系统的发射器形状是一个平面，可以在基本参数卷展栏的【显示图标】选项组中设置长度和宽度，如图 10-32 所示，这样可以产生大面积的粒子发射效果，有利于创建更复杂的暴风雪场景效果。

在粒子生成卷展栏的【粒子运动】选项组中也有【翻滚】和【翻滚速率】两个参数，

与雪粒子系统中的功能相同，都是设置粒子的旋转速度及其随机旋转率。在【加载/保存预设】卷展栏中也附带了 4 种粒子预设，为读者提供了几种特效。图 10-33 所示为典型的暴风雪特效。

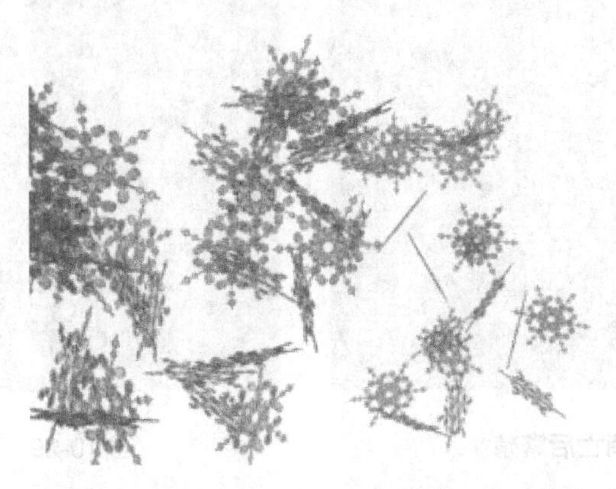

图 10-31　暴风雪效果

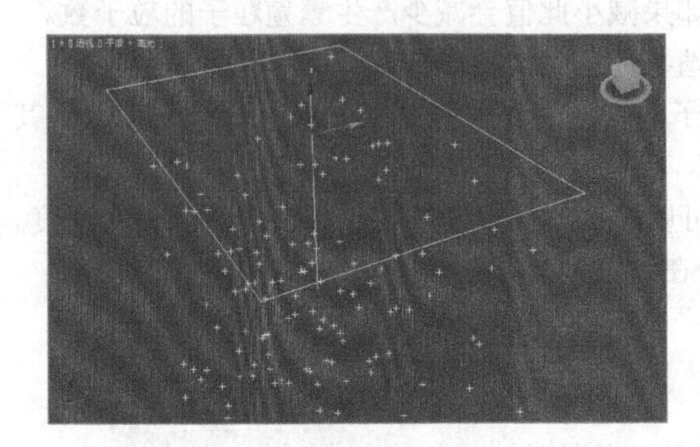

图 10-32　设置发射器大小

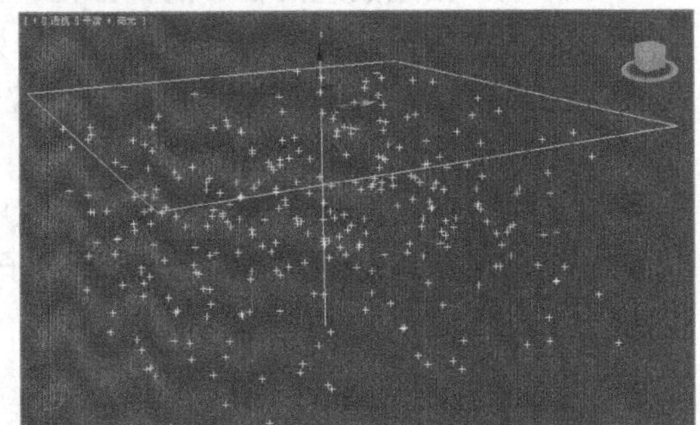

图 10-33　暴风雪的预设效果

10.2.3　粒子阵列

粒子阵列允许使用一个物体作为粒子发射器，并且可以设置物体上发射粒子的分布点，如图 10-34 所示。使用粒子阵列系统可以创建出许多特殊效果，如物体爆炸、火球燃烧等。

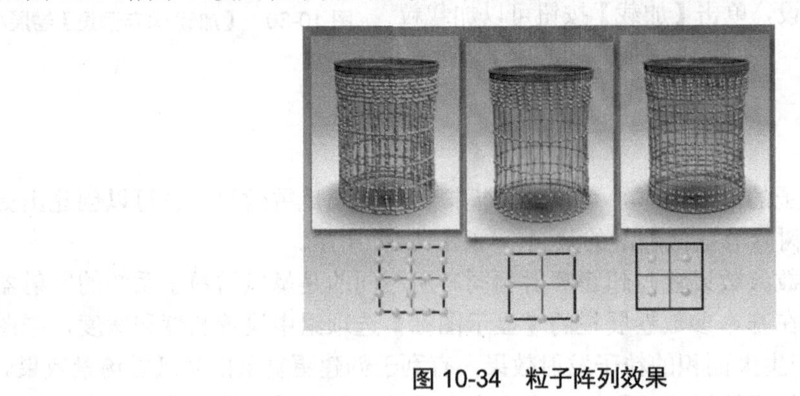

图 10-34　粒子阵列效果

【例 10-3】创建阵列粒子

(1) 在场景中创建一个茶壶，如图 10-35 所示。

(2) 在标准基本体下拉列表中选择【粒子系统】选项，在对象卷展栏中单击【粒子阵列】按钮，在场景中拖动鼠标创建一个粒子阵列，如图 10-36 所示。

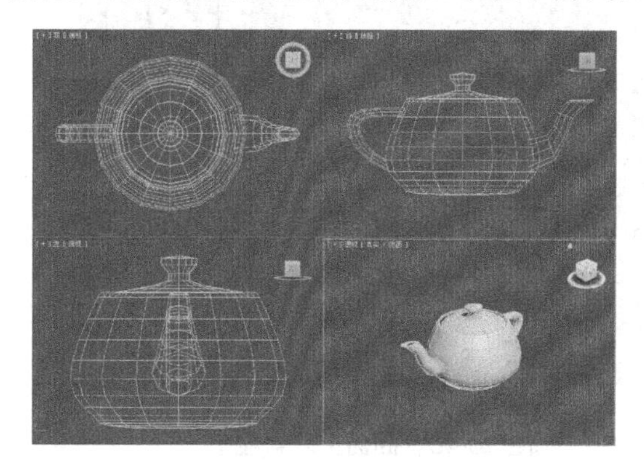

图 10-35　创建茶壶

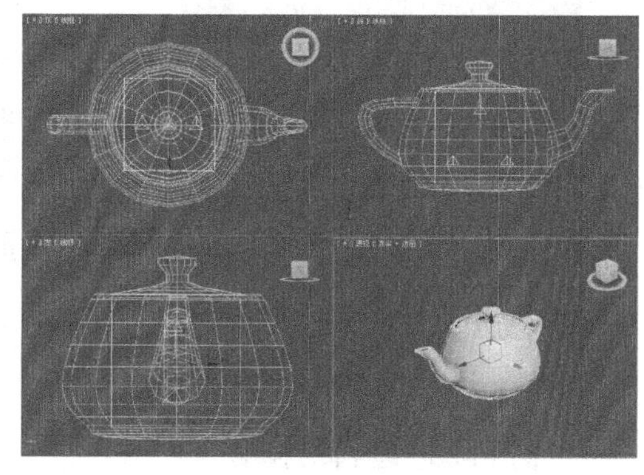

图 10-36　创建粒子阵列

(3) 确认粒子处于选中状态，切换到修改面板，单击【拾取对象】按钮，并在视图中选中茶壶模型，如图 10-37 所示。

(4) 此时，拖动时间滑块可以发现粒子通过茶壶喷射出来，如图 10-38 所示。

图 10-37　拾取对象

图 10-38　粒子喷射

下面介绍粒子阵列的主要参数。图 10-39 所示为粒子阵列相关参数(与超级喷射粒子功能相同的参数将不再详细介绍)。

- 拾取对象：按下该按钮，在视图中选择一个物体，即可将该物体作为粒子发射器发射粒子。
- 在整个曲面：选中该单选按钮将在整个物体的表面随机发射粒子，如图 10-40 所示。
- 沿可见边：选中该单选按钮后，将沿着物体的可见边随机发射粒子，如图 10-41 所示。
- 在所有的顶点上：选中该单选按钮将在物体的所有顶点上发射粒子，如图 10-42 所示。

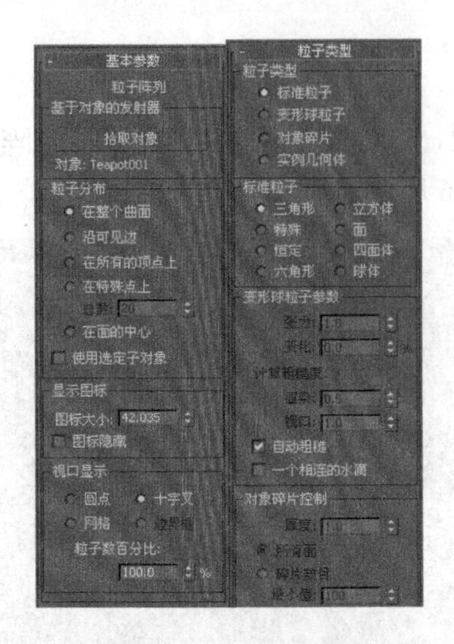

图 10-39　粒子阵列参数

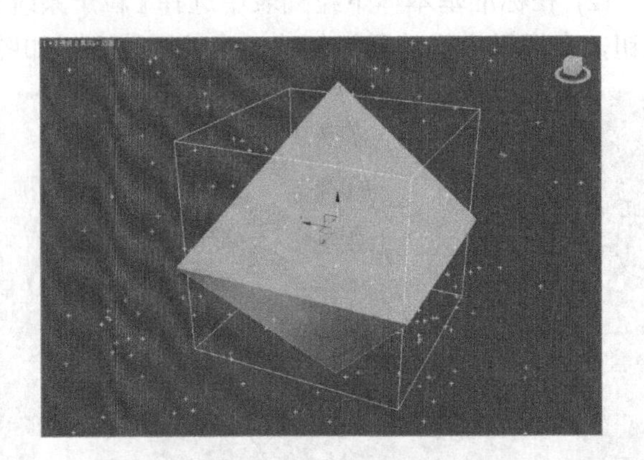

图 10-40　曲面上发射粒子

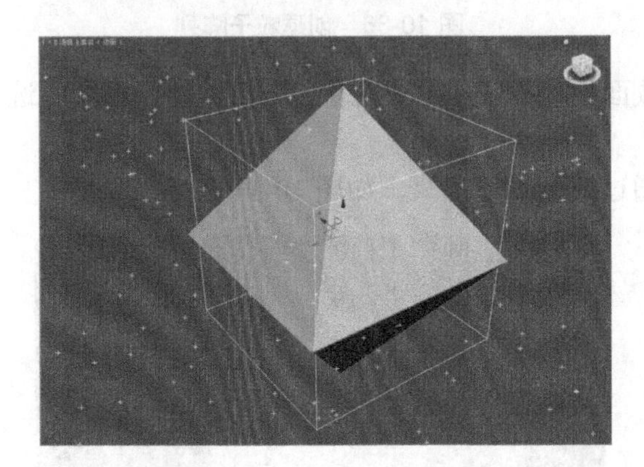

图 10-41　沿可见边发射粒子

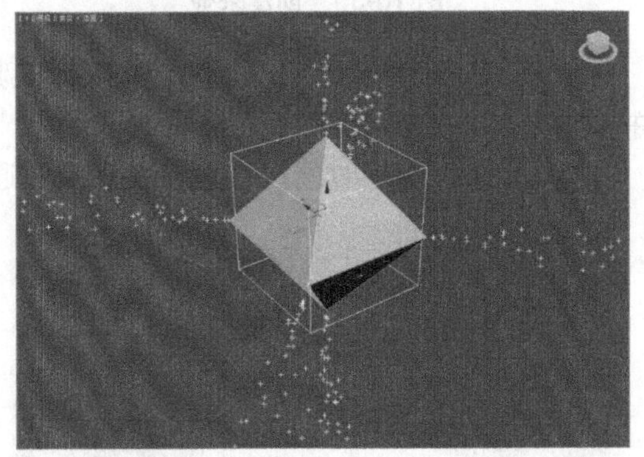

图 10-42　在所有顶点上发射粒子

- 在特殊点上：选中该单选按钮之后，该选项下边的【总数】被激活，可以通过该参数设置在物体曲面上发射点的数量，这些点是随机分布的，如图 10-43 所示。
- 在面的中心：选中该单选按钮后，粒子将在物体面的中心发射粒子，如图 10-44 所示。

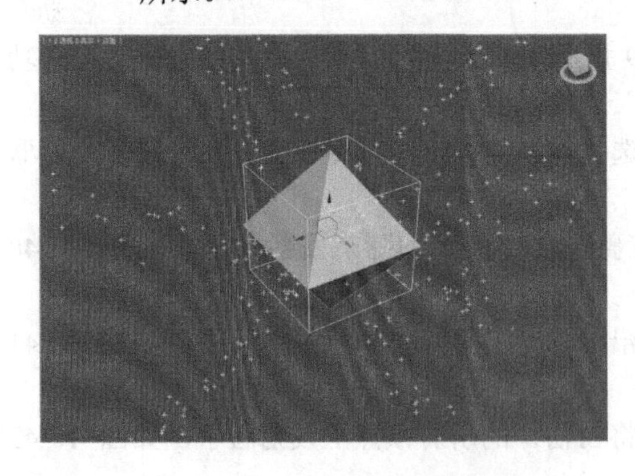

图 10-43　在特殊顶点上发射粒子

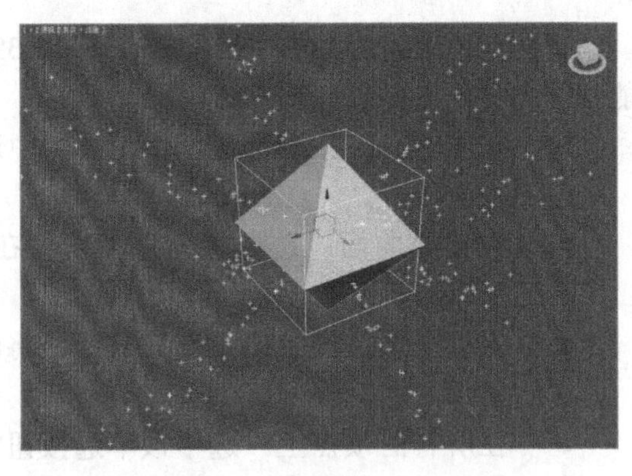

图 10-44　在面的中心发射粒子

提示： 面的中心所指的是以网格物体的三角面为基准，而不是四边面，仔细观察图中会发现这一点，如果将物体转换为可编辑面片，就可以清楚地看到三角面的划分。

关于基本参数卷展栏中的参数就介绍这么多。下面跳转到对象类型卷展栏中介绍粒子阵列的独有参数。

- 对象碎片：选中该单选按钮可以将物体的面片作为发射粒子，这是该粒子特有的功能，常用来制作爆炸和破碎碰撞的动画，如图 10-45 所示。
- 厚度：该参数用来设置粒子碎片的厚度，如图 10-46 所示。

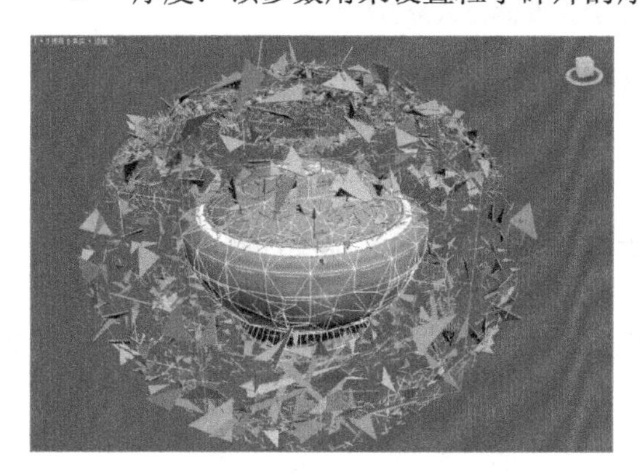

图 10-45　使用对象碎片效果

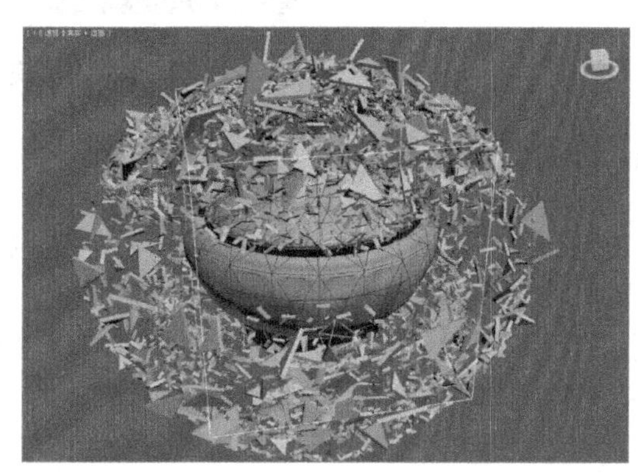

图 10-46　厚度效果

- 所有面：选中该单选按钮可以将物体所有的面作为发射粒子，如图 10-47 所示。
- 碎片数目：选中该单选按钮后，其下参数被激活，可以使用该参数来控制碎片的数量，如图 10-48 所示。

图 10-47　所有面

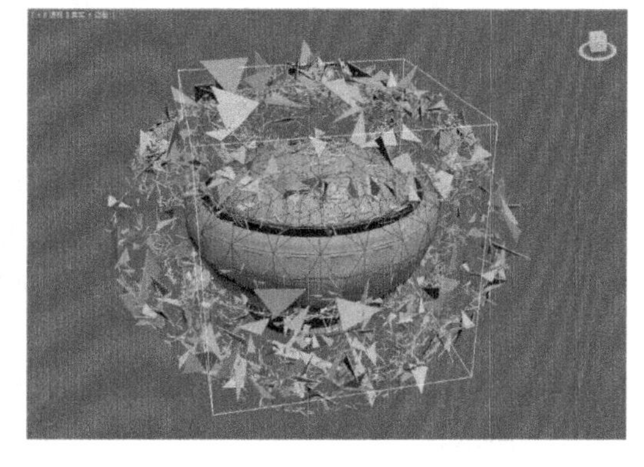

图 10-48　设置碎片数量

- 平滑角度：选中该单选按钮后，其下参数被激活，可以使用该参数来设置面法线之间的交角。该值越大，碎片就越大，如图 10-49 所示。

关于粒子阵列的相关参数就介绍这么多。很多参数和超级喷射的相关参数功能相同，这里就不再一一赘述。

图 10-49　使用平滑角度效果

10.2.4　粒子云

粒子云允许在一个特定的体积内创建粒子。只要该对象具有深度，就可以使用粒子系统提供的基本体积来限制粒子，也可以使用场景中任意可渲染对象作为体积，但二维对象不能使用粒子云。在制作群集动画时可以使用粒子云系统，比如模拟一群飞行的鸟、海底穿梭的鱼群等，如图 10-50 所示。

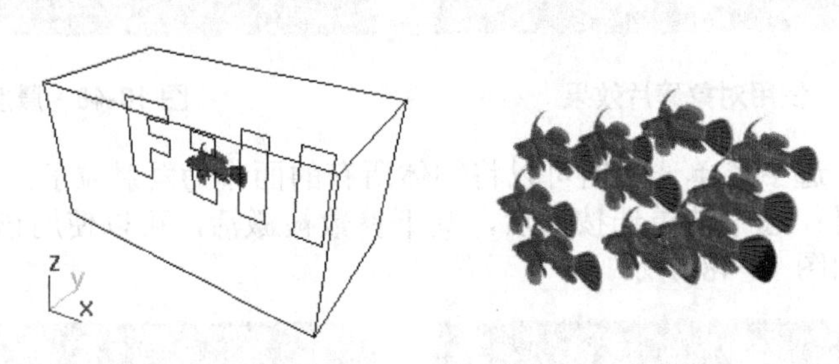

图 10-50　粒子云效果

粒子云的参数卷展栏与其他粒子系统基本相同，这里只对其中的不同点进行介绍。图 10-51 所示为该粒子系统的【基本参数】卷展栏。

- 拾取对象：单击该按钮，然后在视图中单击网格物体，被选择的物体将作为粒子发射器。
- 长方体发射器：选中该单选按钮后，创建的粒子发射器将变为长方体形状，如图 10-52 所示。
- 球体发射器：选中该单选按钮后，创建的粒子发射器将变为球形，如图 10-53 所示。
- 圆柱体发射器：选中该单选按钮后，创建的粒子发射器将变为圆柱体形状，如图 10-54 所示。
- 基于对象的发射器：该选项无须选中，选择物体后该选项将自动启用，并且粒子将在 0 帧填充选择对象。

其他参数功能和超级喷射相关参数相同，这里不再一一赘述。读者在使用时，可以翻查前面相关知识点作为参考。

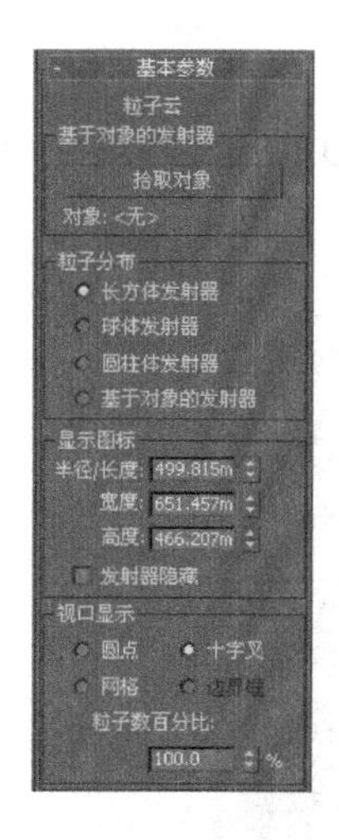

图 10-51　【基本参数】卷展栏

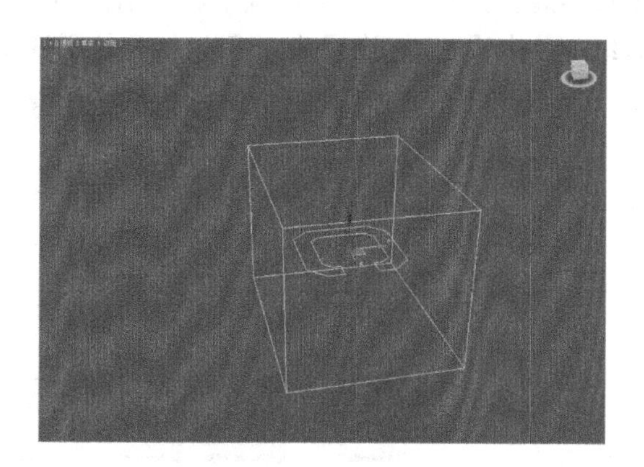

图 10-52　长方体发射器

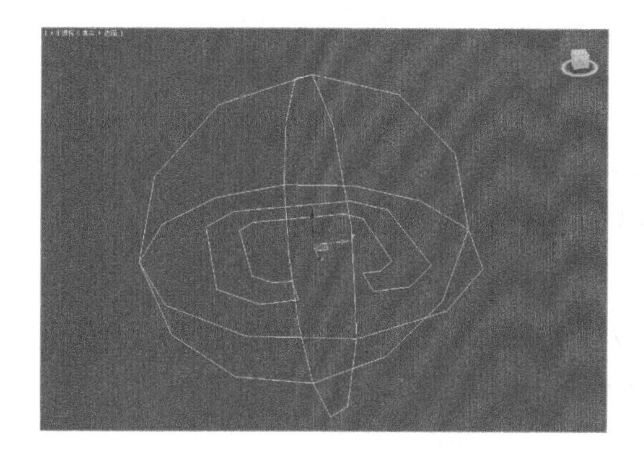

图 10-53　球体发射器

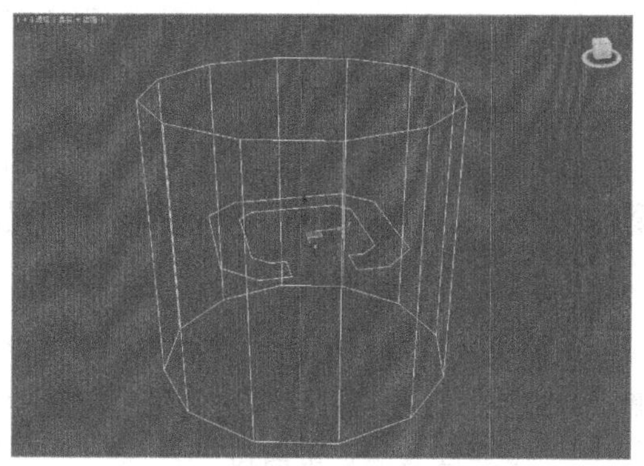

图 10-54　圆柱体发射器

10.3　粒　子　流

粒子流是一个全新的粒子系统，和上述的粒子系统有很大的区别，它可以使用事件驱动粒子进行动作，从而使效果的制作更加灵活、生动。本节将介绍这种粒子系统的特性。

10.3.1　粒子流简介

当我们利用 PF Source 工具在视图中创建了粒子发射器之后，在【修改】面板中会出现发射器级别的卷展栏，如图 10-55 所示。这里的参数主要用于控制全局属性，例如图标属性和粒子的最大数量等，这些参数只是 PF Source 粒子系统中的一部分，主要的控制命令都存在于【粒子视图】中，下面简单介绍这些卷展栏中的参数含义。

图 10-55　发射器的参数卷展栏

1. 【设置】卷展栏

该卷展栏只有两个参数，选中和取消选中【启用粒子发射】复选框可以打开和关闭粒子系统，单击【粒子视图】按钮可以打开粒子视图，如图 10-56 所示。

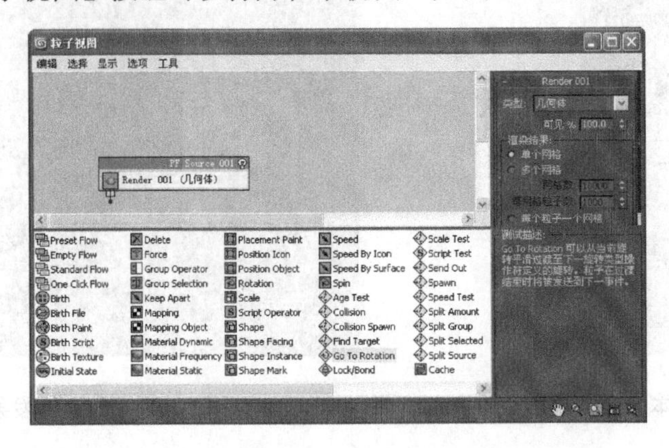

图 10-56 粒子视图

2. 【发射】卷展栏

该卷展栏中有两个选项组，其中【发射器图标】选项组主要用于设置发射器图标的类型以及大小。【数量倍增】选项组用于设置渲染和视口中生成粒子的百分比。

3. 【选择】卷展栏

可使用该卷展栏中的工具基于每个粒子或事件来选择粒子。事件级别粒子的选择用于调试和跟踪。在粒子级别选定的粒子可由粒子视图中的操作符和测试符来操纵。

4. 【系统管理】卷展栏

在该卷展栏的【粒子数量】选项组中可以使用【上限】来设置系统可以发射粒子的最大数目；【积分步长】选项组可以设置视口显示和渲染时的计算步长。

10.3.2 粒子视图

粒子视图提供了用于创建和修改粒子流中粒子系统的主用户界面。粒子系统包含一个或多个相互关联的事件，每个事件包含一个具有一个或多个操作符和测试的列表，操作符和测试统称为动作。在创建了 PF Source 粒子发射器后，按键盘上的数字键 6 或单击参数卷展栏中的【粒子视图】按钮均可打开粒子视图，如图 10-57 所示。

1) 菜单栏

菜单栏提供了用于编辑、选择、调整视图以及分析粒子系统的功能。

2) 操作区

在操作区包含描述粒子系统的粒子图表，并提供了修改粒子系统的功能。

3) 参数面板

参数面板包含多个卷展栏，用于查看和编辑任何选定动作的参数，基本功能与 3ds Max 命令面板上的卷展栏的功能相同，包括右键菜单的使用。

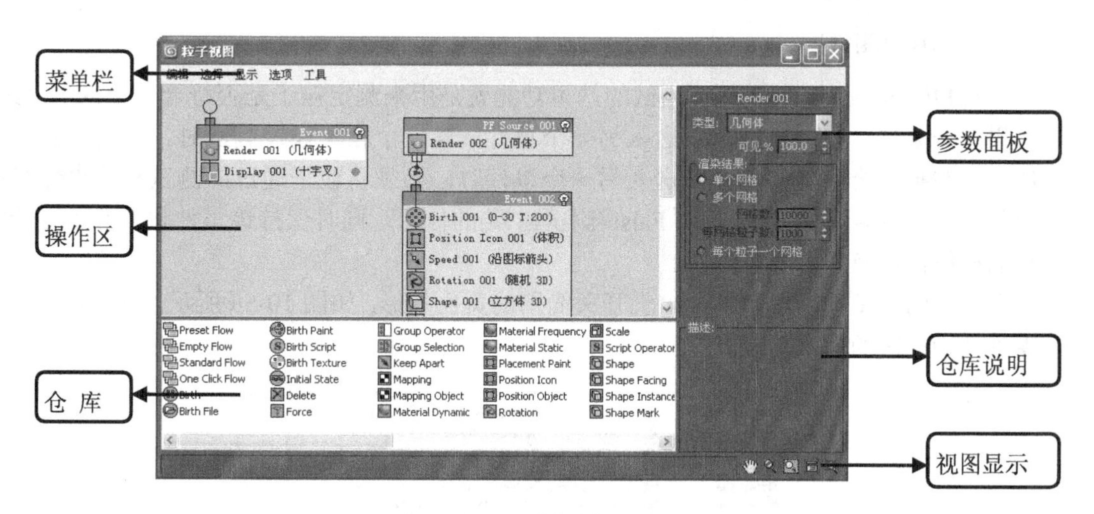

图 10-57　粒子视图

4) 仓库

仓库中包含了所有 PF Source 粒子动作以及集中默认的粒子系统。

5) 仓库说明

仓库说明是对仓库中选定项目的简要说明。

在仓库中，可以根据动作的功能将其分为三种类型，分别是操作符、流和测试。要想使用其中的项目，可以将其拖动到时间显示窗口中。下面对它们的功能进行简要介绍。

1. 操作符

操作符是粒子系统的基本元素，用于描述粒子的速度、方向、形状、外观等。操作符驻留在粒子视图仓库内，并按字母顺序显示在每个组中。每个操作符都有一个蓝色背景，但 Brith 操作符例外，它具有绿色背景。

- Birth(出生)：该操作符可以指定粒子的总数或每秒出生粒子的速率，也可以通知系统何时开始发射和何时停止发射粒子。
- Force(力)：使用 Force 操作符，可以使 Force 对象类型中的一个或多个空间扭曲来影响粒子运动。
- Position Object(位置对象)：Position Object 操作符的作用是设置粒子的初始位移。可以设置发射器从其曲面、体积、边、顶点、轴或子对象发射粒子，还可以使用对象的材质来控制粒子的发射。
- Rotation(旋转)：主要用来在事件期间设置粒子的动画及随机方向。
- Speed(速度)：它提供了对粒子速度和方向的基本控制。
- Material Static(材质静态)：主要用于给予粒子在整个事件中保持恒定的材质 ID，同时基于材质 ID 指定材质到每个粒子。
- Display(显示)：设置粒子在视口中的显示方式。默认显示方式是 Ticks，它是最简单、最快的显示方式。
- Render(渲染)：Render 操作符提供与渲染粒子相关的控制。可以指定渲染粒子所采用的形式以及出于渲染目的将粒子转换成独立的面对象。

2. Test(测试)

在PF Source粒子系统中，测试的基本功能就是用来测定粒子是否符合一个或多个条件，如果符合条件，则粒子可以发送入另一个事件。当一个粒子通过测试时，称为“测试为真值”。在把符合条件的粒子发送入另一个事件时，必须将粒子通过的测试和该事件线接在一起。未通过测试则发出 Test False(测试错误)的信息，同时保持该事件状态并重复受制于它的操作器以及所需要的测试。

所有的测试图标均为包含电气开关简图的黄色菱形，如图 10-58 所示。下面介绍粒子仓库中几种测试的基本功能。

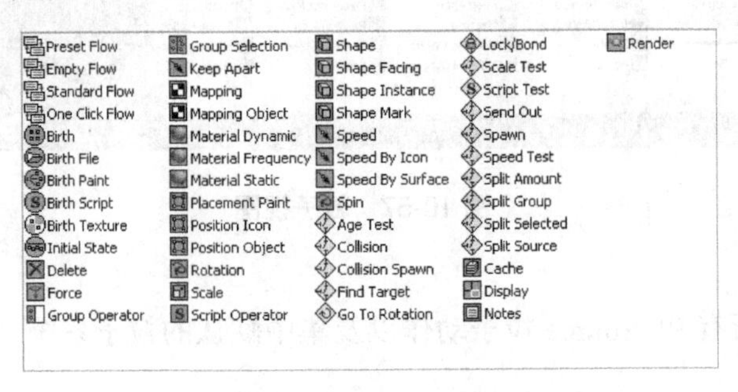

图 10-58　测试类型

- Age Test(年龄测试)：从动画开始算起，通过 Age Test，粒子系统可以检查开始动画后是否已过了指定的时间，某个粒子已存在多长时间，或某个粒子在当前事件中已存在多长时间，并相应导向不同分支。
- Collision(碰撞测试)：用于与一个或多个指定的空间扭曲导向板碰撞的粒子测试。同时也可以测试一个粒子在发生碰撞以后，速度是减慢还是加快，甚至能够测试出是否在指定的帧数内与导向板相撞。碰撞测试支持除了动力学导向板以外的所有导向板。
- Collision Spawn(碰撞繁殖)：该测试使粒子与一个或多个导向板发生碰撞后产生新的粒子。可以为碰撞后的粒子及其后代指定不同的属性。
- Scale Test(缩放测试)：用来控制粒子缩放，或者在缩放前后控制粒子尺寸和分支。
- Send Out(发送测试)：发送测试只是将所有粒子发送到下一个事件，或相反地将所有粒子保留在当前事件之中。如果只是想无条件地将粒子发送到另一个事件，就可以使用此测试。
- Speed Test(速度测试)：速度测试提供了一系列变量，用来检测粒子系统中粒子的速度、加/减速、循环运动率以及相应的分支。
- Split Amount(分割量测试)：Split Amount 测试主要用于指定一定数量的粒子，允许其进入下一事件，而保持其他的粒子在当前事件中，可以指定分离粒子的数目、百分比或指定固定位置的粒子。

3. 流

流是定义特定发射器事件的集合，每个系统都可以拥有多个发射器，每个系统也可以有多个流。流在仓库中有两种类型，分别是 Empty Flow 和 Standard Flow，下面介绍它们的含义。

- Empty Flow(空流)：Empty Flow 提供粒子系统的起始点，该粒子系统由包含渲染操作符的单个全局事件组成。通过使用这种流，可以自定义一个流，而没有必要修改原来默认的流。
- Standard Flow(基本流)：Standard Flow 提供由包含渲染操作符的全局事件组成的粒子系统的起始点，其中的全局事件与包含 Birth、Position、Speed、Rotation、Shape 以及 Display 操作符的出生事件相关联。

10.4　动手练习 1：Logo 汇聚特效

粒子流是一种新型、功能强大的粒子系统。它采用事件驱动的方式实现效果，因此该粒子系统十分灵活。本节我们来学习使用粒子流系统制作 Logo 的汇聚特效。具体的实现过程如下。

(1) 打开随书光盘中的“10\logo.max”文件，这是一个已经制作好的场景，如图 10-59 所示。

图 10-59　场景文件

(2) 切换到创建面板中的【粒子系统】子面板，然后单击 PF Source 按钮，并在顶视图中创建 PF Source 粒子发射器，如图 10-60 所示。

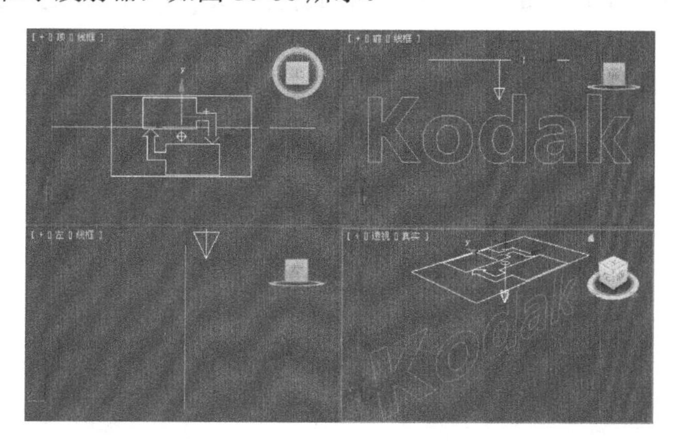

图 10-60　创建粒子发射器

(3) 单击动画播放按钮，可以看到 PF Source 粒子发射器发射出的粒子向下运动，如图 10-61 所示。

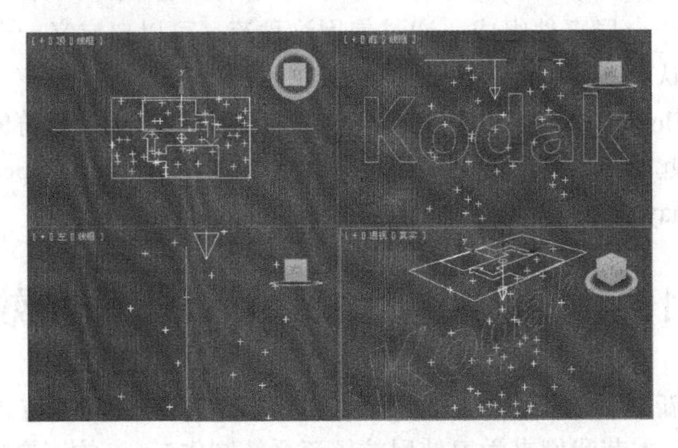

图 10-61 粒子运动效果

(4) 切换到修改面板，在【设置】卷展栏中单击【粒子视图】按钮，打开粒子视图窗口，如图 10-62 所示。

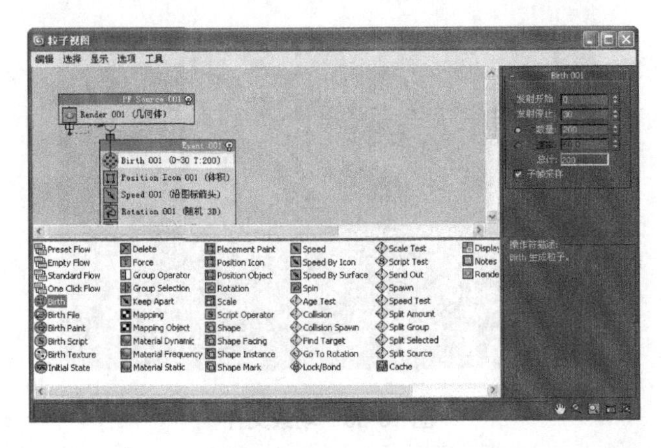

图 10-62 粒子视图

(5) 在仓库中选择 Find Target 操作符，将其拖到 Display 001 下边，如图 10-63 所示。

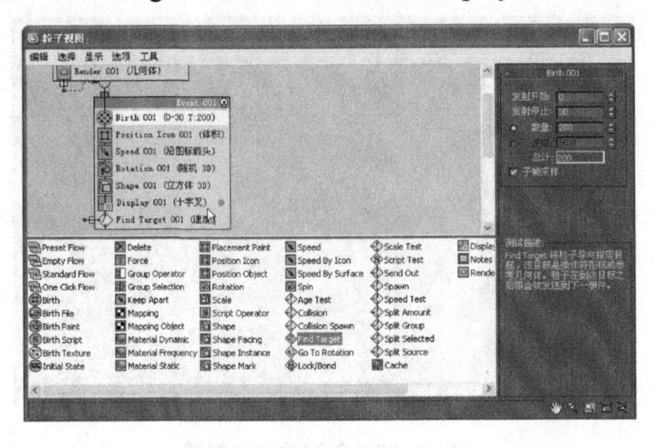

图 10-63 添加操作符

(6) 单击 Find Target 操作符，打开其参数设置卷展栏，然后在【目标】选项组中选择【网格对象】单选按钮，并将【速度】设置为 50，如图 10-64 所示。

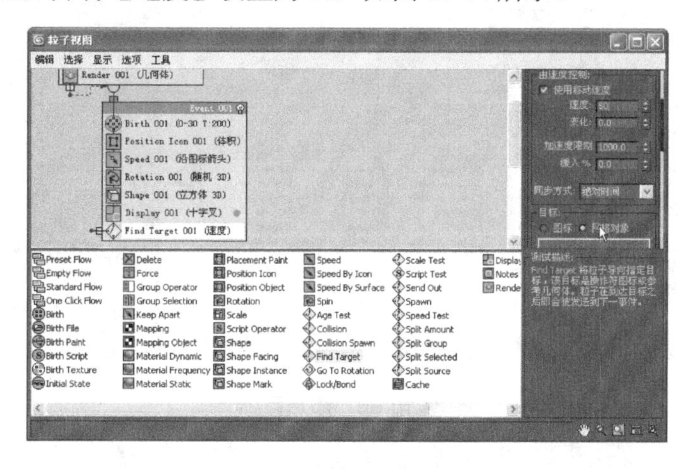

图 10-64　设置属性

💡 **注意：** Find Target 测试符所要求的网格对象必须是三维物体，如果读者采用的是二维图形，则需要将二维图形转换为三维物体。例如，本节我们所介绍的对象实际上已经被转换为三维网格。

(7) 在【目标】选项组中单击【按列表】按钮，在弹出的【选择目标对象】对话框中选择 Text 选项，如图 10-65 所示。

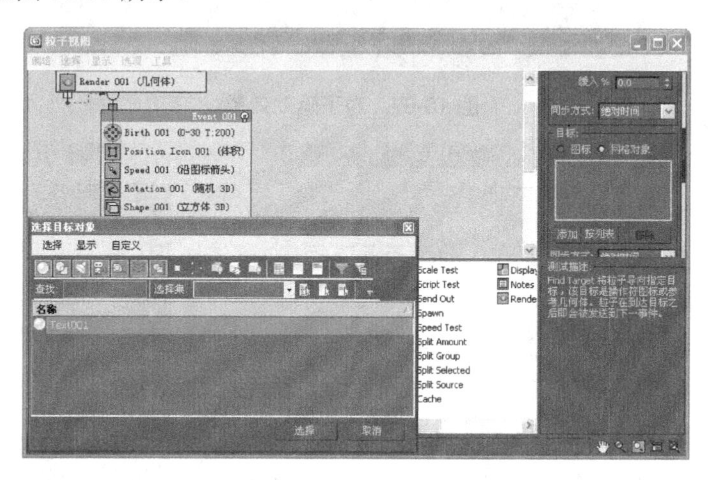

图 10-65　选择属性

(8) 单击【选择】选项，即可将文本添加到【目标】选项组中，如图 10-66 所示。

(9) 单击动画播放按钮，可以看到粒子向文本曲线的方向运动，但是粒子并没有吸附到文本曲线上而是一直向下运动，如图 10-67 所示。

(10) 在粒子视图的选择列表中选择 Speed 操作符，并将其拖到粒子视图中，系统会自动将其命名为 Event 002，如图 10-68 所示。

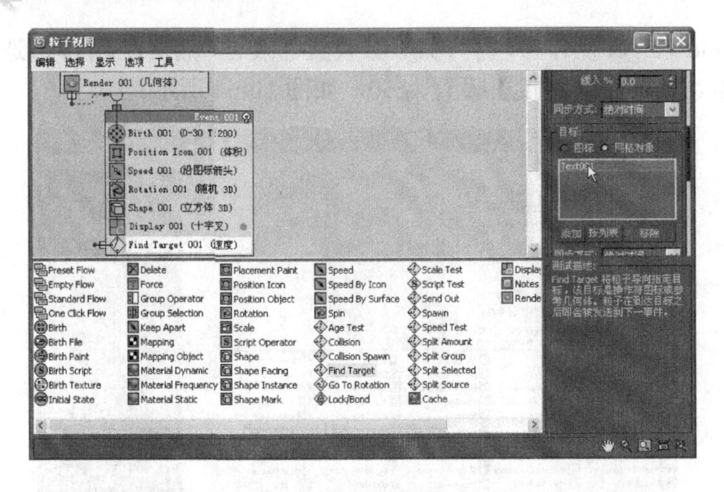

图 10-66　添加目标

图 10-67　粒子运动效果

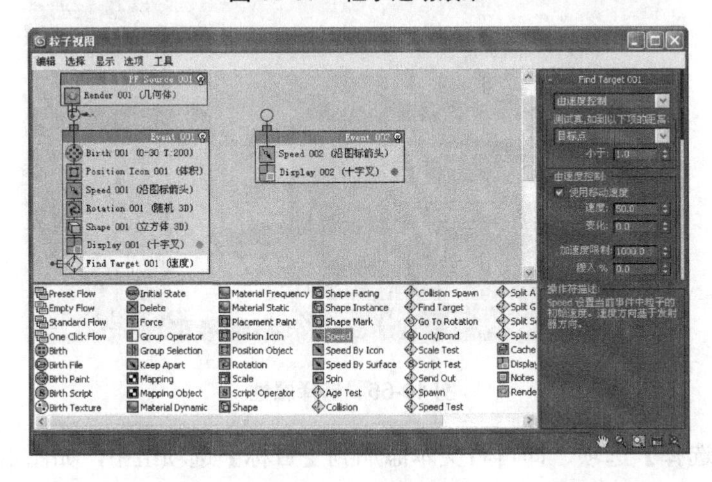

图 10-68　创建事件

(11) 选择 Speed 002 选项，然后将其链接在 Find Target，如图 10-69 所示。

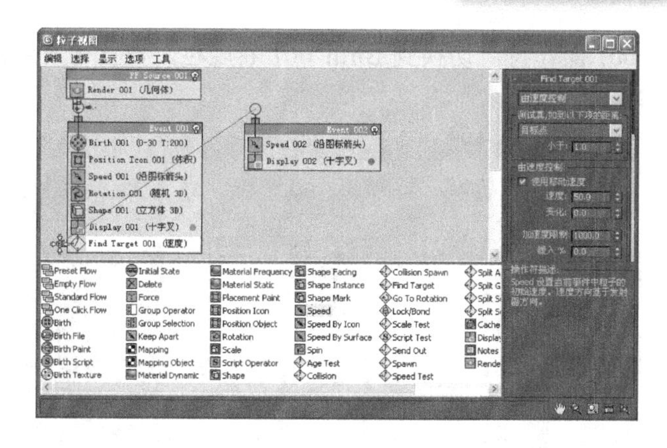

图 10-69　链接属性

(12) 单击 Speed 操作符，切换到 Speed 002 卷展栏，设置【速度】值为 0，如图 10-70 所示。

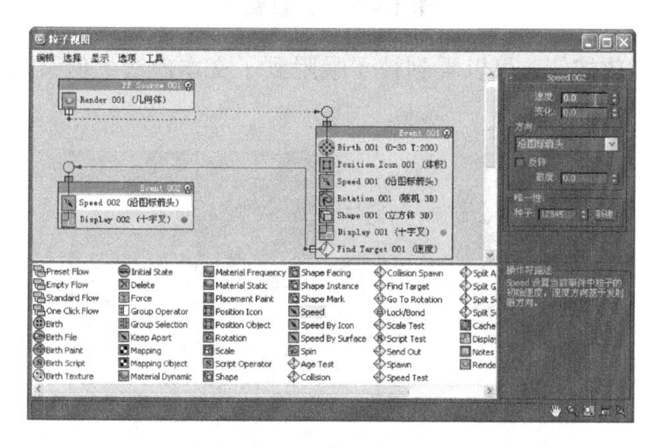

图 10-70　设置属性

(13) 拖动时间滑块，观察此时的粒子运动情况，如图 10-71 所示。

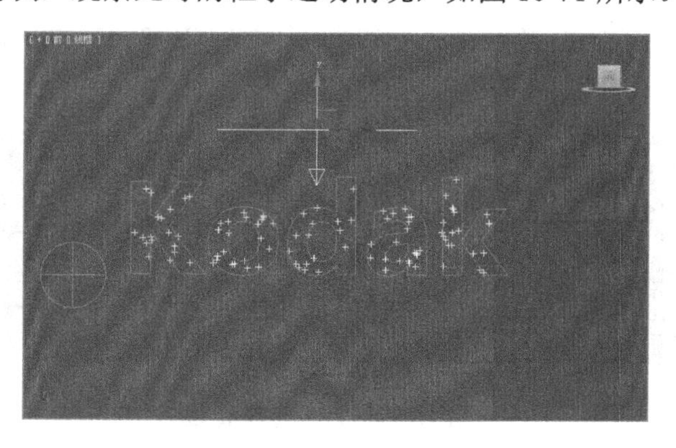

图 10-71　粒子运动效果

提示： 此时，粒子已经完全依附到了物体上。不过，此时粒子的数量太少，效果不太明显。下面还需要调整粒子的数量，使其布满整个文本对象。

(14) 单击 Birth 001 操作符，切换到 Birth 001 卷展栏，设置【发射停止】为 65，【数量】为 3200，如图 10-72 所示。

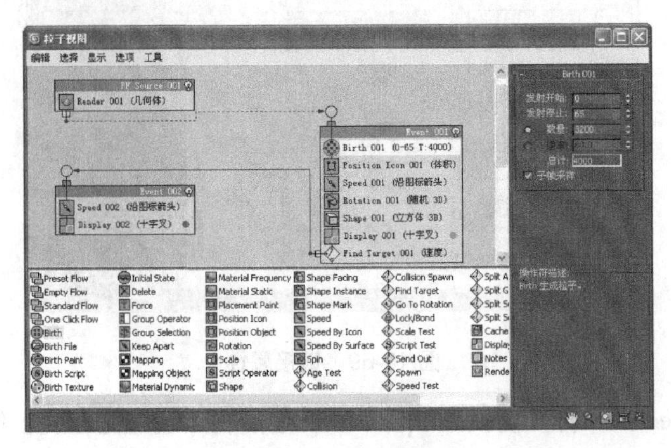

图 10-72　设置属性

(15) 单击动画播放按钮，可以看到粒子吸附到了文本曲线上但又随即消失，如图 10-73 所示。

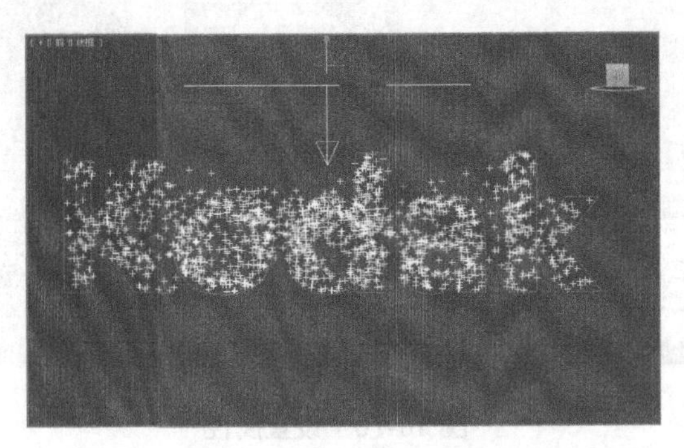

图 10-73　粒子运动效果

(16) 最后，为粒子制作一个材质，并添加一些辉光效果，即可创建出效果，如图 10-74 所示。

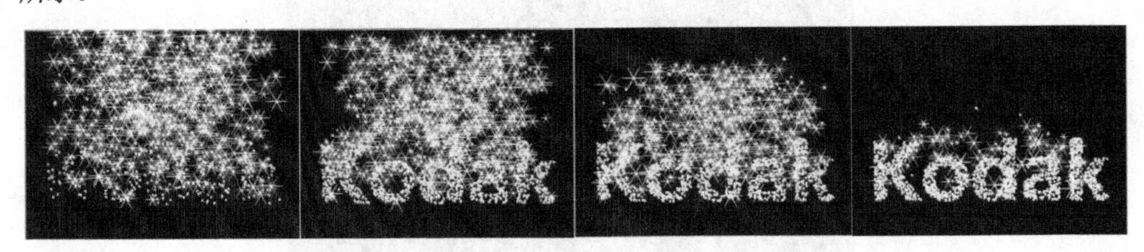

图 10-74　粒子汇聚特效

10.5　力空间扭曲

空间扭曲是一种控制场景对象运动的无形力量，和现实生活中的重力、风力等作用力相似。它可以促使与之相关联的物体按照一定的规律进行运动，但它不能显示在渲染效果中，即它是一种不可见的力物体。本节将讲解力空间扭曲物体。

10.5.1 马达空间扭曲

马达空间扭曲对粒子系统或者动力学物体施加一个扭矩，而不是直接的力的作用。对于粒子系统而言，马达的位置和方向对粒子都有影响；对动力学物体而言，只有图标的方向起作用。其参数设置面板如图 10-75 所示。

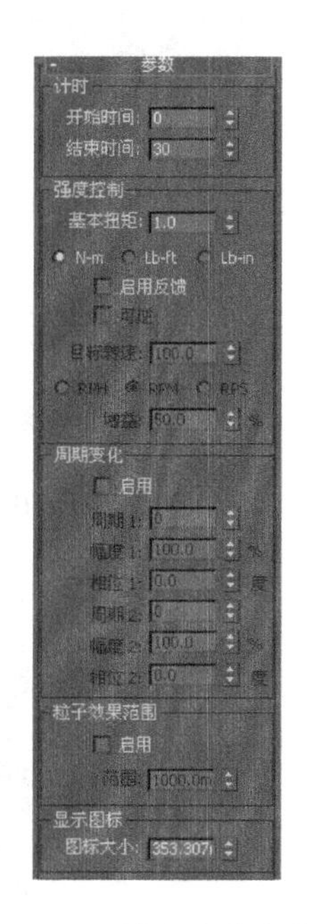

图 10-75 马达【参数】卷展栏

- 开始/结束时间：用于设置马达作用于粒子或者动力学对象的开始和结束时间。
- 基本扭矩：该参数用于控制扭矩的大小。其中，N-m 表示牛/米、Lb-ft 表示磅/英尺、Lb-in 表示磅/英寸。
- 启用反馈：选中该复选框后，力会根据受影响粒子相对于指定目标的速度而变化。
- 可逆：如果对象的速度超出了目标速度的设置，力会发生逆转。该选项只有在【启用反馈】复选框被激活时才有效。
- 目标转速：用于定义力反馈起作用时物体的旋转速度。RPH 表示转/小时、RPM 表示转/分、RPS 表示转/秒。可以使用【增益】微调框来控制转速的快慢。
- 周期 1/周期 2：用于调整两个波形的周期。
- 振幅 1/振幅 2：用于调整两个波形的振幅。
- 相位 1/相位 2：用于调整两个波形的相位。
- 粒子效果范围：该选项组用于将马达效果限制在一个特定的区域，只对粒子系统产生作用，不会影响动力学。

10.5.2 推力空间扭曲

推力可以作用于粒子系统或者动力学系统，作用效果稍微有些不同。对于粒子系统而言，产生一种具有一定作用范围的推力效果，如图 10-76 所示；而对于动力学而言，则产生一种点力效果。

推力【参数】卷展栏如图 10-77 所示，其中的参数大多数与马达空间扭曲相同，这里不再赘述，只介绍【强度控制】选项组。

- 基本力：控制推力的大小，当该值为负时，力的作用方向相反，如图 10-78 所示。

提示： 【基本力】中的【牛顿】和【磅】是两种不同的推力单位。

- 目标速度：该参数控制以每帧的单位数指定反馈生效前的最大速度。

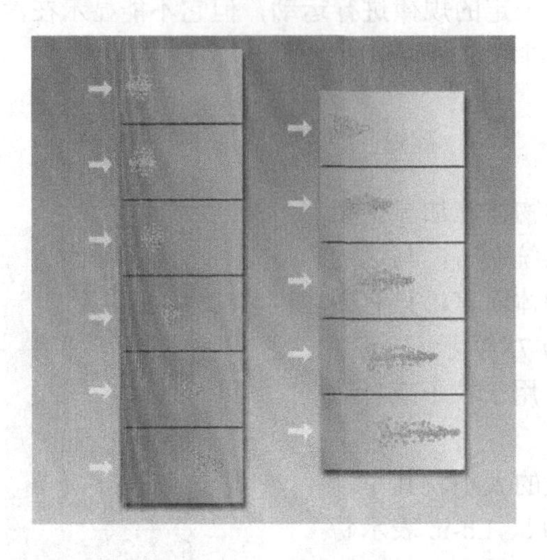

图 10-76　推力效果

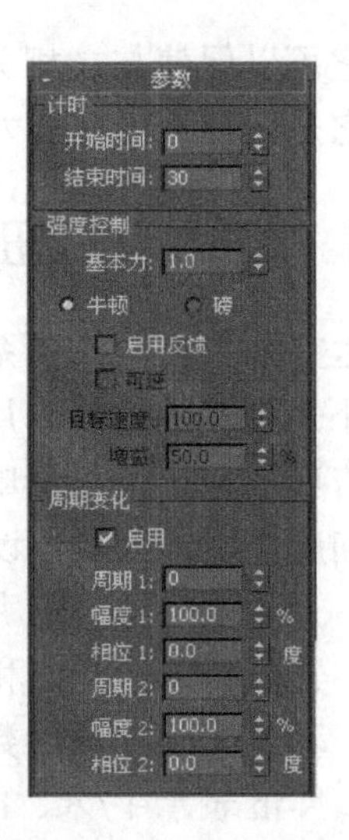

图 10-77　推力参数

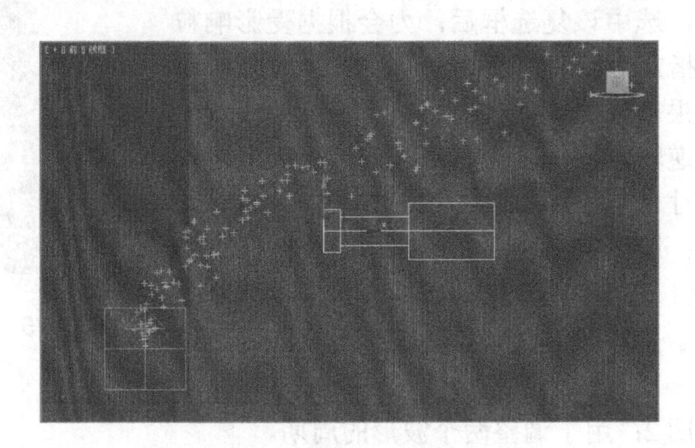

图 10-78　力的反向

其他参数在上节中已经详细介绍过了，大家在学习的过程中可参考相关知识进行调试。

10.5.3　重力空间扭曲

重力空间扭曲可以对粒子系统施加自然重力。重力具有方向性，沿重力箭头方向的粒子做加速运动，逆着箭头方向运动的粒子做减速运动。在球形重力下，运动方向是朝向图标。图 10-79 所示为重力【参数】卷展栏。

- 强度：该参数是控制重力效果的大小。该参数为负值时，会产生反方向的重力。
- 衰退：该参数用于设置力场的衰减程度，该值可以使物体随距离的增加而减小。
- 平面：该选项可以使粒子系统发射的粒子沿箭头方向运动。
- 球形：该参数可以以图标为中心吸引粒子，球形与平面的作用效果对比如图 10-80 所示。

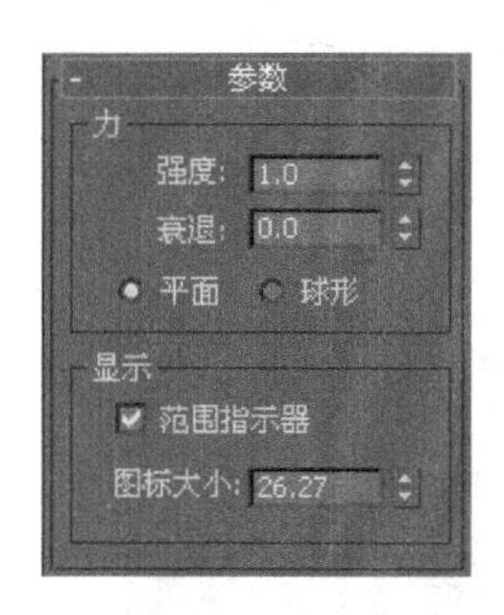

图 10-79　重力【参数】卷展栏

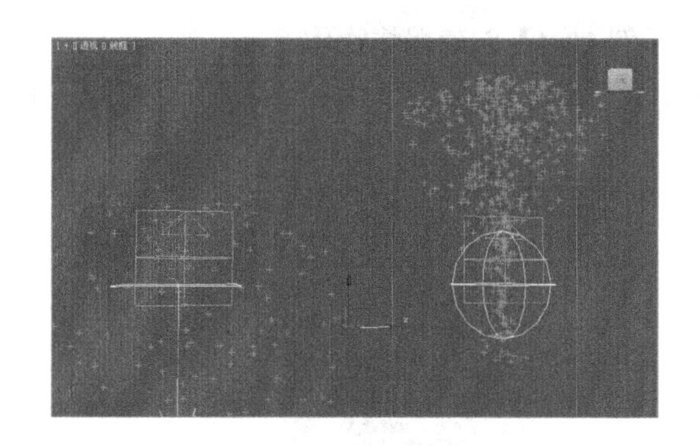

图 10-80　平面和球形作用效果对比

10.5.4　风力空间扭曲

风力空间扭曲是通过对粒子系统添加持续的力场来模拟现实中风吹的效果。其与重力空间扭曲的效果相似，但风力又添加了几个特殊的参数，使其产生的效果更加丰富。

创建风力时，如果箭头指向平面图标时，箭头的方向就是风力的作用方向。下面介绍风力的几个特有的参数，图 10-81 所示为风力【参数】卷展栏。

- 湍流：设置粒子在被风吹动时随机改变路线。值越大，湍流效果越明显。如图 10-82 所示为增加湍流效果后与没有湍流效果的对比。
- 频率：调整该参数可以使湍流效果随时间呈周期变化，不过效果不明显，除非绑定的粒子系统生成大量粒子。

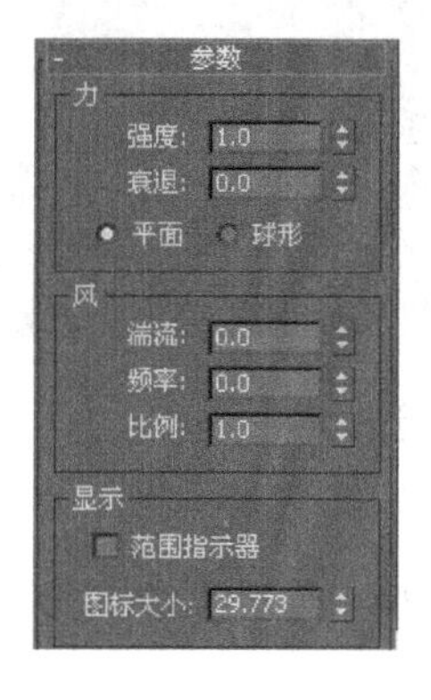

图 10-81　风力【参数】卷展栏

图 10-82　湍流效果对比

- 比例：比例用来缩放湍流效果。较小的值会使湍流效果变得平滑和有规则，较大的值会使湍流的紊乱效果更不规则。

10.5.5　爆炸扭曲

使用爆炸空间扭曲可以把对象炸成许多单独的面，经常用来模拟物体的爆炸和破碎效果。它与粒子阵列产生的爆炸效果相似，只是使用该扭曲物体产生的碎片没有厚度，参数设置也比较简单，图 10-83 所示为【爆炸参数】卷展栏。

【例 10-4】创建爆炸物体

(1) 在创建面板中按下按钮切换到空间扭曲面板，如图 10-84 所示。

图 10-83 【爆炸参数】卷展栏

图 10-84 空间扭曲

(2) 在【力】下拉列表中选择【几何/可变形】选项，切换到该面板，如图 10-85 所示。

(3) 单击【爆炸】按钮，并在视图中单击鼠标，即可创建一个爆炸扭曲物体，如图 10-86 所示。

图 10-85 切换面板

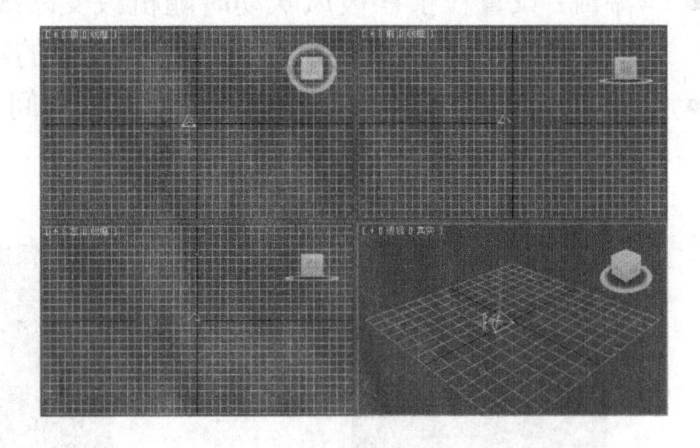

图 10-86 创建爆炸物体

下面介绍爆炸空间扭曲物体主要参数的功能。

- 强度：设置爆炸的强度，较大的值能使碎片飞得很远。对象离爆炸物体越近，爆炸的效果越强烈。
- 自旋：碎片旋转的速率，以每秒转数表示，值为 0 时爆炸产生的碎片不产生自旋效果，值越大，旋转速度越快。
- 衰减：设置爆炸效果远离爆炸点的距离，以时间单位数表示，超过该距离的几何体将不受爆炸扭曲物体的影响，如图 10-87 所示。
- 最大/最小值：控制爆炸所产生的每个碎片的大小。最大值控制爆炸的最大碎片；最小值控制爆炸的最小碎片。
- 重力：设置空间重力的大小，重力的方向将始终在 Z 轴方向。
- 混乱度：该参数用于增加爆炸的随机变化，使其不太均匀，不同的混乱值所创建的效果如图 10-88 所示。
- 起爆时间：该参数用于设置爆炸开始的时间帧。

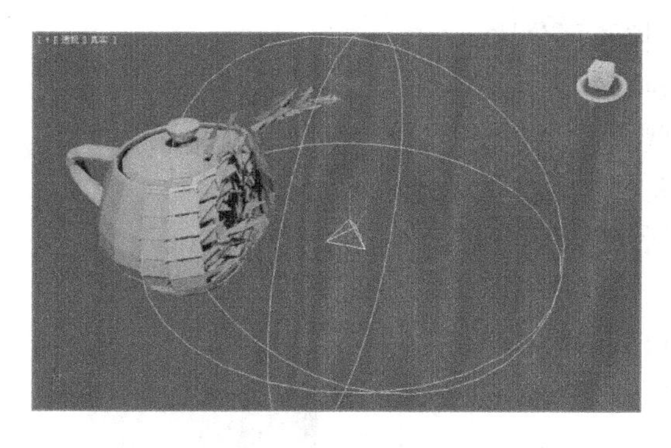

图 10-87　衰减影响

图 10-88　混乱度效果

10.6　导向器空间扭曲

导向器空间扭曲可以根据物体的运动，起到引导或者排斥的作用。例如，一个物体掉落到地面上所产生的反弹效果等。本节将介绍 3ds Max 为我们提供的几种导向物体。下面首先学习如何创建导向器。

【例 10-5】创建导向器

(1) 在创建面板中单击按钮，然后在下拉列表中选择【导向器】选项，即可进入导向器创建面板，如图 10-89 所示。

(2) 在【对象类型】卷展栏中，选择一个导向器，在视图中按住鼠标左键不放并拖动鼠标，即可创建一个导向器，如图 10-90 所示。

图 10-89　进入导向器环境

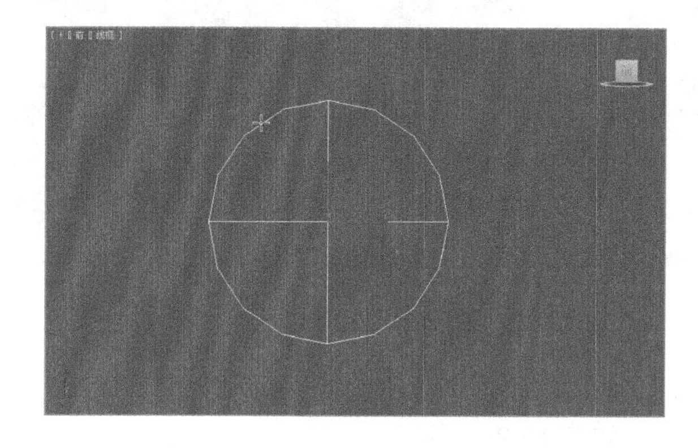

图 10-90　创建导向器

10.6.1　全泛方向导向器

全泛方向导向器是空间扭曲的一种立方形泛方向导向器。该导向器允许使用任意几何对象作为粒子导向器。由于这种导向是精确到面的，所以几何体可以是静态的、动态的，甚或是随时间变形或扭曲的。图 10-91 所示为全泛方向导向器的【参数】卷展栏。

- 拾取对象：单击该按钮，然后在视图中选择要用做导向器的可渲染对象。

- 反射：该参数用来指定导向器发射的粒子百分比。
- 反弹：该参数用于控制粒子在碰撞导向器之后有多少能保持粒子的初始速度。使用默认设置会使粒子在碰撞时以相同的速度反弹，要产生真实的效果，通常让该值小于 1，图 10-92 所示为不同反弹值的效果。
- 混乱度：该参数用于设置物体反弹角度的随机变化程度，如图 10-93 所示。增加该值会使碰撞后的粒子散开。
- 折射：用来指定导向器折射的粒子百分比。折射值仅影响那些未反射的粒子，因为反射粒子会在折射粒子之前被处理。

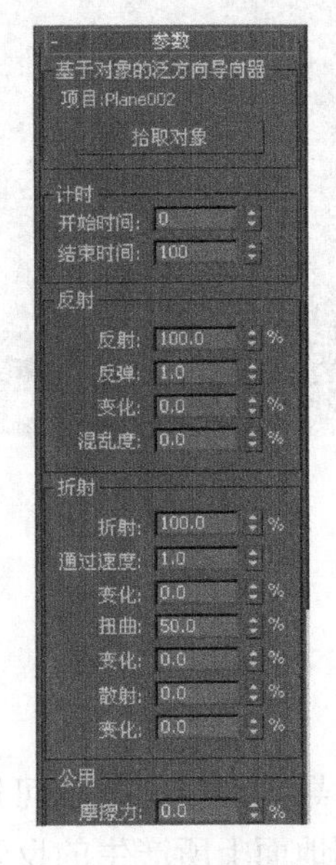

图 10-91 全泛方向导向器【参数】卷展栏

提示： 如果将反射和折射值都设置为 50%，则不会发生 50%产生反射。只有 25%的粒子会被折射，剩余的粒子或者未经过折射直接穿过，或者被传给繁殖效果。

- 通过速度：该参数用于设置粒子的初始速度中有多少在经过折射后得以保持。

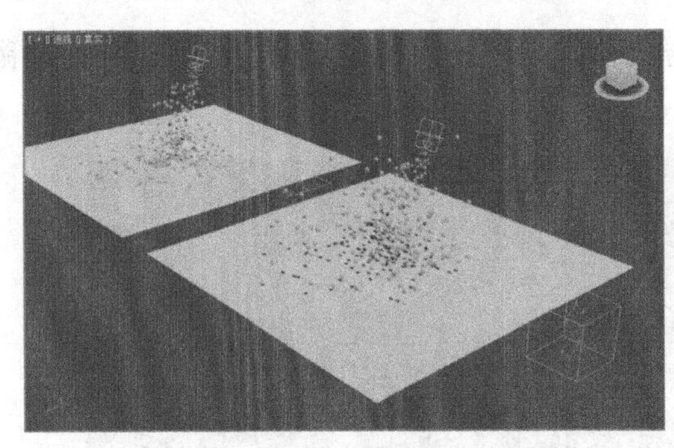

图 10-92 不同反弹值的效果

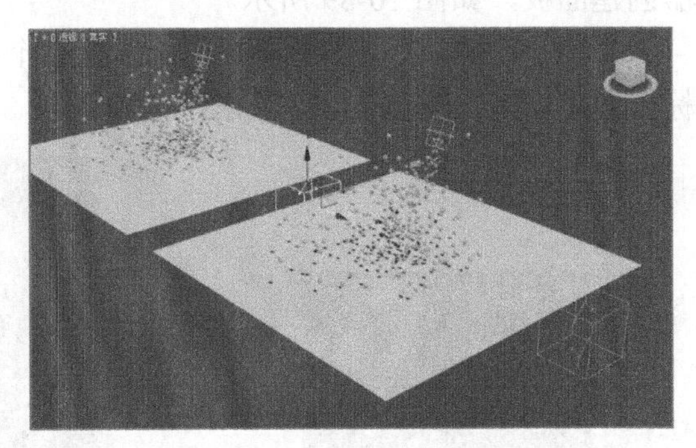

图 10-93 混乱度对粒子的影响

- 扭曲：扭曲主要用来控制折射角度，该值为 0 时表示无折射；还可以设置为负值，如图 10-94 所示。
- 散射：该参数用来随机修改各个粒子的扭曲角度。增大该值会使粒子在折射后散布成一个中空的圆锥体，如图 10-95 所示。
- 摩擦力：该参数用来控制粒子沿导向器表面移动时减慢的量。数值为 0 时表示粒子根本不会减慢；数值为 100%时则停止在导向器表面。
- 继承速度：该参数用于指定粒子繁殖的百分比。

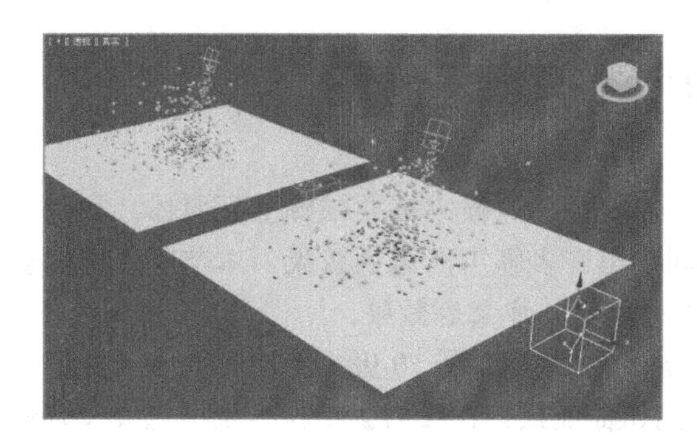

图 10-94　扭曲效果

图 10-95　散射效果对比

10.6.2　导向板

导向板是一种平面类型的导向器，起着平面防护板的作用，它能排斥由粒子系统生成的粒子。用于模拟粒子系统冲撞表面被反弹回来的效果，我们可以利用它模拟雨打在路面上被反弹或者物体掉落下来被地面反弹的场景，如图 10-96 所示。

图 10-96　导向板效果

10.6.3　导向球

导向球和导向板的功能相同，大多数的参数设置也相同，只是导向球是一个球形的导向器，如图 10-97 所示。导向球使用【直径】参数来控制导向器的尺寸。

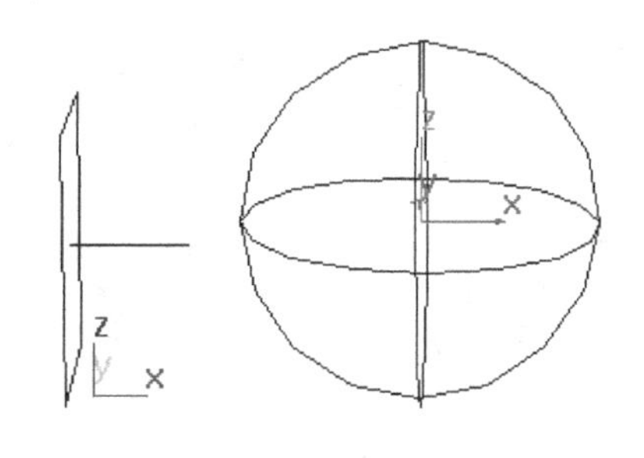

图 10-97　导向球效果

大多数导向器都是用来改变粒子或者动力学对象的方向的，只是在改变的方法和方式上有所不同。剩下的导向器中，大多数都与全泛方向导向器的参数相同，有的参数设置比较简单，有的比较复杂，读者可以自己尝试进行创建操作，了解它们的区别和作用。

10.7　动手练习 2：爆裂的雕塑

空间扭曲物体并不仅仅依赖于粒子而存在，更多的时候它需要依赖于几何体。如果空间扭曲物体和导向器物体结合使用，也可以创建出许多匪夷所思的效果。本节所介绍的实际上是一个爆炸的效果，包括爆炸的形成、碎片落地并弹起等效果。

(1) 打开随书光盘中的“10\爆裂的雕塑.max”文件，如图 10-98 所示。

(2) 在创建面板中按下按钮，切换到空间扭曲面板。在【力】下拉列表中选择【几何/可变形】选项。在打开的面板中按下【爆炸】按钮，并在视图中单击鼠标创建该物体，如图 10-99 所示。

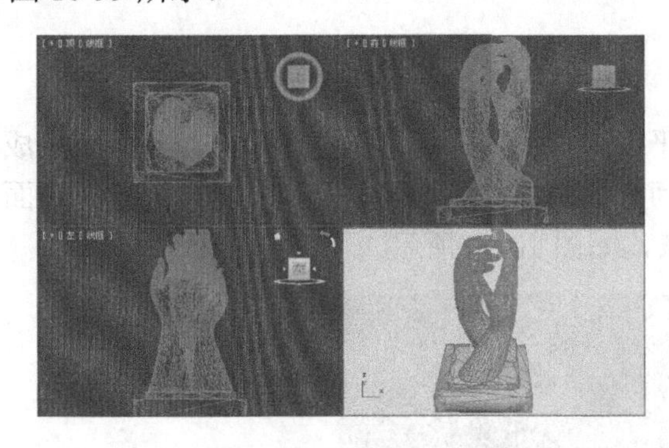

图 10-98　场景文件

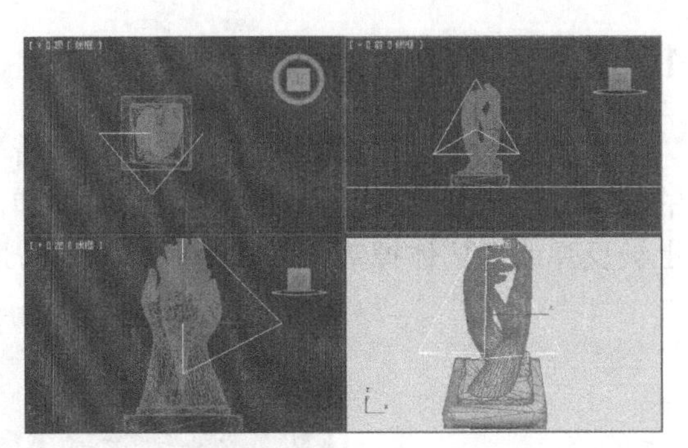

图 10-99　创建爆炸物体

提示： 爆炸物体和粒子爆炸物体是两个不同的扭曲物体，大家在创建时别混淆了。

(3) 在场景中选择雕塑物体。单击工具栏上的按钮，在视图中按住鼠标左键不放将鼠标指针拖动到爆炸物体上，并松开鼠标，从而将雕塑物体绑定在爆炸物体上，如图 10-100 所示。

(4) 保持默认的参数不变，拖动时间滑块，观察此时的效果，如图 10-101 所示。

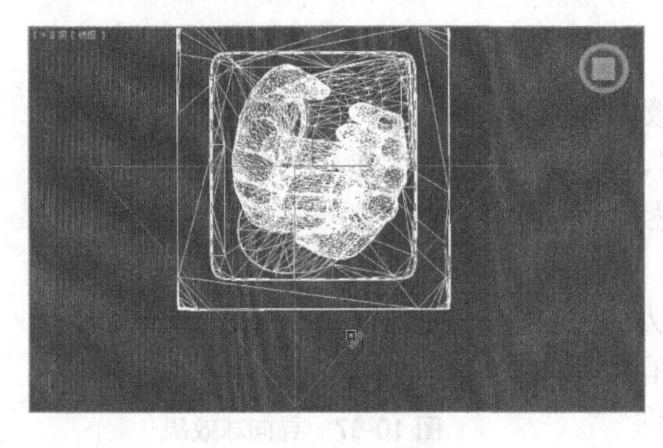

图 10-100　绑定物体

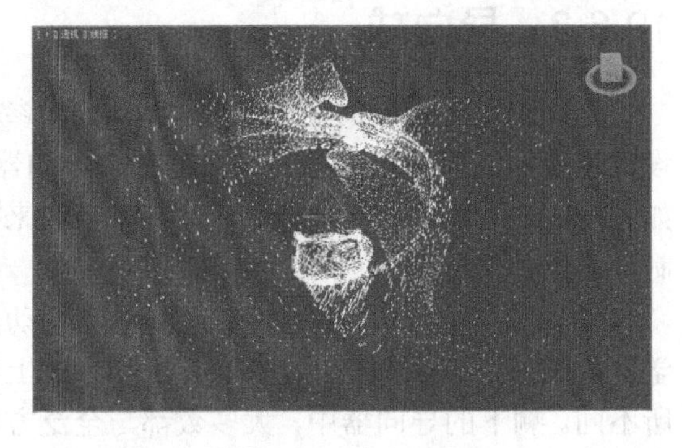

图 10-101　爆炸效果

提示： 此时，爆炸产生得过于剧烈，并且产生的碎片十分细碎，需要修改一下。

(5) 在场景中选择爆炸物体，切换到修改面板，将【强度】设置为 0.3，观察爆炸效果

如图 10-102 所示。

(6) 将【最大值】设置为 50，观察此时的碎片效果，如图 10-103 所示。

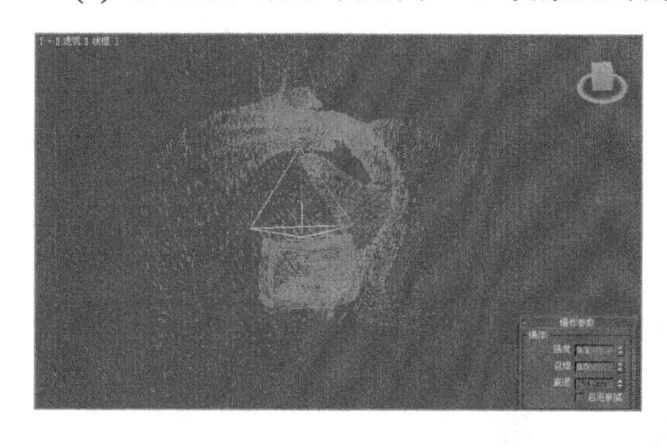

图 10-102　调整强度

图 10-103　观察碎片大小

(7) 将【重力】设置为 15，从而使物体爆炸后，碎片受重力的控制快速朝地面运动。将【混乱】设置为 8，从而加大爆炸的混乱效果，如图 10-104 所示。

(8) 在空间扭曲面板中切换到【导向器】面板，单击其中的【全导向器】按钮，并在视图中创建一个全导向器，如图 10-105 所示。

图 10-104　设置重力与混乱

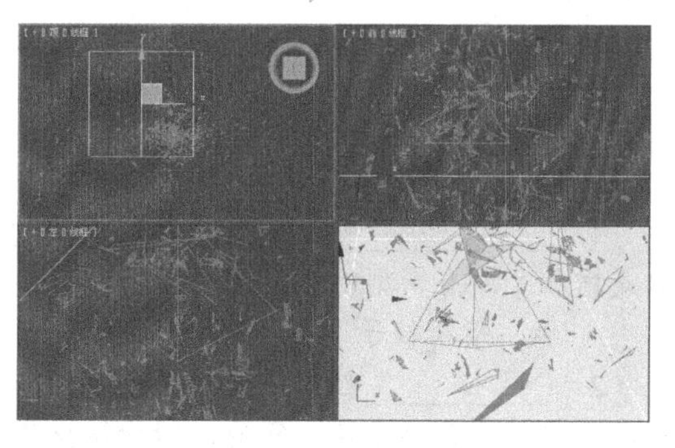

图 10-105　创建全导向器

(9) 切换到修改面板，单击【拾取对象】按钮，并在视图中拾取平面物体，作为导向对象，如图 10-106 所示。

(10) 保持默认参数不变，拖动时间滑块观察此时的效果，如图 10-107 所示。

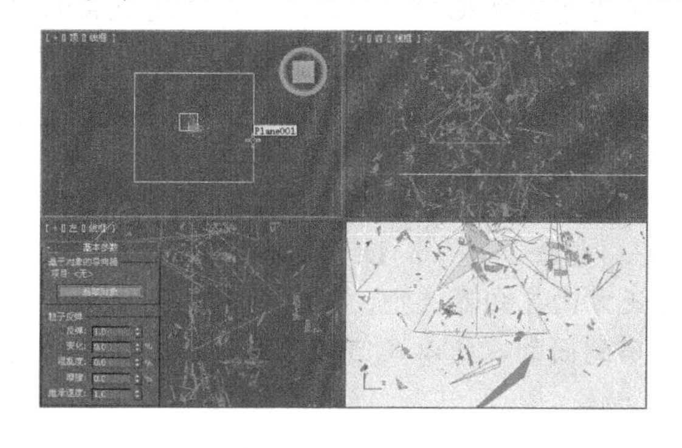

图 10-106　拾取导向

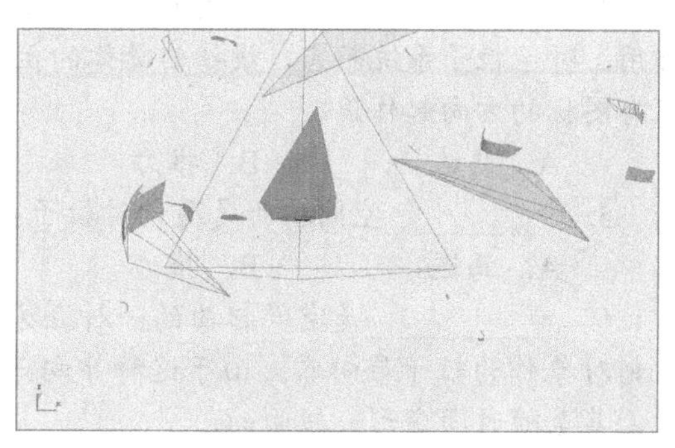

图 10-107　弹起效果

到此，爆裂的效果就完全实现了。最后，读者可以设计一个简单的场景将效果输出出来，如图 10-108 所示。

图 10-108　爆裂动画效果

10.8　习　　题

一、填空题

1. ________能够产生粒子对象，可以真实生动地模拟雪、雨、灰尘、碎片等效果。
2. ________可以辅助三维形体产生特殊的变形效果，例如涟漪、波浪、风吹、爆炸等。
3. 基础粒子系统是 3ds Max 早期版本中提供的两种粒子，即雪粒子和________。
4. ________空间扭曲可以根据物体的运动，起到引导或者排斥的作用。

二、选择题

1. ________可以发射受系统控制的粒子喷射。该粒子系统与喷射粒子系统类似，只是增加了所有新型粒子系统提供的功能，例如粒子的碰撞、繁殖等控制。

   A. 喷射粒子　　B. 雪粒子　　C. 超级喷射　　D. 暴风雪

2. ________粒子是雪粒子的高级版本，可以用来模拟自然的暴风雪效果，也可以创建出更加逼真的雪花、气泡、树叶等摇摆翻滚的效果。

   A. 喷射粒子　　B. 雪粒子　　C. 超级喷射　　D. 暴风雪

3. ________允许使用一个物体作为粒子发射器，并且可以设置物体上发射粒子的分布点，使用粒子阵列系统可以创建出许多特殊效果，如物体爆炸、火球燃烧等。

   A. 粒子阵列　　B. 粒子云　　C. 粒子流　　D. A 和 C

4. ________扭曲物体对粒子系统或者动力学物体施加一个扭矩，而不是直接的力作用。对于粒子系统而言，该扭曲物体的位置和方向对粒子都有影响；对动力学物体而言，只有图标的方向起作用。

   A. 马达　　B. 推力　　C. 重力　　D. 风力

5. ________空间扭曲是通过对粒子系统添加持续的力场来模拟现实中风吹的效果。

   A. 马达　　B. 推力　　C. 重力　　D. 风力

6. ________是空间扭曲的一种立方形泛方向导向器类型。该导向器允许使用任意几何对象作为粒子导向器。由于这种导向是精确到面的，所以几何体可以是静态的、动态的，甚至随时间变形或扭曲的。

   A. 全泛向导向器　　B. 导向板
   C. 导向球　　D. 爆炸扭曲物体

7. __________是一种平面类型的导向器，起着平面防护板的作用，它能排斥由粒子系统生成的粒子。

A. 全泛向导向器　　B. 导向板

C. 导向球　　D. 爆炸扭曲物体

三、简述题

1. 说说喷射和超级喷射的区别。
2. 扭曲物体有什么用？如何将扭曲物体绑定到粒子系统？
3. 导向器和扭曲物体有什么区别？如何进行绑定？

第 11 章　环境与效果

在三维场景中，环境是一个可以营造氛围的因素，但也是容易被忽视的因素。很多初学者经常沉醉于一个又一个的造型和动画之中。但当这些造型和动画组合到一起时，会发现它们显得平淡无奇，与设想的场景格格不入。造成这种问题最主要的原因是因为场景中缺少烟雾、燃烧、灰尘、光效、层次等空间感和真实感。为了使场景效果更加真实，本章特向读者介绍如何营造环境与真实效果。

11.1　设置场景背景

在 3ds Max 2012 中，环境设置命令都集中在【环境和效果】对话框中，所以绝大多数的环境与效果都在该对话框中完成。选择【渲染】|【环境】命令可以打开【环境和效果】对话框，如图 11-1 所示。

下面介绍【环境和效果】对话框中各参数的含义。

1. 【公用参数】卷展栏

该卷展栏中的参数主要用于设置一些常用的场景效果，例如背景、全局光等。关于它们的含义如下。

- 颜色：在默认情况下，该颜色为黑色。如果用户需要更改背景颜色，只需单击其下面的颜色块，并选取需要的颜色即可。
- 环境贴图：用于指定一个背景贴图。单击该按钮，可以在打开的对话框中选择一种贴图，利用该贴图可以为整个场景指定背景。

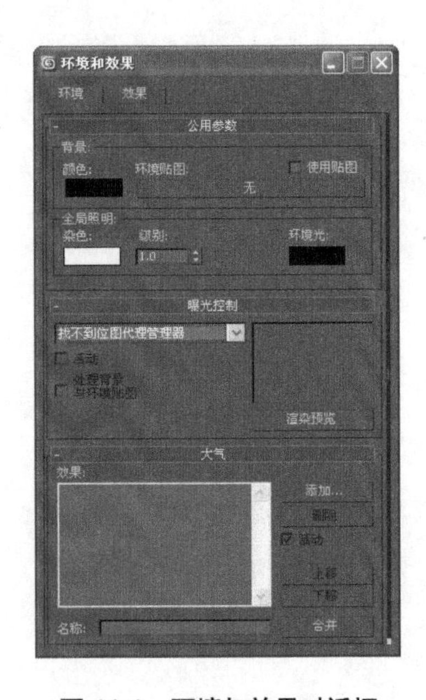

图 11-1　环境与效果对话框

【例 11-1】 添加环境背景

(1) 打开随书光盘中的“11\设置背景.max”文件，这是前文中曾经制作的一个动画文件，如图 11-2 所示。

(2) 按数字键 8 打开【环境和效果】对话框，并单击【环境贴图】区域中的【无】按钮，如图 11-3 所示。

(3) 在打开的对话框中双击【位图】选项，如图 11-4 所示。

(4) 在接着打开的对话框中选择随书光盘中的“11\sky.jpg”文件，如图 11-5 所示。选择完毕后，单击【打开】按钮，即可将其导入当前场景中作为背景。

(5) 设置完成后，快速渲染摄像机视图，观察此时的效果，如图 11-6 所示。

- 使用贴图：选中该复选框后，即可在场景中显示【环境贴图】指定的贴图。如果取消选中该复选框，则系统在场景中显示【颜色】所指定的颜色。

- 染色：用于设置灯光在系统中的默认颜色。3ds Max 中灯光的默认颜色为白色，通过该选项可以改变灯光的颜色。
- 级别：用于设置灯光的强度。该选项的值越高，则灯光的颜色就越重，系统默认数值为 1.0。
- 环境：与【染色】的功能相同，不过【环境】用于指定环境光的颜色。

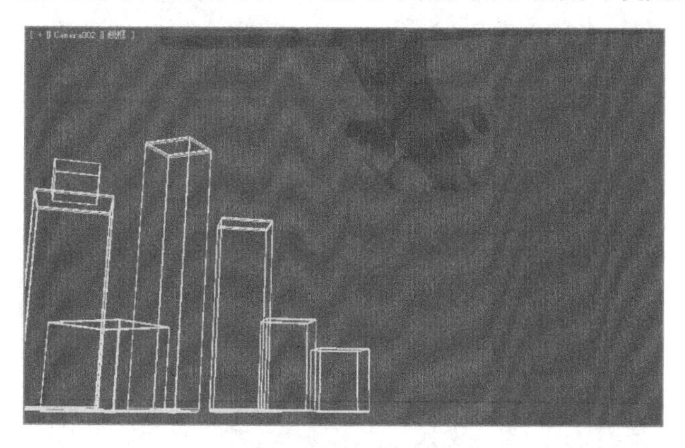

图 11-2　打开文件

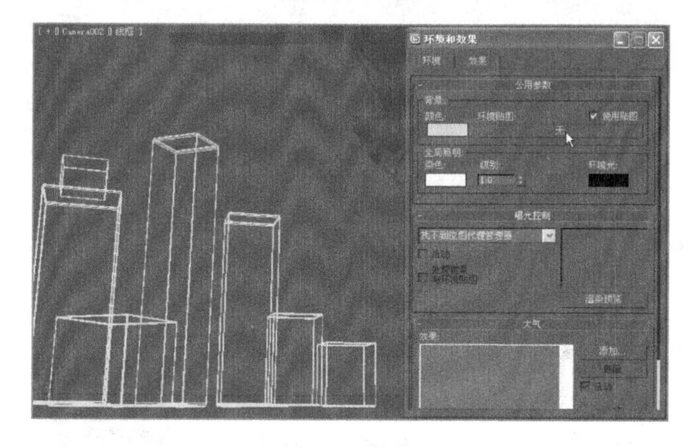

图 11-3　启用环境贴图

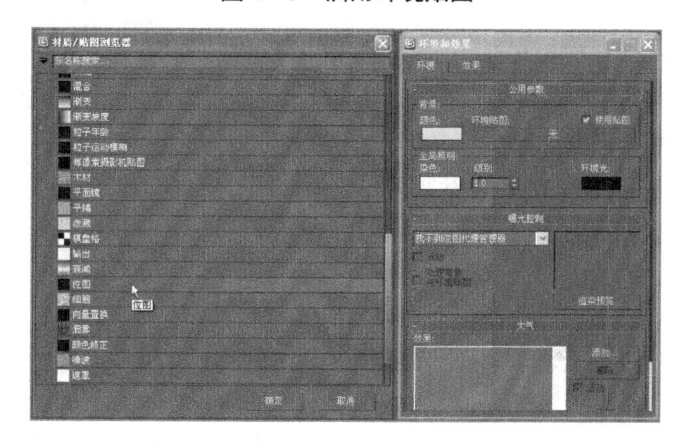

图 11-4　双击位图选项

图 11-5　添加背景

图 11-6　背景渲染效果

2. 【大气】卷展栏

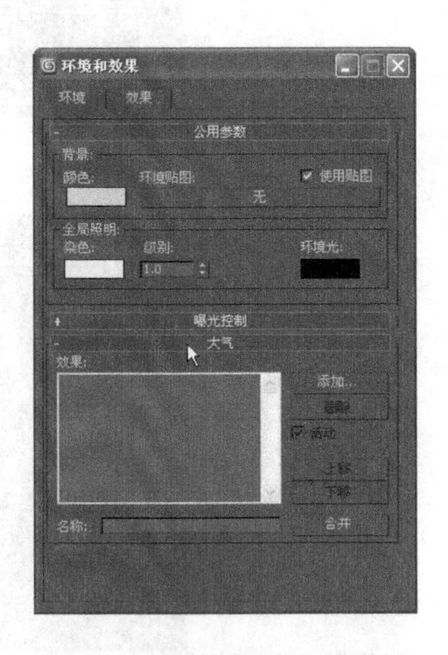

图 11-7　展开【大气】卷展栏

通过【环境和效果】对话框，也可以设置大气效果。展开【大气】卷展栏，即可看到与大气效果相关的选项，其简介如下。

- 效果：【效果】列表用于显示已添加的效果队列。在渲染期间，效果在场景中按线性顺序计算。根据所选的效果，【环境和效果】对话框会添加适合效果的参数卷展栏。
- 名称：通过【名称】文本框，可以为场景中的效果自定义名称。

【例 11-2】添加效果

(1) 按数字键 8 打开【环境和效果】对话框，并展开【大气】卷展栏，如图 11-7 所示。

(2) 单击【添加】按钮，打开【添加大气效果】

对话框，如图 11-8 所示。

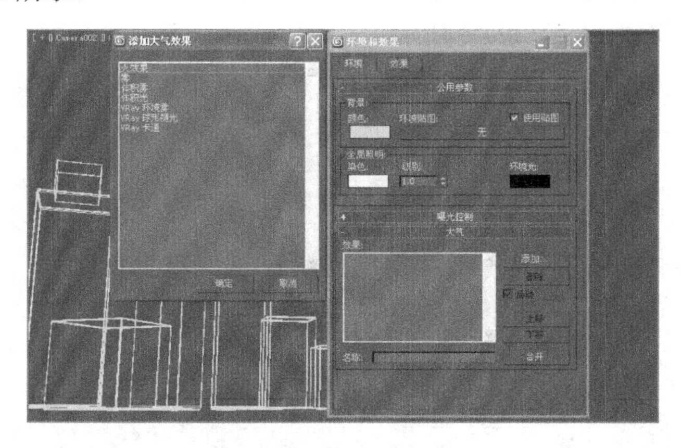

图 11-8　添加大气效果

(3) 在打开的对话框中双击一种效果，即可将其添加到当前场景中。关于这些特效的详细特性及其实现方法将在下节中讲解。

11.2　常见环境特效

在 3ds Max 中，环境特效包括火、雾、体积雾、体积光等特效。通过这四种特效可以描绘出多种环境效果，例如火焰、爆炸、雾气、灰尘等。本节将分别讲解这四种特效的特性及其实现方法。

11.2.1　火效果

火效果可以生成火焰、烟雾以及爆炸等效果，例如篝火、火球、火炬，以及云团、星云、机械物体的尾气等。该特效需要使用容器(简称为 Gizmo)来限定火焰的范围。下面来创建一个容器。

【例 11-3】创建容器

(1) 在创建面板中按下【辅助对象】按钮，切换到辅助对象卷展栏，如图 11-9 所示。

(2) 在【标准】下拉列表中选择【大气装置】选项，如图 11-10 所示。

图 11-9　切换到辅助对象

图 11-10　选择大气装置

(3) 单击【对象类型】卷展栏中的【球体 Gizmo】按钮，并在视图中按住鼠标左键拖动即可创建一个辅助物体，如图 11-11 所示。

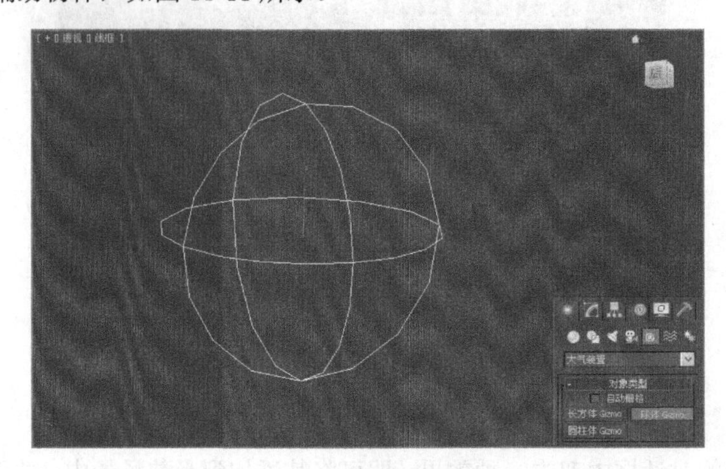

图 11-11　创建辅助物体

提示： 3ds Max 为我们提供了 3 种基本的 Gizmo 类型，分别是长方体、球体和圆柱体。这些 Gizmo 可以移动、旋转、缩放，甚至可以通过挤压缩放来获取需要的形状，但是不能应用修改器。

(4) 打开【环境和效果】对话框。展开【大气】卷展栏，单击【添加】按钮添加火效果，如图 11-12 所示。

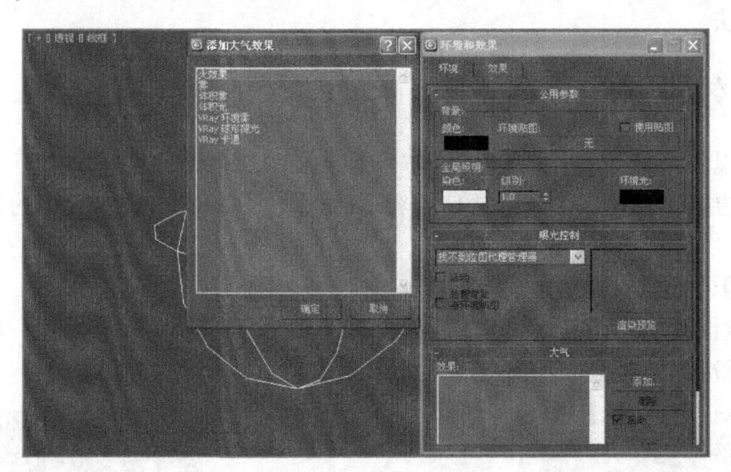

图 11-12　添加火特效

(5) 在【火效果参数】卷展栏中单击【拾取 Gizmo】按钮，并在视图中选择该 Gizmo 物体，如图 11-13 所示。

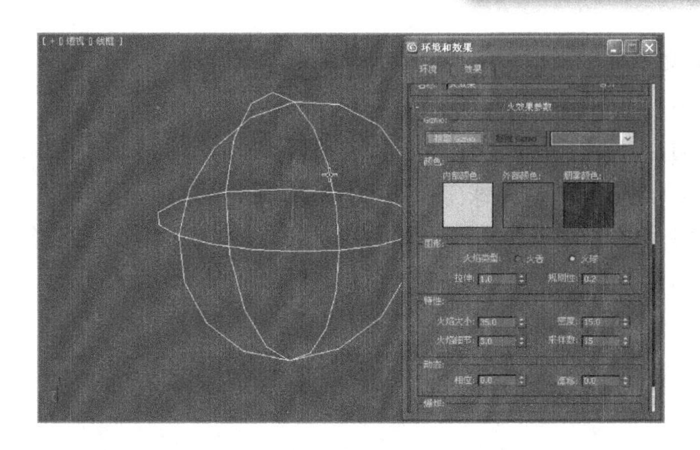

图 11-13　拾取辅助物体

下面介绍关于火效果的常用参数功能。

1．Gizmo 选项组

Gizmo 是一个辅助物体，用来作为火效果的依附对象，如图 11-14 所示。在 Gizmo 选项组中单击【拾取 Gizmo】按钮，在场景中拾取辅助物体。如果需要移除辅助物体，则需要在 Gizmo 选项组中单击【移除 Gizmo】按钮。

图 11-14　Gizmo 的作用

2．【颜色】选项组

火焰在燃烧的时候是有颜色的，并且由于温度的不同，颜色也会发生不同的变化。在 Max 中，火焰的颜色分为三层：内部颜色、外部颜色和烟雾颜色。

- 内部颜色：设置效果中最密集部分的颜色。对于典型的火焰，此颜色代表火焰中最热的部分。
- 外部颜色：设置效果中最稀薄部分的颜色。对于典型的火焰，此颜色代表火焰中较冷的散热边缘。
- 烟雾颜色：设置用于【爆炸】选项的烟雾颜色。

3. 【图形】选项组

【图形】选项组主要用于设定火焰的类型及颜色。

- 火焰类型：在【图形】选项组中，火焰的类型分为两种，一种是火舌(创建类似篝火的火焰)，另一种是火球(适用于制作爆炸)。
- 拉伸：将火焰沿着辅助物体的 Z 轴缩放。拉伸最适合火舌火焰，可以使用拉伸将火球变为椭圆形状。不同的拉伸值创建的效果如图 11-15 所示。

图 11-15 拉伸效果对比

- 规则性：定义火焰的填充方式。范围为 0.0～1.0，当其取值为 1.0 时，火焰充满辅助装置；当火焰取值为 0 时，则生成不规则的效果，但通常要小一些。不同的取值效果如图 11-16 所示。

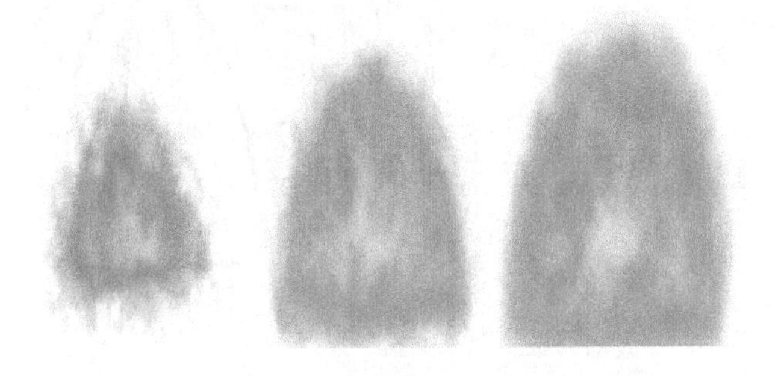

图 11-16 规则性效果对比

4. 【特性】选项组

通过设置【特性】选项组中的参数，可以设置火焰的大小和外观，当然它还取决于辅助装置的大小，关于这些参数的简介如下。

- 火焰大小：设置辅助物体中火焰的大小，辅助物体的大小也会影响火焰的大小。使用 15～30 范围内的值可以取得较好的效果。不同的取值效果对比如图 11-17 所示。
- 密度：主要用于设置火焰的不透明度和亮度。装置大小会影响密度。
- 火焰细节：主要用于控制每个火焰中显示的更改量和边缘尖锐度。降低该参数的数值可以生成平滑、模糊的火焰；增大该参数的数值，可以生成纹理清晰的火焰，如图 11-18 所示。

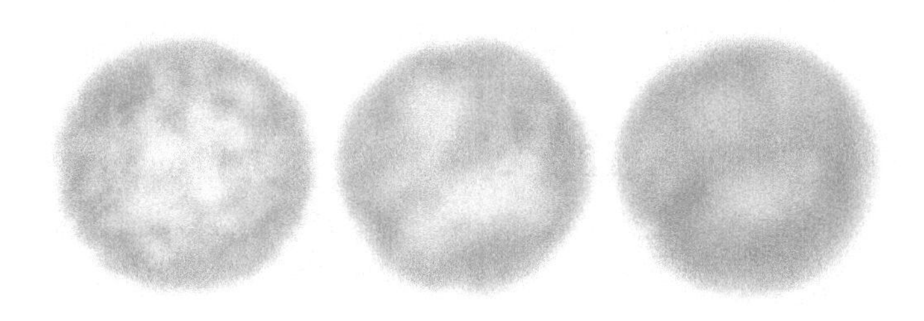

图 11-17　火焰大小对比

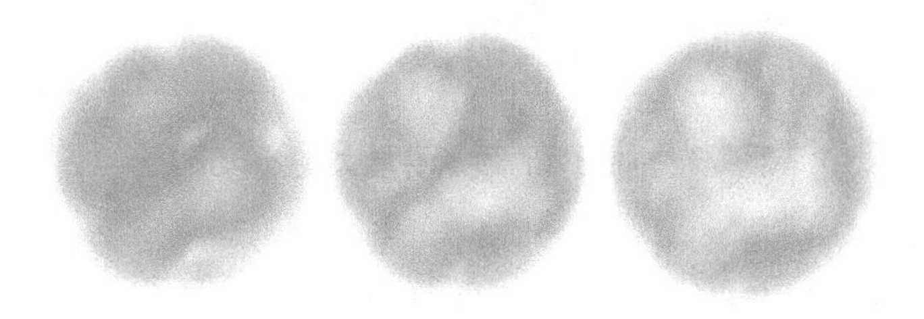

图 11-18　火焰细节对比

- 采样数：用于设置效果的采样率。该值越大，生成的效果越准确，渲染所需要的时间也越长。

5. 【动态】选项组

通过设置【动态】选项组中的参数可以设置火焰的涡流和上升动画。在制作爆炸以及篝火效果时，该选项组中的属性起到了非常重要的作用。

- 相位：控制更改火焰效果的速率。启用【自动关键点】按钮，通过设置不同的相位值，可以制作火焰燃烧的动画效果。
- 漂流：设置火焰沿着火焰装置的 Z 轴进行渲染燃烧的效果。较低的值可以提供燃烧较慢的冷色调火焰，较高的值可以提供燃烧较快的暖色调火焰。

6. 【爆炸】选项组

在制作燃烧效果时，通过设置【爆炸】选项组中的参数可以自动设置爆炸动画，为特效的制作提供了方便。

- 爆炸：爆炸属性可以根据相位值动画自动设置大小、密度和颜色动画。
- 烟雾：烟雾属性用于控制爆炸是否产生烟雾。
- 剧烈度：剧烈度属性会改变相位参数的涡流效果。
- 设置爆炸：单击【设置爆炸】选项，可以打开【设置爆炸相位曲线】对话框。在该对话框中输入开始和结束时间后，单击【确定】按钮即可自动生成动画。

11.2.2　雾效果

雾是自然界常见的一种自然现象。在制作三维场景时添加入雾效果可以使整个场景显得比较朦胧神秘。在 3ds Max 中，系统提供的标准雾分为两种基本类型，一种是标准雾，另一种是分层雾，其效果对比如图 11-19 所示。

图 11-19 雾和分层雾效果

【例 11-4】创建分层雾

(1) 首先创建场景的摄影机视图，如图 11-20 所示。

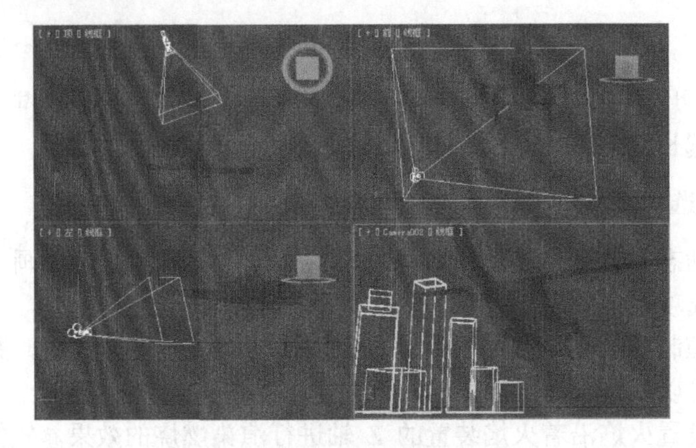

图 11-20 创建摄像机视图

(2) 选择摄像机，切换到修改面板。启用【环境范围】选项组中的【显示】复选框。将【近距范围】和【远距范围】设置为包括渲染中要应用雾效果的对象，如图 11-21 所示。

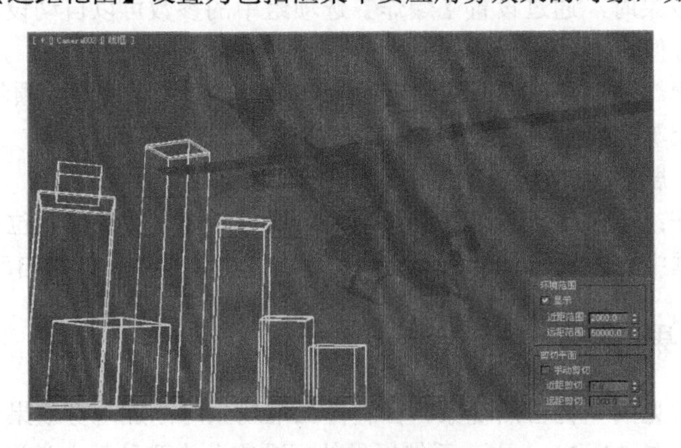

图 11-21 设置摄像机参数

(3) 按快捷键 8，打开【环境和效果】对话框。展开【大气】卷展栏，单击【添加】按

钮。在打开的对话框中选择【雾】选项，如图 11-22 所示。

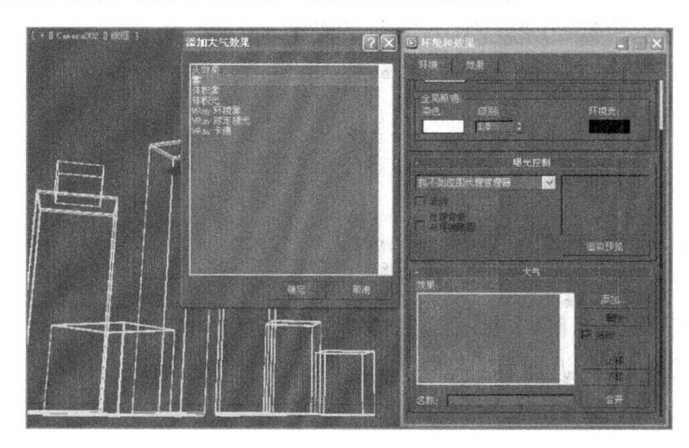

图 11-22　添加雾

(4) 单击【确定】按钮即可创建雾特效。默认的雾特效如图 11-23 所示。

图 11-23　默认的雾效果

提示： 只有摄影机视图或透视图中会渲染出这两种雾的效果。正交视图或用户视图不会渲染出效果。

雾特效添加完成后，可以设置雾的参数使其产生相应的效果，下面介绍雾的常用参数设置。

1. 【雾】选项组

【雾】选项组主要用来设置雾的颜色、纹理和不透明度等属性。

- 颜色：用于设置雾的颜色。
- 环境颜色贴图：可以从贴图中导出雾的颜色。
- 使用贴图：设置是否使用贴图作为雾的颜色。

- 环境不透明贴图：用于控制雾的密度。
- 雾背景：可以将雾功能应用于场景的背景。
- 标准：使用标准雾。
- 分层：使用分层雾。

2. 【标准】选项组

根据与摄影机的距离使雾变薄或变厚，选中【标准】复选框后，标准雾的参数将会高亮显示，如图 11-24 所示。

- 指数：选中该复选框，可以渲染体积雾中的透明对象。
- 近端%：设置雾在近距范围的密度。
- 远端%：设置雾在远距范围的密度。

3. 分层

分层可以使雾在上限和下限之间变薄和变厚。选中【分层】复选框后，分层雾的参数将会高亮显示，如图 11-25 所示。

图 11-24 【标准】选项组

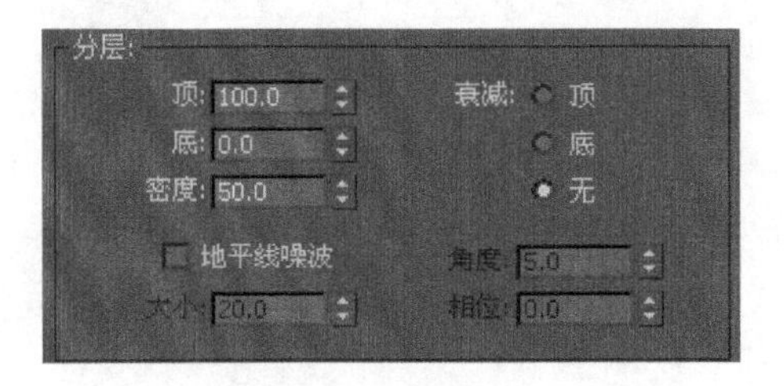

图 11-25 分层区域

- 顶：设置雾层的上限。
- 底：设置雾层的下限。
- 密度：设置雾的总体密度。
- 衰减(顶/底/无)：添加指数衰减效果，使密度在雾范围的顶部或底部减小到 0。
- 地平线燥波：启用地平线噪波系统。【地平线噪波】仅影响雾层的地平线，增加真实感。
- 大小：主要应用于噪波的缩放系数。缩放系数值越大，雾卷越大。
- 角度：用于确定受影响后的位置与地平线的角度。
- 相位：通过为该参数设置关键帧动画，可以制作噪波的动画效果。

提示： 如果相位沿着正向移动，雾卷将向上漂移(同时变形)。如果雾高于地平线，可能需要沿着负向设置相位的动画，使雾卷下落。

11.2.3 体积雾效果

体积雾可以创造出密度不均匀的雾效果，可以制作出各种各样的云彩效果和云彩被风吹动飘忽不定的动画效果，而且可以和分层雾一样添加噪波效果。体积雾效果如图 11-26 所示。

图 11-26　体积雾效果

提示：【体积雾】和【雾】最大的区别在于：体积雾需要利用辅助物体来添加效果，即它必须依附在辅助物体 Gizmo 上。

体积雾的创建方法和火效果的创建方法相同，这里不再详细介绍。当我们将体积雾附加到 Gizmo 辅助物体上之后，可以通过【环境和效果】对话框中的【体积雾参数】卷展栏进行设置，如图 11-27 所示。

下面介绍体积雾的主要参数设置。

- 颜色：单击【色块】可以设置体积雾的颜色。
- 密度：控制着体积雾的密度，不同的密度效果对比如图 11-28 所示。

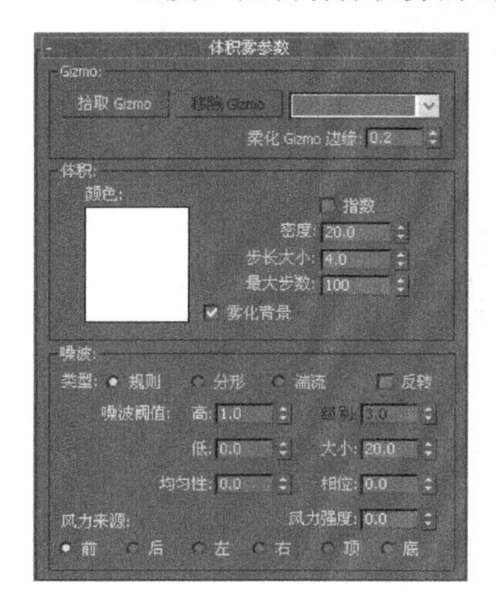

图 11-27　体积雾参数

图 11-28　密度效果对比

- 步长大小：控制着雾的精细度，步长大小越大，产生的体积雾就越粗糙。
- 最大步数：限制着雾采样的总量，取值小时会产生锯齿效果。
- 雾化背景：将雾功能应用于场景的背景。
- 规则：标准的噪波图案。
- 分形：迭代分形噪波图案。
- 湍流：迭代湍流图案。
- 反转：反转噪波效果。浓雾将变为半透明的雾，反之亦然。

- 噪波阈值：限制噪波效果。范围从 0～1.0。
- 高/低：设置高/低阈值。
- 均匀性：设置雾的透明度，值越小，体积越透明，包含分散的烟雾泡，如图 11-29 所示。

图 11-29　均匀性效果对比

- 级别：设置噪波迭代应用的次数。范围为 1～6。
- 大小：确定烟卷或雾卷的大小。取值越小，卷越小，如图 11-30 所示。
- 相位：控制风的种子。如果【风力强度】大于 0，雾体积会根据风向产生动画。
- 风力强度：控制烟雾远离风向(相对于相位)的速度。
- 风力来源：定义风来自于哪个方向。

图 11-30　大小效果对比

11.2.4　体积光效果

体积光能够模拟灯光透过灰尘和雾的自然光照效果，利用它可以方便地模拟大雾中汽车前灯照射路面的场景，黑夜中手电筒射出的光柱，阳光透过窗户照射进屋内的效果等，如图 11-31 所示。

【例 11-5】创建体积光

(1) 新建一个包含灯光的场景，然后创建场景的摄像机视图或者透视图，如图 11-32 所示。

图 11-31　体积光效果

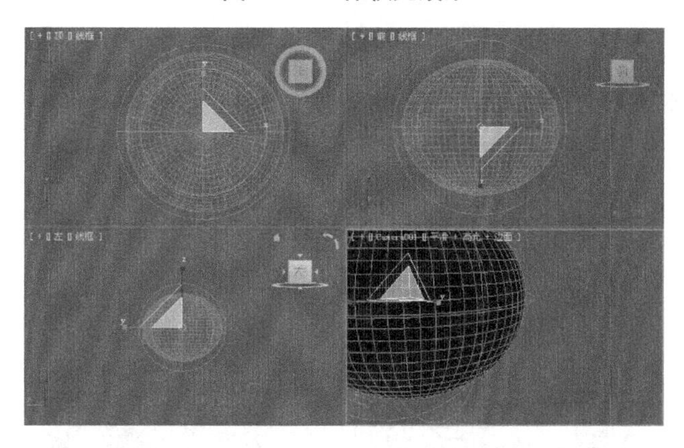

图 11-32　创建场景

(2) 选择【渲染】|【环境】命令，打开【环境和效果】对话框。展开【大气】卷展栏，单击【添加】按钮，在打开的对话框中选择【体积光】选项，单击【确定】按钮完成操作，如图 11-33 所示。

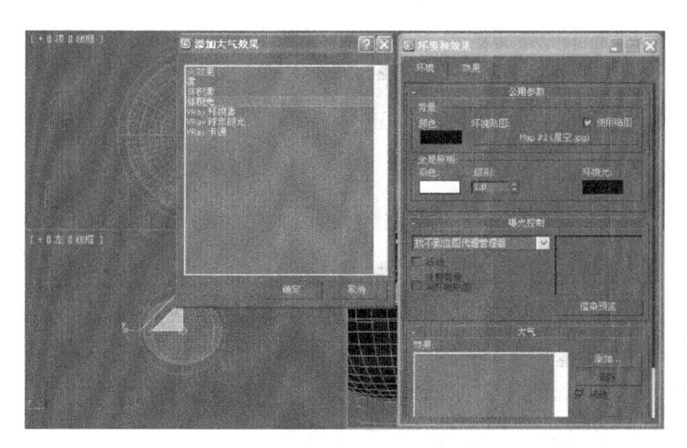

图 11-33　添加体积光

(3) 展开【体积光参数】卷展栏，单击【拾取灯光】按钮，然后将灯光添加到体积光列表中，如图 11-34 所示。

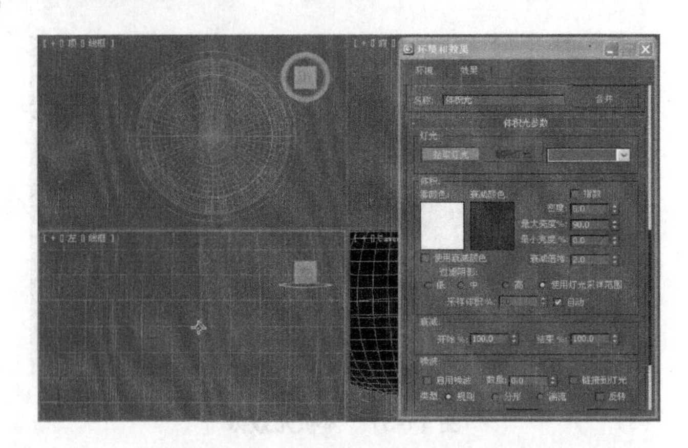

图 11-34　拾取灯光

(4) 最后设置体积光的参数，并渲染效果，如图 11-35 所示。

图 11-35　体积光效果

提示： 在拾取灯光时可以拾取多个灯光，单击【拾取灯光】按钮，然后按快捷键 H。此时将显示【拾取灯光】对话框，用于从列表中选择多个灯光。

下面讲解体积光的参数功能。

- 拾取灯光：单击该按钮，并在视图中选择一个灯光，即可将其作为体积光的载体。
- 移除灯光：单击该按钮，可以将显示在列表中的当前灯光移除。
- 雾颜色：设置组成体积光的雾的颜色。该参数可以被设置为动画。
- 使用衰减颜色：选中该复选框，可以使雾的颜色产生衰减。
- 指数：随距离按指数增大密度。禁用时，密度随距离线性增大。只有希望渲染体积雾中的透明对象时，才应激活该复选框。
- 密度：控制着体积光的密度，对比效果如图 11-36 所示。该值越大，整个光变得越不透明。不透明的体积光一般只用在大雾或者空气灰尘比较多的地方。
- 最大亮度：控制着体积光最强的亮度值。
- 最小亮度：控制着体积光的最小亮度值。

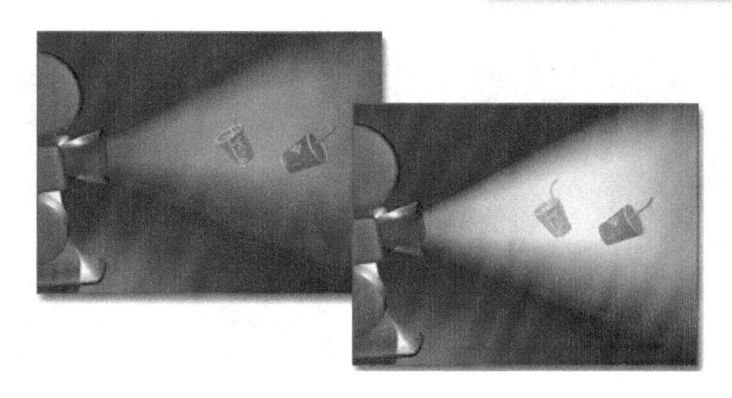

图 11-36　效果对比

- 衰减倍增：该选项控制着体积光颜色的衰减效果，该数值越大，体积光颜色的衰减效果就越明显。
- 数量：该选项控制噪波的数量。
- 大小：该选项控制着噪波的大小。
- 类型：用于选择噪波的类型。
- 链接到灯光：该选项用于控制是否将噪波链接到灯光，使噪波和灯光一起移动。

11.3　实验指导——蜡烛燃烧

本节将利用【火效果】制作一个蜡烛燃烧的效果。在制作过程中，需要注意蜡烛燃烧细节的调整，以及火苗大小的设置技巧。

(1) 打开随书光盘中的“11\蜡烛.max”文件，如图 11-37 所示。

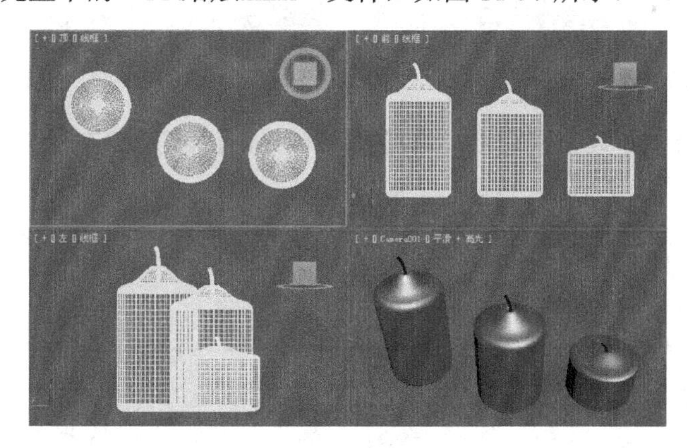

图 11-37　打开文件

(2) 在创建面板中按下按钮，在【标准】下拉列表中选择【大气装置】选项，单击【对象类型】卷展栏中的【球形 Gizmo】按钮，并在顶视图中创建该装置，如图 11-38 所示。

(3) 切换到前视图中，选中球形 Gizmo，将其调整到如图 11-39 所示。

图 11-38　创建辅助物体

图 11-39　调整球形 Gizmo

(4) 切换到修改面板，选中【半球】复选框，并单击【新种子】按钮调整一下随机种子，如图 11-40 所示。

(5) 在前视图中，使用【非等比缩放】工具调整一下 Gizmo 的高度，如图 11-41 所示。

(6) 按数字键 8，打开【环境和效果】对话框。在【大气】卷展栏中，单击【添加】按钮，在打开的对话框中双击【火效果】，将其添加到【效果】列表中，如图 11-42 所示。

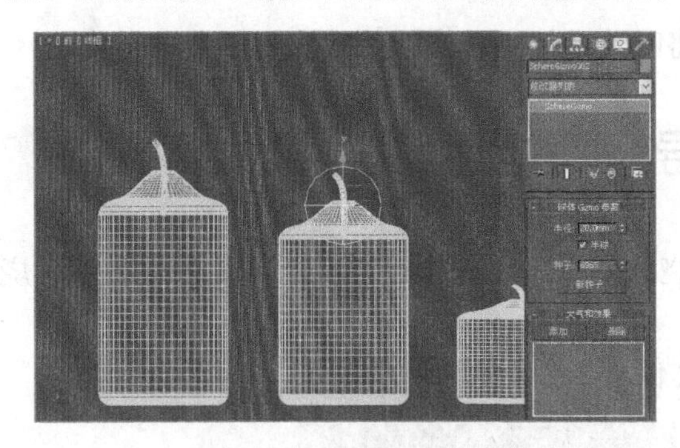

图 11-40　调整随机种子

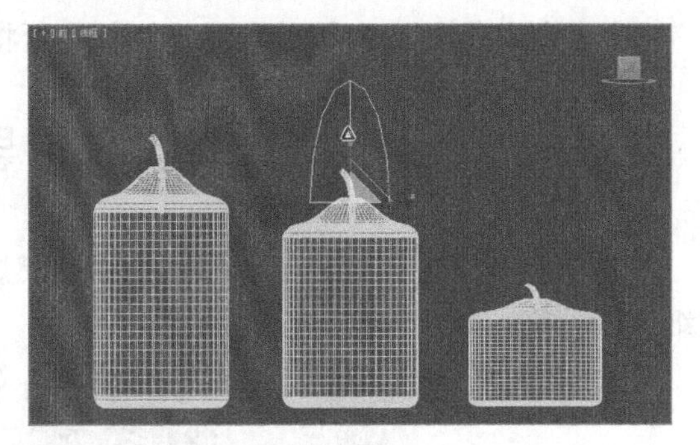

图 11-41　缩放 Gizmo

(7) 展开【火效果参数】卷展栏，单击【拾取 Gizmo】按钮，并在视图中单击球形 Gizmo，将其设置为火效果产生的载体，如图 11-43 所示。

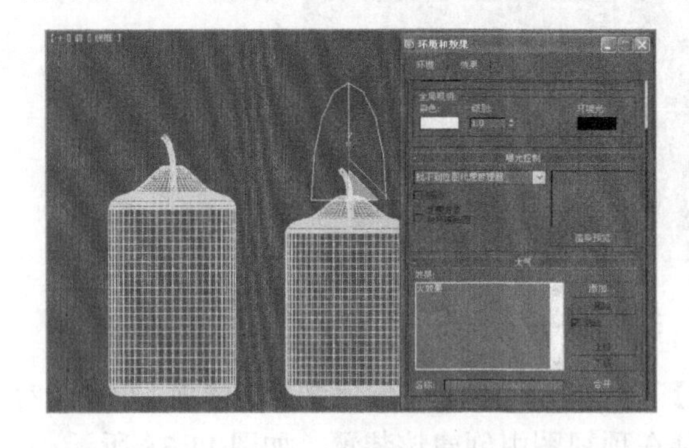

图 11-42　添加火效果

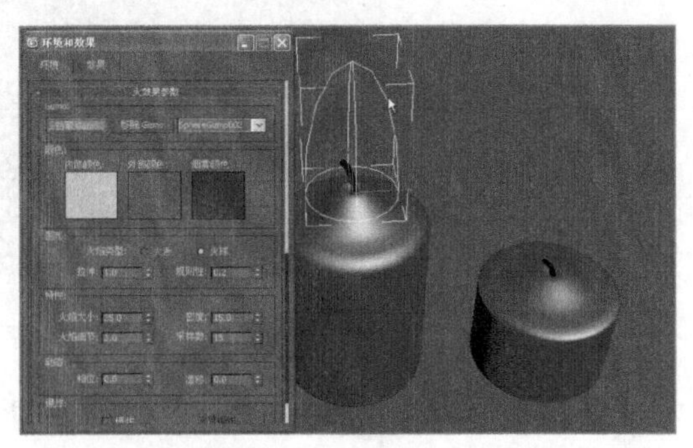

图 11-43　拾取 Gizmo

(8) 保持默认参数不变，渲染摄像机视图，观察此时的效果，如图 11-44 所示。

(9) 在视图中适当放大一下球形 Gizmo。在【火效果参数】卷展栏中，将【规则性】设置为 0.15，将【密度】设置为 25，如图 11-45 所示。

图 11-44　默认效果

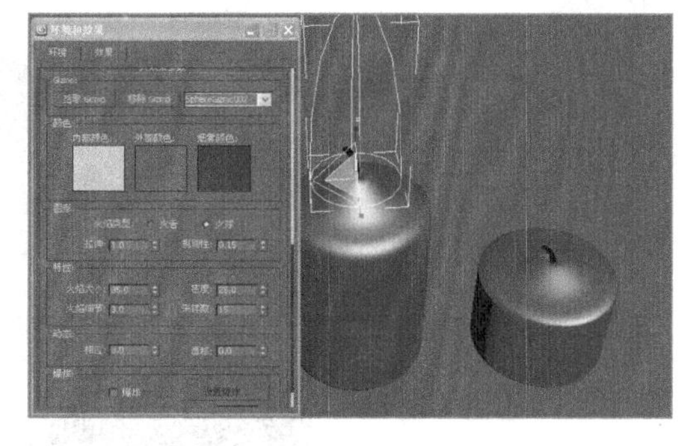

图 11-45　设置火焰效果

(10) 渲染摄像机视图，观察效果，如图 11-46 所示。

(11) 将【火焰细节】设置为 5，将【采样数】设置为 30，如图 11-47 所示。

图 11-46　渲染效果

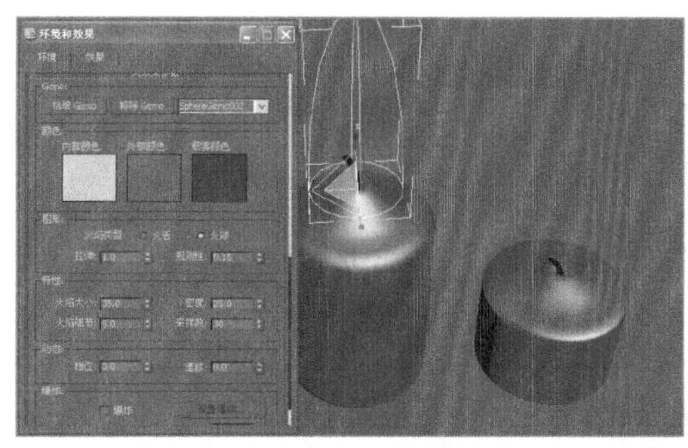

图 11-47　设置细节

(12) 快速渲染摄像机视图，观察此时的效果，如图 11-48 所示。

(13) 此时，烛火的亮度看起来不够，其原因是因为火焰的密度不够所引起的，我们可以将【密度】设置为 50，再次渲染摄像机视图观察效果，如图 11-49 所示。

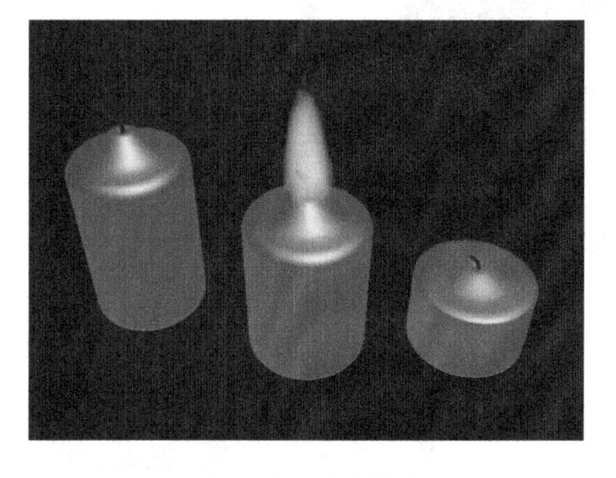

图 11-48　蜡烛效果

图 11-49　蜡烛效果

(14) 最后，使用相同的方法在其他蜡烛上添加火效果，最终的渲染效果如图 11-50 所示。

图 11-50　蜡烛效果

11.4　曝 光 控 制

【曝光控制】卷展栏主要用来控制场景的曝光程度。它是用来调整渲染的输出等级和颜色范围，就像调整照片的曝光度一样。本节将介绍几种常见曝光方式的特性，以及它们的参数功能。

11.4.1　自动曝光控制

【自动曝光控制】从渲染图像中采样，生成一个柱状图，在渲染的整个动态范围提供良好的颜色分离。自动曝光控制可以增强某些照明效果，否则，这些照明效果会过于暗淡而看不清，对比效果如图 11-51 所示。

图 11-51　曝光前后对比

当在【曝光控制】卷展栏的下拉列表中选择【自动曝光控制】选项后，将激活该卷展栏，如图 11-52 所示。下面详细介绍其参数的功能。

自动曝光控制参数
亮度: 50.0　颜色修正:
对比度: 50.0　降低暗区饱和度级别
曝光值: 0.0
物理比例: 1500.0

图 11-52　自动曝光控制参数

- 亮度：该参数用于控制曝光颜色的亮度。
- 对比度：控制曝光颜色的对比度。该参数越低，则画面明暗对比越不明显。反之，则画面明暗对比越明显。

- 曝光值：与相机中的自动曝光补偿相似，可以调整场景的整体亮度，负值模拟曝光不足，正值模拟曝光模糊。
- 物理比例：没有物理标度的灯光时，通过该参数可以为其设置一个物理标度，该参数是灯光倍增器的重要组成部分。
- 色彩校正：选中该复选框后，色彩校正将所有与样本色彩相同的颜色转换为白色，单击其右侧的色块可以自定义转换的颜色。
- 降低暗区饱和度级别：选中该复选框时，渲染器会使颜色变暗淡。

技巧： 【降低暗区饱和度级别】会模拟眼睛对暗淡照明的反应。在暗淡的照明下，眼睛不会感知颜色，而是看到灰色色调。除非灯光照度非常低，低于 5.62 尺烛光(流明/平方英尺)，否则，设置的效果不明显。如果照度低于 0.00562 尺烛光，场景将完全成为灰色。

11.4.2　线性曝光控制

线性曝光控制主要针对已渲染的图像采样进行控制，它可以将场景的平均亮度值应用于 RGB 值的映射当中。在一个小的范围内，线性曝光控制是最好用的。线性曝光控制不能用于动画，因为动画中的每一帧都拥有不同的分布图，从而使动画发生闪烁。其参数控制和自动曝光控制相同，这里不再详细介绍。

11.4.3　对数曝光控制

对数曝光控制利用亮度、对比度以及是否有户外日光来进行从实际值到 RGB 值的映射。比较适合动态范围很高的场景，如图 11-53 所示。这种曝光控制经常应用在默认扫描线渲染器或者 Mental Ray 渲染器中。

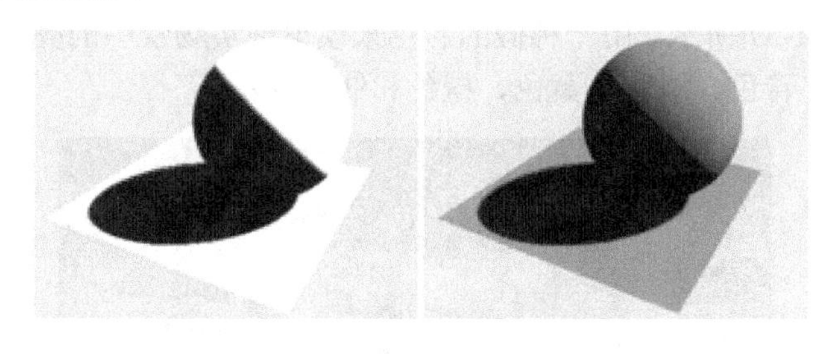

图 11-53　应用前后效果对比

图 11-53 中左图是使用 IES 阳光照射的效果，此时整个场景完全曝光过度；右图是利用对数曝光控制后所纠正过来的效果。

图 11-54 所示为对数曝光控制的相关参数，下面介绍其参数功能。

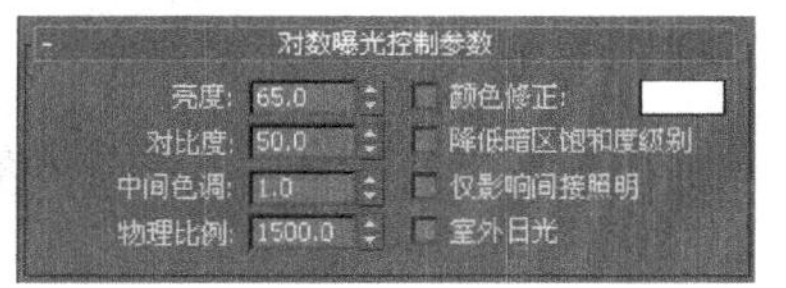

图 11-54　对数曝光控制参数

- 亮度：调整转换的颜色亮度。
- 对比度：调整转换的颜色对比度。
- 中间色调：用于调整中间色调值，如图 11-55

所示。

- 物理比例：设置曝光控制的物理比例，用于非物理灯光。结果是调整渲染，使其与眼睛对场景的反应相同。
- 颜色修正：如果选中该复选框，颜色修正会改变所有颜色。
- 仅影响间接照明：选中该复选框时，对数曝光控制仅应用于间接照明的区域。默认设置为禁用状态。
- 室外日光：如果选中该复选框，则将自动转换适合室外的灯光颜色，如图 11-56 所示。

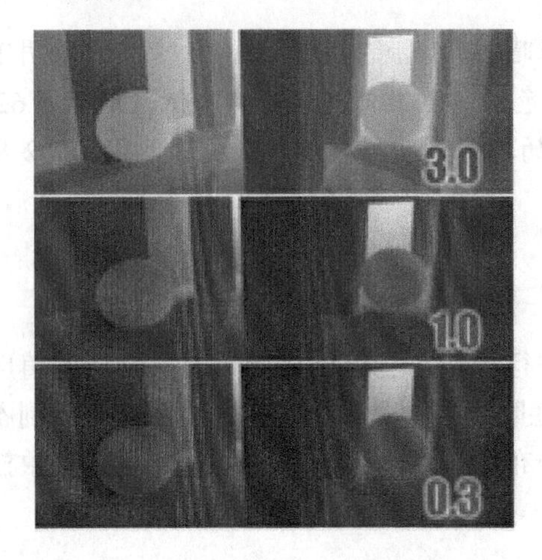

图 11-55 中间色调效果

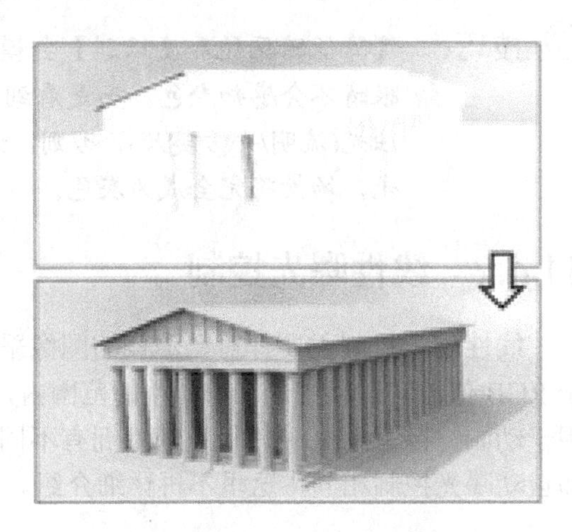

图 11-56 室外日光转换

11.4.4 伪彩色曝光控制

伪彩色曝光控制实际上是一个照明分析工具，它用一种直观的方法显示和评估场景中的照明级别，如图 11-57 所示。用一种假的彩色来模拟现实场景中的亮度和照明度，从最暗到最亮分别用蓝色、青色、绿色、黄色、橙色和红色表示。

图 11-57 伪彩色曝光效果

图 11-58 所示为【伪彩色曝光控制】卷展栏。下面介绍其参数的功能。

- 数量：显示所测量的值。其中，【照度】显示曲面上入射光的值；【亮度】显示曲面上反射光的值。
- 样式：选择显示值的方式。其中，【彩色】显示光谱；【灰度】显示从白色到黑色范围的灰色色调，如图 11-59 所示。

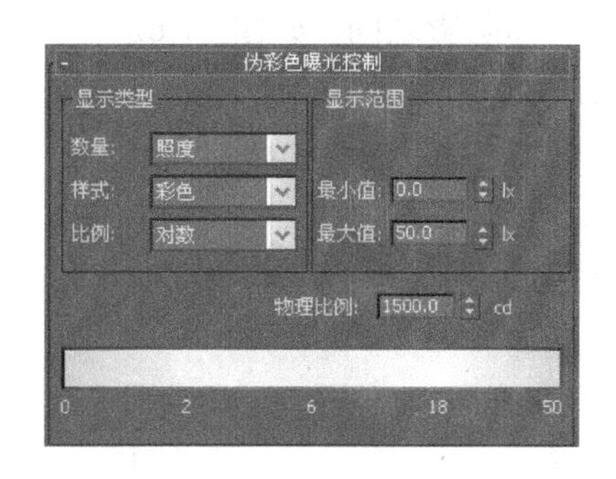

图 11-58　【伪颜色曝光控制】卷展栏

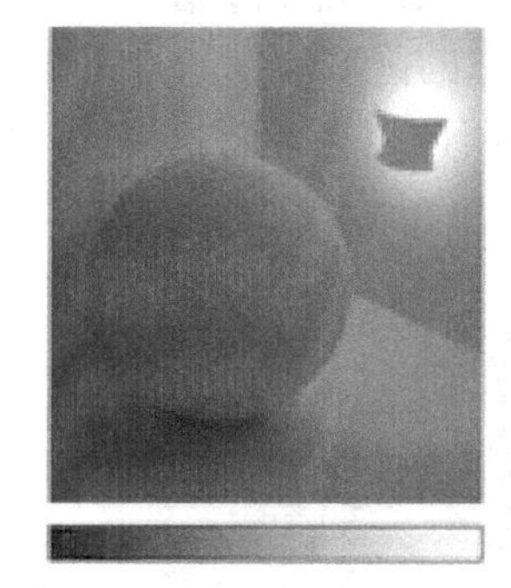

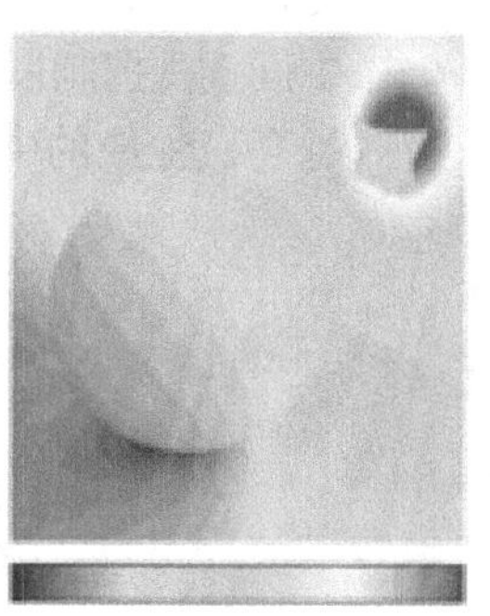

图 11-59　样式的两种效果

- 比例：选择用于映射值的方式。其中，【对数】使用对数比例；【线性】使用线性比例。
- 最小值：设置在渲染中要测量和表示的最低值。

技巧： 设定的值如果小于【数量】的值将全部映射为下方色条最左端的显示颜色或灰度级别。

- 最大值：设置在渲染中要测量和表示的最高值。
- 光谱条：显示光谱与强度的映射关系。光谱下面的数字表示范围介于最大值到最小值之间。

11.4.5　mr 摄影曝光控制

mr 摄影曝光控制可以通过像摄影机一样的控制来修改渲染的输出：一般曝光值或特定快门速度、光圈和胶片速度设置。它还提供可调节高光、中间调和阴影的值的图像控制设置。它适用于使用 Mental Ray 渲染器渲染的高动态范围场景。图 11-60 所示为【mr 摄影曝光控制】卷展栏。

(1) 预设值：根据设置和照明条件从可用选项中进行选择。

(2) 曝光值：指定与三个摄影曝光值的组合相对应的单个曝光值设置。

(3) 摄影曝光：可使用标准的面向摄影机的控件来设置曝光。

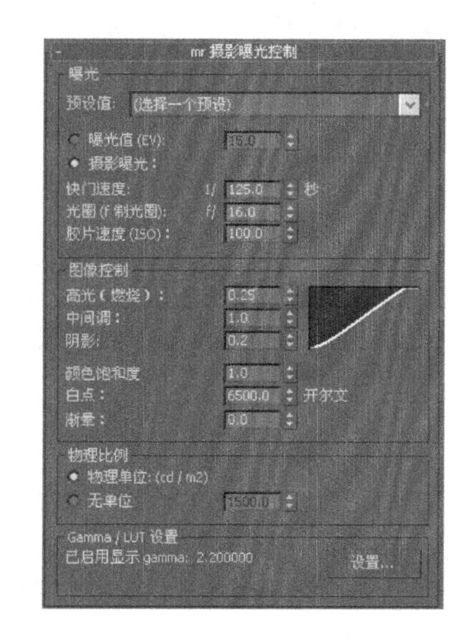

图 11-60　【mr 摄影曝光控制】卷展栏

提示：摄影曝光控件只影响曝光：快门速度对运动模糊没有影响；光圈不影响景深。其中，【快门速度】数值越高，曝光时间越长。【光圈】数值越高，曝光时间越短。【胶片速度】数值越高，曝光时间越长。

- 高光(燃烧)：控制图像最亮区域的级别，如图 11-61 所示。值越高，生成的高光越亮，而值越低，生成的高光越暗。
- 中间调：控制图像的区域级别，其亮度介于高光和阴影之间，如图 11-62 所示。值越高，生成的中间调越亮，而值越低，生成的中间调越暗。

图 11-61　高光燃烧效果

图 11-62　中间调效果

- 阴影：控制图像最暗区域的级别，如图 11-63 所示。值越高，生成的阴影越亮，而值越低，生成的阴影越暗。
- 颜色饱和度：控制渲染图像的颜色强度。值越高颜色的强度越大，如图 11-64 所示。

图 11-63　阴影效果

图 11-64　颜色饱和度

- 白点：指定光源的主要色温。
- Vignetting：在与图像中心相比较的图像周边，降低图像的亮度，从而使边很暗的中心的曝光区域完全呈圆形。

关于 mr 摄影曝光控制就介绍这么多，在实际应用过程中应当灵活使用这些参数，而不是采用默认的设置，具体的调整方法可以根据图像的渲染效果自由调整。

11.5　常见效果特效

在 3ds Max 中，环境特效和效果特效是两种截然不同的效果。环境特效主要是与大气相关的效果，而效果特效则是画面上形成的效果，例如光效、校色效果等。本节主要介绍效果特效。

11.5.1　添加效果

要使用效果特效，首先必须在当前场景中添加该特效，才能在渲染效果中产生。这种特效不能直接在场景中显示，只有在渲染中才能产生。效果特效通常只需要设置参数即可，镜头效果特效除外(该效果需要附加在灯光上)。

【例 11-6】添加效果特效

(1) 按数字键 8 打开【环境和效果】对话框，如图 11-65 所示。

(2) 切换到【效果】选项卡，展开【效果】卷展栏，如图 11-66 所示。

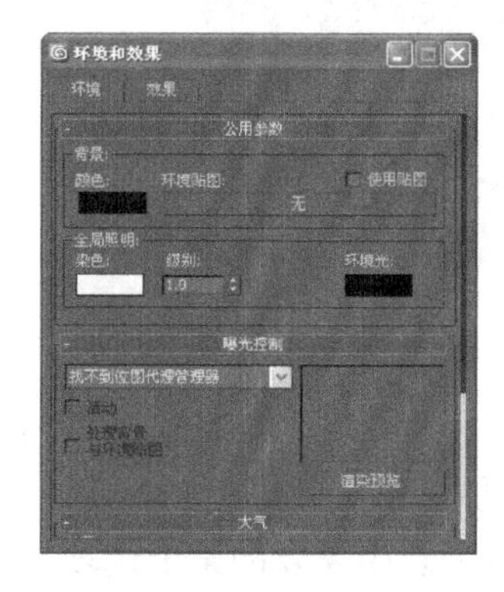

图 11-65　【环境和效果】对话框

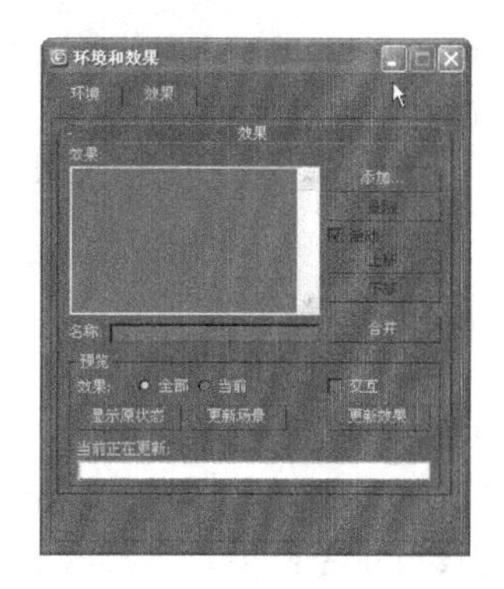

图 11-66　【效果】卷展栏

(3) 单击【效果】卷展栏中的【添加】按钮，打开【添加效果】对话框，如图 11-67 所示。

(4) 选择其中的某个特效，例如【模糊】选项，并单击【确定】按钮，即可添加该特效。此时，该特效将显示在【效果】列表框中，并在其下展开【模糊参数】卷展栏，如图 11-68 所示。

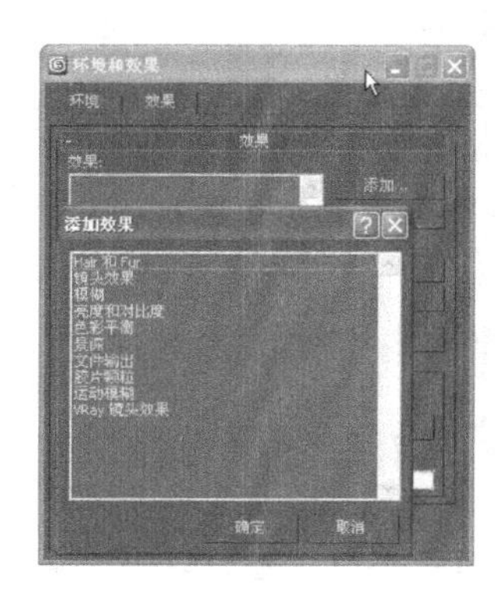

图 11-67　效果对话框

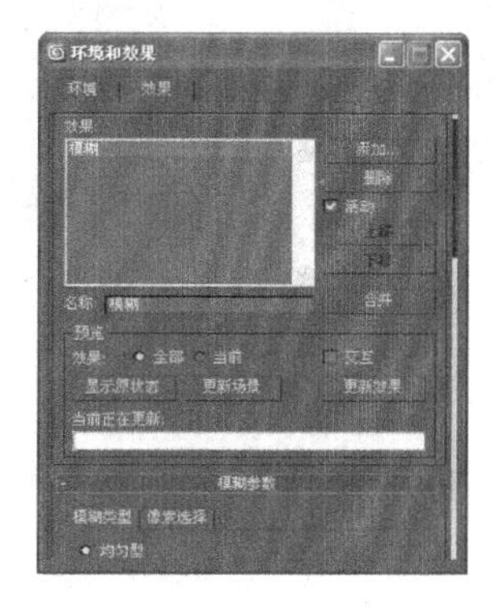

图 11-68　添加效果

到此，关于效果特效的添加就介绍完了，接下来需要调整其参数设置，使其按照我们的意愿产生效果。

11.5.2 镜头效果

【镜头效果】可创建通常与摄影机相关的真实效果，如图 11-69 所示。镜头效果包括光晕、光环、射线、自动从属光、手动从属光、星形和条纹等。下面分别介绍它们的特性。

图 11-69 镜头效果

【例 11-7】添加镜头效果

(1) 在【效果】选项卡中，单击【添加】按钮，添加【镜头效果】，如图 11-70 所示。

(2) 在展开的【镜头效果参数】卷展栏中，选择左侧列表中需要的某个选项，如图 11-71 所示。

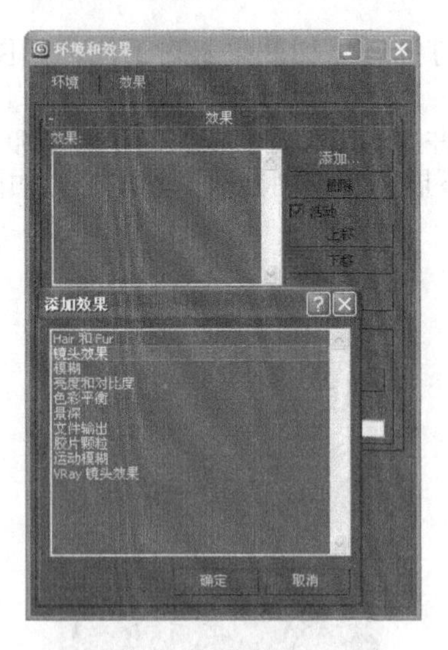

图 11-70 添加镜头效果

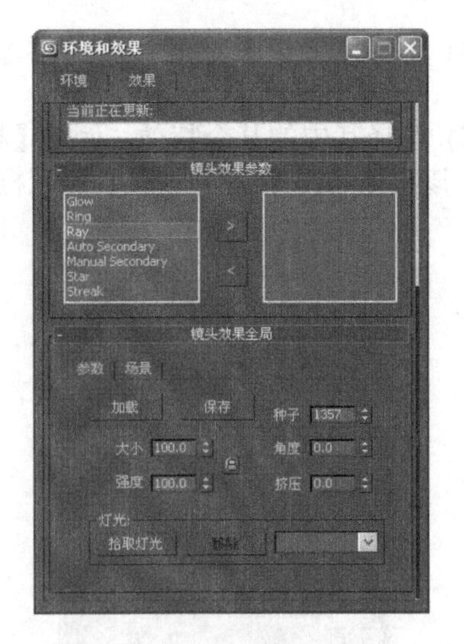

图 11-71 选择镜头子效果

(3) 单击按钮即可将其添加到右侧的列表框中，此时表示添加效果成功，如图 11-72 所示。

(4) 如果要删除已经应用的某个效果，则可以在右侧的列表中选择该选项，并单击按钮。

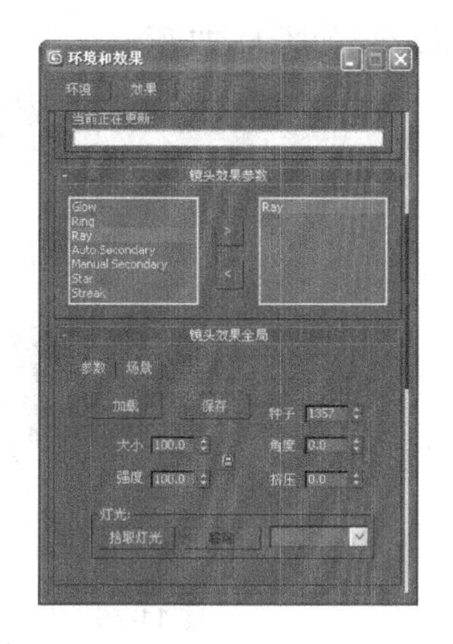

图 11-72　添加效果

1. 光晕

【光晕】可用于在指定对象的周围添加光环，如图 11-73 所示。例如，对于爆炸粒子系统，给粒子添加光晕使它们看起来好像更明亮而且更热。

2. 光环

光环是环绕源对象中心的环形彩色条带，如图 11-74 所示。它是一种常用的镜头效果，通常起点缀作用，例如太阳光反射到镜头上所产生的环状效果。

图 11-73　光晕效果

图 11-74　光环效果

3. 射线

射线是从源对象中心发出的明亮的直线，为对象提供亮度很高的效果，如图 11-75 所示。使用射线可以模拟摄影机镜头元件的划痕。

4. 自动二级光斑

自动二级光斑是可以正常看到的一些小圆，沿着与摄影机位置相对的轴从镜头光斑源中发出，如图 11-76 所示。这些光斑由灯光在不同的镜头上折射而产生的。随着摄影机的位置相对于源对象位置的更改，二级光斑也随之移动。

5. 手动二级光斑

手动二级光斑是单独添加到镜头光斑中的附加二级光斑。这些二级光斑可以附加也可以取代自动二级光斑。如果要添加不希望重复使用的唯一光斑，应使用手动二级光斑。

6. 星形

星形比射线效果要大，由 0～30 个辐射线组成，而不像射线由数百个辐射线组成。星形效果如图 11-77 所示。

图 11-75　射线

图 11-76　自动二级光斑

7．条纹

条纹是穿过源对象中心的条带，如图 11-78 所示。在实际使用摄影机时，使用失真镜头拍摄场景时会产生条纹。这种特效经常应用在影视片头当中。

图 11-77　星形效果

图 11-78　条纹效果

11.5.3　模糊效果

使用模糊效果可以通过三种不同的方法使图像变模糊：均匀型、方向型和放射型。模糊效果根据模糊类型选项卡的设置产生效果。通常利用它可以使整个图像变模糊、使非背景场景元素变模糊、按亮度值使图像变模糊或使用贴图遮罩使图像变模糊。模糊效果通过渲染对象或摄影机移动的幻影，提高动画的真实感，如图 11-79 所示。

图 11-80 所示为【模糊参数】卷展栏，关于其参数简介如下。

1．均匀型

使用【均匀型】选项组中的参数可以将模糊效果均匀应用于整个渲染图像。

- 像素半径：确定模糊效果的强度。如果增大该值，将增大每个像素计算模糊效果时将使用的周围像素数。像素越多，图像越模糊。

- 影响 Alpha：选中该复选框时，将均匀型模糊效果应用于 Alpha 通道。

2．方向型

按照【方向型】参数指定的任意方向应用模糊效果。

图 11-79　模糊效果

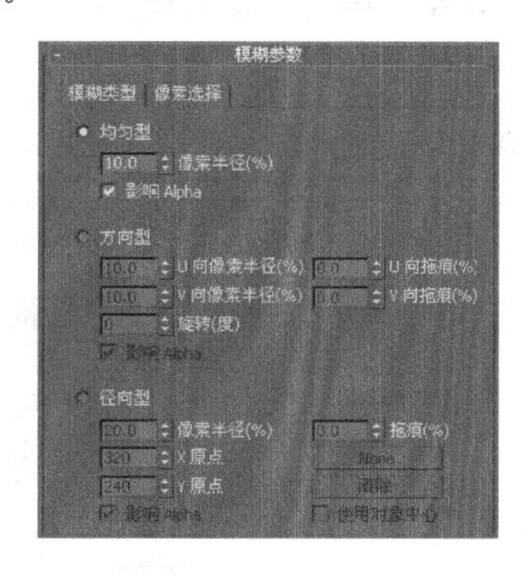

图 11-80　模糊参数

提示： 【U 向像素半径】和【U 向拖痕】按照水平方向使像素变模糊，而【V 向像素半径】和【V 向拖痕】按照垂直方向使像素变模糊。【旋转】用于旋转水平模糊和垂直模糊的轴。

- U 向像素半径：确定模糊效果的水平强度。如果增大该值，将增大每个像素计算模糊效果时将使用的周围像素数。
- U 向拖痕：通过为 U 轴的某一侧分配更大的模糊权重，为模糊效果添加“方向”。

提示： 【U 向像素半径】和【U 向拖痕】按照水平方向使像素变模糊，而【V 向像素半径】和【V 向拖痕】按照垂直方向使像素变模糊。【旋转】用于旋转水平模糊和垂直模糊的轴。

注意： 【U 向拖痕】参数将在效果中添加条纹效果，创建对象或摄影机正在沿着特定方向快速移动的幻影。

- V 向像素半径：确定模糊效果的垂直强度。
- V 向拖痕：通过为 V 轴的某一侧分配更大的模糊权重，为模糊效果添加方向。
- 旋转：旋转通过【U 向像素半径】和【V 向像素半径】应用模糊效果的 U 向像素和 V 向像素的轴。
- 影响 Alpha：选中该复选框时，将方向型模糊效果应用于 Alpha 通道。

3．径向型

- 像素半径：确定半径模糊效果的强度。如果增大该值，将增大每个像素计算模糊效果时使用的周围像素数。
- 拖痕：通过为模糊效果的中心分配更大或更小的模糊权重，为模糊效果添加方向。

- X/Y 原点：以像素为单位，关于渲染输出的尺寸指定模糊的中心。
- 清除：从上面的按钮中移除对象名称。

11.5.4 亮度和对比度

使用【亮度和对比度】可以调整图像的对比度和亮度，如图 11-81 所示。利用该效果可以将渲染场景对象与背景图像或动画进行匹配。

图 11-81　对比效果

亮度和对比度特效包括三个参数。其中，【亮度】用于增加或减少所有色元(红色、绿色和蓝色)；【对比度】用于压缩或扩展最大黑色和最大白色之间的范围。【忽略背景】用于将效果应用于 3ds Max 场景中除背景以外的所有元素。

11.5.5 色彩平衡

使用色彩平衡特效可以通过独立控制 RGB 通道操纵相加/相减颜色。在图 11-82 所示的效果中，左图是直接渲染而未使用色彩平衡的效果，此时效果中具有黄色较多的投影；右图则是利用色彩平衡校正后的效果。

图 11-82　应用色彩平衡前后效果对比

色彩平衡的参数控制包括以下几项。

- 青/红：调整红色通道。

- 洋红/绿：调整绿色通道。
- 黄/蓝：调整蓝色通道。
- 保持发光度：选中该复选框后，在修正颜色的同时保留图像的发光度。
- 忽略背景：选中该复选框后，可以在修正图像模型时不影响背景。

11.5.6 胶片颗粒

胶片颗粒用于在渲染场景中重新创建胶片颗粒的效果，如图 11-83 所示。使用胶片颗粒还可以将作为背景使用的源材质中的胶片颗粒与在 3ds Max 中创建的渲染场景匹配。应用胶片颗粒时，将自动随机创建移动帧的效果。

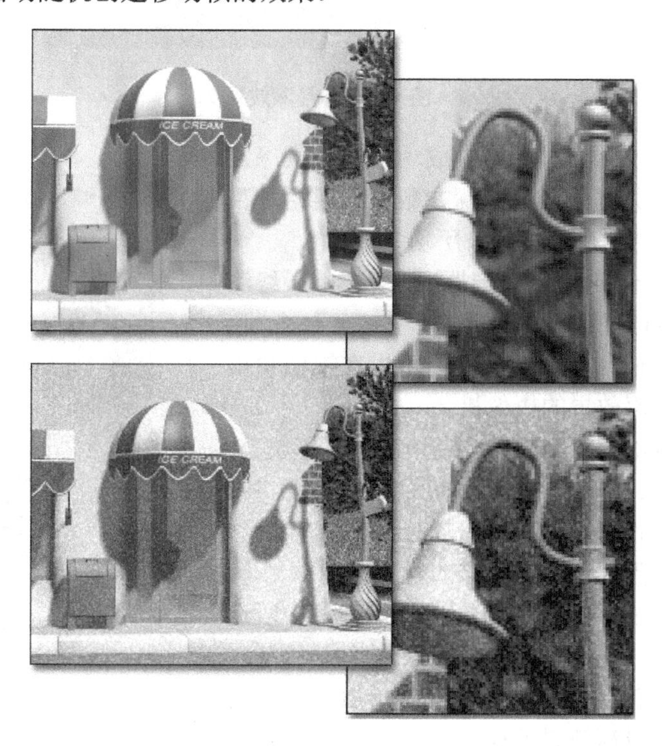

图 11-83 胶片颗粒效果

胶片颗粒的参数较少，仅有【颗粒】和【忽略背景】两个选项。其中，【颗粒】用于设置添加到图像中的颗粒数；【忽略背景】用于屏蔽背景，使颗粒仅应用于场景中的几何体和效果。

11.5.7 景深效果

景深效果模拟在通过摄影机镜头观看时，前景和背景的场景元素的自然模糊，如图 11-84 所示。景深的工作原理是：将场景沿 Z 轴次序分为前景、背景和焦点图像。然后，根据在景深效果参数中设置的值使前景和背景图像模糊，最终的图像由经过处理的原始图像合成。

图 11-84　景深效果

当在【环境和效果】对话框中成功添加【景深】效果以后，即可在其下展开【景深参数】卷展栏，帮助用户设置景深效果，如图 11-85 所示。

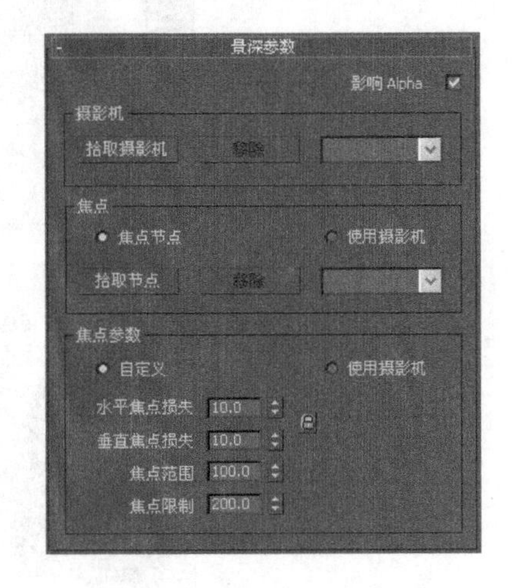

图 11-85　景深参数

- 影响 Alpha：选中该复选框后，将影响最终渲染的 Alpha 通道。
- 拾取摄影机：单击该按钮，可以在视图中拾取产生景深效果的摄像机。
- 移除：删除下拉列表中当前所选的摄影机。
- 拾取节点：单击该按钮，可以直接从视口中选择要作为焦点节点使用的对象。
- 移除：移除选作焦点节点的对象。
- 使用摄影机：指定在摄影机选择列表中所选摄影机的焦距，用于确定焦点。
- 自定义：使用【焦点参数】选项组中设置的值，确定景深效果的属性。

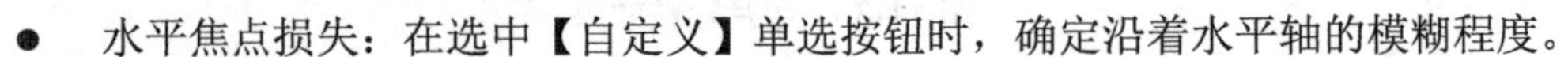

- 水平焦点损失：在选中【自定义】单选按钮时，确定沿着水平轴的模糊程度。
- 垂直焦点损失：在选中【自定义】单选按钮时，确定沿着垂直轴的模糊程度。
- 焦点范围：在选中【自定义】单选按钮时，设置到焦点任意一侧的 Z 向距离，在该距离内图像将仍然保持聚焦。
- 焦点限制：在选中【自定义】单选按钮时，设置到焦点任意一侧的 Z 向距离，在该距离内模糊效果将达到其由聚焦损失微调框指定的最大值。

11.5.8　运动模糊

运动模糊通过使移动的对象或整个场景变模糊，将图像运动模糊应用于渲染场景。运动模糊可以通过模拟实际摄影机的工作方式，增强渲染动画的真实感。摄影机有快门速度，如果场景中的物体或摄影机本身在快门打开时发生了明显移动，胶片上的图像将变模糊。

图 11-86 所示为通过运动模糊使剑有了快速运动的效果。

图 11-86　运动模糊

运动模糊的参数包括【处理透明】和【持续时间】。其中，【处理透明】可以将运动模糊效果应用于透明对象后面的对象；【持续时间】用于指定“虚拟快门”处于打开状态的时间。设置为 1 时，虚拟快门在一帧和下一帧之间的整个持续时间保持打开。值越大，运动模糊效果越明显。

11.6　实验指导——景深效果

景深的特点在于可以突出场景中的主体，将其他次要物体以模糊的形态表现出来，这也是影视当中常用的一种突出主角的手法。本节我们将利用前面制作的一个案例来体验景深效果的魅力。

(1) 打开随书光盘中的“11\景深.max”文件，如图 11-87 所示。

(2) 按数字键 8 打开【环境和效果】对话框。切换到【效果】选项卡，展开【效果】卷展栏，单击【添加】按钮，在打开的对话框中双击【景深】选项，如图 11-88 所示。

图 11-87　打开文件

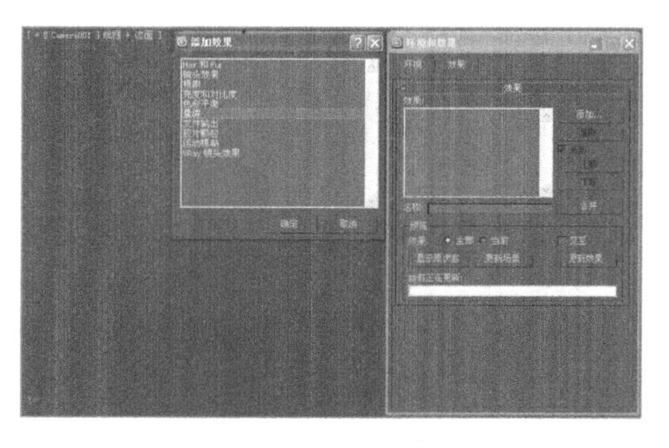

图 11-88　选择景深

(3) 在【景深参数】卷展栏中单击【拾取摄像机】按钮，在视图中拾取摄像机，作为景深产生的载体，如图 11-89 所示。

(4) 在【焦点】选项组中选中【使用摄像机】单选按钮，如图 11-90 所示。

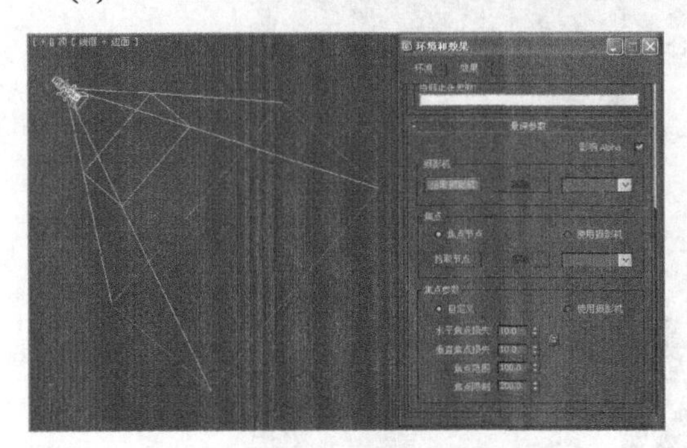

图 11-89　选择摄像机

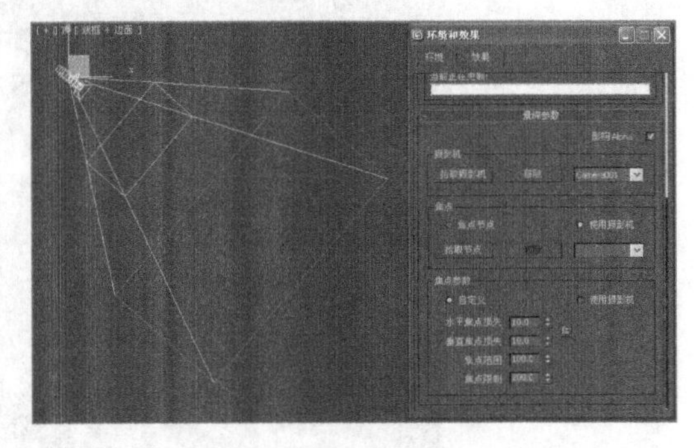

图 11-90　设置焦点

(5) 快速渲染摄像机视图，预览此时的效果，如图 11-91 所示。

(6) 此时，画面的模糊效果太强，需要调整。在【焦点参数】选项组中将【水平焦点损失】和【垂直焦点损失】设置为 3，如图 11-92 所示。

图 11-91　预览效果

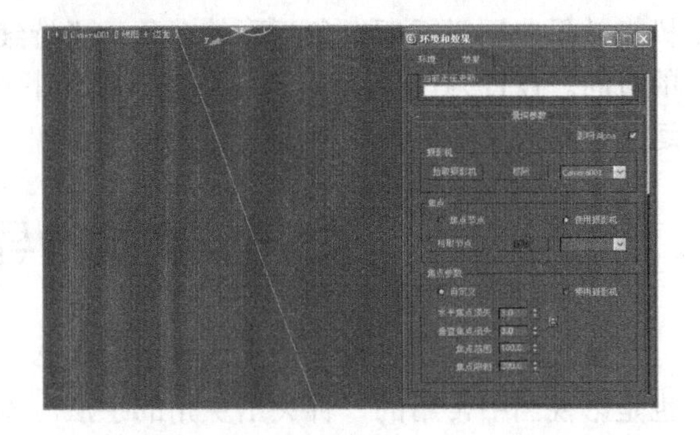

图 11-92　设置焦点参数

(7) 渲染摄像机视图，观察效果，如图 11-93 所示。

(8) 利用上述方法，添加一个【胶片颗粒】特效，如图 11-94 所示。

图 11-93　模糊效果

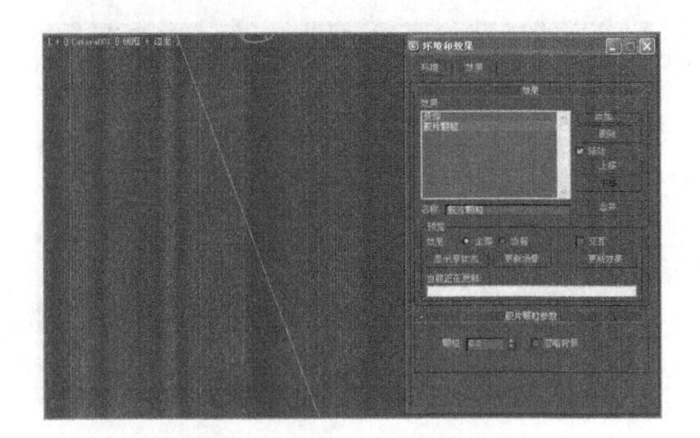

图 11-94　添加胶片颗粒

(9) 在【胶片颗粒参数】卷展栏中将【颗粒】设置为 0.6，如图 11-95 所示。

(10) 渲染摄像机视图，观察效果，如图 11-96 所示。

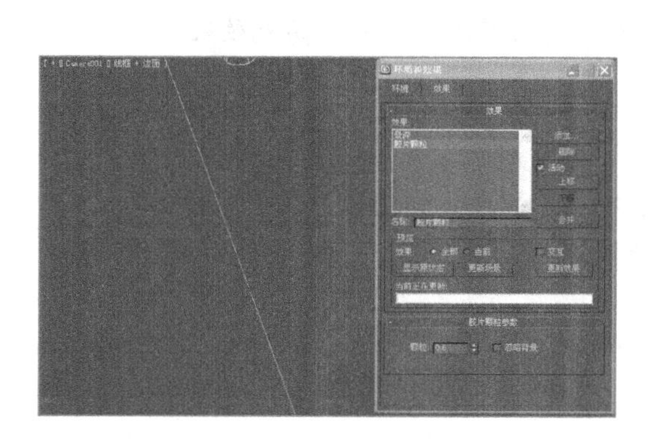

图 11-95　设置颗粒参数

图 11-96　渲染效果

到此，关于景深的效果就制作完成了。在实际应用过程中，还可以利用摄像机的【环境范围】来实现。

11.7　习　　题

一、填空题

1. 要打开【环境和效果】对话框，可以选择【渲染】|__________命令。

2. __________用于指定一个背景贴图。单击该按钮，可以在打开的对话框中选择一种贴图，利用该贴图可以为整个场景指定背景。

3. __________列表用于显示已添加的效果队列。在渲染期间，效果在场景中按线性顺序计算。

4. __________卷展栏主要用来控制场景的曝光程度。它是用来调整渲染的输出等级和颜色范围，就像调整照片的曝光度一样。

二、选择题

1. __________可以生成火焰、烟雾以及爆炸等效果，例如篝火、火球、火炬，以及云团、星云、机械物体的尾气等。

　　A. 火效果　　B. 雾效果　　C. 模糊效果　　D. 景深效果

2. __________可以创造出密度不均匀的雾效果，可以制作出各种各样的云彩效果。

　　A. 火效果　　B. 雾效果　　C. 体积雾效果　　D. 体积光效果

3. __________控制主要针对已渲染的图像采样进行控制，它可以将场景的平均亮度值应用于实际值到 RGB 值的映射。

　　A. 自动曝光　　B. 线性曝光　　C. 对数曝光　　D. 伪彩色曝光

4. __________可创建通常与摄影机相关的真实效果，包括光晕、光环、射线、自动从属光、手动从属光、星形和条纹等。

A. 镜头效果　　B. 模糊效果　　C. 亮度和对比度　　D. 色彩平衡

5. ＿＿＿＿＿通过使移动的对象或整个场景变模糊，将图像运动模糊应用于渲染场景。

A. 胶片效果　　B. 景深效果　　C. 运动模糊　　D. 高光效果

三、简述题

1. 说说如何更改场景的环境图片。
2. 如何在场景中添加一个大气效果，是否需要创建辅助物体，怎么创建？
3. 说说效果特效的常用类型以及它们的特性。

习 题 答 案

第 1 章

一、填空题

1. Autodesk
2. 直接选择
3. 视图

二、选择题

1. C
2. A
3. C
4. C
5. B

第 2 章

一、填空题

1. 平面
2. Bezier 角点
3. 1
4. 对象颜色

二、选择题

1. D
2. A
3. C
4. A
5. B

第 3 章

一、填空题

1. 12
2. 变形
3. ProBoolean
4. ProCutter

二、选择题

1. C
2. D
3. B
4. C
5. D

第 4 章

一、填空题

1. 修改器堆栈
2. Ctrl+Z
3. Gizmo
4. 视图坐标系
5. 网格平滑

二、选择题

1. A
2. B
3. D
4. C
5. C
6. B

第 5 章

一、填空题

1. 顶点
2. 选择
3. 移除
4. 折缝
5. 石墨

二、选择题

1. C
2. B
3. D
4. B
5. B

第 6 章

一、填空题

1. 标准灯光
2. 目标聚光灯
3. 点
4. Mental Ray 阴影贴图
5. 目标灯光
6. 光域网

二、选择题

1. C
2. C
3. C
4. B
5. B
6. D

第 7 章

一、填空题

1. 目标点
2. 摄像机
3. 创建

二、选择题

1. D
2. A
3. B
4. D

第 8 章

一、填空题

1. 材质编辑器
2. 材质编辑器
3. Blinn
4. 贴图通道
5. 贴图

二、选择题

1. B
2. C
3. B
4. A
5. D
6. A
7. B
8. D

第 9 章

一、填空题

1. 动画控制
2. 动画控制器
3. 轨迹视图
4. 约束

二、选择题

1. A
2. B
3. C
4. D
5. C

第 10 章

一、填空题

1. 粒子系统
2. 空间扭曲
3. 喷射粒子

4. 导向器

二、选择题

1. C
2. D
3. A
4. A
5. D
6. A
7. B

第 11 章

一、填空题

1. 环境
2. 环境贴图
3. 效果
4. 曝光控制

二、选择题

1. A
2. C
3. B
4. A
5. C